150 Jahre
Kohlhammer

Uwe Zimmermann
Oliver Tittmann

Arbeitsschutzmanagement in der Feuerwehr

Verlag W. Kohlhammer

Wichtiger Hinweis
Die Verfasser haben größte Mühe darauf verwendet, dass die Angaben und Anweisungen dem jeweiligen Wissensstand bei Fertigstellung des Werkes entsprechen. Weil sich jedoch die technische Entwicklung sowie Normen und Vorschriften ständig im Fluss befinden, sind Fehler nicht vollständig auszuschließen. Daher übernehmen die Autoren und der Verlag für die im Buch enthaltenen Angaben und Anweisungen keine Gewähr.

Die Abbildungen stammen – soweit nicht anders angegeben – von den Autoren.

1. Auflage 2016

ISBN 978-3-17-028390-9

Vorwort

Seit Mitte der 1990er-Jahre stellt der Arbeits- und Gesundheitsschutz für die Sicherheit der Beschäftigten bei der Arbeit eine unabdingbare Voraussetzung dar. Der Schutz der Gesundheit der Menschen bei der Arbeit ist das Ziel beim Arbeitsschutz. Hierbei gilt es mögliche Gefährdungen und Auswirkungen zu berücksichtigen.

Der Arbeitsschutz und die Beurteilung von Gefährdungen für die Mitarbeiter sind Themen, denen sich auch die Feuerwehren nicht verschließen bzw. verschließen können. Werden Fachkräfte für Arbeitssicherheit mit der Erstellung und Schaffung von Strukturen beauftragt, so fehlt möglicherweise das notwendige Wissen in Bezug auf die Arbeitsweise der Feuerwehr. Das kann dazu führen, dass Lösungsvorschläge nicht oder nur unzureichend akzeptiert werden. Eine mögliche Konsequenz kann dann sein, dass dem Thema »Arbeitsschutz« oder »Gefährdungsbeurteilung« nicht die notwendige Bedeutung beigemessen wird.

Beim Arbeitsschutz ist eine Vielzahl von Gesetzen, Vorschriften, Verordnungen und Richtlinien zu beachten. Vor diesem Hintergrund ist es sinnvoll, den Arbeitsschutz für den eigenen Zuständigkeitsbereich in einem Arbeitsschutzmanagementsystem (AMS) zu organisieren, denn Prävention beim Arbeitsschutz kann nur mit systematischen Ansätzen den erwarteten Erfolg bringen.

Nur bei den wenigsten Feuerwehren in Deutschland ist ein Arbeitsschutzmanagementsystem eingeführt und etabliert. Die nachfolgenden Ausführungen sollen Impulse geben und dazu beitragen, ein AMS bei der eigenen Feuerwehr einzuführen, um mögliche Mängel im Sinne des Arbeitsschutzes in der Organisation bzw. in der Arbeitsweise der Mitarbeiter aufzudecken und unter Berücksichtigung von Sicherheit und Gesundheitsschutz eine kontinuierliche Verbesserung des Arbeitsschutzes herbeizuführen.

Die Einführung eines AMS unterliegt keiner gesetzlichen Vorgabe, sondern basiert ausschließlich auf Freiwilligkeit. Ziel eines AMS ist es, die Gesundheit der Mitarbeiter bei einer Feuerwehr zu erhalten und damit die Zahl der Arbeitsunfälle bzw. die Fehlzeiten zu reduzieren und die Arbeitsabläufe kontinuierlich zu optimieren.

Nachfolgend sind im Teil I die rechtlichen Grundlagen, die Grundlagen zum Aufbau eines AMS und zur Durchführung von Gefährdungsbeurteilungen sowie zur Erstellung von Betriebsanweisungen dargestellt. Im Teil II findet sich ein Vorschlag für die Erstellung eines AMS-Handbuchs für eine Musterfeuerwehr. Der Teil III hat Beispiele für Verfahrensanweisungen und Formblätter, Teil IV Beispiele für Gefährdungsbeurteilungen und Teil V Beispiele für Betriebsanweisungen zum Inhalt.

Aus Gründen der besseren Lesbarkeit wird im Verlauf des Buches auf die geschlechterspezifische Unterscheidung verzichtet und ausschließlich die männliche Form verwendet.

Uwe Zimmermann   Oliver Tittmann
Duisburg, im Dezember 2015   Duisburg, im Dezember 2015

Inhaltsverzeichnis

Teil I

Grundlagen

1 Historie

Die historische Entwicklung [1], [2], [3] des Arbeitsschutzes in Deutschland ist eng mit dem Aufbau der industriellen Strukturen ab dem Anfang des 19. Jahrhunderts verbunden. Kinderarbeit in Fabriken war zu diesem Zeitpunkt aufgrund der sozialen Verhältnisse nicht ungewöhnlich. Im Rahmen von militärischen Musterungen fanden sich jedoch nicht mehr ausreichend für das Militär taugliche junge Männer und es wurde in diesem Zusammenhang festgestellt, dass sich die Kinderarbeit negativ auf die Gesundheit der Rekruten der preußischen Armee auswirkte. Hierdurch kam es im Jahr 1839 zu den ersten Vorgaben zum Arbeitsschutz in einem preußischen Regulativ zur Beschäftigung von Kindern und jugendlichen Arbeitern in Fabriken.

Mit dem Inkrafttreten der Reichsgewerbeordnung im Jahr 1871 war eine einheitliche Grundlage für den Arbeitsschutz gelegt. In der weiteren Entwicklung des Arbeitsschutzes kam es 1884 zur Einführung der gesetzlichen Unfallversicherung, wobei die Berufsgenossenschaften als Träger der gesetzlichen Unfallversicherung aus den Betrieben der jeweiligen Berufssparte gebildet wurden. Die Berufsgenossenschaften erhielten das Recht, eigenständig Unfallverhutungsvorschriften zu erlassen.

Die Arbeitsschutzvorschriften wurden in der folgenden Zeit kontinuierlich weiterentwickelt. Hierbei hatte die staatliche Gesetzgebung mehr den sozialen Aspekt beim Arbeitsschutz im Fokus. Die Ausarbeitung von technischen Vorgaben im Arbeitsschutz stellten die Berufsgenossenschaften sicher.

Nach der Beendigung des Ersten Weltkriegs erfolgte im Zuge des Wiederaufbaus des Arbeitsschutzsystems die Festlegung der regelmäßigen täglichen Arbeitszeit auf grundsätzlich nicht mehr als acht Stunden. Einhergehend mit dem Zweiten Weltkrieg wurden die Arbeitsschutzvorschriften wieder sehr stark eingeschränkt und die Richtlinien zum Arbeitsschutz aufgehoben.

Mit der Gründung der Bundesrepublik Deutschland lässt sich die kontinuierliche Weiterentwicklung des sozialen und technischen Arbeitsschutzes verzeichnen, was zu einer stetig größer werdenden Zahl an Gesetzen, Verordnungen, Vorschriften, Richtlinien, Technischen Regeln etc. führte.

Mit der Verabschiedung des Arbeitssicherheitsgesetzes im Dezember 1974 wurde die Tätigkeit von Arbeitsmedizinern und Fachkräften für Arbeitssicherheit in Fragen der betrieblichen Arbeitssicherheit und des Gesundheitsschutzes erstmals gesetzlich festgeschrieben. Mit dem im Jahr 1996 eingeführten Arbeitsschutzgesetz erfolgte die Verpflichtung der Arbeitgeber zur Anwendung des Arbeitssicherheitsgesetzes, wobei dem Arbeits- und Gesundheitsschutz ein entsprechender Stellenwert zugesprochen wurde.

2 Rechtliche Grundlagen

Der Arbeitsschutz in Deutschland, basierend auf den jeweiligen rechtlichen Normen, ist als ein duales Arbeitsschutzsystem (Bild 1) aufgebaut und resultiert aus dem Zusammenwirken von staatlichem Arbeitsschutz und Unfallversicherungsträgern [4], [5].

Der Auftrag für die Gewährleistung des staatlichen Arbeitsschutzes leitet sich für die gesetzgebenden Organe des Bundes und der Länder aus dem Grundgesetz der Bundesrepublik Deutschland ab [6], in dem das Recht auf Leben und körperliche Unversehrtheit sowie die Unverletzlichkeit der Freiheit der Person festgeschrieben ist.

Das Arbeitsschutzgesetz ist ein Bundesgesetz, dessen speziellere Detaillösungen in Verordnungen mit einem ebenfalls rechtsverbindlichen Charakter gefasst werden. Einen nicht rechtsverbindlichen Charakter haben die allgemeinen Verwaltungsvorschriften, die technischen Regeln sowie die wissenschaftlichen Erkenntnisse.

Unter Bezug auf das Sozialgesetzbuch VII machen die Unfallversicherungsträger (die Berufsgenossenschaften für den industriellen und gewerblichen Bereich sowie die Unfallkassen für den Bereich der öffentlichen Verwaltung) von ihrem autonomen Recht Gebrauch und erlassen Unfallverhütungsvorschriften, die ebenfalls einen rechtsverbindlichen Charakter haben. Die Unfallverhütungsvorschriften bedürfen im Rahmen der Ausübung der Fachaufsicht der Zustimmung des Bundesministeriums für Arbeit und Soziales [7]. Nicht rechtsverbindlich sind die Regeln, die Informationen und Grundsätze der Unfallversicherungsträger, welche weiterführende Hinweise für die Unternehmen zur Erreichung der Schutzziele im Arbeitsschutz bieten.

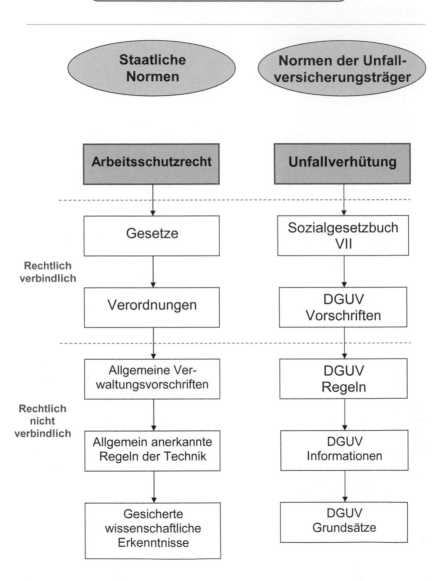

Bild 1: Duales Arbeitsschutzsystem, Normenhierarchie

22

2.1 Arbeitsschutzgesetz (ArbSchG)

ArbSchG

Durch das Arbeitsschutzgesetz [8] (Gesetz über die Durchführung von Maßnahmen des Arbeitsschutzes zur Verbesserung der Sicherheit und des Gesundheitsschutzes der Beschäftigten bei der Arbeit, ArbSchG), welches die europäische Rahmenrichtlinie (89/391/EWG) in deutsches Recht umsetzt, werden die grundsätzlichen Pflichten eines Arbeitgebers, die Pflichten, aber auch die Rechte der Beschäftigten, sowie die Überwachung des Arbeitsschutzes geregelt.

Im ersten Abschnitt werden die allgemeinen Vorschriften gefasst. Gemäß § 1 verfolgt das Gesetz das Ziel, die Gesundheit und die Sicherheit aller Beschäftigten durch dafür geeignete Maßnahmen im Bereich des Arbeitsschutzes sicherzustellen und zu optimieren. Ebenso wird der Anwendungsbereich definiert, indem speziell definierte Arbeitsplätze von der Anwendung dieses Gesetzes ausgenommen sind.

§ 2 definiert sowohl die Maßnahmen im Sinne des Arbeitsschutzes, als auch die unter den Begriff »Beschäftigte« fallenden Personengruppen und den Begriff »Arbeitgeber«. Für den öffentlichen Dienst werden die Dienststellen, das bedeutet u. a. die Behörden einer Kommunalverwaltung, einem Betrieb gleichgestellt.

Im Abschnitt 2 sind die Pflichten des Arbeitgebers formuliert. Auf der Grundlage des § 3 muss der Arbeitgeber in Bezug auf mögliche Gesundheitsgefährdungen an den Arbeitsplätzen der Beschäftigten einer umfangreichen Beurteilungsverpflichtung nachkommen. Hiernach sind unter Berücksichtigung aller sich auf die Arbeit auswirkenden Umstände nicht nur Maßnahmen zum Gesundheits- und Arbeitsschutz zu realisieren, sondern auch deren Wirksamkeit zu kontrollieren und falls notwendig, entsprechend anzupassen. Zu berücksichtigen ist grundsätzlich der aktuelle Stand der Technik. Auf diese Weise ist der Weg für einen modernen und präventiven Arbeitsschutz bereitet.

Weiterhin werden dezidierte Vorgaben gemacht, von welchen allgemeinen Grundsätzen (§ 4) der Arbeitgeber bei den Maßnahmen des Arbeitsschutzes auszugehen hat.

Wesentlicher Bestandteil des ArbSchG sind die §§ 5 (Beurteilung der Arbeitsbedingungen) und 6 (Dokumentation). Gemäß § 5 ArbSchG hat der Arbeitgeber im Rahmen von Gefährdungsbeurteilungen die möglichen, mit der Arbeit verbundenen Gefahren zu ermitteln. Die Gefährdungsbeurteilung kann als die Grundlage für einen wirksamen Arbeitsschutz bei der Feuerwehr zur Verhütung von Unfällen oder Gesundheitsgefahren angesehen werden. Sie sollte zudem Voraussetzung für die Auswahl der bei der Feuerwehr benötigten Arbeitsmittel (Fahrzeuge und Geräte), der Arbeitsabläufe, der Arbeitsstoffe, der Arbeitsplätze mit Ausnahme von Einsatzstellen und der Arbeitsverfahren oder deren Gestaltung sein, sodass es möglich ist, Mängel organisatorischer oder technischer Art sowie grundsätzliches Fehlverhalten zu beseitigen bzw. zu verringern.

Die Gefährdungsbeurteilung kann auch als Hilfsmittel verstanden werden, um zu entscheiden, welche Maßnahmen mit welcher Dringlichkeit wo und in welchem Umfang durchzuführen sind. Werden die Gefährdungsbeurteilungen in regelmäßigen Abständen aktualisiert, fördert das in erheblichem Maß die Verbesserung des Arbeitsschutzes bei der Feuerwehr. Mit der Änderung des ArbSchG im Jahr 2013 sind die psychischen Belastungen in die Beurteilung der Arbeitsbedingungen aufgenommen worden und müssen im Rahmen der Gefährdungsbeurteilung betrachtet werden.

Auf der Grundlage des § 6 ist durch den Arbeitgeber eine geeignete Dokumentation aufzubauen. Hiernach hat der Arbeitgeber nicht nur alle erforderlichen Unterlagen bereit zu stellen, sondern auch die Ergebnisse der Gefährdungsbeurteilungen und die aufgrund dessen getroffenen Maßnahmen sowie die Ergebnisse der Kontrollen zu dokumentieren. Schon Beinaheunfälle von Beschäftigten sind ebenfalls zu erfassen.

Gemäß § 11 ArbSchG haben die Beschäftigten das Recht auf arbeitsmedizinische Vorsorgeuntersuchungen während der Arbeitszeit, es sei denn, dass aufgrund der Gefährdungsbeurteilung und der getroffenen Maßnahmen nicht mit einer Gesundheitsgefährdung zu rechnen ist.

Gemäß § 12 muss der Arbeitgeber die Voraussetzungen für angemessene Unterweisungen, d. h. für arbeitsplatzbezogene Erläuterungen und Anweisungen während der regulären Arbeitszeit schaffen. Hierbei wird zwischen Erst- und Wiederholungsunterweisungen unterschieden.

Der dritte Abschnitt greift die Pflichten und Rechte der Mitarbeiter auf, die sich aktiv in den Arbeitsschutz einzubringen haben. Gemäß § 15 sind die Beschäftigten gehalten, den Eigenschutz aktiv zu betreiben und die Arbeitsmittel sowie die Persönliche Schutzausrüstung entsprechend der jeweiligen Bestimmung zu nutzen. Auf der Grundlage des § 16 wird die Unterstützung des Arbeitgebers in Fragen des Arbeitsschutzes durch die Beschäftigten eingefordert. In § 17 sind die Rechte der Beschäftigten auf die konkrete Unterbreitung von Vorschlägen im Arbeitsschutz dem Arbeitgeber gegenüber beschrieben.

2.2 Arbeitssicherheitsgesetz (ASiG)

ASiG
§ 1 Grundsatz
§ 2 Bestellung von Betriebsärzten
§ 3 Aufgabe der Betriebsärzte
§ 5 Bestellung von Fachkräften für Arbeitssicherheit
§ 6 Aufgabe der Fachkräfte für Arbeitssicherheit
§ 11 Arbeitsschutzausschuss

Im ASiG [9] sind die Aufgabenstellung, die notwendige Qualifikation, die dienstliche Position und die Zusammenarbeit der Arbeitsmediziner bzw. der Fachkräfte für Arbeitssicherheit sowie deren Überwachungspflicht enthalten. Dem Arbeitssicherheitsgesetz liegt der Gedanke der Prävention im Arbeitsschutz zu Grunde.

Auf der Basis des Gesetzes über Betriebsärzte, Sicherheitsingenieure und andere Fachkräfte für Arbeitssicherheit, im Folgenden »Arbeitssicherheitsgesetz – ASiG« abgekürzt, bestellt der kommunale Arbeitgeber Arbeitsmediziner und Fachkräfte für Arbeitssicherheit zur Unterstützung bei der Umsetzung des Arbeitsschutzes gemäß ArbSchG und bei der Unfallverhütung (§ 1).

Auf diese Weise soll erreicht werden, dass
- die Vorschriften, die für den Arbeitsschutz und die Unfallverhütung relevant sind, Anwendung finden,
- die aktuellen arbeitsmedizinischen und sicherheitstechnischen Forschungsergebnisse in den betrieblichen Arbeitsschutz und die Unfallverhütung einfließen,
- dem Arbeitsschutz und der Unfallverhütung ein entsprechender Stellenwert eingeräumt wird.

Gemäß § 2 ASiG hat der Arbeitgeber den bestellten Arbeitsmedizinern die entsprechenden Voraussetzungen für die Erfüllung der Aufgaben zu schaffen; das bedeutet die Bereitstellung von adäquaten Räumlichkeiten, Einrichtungen, Geräten und Mitteln. Dem Arbeitgeber kommt die Kontrolle der Aufgabenerfüllung der von ihm bestellten Arbeitsmediziner zu.

Der § 3 definiert die Aufgaben der Arbeitsmediziner zur Unterstützung des Arbeitgebers beim Arbeitsschutz, der Unfallverhütung und in Fragen des Gesundheitsschutzes. Die Arbeitsmediziner sind hierbei beratend tätig.

Die §§ 5 und 6 ASiG haben die Bestellung der Fachkraft für Arbeitssicherheit und deren Aufgaben zum Inhalt. Auch der Fachkraft für Arbeitssicherheit hat der Arbeitgeber die Möglichkeiten zur Erfüllung der Aufgaben einzuräumen. Ihr kommt eine beratende Funktion zu. Dem Arbeitgeber obliegt auch hier die Kontrolle der Aufgabenerfüllung der von ihm bestellten Fachkraft für Arbeitssicherheit.

Der § 11 ASiG beschreibt die Aufgabe, die Bildung sowie die Zusammensetzung eines Arbeitsschutzausschusses und macht eine Vorgabe, wann der Ausschuss zusammentreten soll.

2.3 Betriebssicherheitsverordnung (BetrSichV)

BetrSichV
§ 2 Begriffsbestimmungen
§ 3 Gefährdungsbeurteilung
§ 4 Grundpflichten des Arbeitgebers
§ 5 Anforderungen an die zur Verfügung gestellten Arbeitsmittel
§ 6 Grundlegende Schutzmaßnahmen bei der Verwendung von Arbeitsmitteln
§ 12 Unterweisung und besondere Beauftragung von Beschäftigten
§ 14 Prüfung von Arbeitsmitteln

In der Betriebssicherheitsverordnung [10], der deutschen Umsetzung der Arbeitsmittelrichtlinie 2009/104/EG, wird u. a. die Bereitstellung von Arbeitsmitteln durch den Arbeitgeber und deren Benutzung durch die Arbeitnehmer bei der Arbeit geregelt. Hierzu zählt auch die Unterrichtung und Unterweisung der Beschäftigten sowie die Prüfung von Arbeitsmitteln.

In § 2 BetrSichV werden die Arbeitsmittel, die Bereitstellung und Benutzung sowie zur Prüfung von Arbeitsmitteln befähigte Personen im Sinne der Verordnung definiert. Es ist zu beachten, dass befähigte Personen keinen fachlichen Weisungen unterliegen.

Aus § 3 und § 4 BetrSichV lässt sich entnehmen, dass der Arbeitgeber unter Berücksichtigung der §§ 4 und 5 ArbSchG im Rahmen einer Gefährdungsbeurteilung alle notwendigen und geeigneten Schutzmaßnahmen zu treffen hat, die für eine sichere Benutzung und Bereitstellung von Arbeitsmitteln relevant sind. Dabei ist besonderes Augenmerk auf die mit der Benutzung des Arbeitsmittels selbst, die an einem Arbeitsplatz aufgrund der Wechselwirkungen der Arbeitsmittel miteinander oder mit Arbeitsstoffen bzw. der Arbeitsumgebung auftretenden Gefährdungen zu legen. Das bedeutet, dass vor der Einführung eines neuen feuerwehrtechnischen Geräts oder eines Fahrzeugs eine Gefährdungsbeurteilung durchgeführt werden muss. Zudem sind die Art, der Umfang und die Fristen der erforderlichen Prüfungen zu ermitteln und festzulegen. Ergibt sich aus einer Gefährdungsbeurteilung die Notwendigkeit, Gefährdungen für die Beschäftigten zu beseitigen, sind die dafür geeigneten Maßnahmen zu ergreifen. Die Wirksamkeit der Maßnahmen muss überprüft werden. Gefährdungsbeurteilungen unterliegen einem dynamischen Revisionsverfahren. Die Ergebnisse sind zu dokumentieren.

Die Anforderungen an die Bereitstellung und an die Benutzung der Arbeitsmittel sind in § 5 formuliert. Der Arbeitgeber darf nur solche Arbeitsmittel bereitstellen und durch die Mitarbeiter benutzen lassen, die für die jeweilige Arbeit geeignet sind, den Einsatzbedingungen und den Beanspruchungen genügen und die relevanten Sicherheitseinrichtungen aufweisen.

In § 6 werden die grundlegenden Maßnahmen zum Gesundheitsschutz und zur Sicherheit der Beschäftigten bei der Verwendung der Arbeitsmittel, die der Arbeitgeber zur Verfügung stellt, beschrieben. Hier hat sich der Arbeitgeber davon zu überzeugen, dass die Beschäftigten die zur Verfügung gestellten Arbeitsmittel sicher verwenden und die bereitgestellte Persönliche Schutzausrüstung anlegen. Der Arbeitgeber hat möglichen Manipulationen an Schutz- und Sicherheitseinrichtungen in angemessener Form zu begegnen.

Die Pflichten des Arbeitgebers zur angemessenen Information und Unterweisung der Beschäftigten über die sich aus der Arbeitsumgebung oder der Verwendung von Arbeitsmitteln ergebenden Gefahren, die notwendigen Maßnahmen zum Schutz und die Verhaltensregeln bei internen Notfällen sind in § 12 dargestellt. Explizit wird auf die Erstellung von Betriebsanweisungen in einer für die Mitarbeiter verständlichen Form und Sprache hingewiesen.

Die bei der Prüfung von Arbeitsmitteln zu beachtenden Vorgaben in Bezug auf Fristen, Art und Umfang sowie die Dokumentation der Ergebnisse lassen sich aus § 14 entnehmen. Zur Prüfung kann sich der Arbeitgeber der eigenen Mitarbeiter bedienen, sofern es sich um Personen handelt, die zur Durchführung der Prüfung befähigt sind.

2.4 Arbeitsstättenverordnung (ArbStättV)

ArbStättV
§ 2 Begriffsbestimmungen
§ 3 Gefährdungsbeurteilung
§ 5 Nichtraucherschutz

In der Arbeitsstättenverordnung [11] werden Vorgaben für den Betrieb von Arbeitsräumen, die Temperierung von Arbeitsräumen sowie deren Belüftung, Beleuchtung, Sicherheitseinrichtungen usw. gemacht.

Gemäß § 2 ArbStättV werden unter Arbeitsstätten solche Orte verstanden, die für die Nutzung als Arbeitsplätze vorgesehen sind oder zu denen die Beschäftigten Zugang haben. Die detaillierte Beschreibung der weiteren Bereiche, Räume oder Einrichtungen, die zur Arbeitsstätte gehören, sind Inhalt des § 2 (Begriffsbestimmungen).

Im § 3 der ArbStättV wird die Forderung nach einer Gefährdungsbeurteilung formuliert. Hiernach hat der Arbeitgeber durch eine Gefährdungsbeurteilung sicherzustellen, dass von den Arbeitsstätten keine Gefährdung der Gesundheit und der Sicherheit der Arbeitnehmer ausgeht. Weiterhin hat der Arbeitgeber für eine fachkundig durchgeführte Gefährdungsbeurteilung Sorge zu tragen; das schließt die entsprechende Dokumentation ein.

Gemäß § 5 ArbStättV hat der Arbeitgeber Maßnahmen für einen angemessenen Nichtraucherschutz zu treffen.

Zudem hat der Arbeitgeber unter Berücksichtigung des Standes der Technik sowie der aktuellen hygienischen und arbeitsmedizinischen Erkenntnisse die entsprechenden Schutzmaßnahmen festzulegen.

Die Arbeitsstätten bei einer kommunalen Feuerwehr sind die Feuer- und Rettungswachen der Berufsfeuerwehr oder die Gerätehäuser der Freiwilligen Feuerwehr, wo eine oder mehrere Personen ständig haupt- bzw. nebenberuflich arbeiten.

2.5   Gefahrstoffverordnung (GefStoffV)

GefStoffV
§ 1   Zielsetzung und Anwendungsbereich
§ 2   Begriffsbestimmungen
§ 3   Gefährlichkeitsmerkmale
§ 6   Informationsermittlung und Gefährdungsbeurteilung
§ 7   Grundpflichten

Das grundsätzliche Ziel und der Anwendungsbereich der Gefahrstoffverordnung (GefStoffV) [12] sind in § 1 formuliert. Demnach gilt es den
Menschen und die Umwelt vor der schädigenden Einwirkung von Gefahrstoffen zu schützen. In der GefStoffV sind die Schutzmaßnahmen für
Beschäftigte und der betriebliche Umgang mit Gefahrstoffen umfassend
geregelt. Als Gefahrstoffe gemäß § 2 bezeichnet man solche Stoffe, Zu-
bereitungen und Erzeugnisse, die definierte physikalische oder chemische
Eigenschaften haben (hochentzündlich, giftig, ätzend, krebserzeugend
etc.). § 3 definiert die Gefährlichkeitsmerkmale der Gefahrstoffe. In § 6
sind dezidierte Vorgaben zur Erstellung von Gefährdungsbeurteilungen
gemacht, wenn der Arbeitgeber festgestellt hat, dass eine Tätigkeit der
Beschäftigten mit Gefahrstoffen vorliegt bzw. dass bei der Tätigkeit Gefahrstoffe entstehen können. D.h. in diesem Paragrafen werden alle Regelungen zur Gefährdungsbeurteilung gebündelt – von der Informationsbeschaffung bis zur Dokumentation. In § 7 sind die Grundpflichten
definiert, nach denen der Arbeitgeber das Arbeiten mit Gefahrstoffen erst
dann gestatten darf, wenn die erforderlichen Schutzmaßnahmen gemäß
Abschnitt 4 dieser Verordnung aufgegriffen wurden.

Die GefStoffV ist besonders beim Betrieb von Kfz-Werkstätten bei
den Feuerwehren oder auch bei der Lagerung von gefährlichen Stoffen
zu beachten.

2.6 Biostoffverordnung (BioStoffV)

BioStoffV
§ 2   Begriffsbestimmungen
§ 3   Einstufung von Biostoffen in Risikogruppen
§ 4   Gefährdungsbeurteilung
§ 5   Tätigkeiten mit Schutzstufenzuordnung
§ 7   Dokumentation der Gefährdungsbeurteilung und Aufzeichnungspflicht
§§ 8–14 Grundpflichten und Schutzmaßnahmen

Mit der Biostoffverordnung (BioStoffV) [13] werden die Vorgaben der europäischen Richtlinien zum Schutz der Beschäftigten gegen Gefährdungen durch biologische Arbeitsstoffe während der Arbeit (Richtlinie 2000/54/EG) und zur Vermeidung von Verletzungen durch scharfe oder spitze medizinische Gegenstände (Richtlinie 2010/32/EU) in deutsches Recht transferiert.

Durch ihre berufliche Tätigkeit sind die Beschäftigten im Rettungsdienst beim Umgang mit Menschen biologischen Arbeitsstoffen (Krankheitserregern, Mikroorganismen wie Viren, Bakterien und Pilzen, die Infektionen, sensibilisierende oder toxische Wirkungen verursachen) ausgesetzt, sie können diese freisetzen und/oder mit diesen direkt oder im Gefahrenbereich in Kontakt kommen. Auf der Basis von § 5 Arbeitsschutzgesetz (ArbSchG) ist der Arbeitgeber dazu verpflichtet, bei biologischen Einwirkungen durch eine Beurteilung der arbeitsplatzbedingten Gefährdungen die notwendigen Schutzmaßnahmen zu ermitteln. Diese allgemein gültige Vorschrift wird für Tätigkeiten mit biologischen Arbeitsstoffen in der Biostoffverordnung (BioStoffV) beschrieben und dient dem Schutz der Beschäftigten bei Tätigkeiten mit biologischen Arbeitsstoffen.

In § 2 BioStoffV werden die Begriffe definiert, die für die Verordnung von Bedeutung sind. Es erfolgt die Zuordnung u. a. von Begrifflichkeiten wie Biostoffe, Mikroorganismen und Zellkulturen sowie von Tätigkeiten (gezielt bzw. nicht gezielt) und Beschäftigten bzw. von Schutzstufen. Zudem werden die Fachkunde, der Stand der Technik sowie die Einrichtungen im Gesundheitsdienst begrifflich bestimmt.

§ 3 regelt auf der Grundlage des jeweiligen Infektionsrisikos des biologischen Arbeitsstoffs die Einstufung in vier Risikogruppen, wobei mit dem Infektionsrisiko auch die Einstufung steigt.

Gemäß § 4 hat der Arbeitgeber auf der Grundlage der ermittelten Informationen vor der Aufnahme der Tätigkeiten mit biologischen Arbeitsstoffen durch die Beschäftigten Gefährdungsbeurteilungen fachkundig zu erstellen und in regelmäßigen Abständen zu überprüfen. Bei maßgeblichen Änderungen müssen die Revisionen unverzüglich vorgenommen werden. Auf inhaltliche Aspekte der Gefährdungsbeurteilung wird explizit hingewiesen. Hierbei gilt es die Infektionsgefährdung und die Gefährdung durch gesundheitsschädigende Wirkung zu beurteilen.

In § 5 werden konkrete Vorgaben zur Gefährdungsbeurteilung in Einrichtungen des Gesundheitsdienstes bei gezielten und bei nicht gezielten Tätigkeiten mit biologischen Arbeitsstoffen gemacht. Die ausgeübten Tätigkeiten sind in Bezug auf die Infektionsgefährdung einzustufen.

In § 7 BioStoffV werden allgemeine und konkrete Angaben zur Dokumentation der Gefährdungsbeurteilung gemacht. Bestandteil der Dokumentation ist auch ein Biostoffverzeichnis.

In den zum Abschnitt 3 der BioStoffV gehörenden §§ 8 bis 14 sind die Grundpflichten und die Schutzmaßnahmen aufgeführt. Zu den in § 8 formulierten Grundpflichten des Arbeitgebers zählt neben der Einbindung des Arbeitsschutzes in Bezug auf biologische Arbeitsstoffe in die betriebliche Organisation und der Veranlassung von geeigneten Schutzmaßnahmen auch die Einbindung der Personalvertretung in die Entscheidungsfindung. Weiterhin haben die Sensibilisierung der Mitarbeiter in Bezug auf die Sicherheit, die Bereitstellung geeigneter Persönlicher Schutzkleidung sowie die Verpflichtung zur regelmäßigen Wirksamkeitsprüfung der ergriffenen Maßnahmen zum Schutz der Gesundheit und der Sicherheit der Beschäftigten Bedeutung bei den Grundpflichten. In § 9 werden die allgemeinen und in § 11 die zusätzlichen Schutzmaßnahmen in Einrichtungen des Gesundheitsdienstes ausgeführt. Inhalte der §§ 12 bis 14 sind die arbeitsmedizinische Vorsorge, das Vorgehen bei Betriebsstörungen und Unfällen sowie die Vorgaben zur Erstellung von Betriebsanweisungen bzw. die Durchführung von Unterweisungen.

2.7   Weitere Verordnungen

- Bildschirmarbeitsverordnung (BildscharbV)
- Mutterschutzgesetz (MuSchG)
- Verordnung zum Schutze der Mütter am Arbeitsplatz (MuSchArbV)
- Lärm- und Vibrations-Arbeitsschutzverordnung (LärmVibrations-ArbSchV)
- PSA-Benutzungsverordnung (PSA-BV)

Auf die nachfolgend aufgeführten Verordnungen, die sich mit der Beurteilung der Arbeitsbedingungen befassen und für die Feuerwehr eine Relevanz darstellen, soll inhaltlich nur kurz eingegangen werden. Die Auflistung erhebt keinen Anspruch auf Vollständigkeit.

Verordnung über Sicherheit und Gesundheitsschutz bei der Arbeit an Bildschirmgeräten (Bildschirmarbeitsverordnung – BildscharbV) [14]
Diese Verordnung setzt sich mit der Arbeit an Bildschirmen auseinander. Ziel ist es, dass der Arbeitgeber die Gefährdung des Sehvermögens sowie körperliche Probleme z. B. im Rahmen einer Gefährdungsbeurteilung erfasst und die entsprechenden Schlussfolgerungen zieht. Bei Bildschirmarbeitsplätzen muss der Arbeitgeber grundsätzlich darauf achten, dass die Tätigkeit der Beschäftigten regelmäßig durch andere Anforderungen unterbrochen wird, damit die Belastung für die Beschäftigten so gering wie möglich gehalten wird. Dem kann entsprochen werden, wenn eine Mischung von unterschiedlichen Tätigkeiten im Rahmen der Verwaltungsarbeiten bei der Feuerwehr Anwendung findet. [15]

Gesetz zum Schutze der erwerbstätigen Mutter (Mutterschutzgesetz – MuSchG) [16], Verordnung zum Schutze der Mütter am Arbeitsplatz (MuSchArbV) [17]
Gemäß § 5 MuSchG sollen werdende Mütter ihre Schwangerschaft und den erwarteten Entbindungstermin dem Arbeitgeber mündlich oder auf Verlangen durch Vorlage eines ärztlichen Zeugnisses mitteilen, sobald ihnen ihr Zustand bekannt ist. Im Gegenzug hat der Arbeitgeber alle Maßnahmen zum Schutz von Leben und Gesundheit für die weitere Beschäftigung der werdenden Mutter in die Wege zu leiten (§ 2 MuSchG). Das bedeutet, dass unter Beachtung der §§ 2 (Gestaltung des Arbeitsplatzes), 4 (weitere Beschäftigungsverbote) und 8 (Mehrarbeit, Nacht- und Sonntagsarbeit) des Mutterschutzgesetzes sowie unter Berücksichtigung der Mutterschutzarbeitsplatzverordnung der jeweilige Arbeitsplatz zu kontrollieren und zu beurteilen ist.

Auf der Grundlage der Verordnung zum Schutz der Mütter am Arbeitsplatz hat der Arbeitgeber nach Bekanntwerden der Schwangerschaft gemäß § 1 MuSchArbV alle Tätigkeiten, in deren Zusammenhang die werdende oder stillende Mutter gefährdet werden kann, im Rahmen einer Gefährdungsbeurteilung abzuschätzen. Ergibt sich aus der Gefährdungsbeurteilung, dass Auswirkungen auf die Sicherheit oder die Gesundheit der Mutter möglich sind, trifft der Arbeitgeber (§ 3 MuSchArbV) die entsprechenden und angemessenen Maßnahmen.

Grundsätzlich hat der Arbeitgeber zu prüfen, ob die Arbeitszeiten den Vorgaben des Mutterschutzgesetzes entsprechen.

Verordnung zum Schutz der Beschäftigten vor Gefährdungen durch Lärm und Vibrationen (LärmVibrationsArbSchV) [18]
Diese Verordnung hat das Ziel, die Beschäftigten vor möglichen oder tatsächlichen Gefährdungen ihrer Gesundheit und ihrer Sicherheit durch Lärm bzw. Vibrationen bei der Ausübung der Arbeit zu schützen. Mit der Verordnung werden die entsprechenden europäischen Richtlinien in nationales Recht überführt. Der Arbeitgeber hat im Rahmen von Gefährdungsbeurteilungen die Gefährdung der Beschäftigten im Zuge der Exposition durch Lärm oder Vibrationen zu beurteilen und geeignete Maßnahmen zur Vermeidung oder Verringerung zu ergreifen. Explizit wird auf die Bereitstellung von Gehörschutz und die Pflicht zur Unterweisung der Beschäftigten beim Überschreiten der unteren Auslösewerte durch den Arbeitgeber hingewiesen.

Verordnung zur Bereitstellung und Benutzung von Persönlicher Schutzausrüstung (PSA-Benutzungsverordnung – PSA-BV) [19]
Die PSA-BV regelt die Bereitstellung von Persönlicher Schutzausrüstung (PSA) durch den Arbeitgeber und die Verwendung der PSA durch die Beschäftigten. Die PSA dient dazu, die Beschäftigten vor Gefährdungen ihrer Gesundheit oder Sicherheit zu schützen. Der Arbeitgeber darf den Beschäftigten nur die den jeweiligen Erfordernissen entsprechende PSA zur Verfügung stellen, was eine Gefährdungsbeurteilung impliziert. Die PSA-BV beschreibt zudem die grundsätzlichen Anforderungen an den Arbeitgeber zur Beschaffung, Instandsetzung, Wartung und Lagerung sowie die Verpflichtung zur Unterweisung der Beschäftigten.

2.8   Technische Regeln

Technische Regeln für Arbeitsstätten (ASR)
ASR A1.3   Sicherheits- und Gesundheitsschutzkennzeichnung
ASR A2.3   Fluchtwege und Notausgänge, Flucht- und Rettungsplan
ASR A3.4/3 Sicherheitsbeleuchtung, optische Sicherheitsleitsysteme
ASR A3.5   Raumtemperatur
ASR A4.4   Unterkünfte

Technische Regeln für Biologische Arbeitsstoffe (TRBA)
TRBA 250   Biologische Arbeitsstoffe im Gesundheitswesen und in
            der Wohlfahrtspflege
TRBA 400   Handlungsanleitung zur Gefährdungsbeurteilung und
            für die Unterrichtung der Beschäftigten bei Tätigkeiten
            mit biologischen Arbeitsstoffen

Technische Regeln für Betriebssicherheit (TRBS)
TRBS 1111   Gefährdungsbeurteilung und sicherheitstechnische Be-
            wertung
TRBS 3151   Vermeidung von Brand-, Explosions- und Druckgefähr-
            dungen an Tankstellen und Füllanlagen zur Befüllung
            von Landfahrzeugen

Technische Regeln für Gefahrstoffe (TRGS)
TRGS 400   Gefährdungsbeurteilung für Tätigkeiten mit Gefahrstof-
            fen
TRGS 401   Gefährdung durch Hautkontakt
TRGS 510   Lagerung von Gefahrstoffen in ortsbeweglichen Behäl-
            tern
TRGS 554   Abgase von Dieselmotoren

Unter Technischen Regeln lassen sich Empfehlungen und/oder technische Vorschläge verstehen, die einen Weg zur Einhaltung eines Gesetzes oder einer Verordnung aufzeigen. Sie stellen keine Rechtsnorm dar.
    Die Technischen Regeln für Arbeitsstätten (ASR), auch unter der alten Bezeichnung »Arbeitsstättenrichtlinien« bekannt, spezifizieren die allgemein gehaltene Arbeitsstättenverordnung. An dieser Stelle seien beispielhaft die ASR A1.3 »Sicherheits- und Gesundheitsschutzkennzeichnung«, ASR A4.4 »Unterkünfte«, ASR A2.3 »Fluchtwege und Notausgänge, Flucht- und Rettungsplan«, ASR A3.4/3 »Sicherheitsbeleuchtung, optische Sicherheitsleitsysteme« oder ASR A3.5 »Raumtemperatur« genannt.

Bei einer Reihe von Feuerwehren werden eigene Tankstellen unterhalten. Seit 2003 unterliegen diese Tankstellen und Füllstellen für brennbare Flüssigkeiten der BetrSichV. Die technischen Regeln für brennbare Flüssigkeiten sind seit Januar 2013 außer Kraft und durch die TRGS 510 bzw. die Technischen Regeln für Betriebssicherheit (TRBS) ersetzt worden.

Die technischen Regeln für Gefahrstoffe (TRGS) lassen sich als Hilfen für die Auslegung und Anwendung der GefStoffV verstehen. Auch in den TRGS sind konkrete Maßnahmen zur Durchführung von Gefährdungsbeurteilungen bei Tätigkeiten mit Gefahrstoffen vorgegeben. Die TRGS 400 beschreibt Vorgehensweisen zur Informationsermittlung und Gefährdungsbeurteilung gemäß § 6 der GefStoffV. Die TRGS 401 konkretisiert die Anforderungen der GefStoffV mit Blick auf die Gefährdung der Haut, wenn die Beschäftigten mit Gefahrstoffen in Kontakt kommen, die durch die Haut aufgenommen werden können oder auf die die Haut sensibel reagiert.

2.9   Unfallverhütungsvorschriften

DGUV Vorschriften
DGUV Vorschrift 1 »Grundsätze der Prävention«
DGUV Vorschrift 4 »Elektrische Anlagen und Betriebsmittel«
DGUV Vorschrift 7 »Arbeitsmedizinische Vorsorge«
DGUV Vorschrift 49 »Feuerwehren«

In § 1 Sozialgesetzbuch VII (SGB VII) [20] werden die grundsätzlichen Aufgaben der Unfallversicherung definiert. Danach haben sich die Unfallversicherungen für die Verhütung von Arbeitsunfällen, Berufskrankheiten und Gesundheitsgefahren, die auf Arbeitsprozesse zurückzuführen sind, einzusetzen. Gemäß § 15 SGB VII ist den Unfallversicherungsträgern das autonome Recht zugestanden, Unfallverhütungsvorschriften zu erlassen, soweit das zur Prävention erforderlich ist. Für jedes Unternehmen und für alle gesetzlich Unfallversicherten sind in den Unfallverhütungsvorschriften verbindliche Vorgaben in Bezug auf die Arbeitssicherheit und den Gesundheitsschutz am Arbeitsplatz formuliert. In diesen Vorschriften ist das Verhalten der Unfallversicherten zur Vorbeugung und Verhütung u. a. von Arbeitsunfällen geregelt. Die Unfallverhütungsvorschriften sind den Verordnungen gleichgestellt und haben damit rechtliche Verbindlichkeit. In ihnen ist das ausschließliche Verhältnis zwischen dem Unternehmer/Arbeitgeber, den Beschäftigten und dem Unfallversicherungsträger beschrieben.

In der Unfallverhütungsvorschrift »Grundsätze der Prävention« (DGUV Vorschrift 1) wie auch in der gleich lautenden DGUV Regel (DGUV Regel 100-001) werden Inhalte des ArbSchG aufgegriffen und umfassend erläutert. Das beinhaltet auch hier die Aussagen zu den Pflichten des Unternehmers, eine Gefährdungsanalyse durchzuführen. Ergänzt werden die Ausführungen zu den Pflichten des Unternehmers durch Aussagen zu den Pflichten der Unfallversicherten und zur Organisation des betrieblichen Arbeitsschutzes.

3   Strukturen im Arbeitsschutz

3.1   Verantwortungsträger

Fragt man nach der grundsätzlichen Verantwortung im Arbeitsschutz
[21], erfolgt eine Pflichtenübertragung entweder
* unmittelbar durch die Gesetze,
* durch einen Vertrag oder eine Anweisung des Arbeitgebers oder
* durch die tatsächlichen Umstände in einer Organisation.

Wenn man sich vergegenwärtigt, wer in Fragen des Arbeitsschutzes die
Verantwortung trägt, bildet eine schriftliche Pflichtenübertragung nur
einen Ausschnitt ab. Grundsätzlich gilt, dass die Verantwortung für die
Einhaltung der Vorgaben und Forderungen im Arbeitsschutz eine Füh-
rungsaufgabe und eng mit der Kompetenz innerhalb der Verwaltungshierarchie verbunden ist.

3.1.1   (Ober-)Bürgermeister

Im kommunalen Bereich [21] gilt z. B. die Kommunalverwaltung, vertreten durch den (Ober-)Bürgermeister, als Unternehmer/Arbeitgeber im
Sinne des ArbSchG. Der (Ober-)Bürgermeister ist der gesetzliche Vertreter einer Kommune. § 13 ArbSchG definiert die Verwaltungshierarchie
im Arbeitsschutz. Der (Ober-)Bürgermeister trägt die Hauptverantwor-
tung für die Gewährleistung von Sicherheit und Gesundheitsschutz der
Beschäftigten einer Kommunalverwaltung bei der Arbeit.
    Als wesentliche Arbeitgeberpflicht ist neben den Grundpflichten gemäß
§ 3 ArbSchG die Beurteilung der Arbeitsbedingungen auf der Grundlage
des § 5 ArbSchG hervorzuheben. Hiernach hat der Unternehmer/Arbeit-
geber die mit der Arbeit der Beschäftigten verbundenen Gefährdungen
zu beurteilen (Erstellung von Gefährdungsbeurteilungen) und die Maßnahmen des Arbeitsschutzes, die zur Abwendung von Gefährdungen relevant sind, durchzuführen. Liegen gleichartige Tätigkeiten oder Arbeits-

bedingungen vor, ist es ausreichend einen Arbeitsplatz bzw. eine Tätigkeit zu beschreiben.

Auch im Sozialgesetzbuch VII findet sich eine eindeutige Beschreibung der Verantwortlichkeit. Die Städte oder Gemeinden unterliegen nach dem Sozialgesetzbuch VII der Mitgliedschaft in dem jeweiligen Unfallversicherungsverband. Gemäß § 21 SGB VII ist der Unternehmer als Verantwortlicher für den Arbeits- und Gesundheitsschutz benannt.

Im § 618 Bürgerliches Gesetzbuch (BGB) [22] findet sich der Hinweis auf die Verantwortung des Unternehmers/Arbeitgebers in der Fürsorgepflicht im Hinblick auf den Arbeitsschutz unter privatrechtlichen Aspekten. Durch die Fürsorgepflicht wird die Verantwortung für den Arbeitsschutz eingeschlossen. Sie wird im Moment der Begründung des Arbeitsverhältnisses rechtlich wirksam.

Gemeinsam mit den Führungskräften der kommunalen Verwaltung, den Amts- und Institutsleitern formuliert der (Ober-)Bürgermeister unter Beteiligung des Gesamtpersonalrates die Ziele des Arbeitsschutzes. Hierzu zählen u. a. auch die Festlegung einer Aufbauorganisation und die Erweiterung der Ablauforganisation um die Inhalte des Arbeitsschutzes. Weiterhin sind die notwendigen finanziellen Mittel bereitzustellen und eine Erste-Hilfe- bzw. Notfallorganisation aufzubauen. Entsprechend dem ASiG bestellt der (Ober-)Bürgermeister Fachkräfte für Arbeitssicherheit und Arbeitsmediziner, die ihm in einer Stabsstelle zugeordnet sein sollten.

Zur Verantwortlichkeit des (Ober-)Bürgermeisters zählt beispielsweise auch die Dokumentation und Beschreibung der Arbeitsschutzdokumentation sowie aller veranlassten aufbau- und ablauforganisatorischen Vorgaben, Regelungen, Dienst- und Verfahrensanweisungen.

3.1.2 Führungskräfte

Der Leiter der Feuerwehr ist in § 13 ArbSchG nicht explizit als Adressat genannt. Da jedoch im Sinne des § 13 Abs. 1 Ziff. 4 die Dienststelle (die Feuerwehr) und der Betrieb gleichzusetzen sind, hat der Leiter der Feuerwehr eine Verantwortung im Arbeitsschutz per Gesetz.

Die Übertragung einer Gesamtverantwortung, einer Teilverantwortung oder auch nur einzelner Pflichten des Arbeitsschutzes erfolgt auch durch die Übernahme einer bestimmten Funktion, durch erweiternde Beauftragung im Rahmen von bürgerlich-rechtlichen Vorschriften oder auf der Basis von besonderen Vorschriften (ArbSchG, SGB VII, UVV).

Im Wege der Pflichtenübertragung von Kompetenzen und Aufgaben hat der Leiter der Feuerwehr als oberste Führungskraft die entsprechende Organisationsverantwortung für seinen Zuständigkeitsbereich. Dass die Funktion die Verantwortung für den Arbeitsschutz im Zuständigkeitsbereich enthält, ergibt sich aus dem Geschäftsverteilungsplan bzw. der Stellenbeschreibung oder einem entsprechenden Pflichtenkatalog (Pflichtenübertragung durch Anweisung des Arbeitgebers). Der Leiter der Feuerwehr setzt mit den ihm nachgeordneten Führungskräften die formulierten Arbeitsschutzziele um.

Werden die Aufgaben des Arbeitsschutzes, welche die Führungskraft übertragen bekommen hat, von ihr ausgeführt, übernimmt sie die entsprechende Verantwortung (Pflichtenübertragung durch die tatsächliche Übernahme). Hierzu ist eine schriftliche oder mündliche Konkretisierung der Einhaltung von Aspekten des Arbeitsschutzes nicht notwendig [23].

Zu den Aufgaben des Leiters der Feuerwehr gehört die Formulierung der Aufgaben im Bereich des Arbeitsschutzes, die dann entsprechend qualifizierten Mitarbeitern zugewiesen werden. Die Fachkräfte für Arbeitssicherheit und die Arbeitsmediziner stehen dem Leiter der Feuerwehr dabei beratend zur Seite. Zu den Aufgaben im Arbeitsschutz zählen weiterhin die Beurteilung und Bewertung der Belastung und Gefährdung der Mitarbeiter (Gefährdungsbeurteilung) und die Festlegung von geeigneten Maßnahmen zum Schutz der Mitarbeiter. Zudem sind Betriebsanweisungen zu erstellen, deren Inhalte auf die jeweiligen Arbeitsplätze bzw. Arbeitsabläufe abgestimmt sein müssen. Der Leiter der Feuerwehr hat u. a. auch dafür Sorge zu tragen, dass

• geeignete Persönliche Schutzausrüstung ausgewählt und beschafft wird,
• die Arbeitsbereiche und die technischen Ausrüstungen bzw. Anlagen einer wiederkehrenden sicherheitstechnischen Überprüfung unterzogen werden,
• eine regelmäßige Unterweisung der Mitarbeiter organisiert und durchgeführt wird,
• die Einhaltung der Vorschriften des Arbeitsschutzes gesichert ist und das jeweilige Dezernat als vorgesetzte Stelle regelmäßige Berichte erhält.

Weitere Hinweise auf Aufgaben ergeben sich auch aus der DGUV Information 211-029 [24].

Auch die Führungskräfte der oberen Leitungsebene der Feuerwehr (Abteilungsleiter) sind als verantwortliche Personen gemäß § 13 ArbSchG nicht ausdrücklich genannt. Dennoch muss davon ausgegangen werden, dass durch die Gesetzgebung die obere Führungsebene ebenfalls erfasst werden sollte, da in § 13 Abs. 1 Ziff. 5 von sonstigen »beauftragten Personen im Rahmen ihrer Aufgaben und Befugnisse« die Rede ist.

3.2 Rechtsfolgen der Verantwortung

Verstößt der Unternehmer/Arbeitgeber oder von ihm Beauftragte gegen die Verantwortung nach dem ArbSchG, dem SGB VII oder dem BGB, kann das Konsequenzen in strafrechtlicher, zivilrechtlicher oder arbeitsrechtlicher Hinsicht nach sich ziehen.

Die Rechtsnormen und Vorschriften zum Arbeitsschutz sind sehr komplex. In jeder dieser Normen finden sich Hinweise auf strafrechtliche Sanktionen oder auf Sanktionen, die auf Bußgeldvorschriften basieren. Die nachfolgenden Ausführungen können daher nur einen Ausschnitt wiedergeben. Eine detaillierte Übersicht, wie bei Beachtung der einschlägigen Gesetze und Verordnungen Ordnungswidrigkeiten und Straftaten vermieden werden können, gibt das »Pflichtenheft Arbeitsschutzrecht« [25].

Im strafrechtlichen Sinn [26] kommen der § 145 Strafgesetzbuch (StGB) [27] (Missbrauch von Notrufen und Beeinträchtigung von Unfallverhütungs- und Nothilfemitteln), der § 229 StGB (fahrlässige Körperverletzung) oder der § 222 StGB (fahrlässige Tötung) wie auch die §§ 223 StGB (Körperverletzung), 224 (gefährliche Körperverletzung) und 226 (schwere Körperverletzung) in Betracht. Die strafrechtliche Verantwortung setzt eine mit einem möglichen Arbeitsunfall kausal verknüpfte Handlung voraus.

Der Unternehmer/Arbeitgeber hat zivilrechtlich Schadenersatzforderungen zu entsprechen, wenn ein möglicher Arbeitsunfall vorsätzlich oder grob fahrlässig herbeigeführt worden ist (§§ 104, 105 SGB VII).

Konsequenzen in arbeitsrechtlicher Hinsicht werden als Maßnahmen vom Unternehmer/Arbeitgeber getroffen. Hierbei kann es sich um Missbilligungen, Abmahnungen oder Kürzungen der Gehalts-/Lohnfortzahlungen handeln.

3.3 Fachkraft für Arbeitssicherheit und Arbeitsmediziner

Es kann davon ausgegangen werden, dass in vielen Kommunen, mit Ausnahme der größeren oder großen Städte, keine eigenen Fachkräfte für Arbeitssicherheit oder Arbeitsmediziner beschäftigt werden. Hier ist es gängige Praxis, mit externen Sicherheitsingenieuren oder niedergelassenen Arbeitsmedizinern zusammenzuarbeiten. Die Aufgaben ergeben sich aus den §§ 3 und 6 ASiG.

Grundsätzlich hat die Fachkraft für Arbeitssicherheit eine beratende Funktion und schlägt geeignete Maßnahmen zur Einführung und Umsetzung von Maßnahmen im Arbeitsschutz vor [28]. Analog der Fachkraft für Arbeitssicherheit hat auch der Arbeitsmediziner eine beratende Funktion. Wie die Fachkraft für Arbeitssicherheit, gibt der Arbeitsmediziner erkannte Mängel weiter, unterbreitet geeignete Vorschläge im Sinne des Arbeitsschutzes und wirkt bei der Abstellung der Mängel mit [29], [30].

3.4 Personalrat/Personalvertretung

Der Personalrat/die Personalvertretung (PR/PV) hat auf der Basis der jeweiligen Personalvertretungsgesetze der Länder und des Bundes das dokumentierte Recht, sich im Rahmen der Mitbestimmungsrechte in die Umsetzung und die Verbesserung des Arbeitsschutzes bei der Feuerwehr einzubringen [31]. Das betrifft besonders die Regelungen im Arbeitsschutz, die sich auf die Umsetzung im Dienstbetrieb der Feuerwehr beziehen. Hierzu sind zu nennen:

- die Durchführung von Gefährdungsbeurteilungen,
- die Organisation des Arbeitsschutzes (z. B. die Bestellung von Sicherheitskoordinatoren),
- die Planung und Umsetzung von Maßnahmen zum Schutz und zur Gesundheit der Beschäftigten,
- die grundsätzlichen Vorgaben und Überlegungen zur Dokumentation im Arbeitsschutz,
- die Unterweisungen,
- die Überprüfung der Wirksamkeit von Maßnahmen im Arbeitsschutz.

Die Berufsfeuerwehren verfügen im Allgemeinen über eigene, freigestellte Mitarbeiter im Personalrat. Anderenfalls werden die Interessen der Mitarbeiter durch den Gesamtpersonalrat der jeweiligen Kommune wahrgenommen.

Das Recht des Personalrates auf Mitbestimmung bei Maßnahmen der Gesundheitsförderung [32], bei Durchführung einer Gefährdungsbeurteilung gemäß § 5 ArbSchG [33] und der Befragung der Beschäftigten zu Arbeitsschutzzwecken [34] wurde vom Bundesverwaltungsgericht entschieden. Auf der Grundlage dieser Entscheidungen hat der Personalrat erst dann das Recht auf Mitbestimmung, wenn über bestimmte technische, organisatorische oder personenbezogene Maßnahmen entschieden wird.

Der Personalrat hat sich aber grundsätzlich für die Verhütung von Unfall- und Gesundheitsgefahren (u. a. durch Teilnahme an Begehungen oder die Einsichtnahme in Unfallberichte) einzusetzen und darauf zu achten, dass die den Arbeitsschutz bei der Feuerwehr betreffenden Gesetze, Verordnungen und Vorschriften eingehalten werden. Im Arbeitsschutzausschuss (Organisation des Arbeitsschutzes) vertritt er nicht nur die Interessen der Mitarbeiter der Feuerwehr, sondern ist auch in die Umsetzung und die Durchführung von gesundheitsfördernden Maßnahmen involviert. Zudem ist der Personalrat im Rahmen der Mitbestimmung in die Arbeitsplatzgestaltung unter Berücksichtigung der Arbeitsmittel und der Arbeitsumgebung sowie die Anforderungen an die Beschäftigten eingebunden.

3.5   Sicherheitsbeauftragte/-koordinatoren

Gemäß § 22 SGB VII müssen in Unternehmen mit regelmäßig mehr als 20 Beschäftigten unter Beteiligung des Personalrates und unter Berücksichtigung der bestehenden Gefährdungen der Beschäftigten Sicherheitsbeauftragte bestellt werden (Anhang 1, Formulierungsvorschlag zur Bestellung von Sicherheitskoordinatoren).

Da die Feuerwehren im Allgemeinen über mehr als 20 Mitarbeiter verfügen, sind dementsprechend Sicherheitsbeauftragte oder -koordinatoren in ausreichender Zahl zu bestellen. Die Zahl der Sicherheitsbeauftragten/-koordinatoren ergibt sich aus der Anlage zu § 20 der Unfallverhütungsvorschrift »Grundsätze der Prävention« (DGUV Regel 100-001) [35].

Die Aufgaben, die für den Sicherheitsbeauftragten/-koordinator festgelegt sind, beziehen sich auf unterstützende, beobachtende und beratende Tätigkeiten. Ein Sicherheitsbeauftragter/-koordinator trägt weder Verantwortung noch hat er eine Aufsichtsfunktion oder Weisungsbefugnis. Er ist in seinem Zuständigkeitsbereich ehrenamtlich tätig und macht auf der Basis seines Erfahrungswissens auf potenzielle Unfall- und Gesundheitsgefahren aufmerksam.

3.6   Arbeitsschutzausschuss

Nach § 11 Satz 1 Arbeitssicherheitsgesetz (ASiG) hat, soweit in einer sonstigen Rechtsvorschrift nichts anderes bestimmt ist, der Arbeitgeber in Betrieben mit mehr als zwanzig Beschäftigten einen Arbeitsschutzausschuss (ASA, siehe Bild 2) zu bilden. Das gilt analog auch für die Feuerwehr.

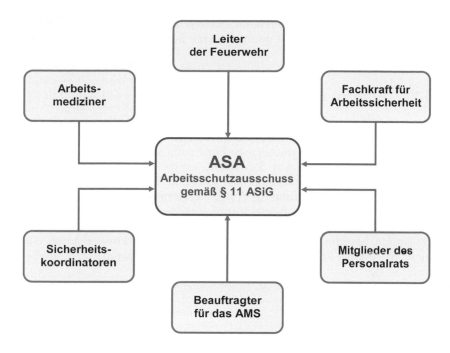

Bild 2: Zusammensetzung eines Arbeitsschutzausschusses

Der Arbeitsschutzausschuss setzt sich nach § 11 Satz 2 ASiG unter Bezug auf die Feuerwehr mindestens zusammen aus:

- dem Leiter der Feuerwehr oder einer von ihm beauftragten Führungskraft,
- zwei vom Personalrat der Feuerwehr bestimmten Personalratsmitgliedern,
- dem Arbeitsmediziner,
- der Fachkraft für Arbeitssicherheit,
- den Sicherheitsbeauftragten/-koordinatoren gemäß § 22 SGB VII
und kann durch den Beauftragten für das Arbeitsschutzmanagement ergänzt werden.

Der Arbeitsschutzausschuss [36] für die Feuerwehr wird vom Leiter der Feuerwehr einberufen und tritt mindestens einmal pro Quartal eines Jahres zusammen. Die Aufgabe des Arbeitsschutzausschusses ist es, die Belange des Arbeitsschutzes und der Unfallverhütung sowie die Maßnahmen zum Schutz der Mitarbeiter der Feuerwehr zu beraten, Entscheidungen vorzubereiten und den Arbeitsschutz weiterzuentwickeln. Der Hauptnutzen eines effektiven ASA ist in ungestörten Betriebsabläufen zu suchen.

3.7 Aufbau- und Ablauforganisation

Mit dem Aufbau einer kommunalen Aufbau- und Ablauforganisation [37], [38], [39] wird der gesetzlichen Forderung nach einer Arbeitsschutzorganisation gemäß § 3 Abs. 2 ArbSchG entsprochen.

Im Rahmen der Aufbauorganisation (Bild 3) lassen sich innerhalb einer Kommunalverwaltung die Aufgaben der jeweiligen Mitarbeiter je nach Hierarchiestufe beschreiben und entsprechend zuweisen. In einer so genannten Linienorganisation werden auf unterschiedlichen Hierarchiestufen bestimmte Aufgaben auf die Führungskräfte delegiert. Auf diese Weise wird auch die Verantwortung und Kompetenz, d. h. die Be-

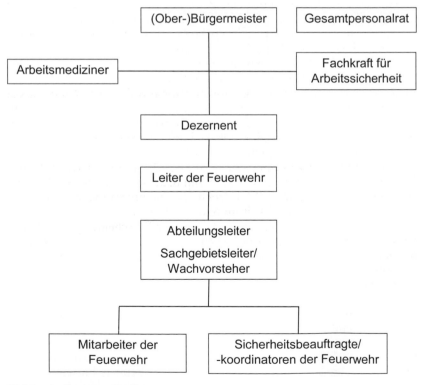

Bild 3: Aufbauorganisation

fugnis bestimmte Entscheidungen zu treffen, festgelegt, wobei diese unmittelbar miteinander korrespondieren. Das bedeutet, dass das Maß an Verantwortung vom Kompetenzumfang abhängt. Diese Festlegungen finden sich in den jeweiligen Organigrammen und den Geschäftsverteilungsplänen wieder.

Die Führungskräfte sind damit in dem ihnen zugewiesenen Aufgaben- und Zuständigkeitsbereich für die Umsetzung der an sie übertragenen Aufgaben verantwortlich. Das schließt auch die Verantwortung für die Belange des Arbeitsschutzes ein. Zudem besteht eine Auswahl- und Kontrollpflicht. Im Rahmen der Auswahlpflicht hat sich der nächst höhere Vorgesetzte davon zu überzeugen, dass derjenige, dem u. a. auch die Aufgaben im Arbeitsschutz für seinen Zuständigkeitsbereich übertragen worden sind, diesen auch gewachsen ist. Der Kontrollpflicht nachzukommen hat zur Folge, sich davon zu überzeugen, dass die übertragenen Aufgaben auch tatsächlich umgesetzt werden. Die Regelungen zur Aufbauorganisation im Arbeitsschutz gelten analog auch für die Feuerwehr.

Sowohl der Arbeitsmediziner als auch die Fachkraft für Arbeitssicherheit tragen keine Verantwortung in der Linienorganisation, sondern sind im Allgemeinen im Rahmen einer Stabsstelle (Beauftragtenorganisation) in die Kommunalorganisation eingebunden. Sie wirken ausschließlich beratend, unterstützend und kontrollierend.

Innerhalb der Ablauforganisation findet sich die Zuweisung wieder, wie und in welcher Reihenfolge die übertragenen Aufgaben des Arbeitsschutzes im Rahmen der Aufbauorganisation erfüllt werden und wie die Zusammenarbeit und Kommunikation der Beteiligten zu erfolgen hat. Festgeschrieben wird der Ablauf der logisch-zeitlichen Arbeits- und Informationsprozesse in dezidierten Ablaufbeschreibungen, Richtlinien oder Verfahrensanweisungen.

Alle Schritte im Zusammenhang mit der Ablauforganisation bedürfen einer geeigneten Dokumentation, um u. a. einer rechtlichen Prüfung standzuhalten oder um dem Anspruch auf eine größtmögliche Transparenz bzw. Kontrollmöglichkeit im Arbeitsschutz zu entsprechen.

Die Mitarbeiter sind in Bezug auf die eigene Entscheidungskompetenz ausschließlich für die eigene Sicherheit verantwortlich und dafür zuständig, nicht durch das persönliche Verhalten Dritte zu gefährden.

4 Arbeitsschutzmanagementsystem (AMS)

4.1 Allgemein

Das Arbeitsschutzmanagementsystem (AMS) wird definiert als »miteinander verbundene oder zusammenwirkende Elemente und Verfahren zur Festlegung der Arbeitsschutzpolitik, der Arbeitsschutzziele und zum Erreichen dieser Ziele« [40]. Die Einführung eines Arbeitsschutzmanagementsystems soll prozessorientiert dazu dienen, den Arbeitsschutz bei der Feuerwehr nachhaltig dadurch zu verbessern, dass Unfälle während des Dienstbetriebs sowie Verletzungen oder Erkrankungen, die auf arbeitsbedingte Ursachen zurückgehen, vermieden werden und die Gesundheit der Mitarbeiter während der Dienstzeit keinen Schaden nimmt.

Die Einführung und die Anwendung eines Arbeitsschutzmanagementsystems [41], [42] sind freiwillig und in keinem Fall gesetzlich verpflichtend. Durch die Einführung und die Anwendung eines AMS werden bestehende rechtliche Grundlagen oder gültige Standards in keinem Fall ersetzt oder kommentiert.

Ein AMS muss als Unterstützung für den Leiter der Feuerwehr bei der Einhaltung und Erfüllung der rechtlichen Aspekte beim Arbeits- und Gesundheitsschutz verstanden werden. Ein AMS kann darüber hinaus auch als Nachweis dafür dienen, dass die Verpflichtungen zum Arbeits- und Gesundheitsschutz der Mitarbeiter innerhalb der Feuerwehr eingehalten werden [43], [44]. Das aufzubauende AMS muss auf die Bedingungen der Feuerwehr generell, aber auch speziell zugeschnitten sein.

Wie in vielen anderen Bereichen, ist es auch bei der Einführung eines AMS bei einer Feuerwehr nicht notwendig, die Dinge völlig von Grund auf neu zu entwickeln. Inzwischen gibt es einige AMS-Standards [45], die in Form von Leitfäden ausgearbeitet sind.

Außerhalb der Bundesrepublik Deutschland existiert in Großbritannien seit 1999 eine Grundlage für ein AMS der British Standards Institution [46], die im Rahmen einer internationalen Zertifizierung im Jahr

2007 als Norm, OHSAS 18001 (Occupational Health and Safety Assessment Series), festgelegt wurde; sie ist sehr stark an die ISO 9001 bzw. ISO 14001 angelehnt und findet in mehr als 80 Ländern Anwendung [47].

2001 veröffentlichte die internationale Arbeitsorganisation ILO (International Labour Organisation) der Vereinten Nationen einen Leitfaden [48], auf dessen Basis der nationale Leitfaden für Arbeitsschutz-Managementsysteme NLA:2003 erarbeitet wurde. An der Realisierung des NLA haben die relevanten Partner (Bundesministerium für Wirtschaft und Arbeit, oberste Arbeitsschutzbehörden der Bundesländer, Träger der gesetzlichen Unfallversicherung und der Sozialpartner) mitgewirkt. Der NLA schließt die von einigen Bundesländern erarbeiteten AMS-Leitfäden sowie die branchenbezogenen Handlungsempfehlungen der Unfallversicherungsträger ein.

OHSAS 18001:2007 und NLA:2003 unterscheiden sich nur wenig und es gibt in vielen Bereichen Schnittmengen. Die in diesem Kapitel formulierten Aussagen orientieren sich an den OHSAS 18001:2007. Einen Überblick über die wichtigsten AMS-Standards [49] gibt die Tabelle 1 wieder.

Tabelle 1: AMS-Standards

1	Occupational Health and Safety Assessment Series, OHSAS 18001:2007
2	Sicherheits-Certifikat-Contraktoren, SCC und SCP
3	Nationaler (Deutschland) Leitfaden für Arbeitsschutz-Managementsysteme, NLA:2003, Bundesministerium für Wirtschaft und Arbeit
4	AMS-Leitfäden einzelner Bundesländer: • Occupational Health- and Risk-Managementsystem, OHRIS:2005, Bayerisches Staatsministerium für Arbeit und Sozialordnung, Familie und Frauen • Leitfaden Arbeitsschutzmanagement (ASCA:2009), Hessisches Ministerium für Arbeit, Familie und Gesundheit • LASI-Leitfaden, Spezifikation zur freiwilligen Einführung, Anwendung und Weiterentwicklung von Arbeitsschutzmanagementsystemen, LV 21 • LASI-Leitfaden, Handlungshilfe zur freiwilligen Anwendung von AMS für kleine und mittlere Unternehmen, LV 22
5	Branchenbezogene Handlungshilfen der Unfallversicherungsträger

Ein Arbeitsschutzmanagementsystem bei einer Feuerwehr lässt sich in die Themenblöcke »Arbeitsschutzpolitik«, »Organisation im Arbeitsschutz«, »Überprüfung und Bewertung« sowie »Korrekturen und Verbesserungen« strukturieren. Die Zusammenhänge dieser Themenblöcke sind in Bild 4 wiedergegeben.

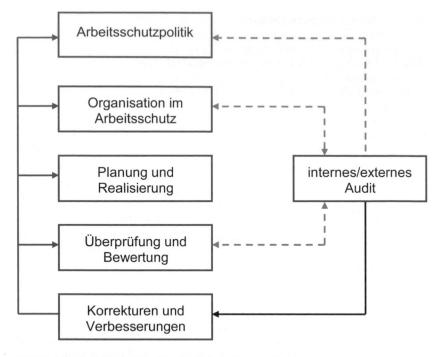

Bild 4: Themenblöcke für ein AMS bei der Feuerwehr

Versteht man das AMS als einen Zyklus, führt das zu einer kontinuierlichen Verbesserung des Arbeitsschutzes bei einer Feuerwehr. Die Überprüfung des bei einer Feuerwehr aufgebauten bzw. eingeführten AMS kann z. B. durch eine staatliche Aufsichtsbehörde vorgenommen werden.

Arbeitsschutzmanagementsysteme sind bisher nicht explizit für Feuerwehren, sondern eher für den industriellen bzw. gewerblichen Bereich erarbeitet worden. Ein erster Ansatz in dieser Richtung in Form eines Leitfadens für die Erstellung eines AMS bei der Feuerwehr ist von Daniel Rupp im Rahmen einer Bachelor-Thesis unternommen worden [50].

Die weiteren Ausführungen orientieren sich am Leitfaden für Arbeitsschutzmanagementsysteme, Bundesanstalt für Arbeitsschutz und Arbeitsmedizin [51] sowie an OHRIS:2005, Bayerisches Staatsministerium für Gesundheit und Verbraucherschutz [52].

4.2   Arbeitsschutzpolitik

4.2.1   Festlegung einer Arbeitsschutzstrategie (Leitbild)

Durch ein Leitbild [53], [54] (vgl. Bild 5) bei der Feuerwehr werden der Auftrag, die strategisch angelegten Ziele, die Werte (der Weg zu deren Umsetzung) und die langfristigen Ziele in einer schriftlichen, prägnanten Form zum Ausdruck gebracht. Das Leitbild dient dazu, allen Mitarbeitern der unterschiedlichen Hierarchieebenen wie auch der Bürgerschaft der jeweiligen Stadt bzw. Kommune eine Orientierung in Bezug auf die Handlungen und Entscheidungen der Feuerwehr zu vermitteln.

Die Arbeitsschutzstrategie bzw. das Leitbild definiert die Bemühungen und Maßnahmen, die den Arbeitsschutz betreffen und sind als Selbstverpflichtung zu verstehen. Das Leitbild definiert die Arbeitsschutzphilosophie der Feuerwehr und vermittelt eine klare Botschaft. Es ist als Orientierungsrahmen für das Handeln aller Beschäftigten zu verstehen und kann als Handlungsgrundsatz für bestimmte Qualitätsstandards definiert werden.

In einer Erklärung zur Arbeitsschutzstrategie, dem Leitbild, werden die besondere Bedeutung und der hohe Stellenwert der Sicherheit und des Gesundheitsschutzes bei der Feuerwehr formuliert. Dabei sind grundsätzliche Ziele, aber auch quantifizierbare Einzelziele zu benennen. Grundsätzliche Ziele können die Gewährleistung der Sicherheit von Einsatz-

Bild 5:
Zielsetzung eines Arbeitsschutz managementsystems

kräften oder das Gleichsetzen des Arbeitsschutzes mit dem Erreichen von Schutzzielen (AGBF-Schutzziele) sein. Unter die Einzelziele fällt z. B. die Formulierung zur Senkung von Unfällen oder Gesundheitsgefahren. Weiterhin gehört zur Arbeitsschutzstrategie die Zusicherung der Leitung der Feuerwehr zur Einhaltung der relevanten Gesetze, Verordnungen und Vorschriften, wie auch Handlungs- und Verhaltensgrundsätze, die eine Optimierung des Arbeitsschutzes (z. B. Vermeidung von Unfällen oder arbeitsbedingten Erkrankungen) und die Minimierung des Restrisikos zum Inhalt haben. Das Leitbild wird durch Hinweise auf die Rechte und Pflichten der Mitarbeiter bei der Feuerwehr sowie des Personalrates in Bezug auf den Arbeitsschutz und die Bereitstellung von erforderlichen Haushaltsmitteln ergänzt. Diese Grundsatzerklärung, die das Leitbild der Feuerwehr darstellt, soll in schriftlicher Form abgefasst und durch die Unterschriften des Leiters der Feuerwehr, des Sprechers der Freiwilligen Feuerwehr und des Vorsitzenden des Personalrates in Kraft gesetzt werden.

4.2.2 Festlegung von Leitlinien

Für die Formulierung von Leitlinien kann man sich der SMART-Kriterien [55] (Akronym für Spezifisch, Messbar, Akzeptiert, Realistisch, Terminiert), wie sie auch im Projektmanagement Anwendung finden, bedienen:

Spezifisch	Die Ziele im Arbeitsschutz sollen eindeutig formuliert werden.
Messbar	Festlegung von messbaren Zielen. Dort, wo keine Ziele in Zahlen ausgedrückt werden können, sind Indikatoren zu formulieren, die einen Aufschluss zur Zielerreichung geben.
Akzeptiert	Die Ziele sollen von allen Beschäftigten der Feuerwehr akzeptiert werden und ambitioniert sowie anspruchsvoll sein. D. h. die Ziele dürfen nicht zu niedrig angesetzt sein und müssen die Möglichkeit zum persönlichen Engagement bieten.
Realistisch	Um die Beschäftigten nicht zu demotivieren, müssen die Ziele mit den vorhandenen Ressourcen erreichbar sein.
Terminiert	Bei der Formulierung der Ziele ist ein Zeithorizont zu beschreiben, bis zu dem das Ziel erreicht werden soll.

Als mögliche Leitlinien kommen z. B. die folgenden Kriterien in Frage:
• Stärkung der Leistungsfähigkeit der Beschäftigten durch eine Verbesserung des Gesundheitsschutzes und eine Erhöhung der Arbeitssicherheit,
• Optimierung der Organisation des Arbeitsschutzes,

- Erzielen von besseren Ergebnissen bei Erfolgskontrollen durch das Verbessern von Unterweisungen,
- Umsetzung von Arbeitsschutzmaßnahmen in einem kurzen Zeitraum.

Analog dem Leitbild werden auch die Leitlinien durch die Unterschrift des Leiters der Feuerwehr in Kraft gesetzt.

4.3 Organisation im Arbeitsschutz

In [56], [57], [58], [59], [118] und [120] sind einige grundlegende Aussagen zur Organisation im Arbeitsschutz enthalten.

4.3.1 Festlegung von Verantwortung, von Aufgaben und Befugnissen

Im Zusammenhang mit der Festlegung von Verantwortung, den Aufgaben und Befugnissen sind die Organisationsbereiche eindeutig abzugrenzen und die Zuständigkeiten festzulegen. Diese Festlegung ist schriftlich zu fixieren. Hierzu kann man sich an den jeweiligen aufbau- und ablauforganisatorischen Strukturen (Organigramm, vgl. Bild 6) einer Feuerwehr

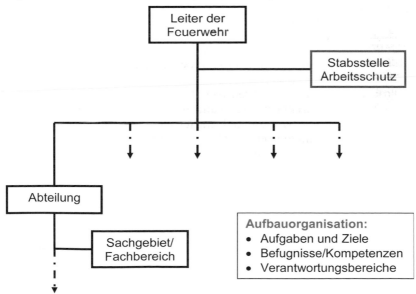

Bild 6: Positionierung des Arbeitsschutzes in der Struktur der Feuerwehr

orientieren oder gesonderte Hierarchien und Strukturen aufbauen, indem der Leiter der Feuerwehr die im Zusammenhang mit dem Arbeitsschutz stehenden Aufgaben, Verantwortungen und Zuständigkeiten gesondert festlegt.

Neben dem Leiter der Feuerwehr und den weiteren Führungskräften sind auch die Fachkraft für Arbeitssicherheit und der Arbeitsmediziner, der Beauftragte für das Arbeitsschutzmanagementsystem wie auch der Sicherheitsbeauftragte/-koordinator bei den Festlegungen zu berücksichtigen.

Die Bestellung der Fachkraft für den Arbeitsschutz und des Arbeitsmediziners erfolgt durch den (Ober-)Bürgermeister. Der Leiter der Feuerwehr bestellt in seinem Zuständigkeitsbereich den Beauftragten für das Arbeitsschutzmanagementsystem, der z. B. für den Aufbau und die Umsetzung des AMS einschließlich des Erreichens von formulierten Zielen im Rahmen einer Stabsfunktion verantwortlich ist. Die Bestellung bedarf der Schriftform. Beispiele für die Bestellung zum Arbeitsmediziner, zur Fachkraft für Arbeitssicherheit, zum Beauftragten für das Arbeitsschutzmanagementsystem und zum Sicherheitsbeauftragten/-koordinator sind in Anhang 1 zu finden.

Die Fachkraft für Arbeitssicherheit wirkt bei der Gestaltung von Arbeitsplätzen oder Arbeitsabläufen, bei der Beurteilung von Arbeitsbedingungen oder bei der Neubeschaffung von feuerwehrtechnischen Geräten bzw. Fahrzeugen für die Feuerwehr sowie der Persönlichen Schutzausrüstung mit. Es ist sehr sinnvoll, noch vor der Ausschreibung die Fachkraft für Arbeitssicherheit hinzuzuziehen, damit deren Anregungen in die Gestaltung des jeweiligen Leistungsverzeichnisses einfließen.

Die Fachkraft für Arbeitssicherheit überprüft auf Veranlassung durch den Leiter der Feuerwehr die einzelnen Betriebsbereiche im Rahmen einer Begehung und die technischen Arbeitsmittel auf mögliche sicherheitstechnische Mängel. Die sicherheitstechnische Überprüfung kann auch von speziell beim Hersteller ausgebildeten Mitarbeitern vorgenommen werden. Festgestellte Mängel werden durch die Fachkraft für Arbeitssicherheit dem Leiter der Feuerwehr gemeldet.

Neben den für die Feuerwehren relevanten arbeitsmedizinischen Vorsorgeuntersuchungen beispielsweise nach den Standards G25 (Fahr-, Steuer- und Überwachungstätigkeiten), G26 (Atemschutz), G31 (Überdruck), G37 (Bildschirmarbeitsplatz) oder G42 (Tätigkeit mit Infektionsgefährdung) kommt der Arbeitsmedizin auch bei der Beurteilung von hygienischen Fragen im Rettungsdienst eine bedeutende Rolle zu. Weiterhin ist es zu empfehlen, den Arbeitsmediziner bei der Erstellung eines Hautschutzplans (Anhang 5) hinzuzuziehen.

Dem Sicherheitsbeauftragten/-koordinator einer Feuerwehr kommt im Rahmen der fachlichen Kompetenz eine beratende Funktion zu. Er ist auf den Feuer- und/oder Rettungswachen Ansprechpartner für die

Mitarbeiter in Fragen des Arbeitsschutzes. An ihm liegt es, Mängel zu erkennen, auf diese hinzuweisen und auf deren Beseitigung hinzuwirken. Hierzu ist es sinnvoll, dass der Sicherheitsbeauftragte/-koordinator dem Leiter der Feuerwehr direkt und regelmäßig berichtet. Grundsätzlich ist darauf zu achten, dass für die Erledigung der zugewiesenen Aufgaben notwendigerweise auch die erforderlichen Befugnisse zu übertragen sind.

4.3.2 Qualifikation und Schulung

Um die Aufgaben des Arbeitsschutzes zu erledigen bzw. zu erfüllen, sollte der Leiter der Feuerwehr darauf achten, dass der Beauftragte für das Arbeitsschutzmanagementsystem und die Sicherheitsbeauftragten/-koordinatoren über die notwendige Qualifikation verfügen oder sich diese in einer angemessenen Zeit in Form von Schulungen oder Fortbildung aneignen können. Dazu ist es notwendig, dass durch die Führung der Feuerwehr die erforderlichen Qualifikationsanforderungen definiert und festgelegt werden. Das kann beispielsweise in Form von so genannten Geschäftsverteilungsplänen oder Arbeitsplatzbeschreibungen erfolgen.

Weiterhin ist die Information aller Mitarbeiter über die Pflichten und Zuständigkeiten im Arbeitsschutz in ausreichendem Maß und in regelmäßigen Abständen sicherzustellen. Das kann im Rahmen von Schulungs- und Informationsprogrammen bzw. -veranstaltungen geschehen.

Die Schulungs- und Informationsprogramme bzw. -veranstaltungen können durch qualifiziertes Personal an der Feuerwehrschule einer Berufsfeuerwehr oder auf Kreisebene im Rahmen der Aus- und Fortbildung angeboten werden. Inhaltlich sollten sie die besondere Bedeutung des Arbeitsschutzes für die Mitarbeiter der Feuerwehr und die Feuerwehr insgesamt sowie die Änderungen in den dienstlichen Abläufen, Änderungen an Arbeitsplätzen, Einführung von neuen Geräten etc. aufgreifen. Aber auch die sichere Handhabung von bereits bei der Feuerwehr eingeführten medizinischen und/oder feuerwehrtechnischen Geräten ist in regelmäßigen, d. h. angemessenen oder rechtlich vorgegebenen zeitlichen Abständen zu überprüfen. Das schließt auch die praktischen Übungen der Handhabung sowie Übungen für Notfallsituationen oder Betriebsstörungen mit ein. Im Rahmen einer so genannten Lernzielkontrolle kann eine Bewertung des Erfolgs der Schulung vorgenommen werden. Umgekehrt ist eine Bewertung der Schulung durch die Teilnehmer hinsichtlich des Verständnisses sinnvoll. Hierzu trägt auch die Erstellung von entsprechenden Schulungsunterlagen bei, die in regelmäßigen Abständen zu aktualisieren sind. Die durchgeführten Maßnahmen im Rahmen der Qualifikation und der Schulung sind zu dokumentieren.

4.3.3 Bereitstellung von Mitteln

Hat sich der Leiter der Feuerwehr für die Einführung eines AMS entschieden, ist es unabdingbar, die entsprechenden Mittel für die Umsetzung bereitzustellen. Unter den Mitteln versteht man hier die Bereitstellung von Finanzmitteln, von erforderlichem und kompetentem Personal, von Sachmitteln, d. h. Büros mit einer entsprechenden Einrichtung und Ausstattung (z. B. PC, Laptop, Drucker) inklusive Telefonanbindung sowie des notwendigen Zeitrahmens.

In Abhängigkeit von der Größe der Feuerwehr ist es ratsam, einer Arbeitsgruppe unter der Leitung des Beauftragten für das AMS die Umsetzung zu übertragen. Dabei muss berücksichtigt werden, dass im Rahmen der Festlegung von Prioritäten die Mitarbeiter vorrangig an der Umsetzung des AMS arbeiten. Die Absprache von Zielvorgaben zur Einhaltung von selbst definierten Fristen ist notwendig. Aus der Umsetzung des AMS können sich Folgekosten entwickeln, die in die Haushalts- bzw. Investitionspläne einzuarbeiten sind. Da ein sehr großer Teil der finanziellen Aufwendungen bereits im Rahmen der Bereitstellung der Persönlichen Schutzausrüstung, der Bereitstellung von geeigneten, d. h. für die Feuerwehr zugelassenen Arbeitsmitteln oder in Schutzeinrichtungen wie auch in die Gesundheitsvorsorge durch die Arbeitsmedizin einfließen, sind die weiteren Aufwendungen durchaus überschaubar. Sie erstrecken sich auf die Schulungs- und Informationsprogramme bzw. -veranstaltungen, sofern das nicht innerhalb der Kommune bereitgestellt werden kann sowie auf eine möglicherweise externe Überprüfung oder Überwachung des AMS.

Der Leiter der Feuerwehr trifft ebenfalls die Entscheidung über die Einrichtung von zeitlich befristeten Arbeitskreisen und Ausschüssen, wie z. B. den Arbeitsschutzausschuss.

4.3.4 Rechte und Pflichten

Unter Bezug auf die §§ 14 und 17 ArbSchG sind die Mitarbeiter der Feuerwehr beim Aufbau und bei der Fortschreibung eines AMS sowie bei Themen des Arbeitsschutzes zu beteiligen bzw. einzubinden. Dies ist eine wesentliche Voraussetzung, wenn der Arbeitsschutz bei der Feuerwehr verbessert bzw. von den Mitarbeitern als eine Möglichkeit zur Verhinderung und Beseitigung von Gefährdungen und zur eigenen Sicherheit akzeptiert werden soll.

Grundsätzlich muss es das erklärte Ziel sein, die Mitarbeiter in Bezug auf die Umsetzung des Arbeitsschutzes positiv zu beeinflussen. Sind die Mitarbeiter der Feuerwehr nicht an der Umsetzung des AMS beteiligt, ist damit zu rechnen, dass Abläufe im AMS nicht funktionieren. Als vermeintliche Ursachen [60] für den Widerstand gegen ein AMS lassen sich neben »dürfen« (Möglichkeit), das durch Vorgaben geprägt ist, auch das durch die Motivation initiierte individuelle »wollen« und das durch persönliche Fertigkeiten gegebene »können« ausmachen. Die Motivation und die Fertigkeit lassen sich durch und von den Mitarbeitern fassen und verbessern. Die Möglichkeit ist dagegen von den äußeren Umständen, d. h. davon, inwieweit sich die Mitarbeiter in die Entscheidungen einbringen können oder dürfen, abhängig (Bild 7).

Hierzu sind durch den Leiter der Feuerwehr geeignete Verfahren, wie beispielsweise ein Meldeverfahren für Dienst- und Arbeitsunfälle oder ein Vorschlagsverfahren für Verbesserungen, festzulegen und einzuführen. Analog sind den Mitarbeitern die in rechtlichen Vorschriften fixierten Rechte in angemessener Form bekannt zu machen. Zudem muss sichergestellt werden, dass die Mitarbeiter entsprechend den möglichen Gefahren bei der Arbeit geschult und unterrichtet werden.

Die Pflichten der Mitarbeiter erstrecken sich nicht nur auf den Schutz der eigenen Sicherheit und Gesundheit sowie die ordnungsgemäße Verwendung von Arbeitsstoffen, Arbeitsmitteln und der Persönlichen Schutzausrüstung, sondern auch auf Meldungen von Defekten oder Schäden, von Gefahren oder Unfällen. Sind für die Mitarbeiter Gefahren im eigenen Arbeitsumfeld erkennbar, haben sie selbst z. B. durch das Hinzuziehen des Sicherheitsbeauftragten/-koordinators auf die Beseitigung hin zu arbeiten. Geht von einem Arbeitsbereich auf einer Feuerwache, einer Rettungswache oder einem Gerätehaus der Freiwilligen Feuerwehr eine erhebliche Gefahr aus, haben die Mitarbeiter diesen umgehend zu verlassen und die übrigen Mitarbeiter auf die Gefahr aufmerksam zu machen.

Im Rahmen des Personalvertretungsrechts hat der Personalrat der Feuerwehr bzw. der für die Feuerwehr zuständige Personalrat das Recht, die Maßnahmen zur Einhaltung und zur Umsetzung des Arbeitsschutzes zu überwachen. Den Mitarbeitern wie auch dem Personalrat ist die Möglichkeit einzuräumen, die Dokumentation zum Arbeitsschutz (beispielsweise Unfallmeldungen, Berichte, Aufzeichnungen) unter Wahrung des Datenschutzes einzusehen.

4.3.5 Dokumentation

Damit überprüft werden kann, ob die für die Feuerwehr im Rahmen des Arbeitsschutzes beschlossenen Festlegungen auch eingehalten und umgesetzt werden, sind diese zu dokumentieren. Das kann beispielweise in Form eines AMS-Handbuchs umgesetzt werden. Ein solches Handbuch kann als die systematische Sammlung aller getroffenen Entscheidungen, von Dienst- oder Verfahrensanweisungen, von Nachweisen oder sonstigen Festlegungen verstanden werden. Unter den Dokumenten (Unterlagen) sind also alle anweisenden (AMS-Handbuch, Dienst- oder Verfahrensanweisungen) oder nachweisenden (Aufzeichnungen) Dokumente zu verstehen (vgl. Bild 8). Zur Dokumentation gehört auch die Vorgabe, durch wen Dienst- oder Verfahrensanweisungen erstellt, freigegeben und eingezogen werden sowie die Festlegung, zu welchem Zeitpunkt eine Überprüfung bzw. Aktualisierung vorzunehmen ist. Weiterhin muss es eindeutige Angaben zum Verfasser, zum Erstellungsdatum, zum Anwendungsbereich, zur Zuständigkeit und zum Zweck geben. Eine fortlaufende und systematische Nummerierung ist für eine Dokumentation notwendig. Auch ein so genannter Verteiler muss bekannt gemacht werden. Weiterhin sind beispielsweise Unfallberichte und die daraus resultierenden Konsequenzen, Gefährdungsbeurteilungen, Betriebsanweisungen, die Sammlung der aktuellen rechtlichen Grundlagen, Verbesserungsmaßnahmen, Niederschriften von Besprechungen des Arbeitsschutzausschusses etc. Bestandteil einer umfassenden Dokumentation.

Die Dokumentation muss so organisiert sein, dass es zu jeder Zeit gelingt, die Dokumente aufzufinden. Werden die Dokumente dezentral aufgehoben, sind die Orte, an denen die Dokumente abgelegt sind, genau zu beschreiben. Bei Dienst- und Verfahrensanweisungen muss auf die Angabe des Verfassers, des Zwecks, des Geltungsbereichs, des Datums der Erstellung und der Zuständigkeit geachtet werden. Die Freigabe der Dienst- oder Verfahrensanweisung erfolgt ausschließlich durch den Leiter der Feuerwehr bzw. dessen Vertretung und ist durch Unterschrift festzustellen.

Das Bild 8 gibt die gesamte, umfassende Dokumentation in einer so genannten Dokumentationshierarchie, unterteilt in die schriftlichen Ausführungen zur Arbeitsschutzpolitik, das AMS-Handbuch, die Dienst- und Verfahrensanweisungen sowie die nachweisenden Aufzeichnungen, wieder.

Werden die Dokumente in einem Dokumentenverzeichnis erfasst, darf ein Hinweis auf ein Revisionsdatum des jeweiligen Dokuments nicht fehlen. Es ist darauf zu achten, dass nur gültige Dokumente verwendet werden; ungültige Dokumente sind umgehend einzuziehen. Weiterhin ist zweifelsfrei festzulegen, wer auf die Dokumente in welchem Umfang zurückgreifen kann. Das schließt den uneingeschränkten zeitlichen Zugriff mit ein.

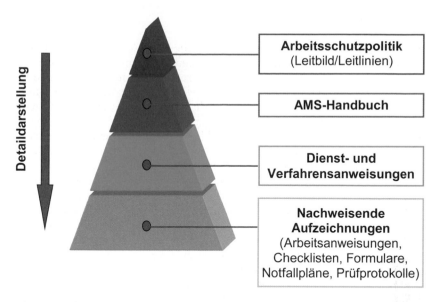

Bild 8: Dokumentationshierarchie

4.3.6 Informationsfluss

Dem Informationsfluss [61] wie auch der Zusammenarbeit im Rahmen des Arbeitsschutzes innerhalb der Feuerwehr kommt eine hohe Bedeutung zu, wobei es darum geht, den Informationsfluss zwischen den Mitarbeitern der gleichen Hierarchieebene, den unterschiedlichen Führungsebenen und dem Arbeitsschutzausschuss sowie dessen Mitgliedern zu organisieren und zu definieren. Gleiches gilt auch im externen Verhältnis für den Informationsfluss und die Zusammenarbeit z. B. mit den Unfallversicherungsträgern oder anderen Ämtern bzw. Behörden. Besonders der Informationsaustausch im Innenverhältnis (vgl. Bild 9) dient dazu, alle Beteiligten in Bezug auf den Arbeitsschutz zielgerichtet mit den relevanten Informationen zu versorgen und ineffektive Doppelarbeit zu verhindern.

Grundsätzlich haben alle im Arbeitsschutz Mitwirkenden die unterschiedlichen Informationen, die sie erlangen, auf die Bedeutung und Relevanz für die Feuerwehr zu beurteilen. Hierzu müssen durch die Leitung der Feuerwehr Verfahren eingeführt sein, die eindeutig darstellen, wie die relevanten und aktuellen Informationen zum Arbeits- und Gesundheitsschutz ermittelt und bekannt gemacht werden. Weiterhin ist durch das

57

Verfahren zu gewährleisten, dass Informationen regelmäßig, vollständig und nicht in unnötigen Mehrfachversionen in den Umlauf gebracht werden. Für die Kommunikation mit den externen Stellen sind entsprechende Verfahrensweisen festzulegen.

4.4 Planung und Realisierung

4.4.1 Erstmalige Bestandsaufnahme

Im Rahmen einer erstmals durchgeführten Bestandsaufnahme ist zunächst zu überprüfen, inwieweit die gültigen rechtlichen Grundlagen des Arbeitsschutzes bereits umgesetzt sind. Hierzu ist es notwendig, die Abläufe der täglichen Arbeit zu analysieren. Das bezieht sich auf den Bereich des Brandschutzes und den der Technischen Hilfeleistung bei einer Berufsfeuerwehr gleichermaßen wie auch bei einer Freiwilligen Feuerwehr. Sofern die Feuerwehr auch in den Rettungsdienst eingebunden ist bzw. die Aufgaben für den Träger des Rettungsdienstes ausführt, ist auch dieser Bereich zu untersuchen. Der Einsatzdienst erfordert hierbei mit Blick auf die Feuerwehr-Dienstvorschriften eine gesonderte Betrachtung.

Grundsätzlich muss ein Verfahren zur systematischen Erfassung und Beschreibung der Arbeiten und dienstlichen Abläufe entwickelt werden, mit dem es möglich ist, potenzielle Gefährdungen der Mitarbeiter zu erkennen. Dabei ist die Planung, die Inbetriebnahme z. B. von Fahrzeugen oder Geräten sowie die Verwendung von Arbeitsstoffen zu berücksichtigen.

Die durch die erstmalige Bestandsaufnahme gewonnenen Erkenntnisse sollten dokumentiert und als Grundlage für die weiteren Schritte bei der Umsetzung eines AMS herangezogen werden. Die Ergebnisse bzw. Erkenntnisse der erstmaligen Bestandsaufnahme können zudem als Vergleich für die im Zuge der Umsetzung des AMS erreichten Verbesserungen dienen.

4.4.2 Ermittlung der rechtlichen Vorgaben

Der Leiter der Feuerwehr hat die Verpflichtung, die rechtlichen Grundlagen zum Arbeitsschutz wie auch die Vorschriften der Unfallversicherungsträger zu beachten und damit den Schutz der Gesundheit der Mitarbeiter bei der Feuerwehr sicherzustellen. Daher ist es nicht nur notwendig zu ermitteln, welche rechtlichen Vorgaben für die Feuerwehr aktuelle Gültigkeit besitzen, sondern diese auch allen innerhalb der Feuerwehr zugänglich zu machen, anzuwenden und auf deren Einhaltung zu achten (Bild 10). Hier ist anzuraten, die für die jeweiligen Aufgabenbereiche zuständigen Führungskräfte (Abteilungsleiter, Sachgebietsleiter, Wachvorsteher, Wachabteilungsleiter) wie auch die Fachkraft für Arbeitssicherheit und den Arbeitsmediziner einzubeziehen. Zudem sind die für die Feuerwehr geltenden technischen Regeln und Unfallverhütungsvorschriften zu beschaffen und bereitzustellen.

Ergeben sich Veränderungen in den Abläufen, z. B. durch praktische Übungen oder durch die Einführung von neuen medizinischen oder technischen Geräten, sind die Verfahrens- oder Dienstanweisungen dementsprechend anzupassen.

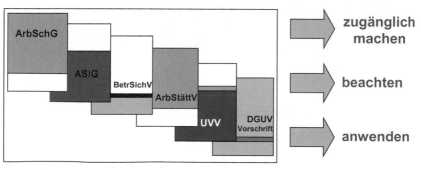

Bild 10: Rechtliche Verpflichtungen

4.4.3 Analyse von Arbeiten und Arbeitsabläufen

Im Rahmen der erstmaligen Bestandsaufnahme sind die täglich auftretenden Arbeiten und Arbeitsabläufe zu analysieren. Für eine umfassende Übersicht und Analyse ist es sinnvoll, die auf der bzw. den Feuerwache(n) angesiedelten Arbeitsbereiche systematisch zu erfassen und anschließend auf die einzelnen Arbeitsplätze herunter zu brechen (Bild 11). Das schließt den Ausbildungsbereich bei der Feuerwehr ein.

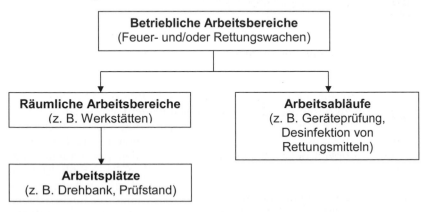

Bild 11: Betriebliche Organisation und Abläufe

Ein Arbeitsbereich kann z. B. innerhalb der Betriebsart »Feuerwache«, »Rettungswache« oder »Gerätehaus« eine Werkstatt (z. B. Atemschutzwerkstatt, Kfz-Werkstatt) oder die Werkbänke innerhalb der Fahrzeughalle eines Gerätehauses sein. Für Arbeitsplätze seien beispielhaft die unterschiedlichen Bereiche innerhalb der Werkstätten (Bereich der Hebebühnen, Drehbank, Abkantbank, Prüfstände) und für die Arbeitsabläufe die Geräteprüfung oder die Desinfektion von medizinischen Geräten oder Rettungsmitteln genannt.

Grundsätzlich müssen die vorhandenen Arbeitsmittel (Maschinen, Geräte der Fahrzeugbeladung etc.) analog erfasst werden. Zu Vereinfachungszwecken lassen sich Maschinen oder Geräte eines Typs zu Gruppen zusammenfassen.

4.4.4 Gefährdungsbeurteilung

Ergeben sich für die Mitarbeiter der Feuerwehr im täglichen Arbeitsablauf Gefährdungen und damit verbundene Risiken für die Sicherheit und die Gesundheit, sind zur kontinuierlichen Verbesserung des Arbeitsschutzes gemäß ArbSchG Gefährdungsbeurteilungen durchzuführen.

Dokumentieren

Arbeitsplatz/Arbeitsablauf

Gefährdung ermitteln

Gefährdungen beurteilen

Maßnahmen festlegen

Maßnahmen durchführen

Wirksamkeit prüfen

Gefährdungsbeurteilung
kontinuierlich fortschreiben

Bei Gefährdungsbeurteilungen (Bild 12) geht es letztlich darum, alle Bereiche der Feuerwehr auf potenzielle Gefährdungen der Beschäftigten hin zu analysieren. Die Gefährdungsbeurteilung umfasst die Betrachtung aller in Frage kommender Arbeitsabläufe, zu denen auch die Wartung, Instandhaltung und Reparatur von Fahrzeugen und Geräten wie auch der Schulungs- und Übungsbetrieb bei den Feuerwehren gehören. Nach der Ermittlung einer möglichen Gefahr an einem Arbeitsplatz steht deren Beurteilung. Die sich daraus ergebenden Maßnahmen zum Arbeitsschutz dienen dazu, die Gefahr bzw. die Gefahren zu beseitigen oder zumindest soweit einzugrenzen, dass das verbleibende Risiko (Restrisiko) als gerade noch akzeptabel eingestuft werden kann. Bei den möglichen Maßnahmen sind die rechtlichen Vorschriften im Arbeitsschutz, der Stand der technischen Entwicklung, arbeitsmedizinische Erkenntnisse, Hygienevorschriften oder arbeitswissenschaftliche Ergebnisse bzw. Erkenntnisse der gesetzlichen Unfallversicherungen oder der Arbeitsschutzbehörden zu beachten bzw. zu berücksichtigen. Die Wirksamkeit der festgelegten und durchgeführten Maßnahmen muss kontinuierlich überprüft und alle Schritte dokumentiert werden. Die Verpflichtung zur Durchführung von Gefährdungsbeurteilungen ist unabhängig von der Anzahl der Beschäftigten.

61

4.4.5 Vermeidung von Gefährdungen

4.4.5.1 Vorkehrungen zur Minimierung oder Vermeidung von Gefährdungen

Damit Gefährdungen und damit verbundene Risiken für die Gesundheit bzw. Sicherheit der Mitarbeiter der Feuerwehr während des Dienst- und Ausbildungs-/Fortbildungsbetriebs minimiert und/oder verhindert werden können, sind geeignete Vorkehrungen einzuführen. Auf deren Einhaltung ist zu achten. Sofern es nicht möglich ist, die Gefahr zu vermeiden oder zu beseitigen, gilt grundsätzlich, dass technische den organisatorischen sowie den personenbezogenen Vorkehrungen vorzuziehen sind (Bild 13).

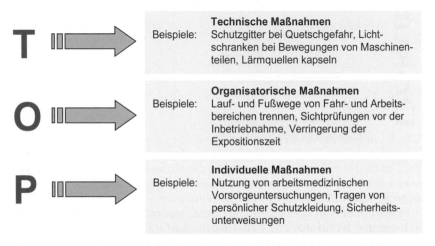

Bild 13: TOP-Prinzip im Arbeitsschutz

Als Beispiel sei an dieser Stelle die Gefahr durch eine Lärmexposition genannt (Bild 14). Für das Befüllen von Atemluftflaschen wird in einer Atemschutzwerkstatt ein dafür geeigneter Luftkompressor betrieben. Beim Betrieb eines solchen Kompressors ist mit einer nicht unerheblichen Lärmentwicklung zu rechnen. Als technische Vorkehrung kann die Kapselung der Lärmquelle durch Einhausen des Kompressors und als organisatorische Vorkehrung die Begrenzung der Expositionszeit während des Betriebs des Kompressors verstanden werden. Nur in den Fällen, in denen die genannten Abfolgen der Vorkehrungen nicht zum gewünschten Erfolg führen und immer noch eine Gefährdung zu erkennen ist, muss geeignete Schutzausrüstung zur Verfügung gestellt werden. In diesem Fall ist dann ein geeigneter Gehörschutz zur Verfügung zu stellen.

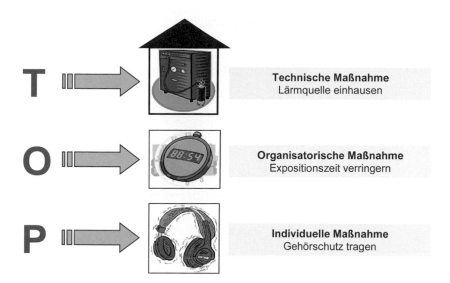

Bild 14: TOP-Prinzip am Beispiel der Befüllung von Atemluftflaschen mit einem Kompressor

Durch entsprechende Kennzeichnungen oder in Form von Dienst- oder Verfahrensanweisungen ist auf ein individuelles Verhalten in Bezug auf die Gesundheit und die Sicherheit hinzuweisen. Durch geeignete Maßnahmen muss zudem sichergestellt sein, dass die Wartung und Instandhaltung der Schutzkleidung gewährleistet ist.

Die getroffenen Vorkehrungen sollten derart sein, dass Abweichungen von den grundsätzlichen Vorgaben erkannt und entsprechende Korrekturen vorgenommen werden können. Die Vorkehrungen müssen selbstverständlich in festzulegenden zeitlichen Abständen dahingehend überprüft werden, ob sie dem aktuellen Stand der Technik entsprechen, den Arbeitsschutzvorschriften und den Vorgaben der Arbeitsmedizin bzw. den Hygienevorschriften Rechnung tragen und die Informationen der Unfallversicherungsträger berücksichtigen. Bei entsprechenden Änderungen der Vorschriften wie auch bei Änderungen innerhalb des Dienst- und Ausbildungs-/Fortbildungsbetriebs sind die Vorkehrungen anzupassen.

4.4.5.2 Vorkehrungen bei Störungen und/oder Notfällen

Störungen oder betriebliche Notfälle können auch auf einer Feuerwache, einer Rettungswache oder in einem Gerätehaus der Freiwilligen Feuerwehr auftreten. Um in einer solchen Situation angemessen reagieren zu können, sind im Vorfeld Vorkehrungen zur Vorbeugung bzw. zu deren

Abwehr festzulegen (Bild 15). Hierbei sollte zunächst überprüft werden, mit welcher Wahrscheinlichkeit eine betriebliche Störung oder ein Notfall eintreten kann. Im Anschluss erfolgt die Wertung des möglichen Schadenausmaßes. Beides kann beispielsweise im Rahmen einer Gefährdungsbeurteilung durchgeführt werden.

Die Erstellung von Notfallplänen für betriebliche Störungen oder Notfälle wie sie für die Industrie gefordert werden, sollte bei einer Feuerwehr eine Selbstverständlichkeit darstellen. Hierbei geht es nicht nur um rettungsdienstliche Erstmaßnahmen, die Einhaltung von Rettungsketten oder die Brandbekämpfung auf einer Feuerwache, sondern auch um die Evakuierung von Mitarbeitern bzw. um deren Schulungen und Übungen.

Bei der Feuerwehr werden die unterschiedlichen Einsatzszenarien im Rahmen einer Alarm- und Ausrückeordnung (AAO) abgebildet. Für eine betriebliche Störung lassen sich ebenfalls entsprechende Szenarien generieren, die sich dann in die AAO aufnehmen lassen. Stromausfällen muss durch die automatisierte Inbetriebnahme von Notstromaggregaten oder durch eine Möglichkeit zur externen Einspeisung in Feuer- und Rettungswachen bzw. in Gerätehäuser der Freiwilligen Feuerwehr begegnet werden. Dem Ausfall der Leitstellentechnik oder der Notrufleitung 112 ist in angemessener Weise zu begegnen. Auch Kooperationen mit einer benachbarten kommunalen Feuerwehr oder einer Werkfeuerwehr stellen eine Möglichkeit dar, den Folgen einer betrieblichen Störung zu begegnen. Grundsätzlich sind alle Mitarbeiter der Feuerwehr angemessen zu informieren und regelmäßig zu schulen.

4.4.5.3 Hautschutz

Zum Arbeitsschutz gehört auch die Organisation eines an die jeweiligen Arbeitsbedingungen angepassten Hautschutzes [62], [63]. Dem Arbeitgeber/Dienstherrn kommt dabei die Verpflichtung zu, geeignete Produkte für den Hautschutz bereitzustellen. Die Mitarbeiter sind angehalten, diese Produkte anzuwenden.

Aufgrund der bei den Feuerwehren oder im Rettungsdienst anfallenden Arbeiten ist eine oftmalige und gründliche Reinigung der Haut notwendig. Zudem ist die Haut durch Temperaturbelastungen mitunter stark beansprucht. Daher ist auf den Hautschutz ein besonderer Fokus zu legen.

In den weitaus meisten Fällen beschränkt sich der Hautschutz für die Mitarbeiter der Feuerwehr in der Folge des TOP-Prinzips auf einen angemessenen Schutz der Hände, um dem Eindringen von Verunreinigungen über kleine bzw. kleinste Hautverletzungen und damit der Entstehung von Erkrankungen oder gesundheitlichen Beeinträchtigungen vorzubeugen.

Ein wirksamer und systematischer Hautschutz besteht prinzipiell aus drei Stufen (Bild 16): Das ist zum einen die schonende Hautreinigung, die Hautpflege (reparativer Hautschutz) und der spezielle Hautschutz (präparativer Hautschutz). Bei der Hautreinigung ist das Augenmerk auf eine schonende Reinigung zu legen, damit eine Entfernung von Verunreinigungen auch von bereits geschädigter Haut ermöglicht wird. Durch die Hautpflege (reparativer Hautschutz) soll die Hautbarriere erhalten und leichte Beschädigungen beseitigt werden. Hautschutzmittel (präparativer Hautschutz) werden als besonderer Schutz auf die Haut aufgetragen wenn z. B. das Tragen von Schutzhandschuhen nicht möglich ist. Hautschutzmittel sollen die Beeinträchtigung bzw. Beschädigung der Haut erschweren.

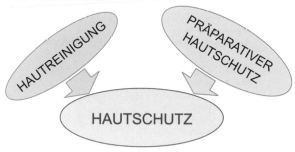

Bild 16:
Systematischer Hautschutz

Ergibt sich im Rahmen einer Gefährdungsbeurteilung, dass ein angemessener Hautschutz erforderlich ist, muss ein auf die jeweilige Tätigkeit bezogener Hautschutzplan aufgestellt werden, der mit dem zuständigen Arbeitsmediziner abzustimmen ist. Im Anhang 5 ist ein allgemein gehaltener Hautschutzplan dargestellt.

Im Rahmen der Organisation des Dienstbetriebs bei der Feuerwehr muss sichergestellt werden, dass in dem Hautschutzplan Angaben zur Gefährdung der Haut und zur entsprechenden Verwendung von Hautreinigungs-, Hautpflege- und Hautschutzmitteln aufgeführt sind. Ein Hautschutzplan stellt also in übersichtlicher Weise die aufeinander abgestimmten Möglichkeiten der Hautreinigung, der Hautpflege und des besonderen Hautschutzes in der Konsequenz eines systematischen Hautschutzes dar.

4.4.5.4 Verfahren zur arbeitsmedizinischen Vorsorge und Gesundheitsförderung [64], [65]

In dem bekanntermaßen weit gefächerten Arbeitsspektrum unterliegen die Einsatzkräfte der Feuerwehr neben der psychomentalen Belastung auch einer besonders hohen kardiopulmonalen Belastung, die eine adäquate Leistungsfähigkeit des Organsystems voraussetzt [66]. Gemäß DGUV Vorschrift 49 dürfen für den Einsatzdienst bei der Feuerwehr nur fachlich und körperlich geeignete Mitarbeiter eingesetzt werden.

Für bestimmte Arbeiten sind nach der Verordnung zur arbeitsmedizinischen Vorsorge Pflichtuntersuchungen durch den Arbeitgeber zu veranlassen. Für andere Tätigkeiten müssen vom Arbeitgeber Vorsorge-/Angebotsuntersuchungen angeboten werden. Wunschuntersuchungen, von den Beschäftigten selbst initiierte arbeitsmedizinische Untersuchungen, müssen vom Arbeitgeber/Dienstherrn ermöglicht werden. Die Teilnahme an Vorsorgeuntersuchungen ist für die Mitarbeiter freiwillig [67].

Arbeitsmedizinische Vorsorgeuntersuchungen

G 20	Lärm
G 24	Hauterkrankungen
G 25	Fahr-, Steuer- und Überwachungstätigkeiten
G 26	Atemschutzgeräte
G 30	Hitzearbeiten
G 31	Überdruck
G 37	Bildschirmarbeitsplätze
G 39	Schweißrauche
G 42	Tätigkeiten mit Infektionsgefährdung
G 44	Hartholzstäube

Bild 17: Arbeitsmedizinische Eignungs- und Vorsorgeuntersuchungen

Vor diesem Hintergrund ist es notwendig, ein Verfahren festzuschreiben, das den erforderlichen und vorgeschriebenen Eignungs- bzw. freiwilligen Vorsorgeuntersuchungen [68] Rechnung trägt. Als Grundlage für das Verfahren ist die Durchführung einer Gefährdungsbeurteilung zu empfehlen. Werden die Mitarbeiter der Feuerwehr für den Träger des Rettungsdienstes auch im Rettungsdienst tätig, sind die Untersuchungen entsprechend auszuweiten. Der Umfang der arbeitsmedizinischen Leistungen ist mit dem für die Mitarbeiter der Feuerwehr zuständigen Arbeitsmediziner abzustimmen. Eine Auswahl infrage kommender Vorsorgeuntersuchungen findet sich in Bild 17.

Die arbeitsmedizinischen Untersuchungen sind in regelmäßigen zeitlichen Abständen einzuhalten. In dem Verfahren muss also u. a. auch berücksichtigt sein, wer die Einhaltung der Fristen der Untersuchungen überwacht und auf welche Weise das geschehen soll. Um die Akzeptanz der Präventivmaßnahmen im Rahmen von Vorsorge- oder Eignungsuntersuchungen bei den Mitarbeitern zu erhöhen, ist es sinnvoll die arbeitsmedizinischen Untersuchungen im Zuge eines Termins abzuarbeiten.

Als Grundlage für eine Impfprophylaxe lassen sich die Impfempfehlungen der Ständigen Impfkommission verwenden [69]. Insbesondere die Postexpositionsprophylaxe darf bei der Festlegung des Verfahrens zur arbeitsmedizinischen Vorsorge und Gesundheitsförderung nicht vernachlässigt werden, wenn die Mitarbeiter der Feuerwehr auch im Rettungsdienst arbeiten [70].

Gesundheitsfördernde Maßnahmen (Primär- und Sekundärprävention) sind grundsätzlich freiwillige Leistungen. Die Gesundheitsförderung hat zum einen die Verbesserung der Arbeitsbedingungen und der Arbeitsumgebung, denen die Mitarbeiter ausgesetzt sind, und zum anderen die Förderung eines gesundheitsbewussten Verhaltens des Einzelnen zum Ziel. Universell umsetzbare Konzepte oder Maßnahmen gibt es nicht, weil die gesundheitsfördernden Maßnahmen auf die jeweilige Feuerwehr zugeschnitten sein müssen.

In die grundsätzlichen Überlegungen für ein Konzept zur Gesundheitsförderung [71], [72] lassen sich die Arbeitshilfen für Sicherheit und Gesundheitsschutz der Unfallversicherungsträger einbeziehen [73]. Unter Berücksichtigung der möglichen Aktivitäten der Mitarbeiter im Rettungsdienst bietet die Informationsschrift »Gesundheitsdienst« [74] oder die BG-Information »Mensch und Arbeitsplatz« [75] erste Hinweise zur physischen Belastung beim Heben bzw. zum sicheren Heben und Tragen von Lasten. Aus den Aussagen in der GUV-Schrift »Bildschirmarbeitsplatz« [76] ergeben sich Hinweise auf die richtige Gestaltung von Bildschirmarbeitsplätzen und damit auch zur Gesundheitsvorsorge. Überlegungen zur Prävention bei möglichen Suchtgefährdungen oder Suchtproblemen sind im Zusammenwirken mit dem zuständigen Arbeitsmediziner zu erarbeiten. Als Einstiegshilfe zum Umgang mit dieser Thematik kann die Schrift der Deutschen Hauptstelle für Suchtfragen (DHS) und der Barmer GEK [77] dienen. Auch das Programm »Fit for fire fighting« [78] liefert entsprechende Beiträge für eine gesundheitliche Prävention.

Weitere Anhaltspunkte, an welcher Stelle eine Gesundheitsförderung ansetzen kann, ergeben sich in Absprache mit dem Personalamt, den Krankenkassen und der Arbeitsmedizin – möglicherweise auch aus der Auswertung der krankheitsbedingten Ausfalltage in Bezug auf Art und Dauer der Erkrankung. Zusätzliche Anhaltspunkte liefert die Befragung der Mitarbeiter. Ergänzende Ansatzmöglichkeiten bieten auch die Hinweise der Bundesanstalt für Arbeitsschutz und Arbeitsmedizin oder der Berliner Feuerwehr [79], [80].

4.4.5.5 Mutterschutz

Ein besonderer Arbeitsschutz [16], [17], [81] gilt für werdende oder stillende Mütter, die in einem Arbeitsverhältnis stehen. Hierbei richtet sich das Mutterschutzgesetz (MuSchG) an Arbeitnehmerinnen. Für Beamtinnen gelten die Verordnung zum Schutz der Mutter am Arbeitsplatz (MuSchArbV) sowie die im Beamtenrecht formulierten Vorgaben.

Für die Tätigkeiten im Rahmen des Feuerwehrdienstes gibt es für Frauen bei der Feuerwehr keine anderen Regelungen, sodass sowohl das Mutterschutzgesetz als auch die MuSchArbV Anwendung finden. Das bedeutet, dass die dort formulierten Einschränkungen zum Schutz der werdenden oder stillenden Mutter vor dem Hintergrund der physischen und psychischen Beanspruchung während des Feuerwehrdienstes einzuhalten sind. Für die ehrenamtlich bei den Freiwilligen Feuerwehren tätigen Frauen lässt sich das Mutterschutzgesetz nicht unmittelbar heranziehen.

Ungeachtet des formalen Umgangs mit der Thematik des Mutterschutzes sollte sowohl bei der werdenden oder stillenden Mutter wie auch bei den Führungskräften der Feuerwehr diese Situation mit der gebotenen Sensibilität angegangen werden. Damit der Leiter der Feuerwehr den Pflichten im Sinne des Arbeitsschutzes bei werdenden oder stillenden Müttern nachkommen kann, sollten die Frauen ihre Schwangerschaft und den voraussichtlichen Termin der Entbindung dem Leiter so frühzeitig wie möglich bekanntgeben. Hierbei gilt der Grundsatz der Verschwiegenheit. Wird ein schriftlicher Nachweis über das Vorliegen einer Schwangerschaft verlangt, müssen die Kosten für die ärztliche Bescheinigung von der Feuerwehr bzw. dem Arbeitgeber/Dienstherrn übernommen werden.

Der Leiter der Feuerwehr hat auf der Grundlage des MuSchG bzw. der MuSchArbV die Art, die Dauer und das mögliche Ausmaß einer Gefährdung am Arbeitsplatz abzuschätzen. In Abhängigkeit vom Ergebnis der Gefährdungsbeurteilung kann das zum Schutz der Sicherheit und der Gesundheit der Mutter zu einem Wechsel des Arbeitsplatzes, zu einer Beschäftigungseinschränkung oder zu einem Verbot der Beschäftigung führen. Als Grundlage für die Beurteilung der Arbeitsbedingungen ist im Anhang 8 eine Entscheidungshilfe zu finden.

4.4.5.6 Hygiene und Hygieneplan

Unter der Voraussetzung, dass die Feuerwehr für den Träger des Rettungsdienstes Aufgaben in der Notfallrettung und/oder dem Krankentransport übernimmt, sind die entsprechenden Schritte zum Schutz der im Rettungsdienst eingesetzten Beschäftigten zur Vermeidung von Gefährdungen durch biologische Arbeitsstoffe einzuleiten [82], [83], [84], [85]. Grundlage für den Arbeitsschutz im Rettungsdienst im Bereich der Hygiene bildet neben dem Infektionsschutzgesetz (IfSG) [86] das Arbeitsschutzgesetz (ArbSchG), die Biostoffverordnung (BioStoffV), die Unfallverhütungsvorschriften sowie die Technischen Regeln für Arbeitsstoffe (TRBA 250) [87].

Im Rettungsdienst ist der Kontakt mit biologischen Arbeitsstoffen nicht auszuschließen. Hier kann es zum Kontakt mit Körperflüssigkeiten (z. B. Speichel, Blut), Körperausscheidungen (z. B. Stuhl, Urin) oder Körpergeweben kommen. Die Möglichkeit, dass Krankheitserreger (z. B. Bakterien, Parasiten, Viren) vorhanden sind und übertragen werden können, ist im Vorfeld nicht grundsätzlich auszuschließen.

Basierend auf der TRBA 250 ist nicht nur die Durchführung der entsprechenden Gefährdungsbeurteilung, sondern auch die Erstellung und Bekanntgabe eines Desinfektions- und Hygieneplans gefordert. Neben der übersichtlichen Darstellung sind im Desinfektions- und Hygieneplan (vgl. Anhang 7) die wesentlichen rechtlichen und medizinischen Grundlagen, die allgemeinen und speziellen Desinfektionsmaßnahmen sowie die internen und damit für die Mitarbeiter zusätzlich bindenden Vorgaben bzw. Handlungsanweisungen zur Hygiene aufzuführen. Für den Desinfektions- und Hygieneplan ist eine fortlaufende Aktualisierung notwendig. Vor dem Hintergrund, dass Infektionsübertragungen mit einer Inkubationszeit verbunden sind, ist es umso dringlicher, die Voraussetzungen zur Vermeidung von Infektionsübertragungen folgerichtig einzuhalten.

Es ist anzuraten, dass der Leiter der Feuerwehr einen Hygienebeauftragten bestellt, damit nicht nur die Aktualisierung des Desinfektions- und Hygieneplans sowie die Umsetzung der Änderungen von rechtlichen Vorgaben sichergestellt sind, sondern auch die erforderlichen Unterweisungen initiiert sowie die erforderliche Dokumentation der Desinfektionsmaßnahmen kontrolliert und überprüft werden.

4.4.5.7 Verfahren bei Beschaffungen

Beschaffungen von Ausrüstungsgegenständen, Geräten und Fahrzeugen bei einer Feuerwehr werden auf der Basis von Leistungsverzeichnissen durchgeführt. Es muss sichergestellt sein, dass die formulierten Vorgaben in Bezug auf den Arbeitsschutz den einschlägigen Rechtsvorschriften genügen und dass auf deren Einhaltung hingewiesen wird. Im Rahmen eines Verfahrens bei Beschaffungen kann eine Regelung Anwendung finden, dass die Fachkraft für Arbeitssicherheit bei der Erstellung des Leistungsverzeichnisses mitwirkt und z. B. in die Abnahme von Fahrzeugen noch beim Hersteller eingebunden wird. In einem solchen Verfahren kann auch die Prüfung von bestellten Aggregaten, die einen Sicherheitsstandard einhalten müssen, durch die Fachkraft für Arbeitssicherheit beschrieben sein. Lassen sich bei der Abnahme oder Eingangsprüfung der ausgeschriebenen Produkte, Waren oder Leistungen Abweichungen zum Leistungsverzeichnis dahingehend feststellen, dass die geforderten Sicherheitsstandards nicht eingehalten werden, sind die Abweichungen zu dokumentieren und vom Auftragnehmer eine Nachbesserung bzw. ein Umtausch der Produkte bzw. Waren zu fordern. Analog ist bei Um- oder Neubauten von Feuerwachen oder Feuerwehrgerätehäusern zu verfahren; die sicherheitstechnischen Anforderungen sind zu berücksichtigen.

4.4.5.8 Verfahren bei Änderungen

Vom Leiter der Feuerwehr sollte ein Verfahren festgelegt werden, wie mit internen und externen Änderungen im Dienstbetrieb umzugehen ist. Diese Änderungen können möglicherweise eine Anpassung des AMS zur Folge haben.

Unter internen Änderungen sind Veränderungen im Personalbereich in der Folge von Neueinstellungen oder Umsetzungen auf andere Feuerwachen, verbunden mit einem neuen Tätigkeitsfeld, oder die Einführung von neuen medizinischen bzw. feuerwehrtechnischen Geräten sowie Fahrzeugen zu verstehen.

Externe Veränderungen basieren auf der Änderung von rechtlichen Grundlagen oder neuen Erkenntnissen im Arbeitsschutz. Grundsätzlich ist es sinnvoll, die sich aus den internen oder externen Veränderungen ergebenden möglichen Konsequenzen für den Arbeitsschutz bei der jeweiligen Feuerwehr zu ermitteln, zu beurteilen und zu berücksichtigen.

Durch die Formulierung von geeigneten Korrekturen (vgl. auch Kapitel 4.6) kann das AMS in dem erforderlichen Umfang angepasst werden. Die Korrekturmaßnahmen müssen mit einem Kontrollmechanismus verknüpft sein, der es erlaubt, festzustellen, dass die Maßnahmen zur Umsetzung gekommen sind. Bevor es beispielsweise zur Einführung von neuen medizinischen bzw. feuerwehrtechnischen Geräten sowie Fahrzeugen kommt, sind entsprechende Gefährdungsbeurteilungen durchzuführen. Diese müssen von der für den Aufgabenbereich verantwortlichen Führungskraft unter Beteiligung der Mitarbeiter oder dem Arbeitsschutzausschuss vorgenommen werden. Im Rahmen der Umsetzung eines solchen Verfahrens muss auch die ausreichende Information bzw. Qualifikation/Schulung der Mitarbeiter der Feuerwehr Berücksichtigung finden. Zeichnen sich Änderungen mit Auswirkung auf das AMS ab, ist der Beauftragte für das AMS zu informieren.

4.5 Überprüfung und Bewertung

4.5.1 Überprüfung des Arbeitsschutzes

Ist das AMS bei der jeweiligen Feuerwehr eingeführt und sind die Anforderungen aus dem Arbeitsschutz umgesetzt sowie die relevanten Unterlagen in Schriftform vorhanden, gilt es ein grundsätzliches Verfahren festzulegen, mit dem der Arbeitsschutz bei der Feuerwehr in regelmäßigen Abständen überprüft werden kann. Denn ein AMS ist nicht als eine Momentaufnahme zu verstehen. Um den Forderungen zu genügen, sind die Unterlagen in regelmäßigen Abständen zu aktualisieren und fortzuschreiben. In diesem Zusammenhang ist es sinnvoll, einen Übersichtsplan vorzuhalten, der die Art der Prüfung, den für die Prüfung Verantwortlichen und das letzte Prüfdatum enthält. Auch die internen und externen Veränderungen bei der Feuerwehr sind in diesem Zusammenhang zu berücksichtigen.

Die Überprüfung des Arbeitsschutzes muss aber auch als Instrument verstanden werden, um zu beurteilen, in welchem Umfang die auferlegte Arbeitsschutzpolitik umgesetzt wurde und die möglichen Gefährdungen für die Mitarbeiter einschließlich der damit verbundenen Risiken minimiert bzw. beseitigt wurden.

Die Überprüfung des Arbeitsschutzes bei der Feuerwehr lässt sich in eine aktive und eine reaktive Überprüfung differenzieren (Bild 18). Im Rahmen einer aktiven Überprüfung werden die Feuerwachen, die Werkstätten, die Gerätehäuser regelmäßig begangen und die Arbeitsprozesse untersucht. In die aktive Überprüfung fallen auch die Überwachung der Arbeitsumgebung (z. B. vorhandene Beleuchtung, Belüftung oder Lärmexposition) und die Einhaltung der regelmäßigen arbeitsmedizinischen Untersuchungen sowie die Überprüfung der Wirksamkeit von Vorsorgemaßnahmen. Die reaktive Überprüfung umfasst die Untersuchung von Dienstunfällen (u. a. Unfallhäufigkeit, Unfallschwere), von Betriebsstörungen oder Notfällen, die Erstellung der Krankenstatistik sowie die

Überprüfung des Arbeitsschutzes

Aktive Überprüfung von	Reaktive Überprüfung von
• Feuer-/Rettungswachen • Werkstätten • Gerätehäusern • Arbeitsumgebung (Beleuchtung, Lärm, Kälte, Belüftung etc.) • Arbeitsplätzen • Arbeitsmedizinischen Untersuchungen	• Dienstunfällen/Unfallgeschehen (Unfallart, -häufigkeit, -schwere) • Notfällen • Betriebsstörungen • Krankheitsstatistiken • durchgeführten Korrektur- und Verbesserungsmaßnahmen

Bild 18: Überprüfung des Arbeitsschutzes

Auswertung der Berichterstattung zu Sachschäden, die für den Arbeitsschutz von Relevanz sind. Es ist darauf zu achten, dass festgestellte Mängel in einem angemessenen Zeitrahmen, akute Gefährdungen der Mitarbeiter aber ohne zeitlichen Verzug beseitigt werden.

4.5.2 Untersuchung von Ursachen

Untersuchungen [88] der Ursachen von Unfällen oder Beinaheunfällen während des Dienstbetriebs bei einer Feuerwehr stellen wichtige Bestandteile der Arbeitssicherheit und des Gesundheitsschutzes dar. Aus den Ergebnissen von Unfalluntersuchungen lassen sich wichtige Erkenntnisse ableiten, die dazu geeignet sind, Unfälle ähnlicher Art zukünftig zu vermeiden. Im Sinne des Arbeitsschutzes muss jeder Unfall gründlich aufgearbeitet werden, wobei der Umfang einer solchen Untersuchung von den Faktoren »Schwere der Unfallfolgen«, »Art der Gefährdung« und »Eintrittswahrscheinlichkeit/Wiederholungswahrscheinlichkeit« abhängig ist.

Mit einer umfänglichen Unfallanalyse, der eine lückenlose Beschreibung des Unfallgeschehens zugrunde liegt, kann einer Spekulation über potenzielle Unfallursachen vorgebeugt werden. Es ist notwendig, dass im Aufgabenfeld des Arbeitsschutzausschusses der Feuerwehr in einer systematischen Folge die Informationen zum Unfallgeschehen zusammengetragen, mögliche Ursachen und Gründe für Verletzungen, Erkrankungen etc. herausgearbeitet, Konsequenzen oder Korrekturmaßnahmen formuliert und dokumentiert werden.

Unter Wahrung des Datenschutzes sind den Mitarbeitern sowohl die Erkenntnisse als auch die daraus abgeleiteten Konsequenzen bzw. Korrekturmaßnahmen für den Dienstbetrieb in geeigneter Weise mitzuteilen. Die für den jeweiligen Aufgabenbereich Verantwortlichen haben dafür zu sorgen, dass die formulierten Korrekturmaßnahmen nicht nur umgesetzt, sondern auch eingehalten werden. Das schließt die Bewertung, ob die Korrekturmaßnahmen Wirkung zeigen, ein.

4.5.3 Audit

Ein Audit [89], [90] ist als ein systematisches Untersuchungsverfahren oder als Revision aufzufassen, um die tatsächlichen Gegebenheiten mit den grundsätzlichen Anforderungen abzugleichen (Ist-Soll-Vergleich). Es gibt unterschiedliche Arten von Audits. Grundsätzlich lässt sich das externe (Untersuchung durch eine Zertifizierungsgesellschaft) und das interne (Untersuchung mit eigenen Kräften) Audit unterscheiden.

Das externe Audit wird von einer unabhängigen Zertifizierungsgesellschaft vorgenommen und dient dazu, zu überprüfen, ob die einschlä-

Bild 19: Auditbausteine im AMS der Feuerwehr

gigen Richtlinien und Normen als Standards beachtet werden. Es endet bei einem erfolgreichen Durchlauf mit der Erteilung eines Zertifikats.

Das interne Audit, das für die Feuerwehren von einem größeren Interesse sein kann, weil eine Zertifizierung der Feuerwehr nicht in erster Linie im Fokus steht, besteht aus unterschiedlichen Bausteinen (Bild 19). Es soll dazu dienen, zu bewerten, ob das eingeführte Arbeitsschutzmanagementsystem die Anforderungen und Richtlinien sowie die Einhaltung der rechtlichen Verpflichtungen erfüllt und ob ein wirksamer Schutz der Sicherheit und Gesundheit der Mitarbeiter gegeben ist.

Es ist nicht zwingend erforderlich, ein Audit durch externe Kräfte vornehmen zu lassen. Dennoch sollten die am Audit mitwirkenden Personen dazu entsprechend befähigt sein. Befähigte Personen sind solche, die mindestens über arbeitsschutzspezifische Kenntnisse und Fähigkeiten verfügen und eine entsprechende Berufserfahrung im Aufgabenfeld der Feuerwehr aufweisen.

Im Rahmen eines Auditierungsverfahrens (siehe Bild 20) wird in einem, vom Leiter der Feuerwehr zu genehmigenden Auditplan, festgelegt, nach welchen Auditkriterien (z. B. Wirksamkeit des AMS, Aufdecken von Schwachstellen), in welchen zeitlichen Abständen und welcher Häufigkeit (Audittermin in Abhängigkeit von den Bereichen/Prozessen und der Erfordernis), unter welcher personellen Beteiligung und Qualifikation

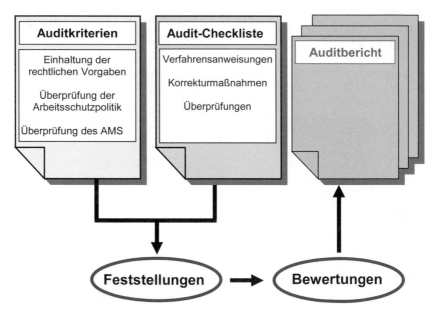

Bild 20: Grundsätzlicher Ablauf eines Audits

74

(z. B. Auditor oder Auditteam), mit welcher Methode (Einzelgespräche, Fragetechnik) das Audit durchzuführen ist. Die Durchführung des internen Audits wird den Beteiligten schriftlich bekannt gegeben und obliegt dem Audit-Verantwortlichen. Die Feststellungen und die Bewertungen wie auch die Audit-Checklisten werden in einem Auditbericht zusammengeführt und dienen in dieser Form der Dokumentation des internen Audits.

Aus dem Auditbericht sollte zu entnehmen sein, ob die Arbeitsschutzpolitik umgesetzt wird, die Mitarbeiter aktiv in den Arbeitsschutz bei der Feuerwehr eingebunden sind, die Rechtsvorschriften für den Arbeitsschutz und die Gesundheitsförderung eingehalten und die formulierten Ziele sowie das Ziel der kontinuierlichen Verbesserung erfüllt werden.

4.5.4 Bewertung durch die Feuerwehrleitung

Ein AMS bei der Feuerwehr ist ohne eine geeignete Bewertung nicht sehr wirkungsvoll. Von dem Leiter der Feuerwehr und den zur Leitung der Feuerwehr gehörenden Führungskräften ist daher ein Verfahren zu generieren, mit dem es möglich ist, das AMS bei der Feuerwehr regelmäßig zu bewerten und/oder präventiv zu verbessern. Innerhalb dieses Verfahrens sollte der Leiter der Feuerwehr mindestens einmal im Jahr die qualitativ und quantitativ messbaren Leistungen und Erfolge des AMS wie auch eventuelle Abweichungen zusammentragen, beurteilen und dokumentieren sowie die Effektivität und Effizienz der eingesetzten Ressourcen prüfen lassen. In die Bewertung fließen die Berichte der Sicherheitsbeauftragten/-koordinatoren und der/des Beauftragten für das AMS, die Ergebnisse aus der Untersuchung von Ursachen und des internen Audits ein. Aus der Bewertung des AMS müssen sich konkrete Maßnahmen zur möglichen Optimierung des Arbeitsschutzmanagementsystems oder zur Anpassung des Leitbildes/der Leitlinien ableiten lassen. Auch hier darf die Notwendigkeit zur Dokumentation der vorgenommenen Schritte nicht vernachlässigt werden.

Kommt es während des Dienst- und Übungsbetriebs bei der Feuerwehr zu Unfällen mit erheblichen Folgen oder zu Schadensfällen, sind Neubewertungen und möglicherweise die Einleitung von Verbesserungsmaßnahmen erforderlich. Die grundsätzlichen Möglichkeiten zur Bewertung eines AMS sind durchaus vielfältig und werden nicht durch Vorgaben reglementiert.

Eine Möglichkeit ist die Bewertung auf der Grundlage von Kennzahlen. Es stellt sich die Frage, welche Kennzahlen geeignet sind. Spielen Unfallzahlen bei der Feuerwehr eine untergeordnete Rolle, sind sie als Kennzahl für einen präventiv ausgerichteten Arbeitsschutz nachrangig, da sie erst nach den Unfällen vorliegen. Wichtig sind an dieser Stelle jedoch Kennzahlen, die dazu dienen, bereits im Vorfeld einer potenziellen Gefährdung oder Erkrankung die angemessenen Schutzmaßnahmen oder Ziele zu formulieren. Bei der Festlegung der Kennzahlen ist zu berücksichtigen, dass sie nicht nur einen Bezug zum AMS der Feuerwehr haben und eine entsprechende Akzeptanz finden, sondern auch zweifelsfrei und präzise formuliert sind.

Als mögliche Kennzahlen kommen beispielsweise die nachfolgenden Punkte in Frage:
- Sind alle Funktionen, die für ein Funktionieren im Arbeitsschutz wichtig sind, besetzt (AMS-Beauftragter, Sicherheitskoordinatoren, Fachkraft für Arbeitssicherheit, Arbeitsmediziner etc.)?
- In welchem Umfang erfüllt die Fachkraft für Arbeitssicherheit bzw. der Arbeitsmediziner die Mindestanforderungen bei der Betreuung auf der Basis der DGUV Vorschrift 2?
- Wie hoch ist die prozentuale Deckung der Ressourcen zur Erfüllung der Aufgaben im Arbeitsschutz (Finanzen, Sachmittel, Personal)?
- In welchem Maß sind die Mitarbeiter beteiligt?
- Wie hoch ist der Anteil der aktualisierten Gefährdungsbeurteilungen?
- Prozentualer Anteil der Unterweisungen, prozentualer Anteil der Begehungen?
- In welchem Umfang wurden Abweichungen bei den Begehungen festgestellt?
- In welchem prozentualen Verhältnis liegen die durchgeführten zu den notwendigen Wartungen bei den Arbeitsmitteln/Aggregaten?
- Was waren die Ursachen für betriebsinterne Störungen bzw. Notfälle und wie hoch war deren Zahl?
- Wie hoch ist die Zahl der Fehltage aufgrund von Unfällen im Dienstbetrieb bzw. im Einsatzdienst?
- Prozentualer Anteil der Maßnahmen zur Gesundheitsförderung?

Bei der Formulierung von Kennzahlen ist zu berücksichtigen, dass diese nicht als permanente Zahlen zu betrachten sind. Ergeben sich Veränderungen bei der Feuerwehr, müssen die Kennzahlen an diesen Veränderungen ausgerichtet werden. Um ein aussagefähiges Spektrum mit Hilfe der Kennzahlen abzubilden, ist es sinnvoll, Kennzahlen mit einem unterschiedlichen zeitlichen Bezug zu formulieren. Hierbei kann man zwischen den so genannten Frühindikatoren, den Leistungstreibern (Zahl der Unterweisungen), und den Spätindikatoren, den Ergebniszahlen (Zahl der Unfälle), unterscheiden.

4.6 Korrekturen und Verbesserungen

4.6.1 Korrekturen

Korrekturen bedarf es immer dann, wenn sich Abweichungen vom tatsächlichen und dem planmäßig vorgesehenen Zustand ergeben. Korrekturen von Arbeitsabläufen oder Arbeitsprozessen im Dienstbetrieb einer Feuerwehr ergeben sich aus den fortlaufenden Überprüfungen, dem internen Verfahren zum Umgang mit Vorschlägen zur Verbesserung oder dem Verfahren zur Mängelmeldung sowie aus dem internen Audit bzw. dem Verfahren zur Bewertung des AMS durch die Feuerwehrleitung. Die Änderungen oder Aktualisierungen der rechtlichen Vorgaben im Arbeitsschutz bzw. der Vorgaben durch die Unfallversicherungsträger tragen ebenfalls zu Korrekturnotwendigkeiten bei.

Korrekturen sind auch notwendig, wenn es zu Fehlern gekommen ist. Hierbei ist unter »Fehlern« [126], [128] das Abweichen von Vorgaben oder der Zustand, wenn bestimmte Anforderungen nicht erfüllt sind, zu verstehen. Beispiele für Fehler sind eine zu hohe Lärmbelastung oder eine nicht ausreichende Beleuchtung, aber auch eine mangelhafte Arbeitsorganisation oder eine unzureichende Unterweisung. Fehler können die Grundlage für Arbeitsunfälle bilden.

Um Korrekturen zu formulieren, ist es zunächst notwendig, die Ursachen für Abweichungen genau zu untersuchen, die sich ergebenden Konsequenzen zu bewerten und geeignete Maßnahmen zu entwickeln. Müssen Korrekturmaßnahmen festgelegt werden, sind diese nach einem bestimmten Zeitraum auf ihre Wirksamkeit hin zu überprüfen.

Für die Erarbeitung von Korrekturen im Dienst- und Übungsbetrieb der Feuerwehr ist der Arbeitsschutzausschuss das geeignete Instrument. Die Durchführung und Umsetzung der Korrekturen sind entsprechend bekannt zu machen.

Ist zu erkennen, dass die erarbeiteten Korrekturen zur Vorbeugung und/oder zum Schutz der Mitarbeiter der Feuerwehr nicht angemessen sind, müssen diese adäquat angepasst werden. In jedem Fall ist zu vermeiden, dass durch vermeintliche Korrekturen neue Gefährdungen provoziert werden. Auch für die vorgenommenen Korrekturen besteht auf der Grundlage des § 6 ArbSchG die Verpflichtung, alle Maßnahmen zu dokumentieren.

4.6.2 Verbesserungen

Werden die Forderungen, die in dem Arbeitsschutzmanagementsystem gefordert werden, systematisch und konsequent umgesetzt, führt bereits eine erfolgreiche Anwendung des AMS zu einer kontinuierlichen Verbesserung. Das setzt voraus, dass sich alle Mitarbeiter der Feuerwehr aktiv in die Verbesserung des Arbeitsschutzes einbringen. Auf diese Weise können potenzielle Verbesserungen besser erkannt und in eher kleinen sowie unspektakulären Schritten umgesetzt werden. Grundsätzlich kann man davon ausgehen, dass kontinuierliche Verbesserungen letztendlich zu einer stetigen, positiven Veränderung im Bereich der Sicherheit und des Gesundheitsschutzes bei der Feuerwehr führen.

5   Gefährdungsbeurteilungen

5.1   Gefährdungsbeurteilungen bei der Feuerwehr

Die Anforderungen auf der Basis des ArbSchG gelten gleichermaßen für die Feuerwehr wie auch für den Rettungsdienst. Im Rahmen der Organisation des Arbeitsschutzes ist es gemäß ArbSchG notwendig, Gefährdungsbeurteilungen durchzuführen, um die mit den für die Sicherheit und die Gesundheit verbundenen Risiken in den Arbeitsabläufen der Feuerwehr zu erfassen. Vor dem Hintergrund, dass – je nach Bundesland – ein Teil der Feuerwehren für den Träger des Rettungsdienstes auch Aufgaben im Rettungsdienst abdeckt, ist eine Betrachtung beider Aufgabenbereiche für die Erstellung von Gefährdungsbeurteilungen [91], [92], [93], [94] notwendig.

Der häufig angeführte Hinweis auf bestehende Feuerwehr Dienstvorschriften führt in Bezug auf die Anforderungen des ArbSchG nur bedingt zum Ziel. Obwohl die gesetzlichen Unfallkassen die Feuerwehr-Dienstvorschriften im Sinne einer Gefährdungsbeurteilung anerkennen, wird seitens des Arbeitsschutzgesetzes die Betrachtung aller Tätigkeiten der Mitarbeiter der Feuerwehr gefordert. Die Feuerwehr-Dienstvorschriften umfassen aber nur einen Teil der Tätigkeiten aus dem Aufgabenspektrum bei einer Feuerwehr. Eine Unterscheidung zwischen hauptamtlich oder ehrenamtlich Beschäftigten einer Feuerwehr wird im ArbSchG nicht getroffen.

Für den Bereich des Rettungsdienstes fehlen Schriften analog den Feuerwehr-Dienstvorschriften ganz. Der Hinweis auf die Verordnung über Sicherheit und Gesundheitsschutz bei Tätigkeiten mit biologischen Arbeitsstoffen (Bio-StoffV) für den Rettungsdienst greift im Sinne des Arbeitsschutzgesetzes ebenfalls zu kurz.

Das Aufgabenspektrum der Feuerwehr und/oder des Rettungsdienstes ist sehr vielfältig und nicht immer einem konkreten Arbeitsplatz zuzuordnen. Zur systematischen Herangehensweise empfiehlt sich daher in einem ersten Schritt die Unterteilung in zwei Betrachtungsschwerpunkte: Zum einen ist die Untersuchung und Betrachtung des Regelbetriebs, d. h. der Abläufe während des Wach- und Ausbildungsbetriebs (Dienstbetrieb), und zum anderen die des Einsatzbetriebs sinnvoll.

5.1.1 Gefährdungsbeurteilung des Dienstbetriebs

Der Dienstbetrieb unterliegt der Gefährdungsbeurteilung wie sie auch für gewerbliche Arbeitsbereiche durchgeführt wird. Je nach Größe der Feuerwehr, wenn sie auch noch für den Rettungsdienst zuständig ist, ist der Arbeitsaufwand für die Erstellung von Gefährdungsbeurteilungen aufgrund der unterschiedlichen Nutzung von Räumlichkeiten, der Vielzahl an Werkstätten und der wahrgenommenen Tätigkeiten durchaus sehr hoch.

Für die Gefährdungsbeurteilungen des Dienstbetriebs kann auf die im Rahmen des AMS (vgl. Kapitel 4.4.4) vorgenommenen Differenzierungen zurückgegriffen werden. Zur Erstellung der Gefährdungsbeurteilungen ist es sinnvoll, die jeweiligen Feuer- und/oder Rettungswachen als betriebliche Arbeitsbereiche zu betrachten. Diese Arbeitsbereiche lassen sich dann unter Berücksichtigung der dort angesiedelten Werkstätten oder der dort durchgeführten Arbeitsprozesse differenzierter betrachten (vgl. Kapitel 4.4.3).

5.1.2 Gefährdungsbeurteilung des Einsatzbetriebs

Durch das Feuerwehrgesetz des jeweiligen Bundeslandes sowie durch das jeweilige Rettungsgesetz sind die Aufgabenbereiche der Feuerwehr bzw. des Rettungsdienstes festgelegt.

Bei der Erfüllung dieser Aufgaben im Rahmen der Gefahrenabwehr ergeben sich sowohl für den Einsatzleiter als auch die Einsatzkräfte aufgrund der örtlichen Verhältnisse und der Umstände die unterschiedlichsten Arbeitsplätze. An solchen Arbeitsplätzen treten mitunter eine Vielzahl von Gefahren auf, die im Vorfeld nicht umfassend durch eine Gefährdungsbeurteilung erfasst werden können. Obwohl die Arbeitsplätze unterschiedlich sind, kommt es dennoch zu Einsatzsituationen mit ähnlichen oder wiederkehrenden Arbeitsprozessen. Bei sich ähnelnden bzw. wiederkehrenden Arbeitsprozessen ist es möglich, im Voraus Beurteilungen von wiederkehrenden Gefahren durchzuführen. Die hieraus abgeleiteten und festzulegenden Maßnahmen, die in den Ausbildungs- und Übungsbetrieb der Feuerwehr einfließen, stellen einen Beitrag zur Prävention im Arbeitsschutz dar.

Die Einsatzstellen der Feuerwehr zeichnen sich jedoch vielfach durch eine hohe Komplexität aus. In Abhängigkeit vom jeweiligen Arbeitsauftrag macht das die Formulierung von Standardisierungen sehr schwierig. Eine exakte, vorausschauende Erfassung von potenziellen Einsatzstellen und damit eine genaue Beschreibung der möglichen Gefahren ist unrealistisch und nicht möglich. Hier ist es bei der Formulierung von Gefährdungsbeurteilungen eher sinnvoll, sich an den zugewiesenen Funktionen (Maschinist, Angriffstrupp etc.) zu orientieren.

Sofern es sich nicht um Einsätze mit einer Vielzahl an Verletzten handelt, sind die Einsatzstellen im Bereich des Rettungsdienstes, auch vor dem Hintergrund der Zahl der Einsatzkräfte, als durchaus übersichtlich zu beschreiben. Vor diesem Hintergrund erscheint es eher möglich, Standardisierungen vorzunehmen. Analog den Leitlinien im medizinischen Bereich besteht hier die Möglichkeit, Standardisierungen in Form von Behandlungsleitlinien zu formulieren. Diese Behandlungsleitlinien tragen zum sicheren Arbeiten im Rettungsdienst und damit auch zu einer Prävention im Sinne des Arbeitsschutzes bei. In der Tabelle 2 sind die verschiedenen Feuerwehr-Dienstvorschriften (FwDV) enthalten, welche als Hilfsmittel zur Erstellung von entsprechenden Gefährdungsbeurteilungen herangezogen werden können, die Tabelle 3 enthält Beispiele für Behandlungsleitlinien im Rettungsdienst.

Tabelle 2: Feuerwehr-Dienstvorschriften (FwDV)

FwDV	Bezeichnung
FwDV 1	Grundtätigkeiten im Lösch- und Hilfeleistungseinsatz
FwDV 2	Ausbildung der Freiwilligen Feuerwehren
FwDV 3	Einheiten im Lösch- und Hilfeleistungseinsatz
FwDV 7	Atemschutz
FwDV 8	Tauchen
FwDV 10	Die tragbaren Leitern
FwDV 100	Führung und Leitung im Einsatz
FwDV 500	Einheiten im ABC-Einsatz

Tabelle 3: Beispiele für Behandlungsleitlinien im Rettungsdienst

Standard	Bezeichnung
Standard 01	Akutes Koronarsyndrom
Standard 02	Prähospitale Thrombolyse
Standard 03	Reanimation
Standard 04	Verbrennungen
Standard 05	Schmerztherapie
Standard 06	CO-Intoxikation
Standard 07	Ciprofloxycingabe
Standard 08	Fehlende Transportnotwendigkeit
Standard 09	Apoplex-Schlaganfall

Dennoch müssen die Gefährdungen an einer Einsatzstelle vorausschauend beurteilt werden. Die Gefährdungsbeurteilung nimmt an der Einsatzstelle der jeweilige Einsatzleiter vor.

Über den Arbeitsplatz an einer Einsatzstelle liegen zumeist nur rudimentäre Informationen vor. Allen Einsatzstellen ist gemein, dass es während des Einsatzes zu einer Veränderung der Gefahrenlage kommt, d. h. es können Gefährdungen wegfallen oder aufgrund der eingeleiteten Maßnahmen möglicherweise neue Gefährdungen entstehen. Daher ist es notwendig, die einmal durchgeführte Beurteilung regelmäßig zu wiederholen. Für einen erfolgreichen Feuerwehreinsatz müssen diese Gefahren vorausschauend erkannt und mit geeigneten Mitteln unter Berücksichtigung des Führungsvorgangs beseitigt werden.

Das Vorgehen im Sinne der FwDV 100 »Führung und Leitung im Einsatz« kann anstelle einer Gefährdungsbeurteilung an einer Einsatzstelle als geeignetes Hilfsmittel herangezogen werden, denn der dargestellte Führungsvorgang »Lagefeststellung (Erkundung/Kontrolle), Planung (Entschluss/Beurteilung) und Einsatzbefehl« entspricht im Wesentlichen den Zielen und Grundsätzen der Gefährdungsbeurteilung (Bild 21). Das wiederum entspricht dem Grundsatz der Gleichwertigkeit im Sinne der Vorgaben der Unfallversicherungsträger (vgl. DGUV Vorschrift 1).

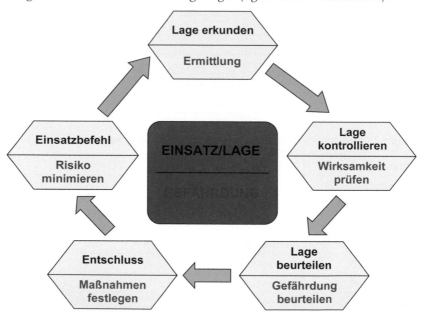

Bild 21: In Anlehnung an die FwDV 100 sind die Schritte des Führungsvorgangs »schwarz« und die Grundsätze der Gefährdungsbeurteilung »blau« dargestellt.

Ermittlung der Gefährdung:
Nach dem Eintreffen an einer Einsatzstelle müssen von den Einsatzkräften nicht nur die vorgefundene Lage erkundet, sondern auch die bestehenden Gefährdungen ermittelt werden, was sich auf der Basis der Gefahrenmatrix (Angst, Atemgifte, Atomare Gefahren, Ausbreitung, Chemische Stoffe, Explosionen, Erkrankung/Verletzung, Einsturz, Elektrizität) durchführen lässt.

Gefährdung beurteilen:
Wie bei der Verarbeitung der einsatzrelevanten Informationen innerhalb des Führungsvorgangs ist es auch hier notwendig, die gewonnenen Erkenntnisse bezüglich der Gefährdung zu beurteilen. Durch abschätzen der Eintrittswahrscheinlichkeit und des Schadenausmaßes kann das Risiko einer potenziellen Gefährdung für die Einsatzkräfte evaluiert werden.

Maßnahmen festlegen:
Nach der Beurteilung der Einsatzsituation durch den Einsatzleiter fließen die Informationen in einen Entschluss ein. Neben den einsatztaktischen Maßnahmen müssen auch die Maßnahmen zur Minimierung eines möglichen Risikos festgelegt werden.

Risiko minimieren:
Die in der Einsatzplanungsphase festgelegte einsatztaktische Vorgehensweise mündet im Einsatzbefehl an die Einsatzkräfte. Findet die Gefährdungsbeurteilung in der Planungsphase eine angemessene Berücksichtigung, trägt das wiederum zur Minimierung des Risikos für die Einsatzkräfte bei.

Wirksamkeit prüfen:
Soll ein Einsatz erfolgreich zu Ende geführt werden, ist es notwendig, die Lage kontinuierlich zu überprüfen, ob die erteilten Einsatzbefehle nicht nur durchgeführt, sondern auch wirksam sind. Analog gilt es die Maßnahmen zur Minimierung des Risikos auf ihre Wirksamkeit hin zu überprüfen. Besteht die Gefährdung für die Einsatzkräfte fort oder lässt sich das Risiko nicht minimieren, sind weitere oder andere Maßnahmen in Erwägung zu ziehen.

Sofern im Rahmen eines Einsatzes Menschen oder Sachwerte zu retten sind, kann bei einer Menschenrettung ein höheres Risiko eingegangen werden. Bei der Rettung von Sachwerten ist dem Grundsatz der Verhältnismäßigkeit Rechnung zu tragen. Lassen sich weder Menschen noch Sachwerte retten, dürfen die Einsatzkräfte keinem vermeidbaren Risiko ausgesetzt werden. Im Hinblick auf die Entscheidungsfindung an einer Einsatzstelle ist grundsätzlich neben den einsatztaktischen Überlegungen auch die Risikoabwägung mit einzubeziehen.

5.1.3 Feuerwehr-Dienstvorschriften

Im Zusammenhang mit dem Arbeitsschutz findet sich unter Punkt 2.2.5 der DGUV Vorschrift 1 »Grundsätze der Prävention« ein Hinweis auf die Einordnung der Feuerwehr-Dienstvorschriften in die Gefährdungsbeurteilung. Die Feuerwehr-Dienstvorschriften (FwDV) werden demnach den Maßnahmen einer Gefährdungsbeurteilung als gleichwertig eingestuft. Sie greifen jedoch nur einen eng umrissenen Bereich aus dem Aufgabenspektrum der Feuerwehr auf. Gefährdungsbeurteilungen müssen jedoch insbesondere da durchgeführt werden, wo keine Feuerwehr-Dienstvorschriften vorhanden sind bzw. wo Beurteilungen von Gefährdungen während des Feuerwehrdienstes nicht in eine Feuerwehr-Dienstvorschrift münden.

Demnach ist es nicht notwendig, dass Gefährdungsbeurteilungen für die Aufgabenbereiche erstellt werden, für die bereits Feuerwehr-Dienstvorschriften existieren. An dieser Stelle muss man sich aber die Frage stellen, ob es sinnvoll ist, so zu verfahren. Die Gefährdungsbeurteilungen sind den Mitarbeitern jederzeit zugänglich zu machen. Existieren Gefährdungsbeurteilungen und Feuerwehr-Dienstvorschriften nebeneinander, entsteht eine Sammlung von Gefährdungsbeurteilungen, die in den Bereichen der von den Feuerwehr-Dienstvorschriften erfassten Feuerwehrtätigkeiten lückenhaft ist. Ist die Feuerwehr für den Träger des Rettungsdienstes auch in diesem Bereich tätig, müssen auch für den Rettungsdienst Gefährdungsbeurteilungen erstellt werden. Es erscheint demnach sinnvoller zu sein, für den kompletten Aufgabenbereich der Feuerwehr gleichermaßen Gefährdungsbeurteilungen zu erstellen und die vorgegebenen Maßnahmen aus den Feuerwehr-Dienstvorschriften aufzugreifen.

5.2 Durchführung einer Gefährdungsbeurteilung

Eine konsequente und strukturierte Vorgehensweise erleichtert nicht nur die Erstellung von Gefährdungsbeurteilungen, sondern auch die Verbesserung des Arbeitsschutzes. Der grundsätzliche Ablauf der Gefährdungsbeurteilung basiert auf sieben Schritten (Bild 22).

Vorbereiten:
Im ersten Schritt geht es zunächst darum, welche Bereiche bei der Feuerwehr für eine Betrachtung im Sinne des Arbeitsschutzes in Frage kommen. Grundsätzlich kann es sich dabei um räumlich abgegrenzte Bereiche, also Arbeitsbereiche und Arbeitsplätze, oder um Arbeitsprozesse, die räumlich nicht exakt zugeordnet werden können, handeln. Die Konse-

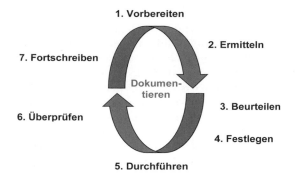

1. Vorbereiten

2. Ermitteln

7. Fortschreiben

Dokumen-
tieren

6. Überprüfen

3. Beurteilen

4. Festlegen

5. Durchführen

Bild 22:
Durchführung
einer Gefährdungs-
beurteilung

quenz ist gewissermaßen eine Segmentierung der Feuerwehr. Hierzu zählt auch die personenbezogene Zuordnung der Verantwortung für den jeweiligen Aufgabenbereich und die Einbindung der Mitarbeiter in die Erstellung bzw. Fortführung eines Arbeitsschutzsystems.

Ermitteln:

In diesem Schritt sind die möglichen Gefahren, denen die Mitarbeiter der Feuerwehr ausgesetzt sein können, auf der Basis der vorgenommenen Bereichseinteilung zunächst systematisch zu ermitteln. Als Hilfsmittel kann die Inventurliste zum beweglichen bzw. unbeweglichen Inventar des betrachteten Bereichs dienen oder es wird eine Checkliste (vgl. Anlage 2) erstellt, die zur sukzessiven Abarbeitung gelangt. Grundsätzlich lässt sich davon ausgehen, dass alles, was bei einer Feuerwehr zu einer Gesundheitsbeeinträchtigung oder zu einem Unfall führen kann, eine Gefährdung darstellt. Gefährdungen können ausgehen von:

- der Gestaltung oder der Einrichtung eines Arbeitsplatzes,
- den körperlichen oder psychischen Belastungen,
- den zur Verfügung gestellten Arbeitsmitteln,
- einer unzureichenden Qualifikation des/der Beschäftigten.

Beurteilen:

Für die Beurteilung einer Gefährdung sind die genannten Gesetze, Verordnungen und Vorschriften heranzuziehen. Beurteilen bedeutet, dass geprüft werden muss, ob und in welcher Weise geeignete Maßnahmen im Sinne des Arbeitsschutzes zu ergreifen sind. Hierbei ist es wichtig, jede einzelne Gefährdung zu erfassen, zu beurteilen und das daraus für die Mitarbeiter der Feuerwehr abzuleitende Risiko zuzuordnen. Sofern keine konkreten Vorgaben für den zu untersuchenden Arbeitsbereich vorliegen, kann die Gefährdungsbeurteilung auch auf der Basis von Erfahrungen vorgenommen werden, wobei der aktuelle Stand der Technik oder der Hygiene einzubeziehen sind. Das Ergebnis einer solchen Beurteilung ist zu dokumentieren.

85

Festlegen:
Hat man im Rahmen des Beurteilungsverfahrens Gefährdungen für die Beschäftigten festgestellt, müssen geeignete Maßnahmen zur Beseitigung der Gefährdung ergriffen werden. Lassen sich die Gefährdungen nicht grundsätzlich vermeiden oder ausschalten, sind die Risiken in der Reihenfolge durch technische, organisatorische und personenbezogene Schutzmaßnahmen so weit wie möglich zu minimieren. Dabei sollte darauf geachtet werden, das am größten eingeschätzte Risiko im Maßnahmenkatalog mit der höchsten Priorität zu belegen. Akute Gefährdungen sind unmittelbar zu beseitigen, um eine weitere Gefährdung der Mitarbeiter auszuschließen. Die festgelegten Maßnahmen müssen dokumentiert werden.

Durchführen:
Bei der Durchführung der Maßnahmen ist zweifelsfrei festzulegen, wer bis zu welchem Datum was durchzuführen hat.

Überprüfen:
Nur die Überprüfung der festgelegten und durchgeführten Maßnahmen trägt dazu bei, sich einen Überblick darüber zu verschaffen, ob die Maßnahmen greifen und die Gefahr ausgeschaltet oder das Risiko zumindest minimiert ist. Die Überprüfung der Maßnahmen muss zeitnah auf deren Durchführung bzw. Umsetzung folgen. Gegebenenfalls ist eine Anpassung der Maßnahmen notwendig. Im Rahmen der Überprüfung der Maßnahmen ist zweifelsfrei zu klären, ob durch die festgelegten und durchgeführten Maßnahmen nicht neue Gefährdungen für die Beschäftigten entstanden sind. Die Ergebnisse der Überprüfung sind zu dokumentieren.

Fortschreiben:
Das Erstellen einer Gefährdungsbeurteilung ist kein einmaliger, sondern ein kontinuierlicher Prozess, der mindestens einmal im Jahr durchgeführt werden sollte. Gefährdungsbeurteilungen sind den jeweiligen Verhältnissen bei der Feuerwehr anzupassen. Werden beispielsweise Veränderungen bei Betriebsabläufen vorgenommen oder neue Fahrzeuge, Maschinen wie auch feuerwehrtechnische Geräte eingeführt, lassen sich erhöhte Zahlen von Unfällen bzw. von Krankheitstagen verzeichnen, gibt es neue Informationen zu Änderungen der rechtlichen Vorschriften oder eine Änderung bei den Vorschriften der Unfallversicherungträger, sind die Gefährdungsbeurteilungen zu überarbeiten oder neu zu erstellen. Hierbei beinhaltet die Überarbeitung bzw. die Neuerstellung einer Gefährdungsbeurteilung nur die tatsächliche Veränderung.

5.3   Schritte zur Umsetzung der Gefährdungsbeurteilung

5.3.1   Vorbereitung

Grundsätzlich ruht die Umsetzung einer Gefährdungsbeurteilung auf drei Säulen (Bild 23): Eine Säule repräsentiert die Führungskräfte und die bzw. den Beauftragten für das AMS, die zweite Säule steht für die Mitarbeiter sowie die Sicherheitskoordinatoren der Feuerwehr und die dritte Säule für die Fachkraft für Arbeitssicherheit.

Die Führungskräfte sind für die Durchführung der Gefährdungsbeurteilung verantwortlich (Zuständigkeit), da bei ihnen die Kenntnisse über die Abläufe im eigenen Verantwortungsbereich zusammenlaufen. Im Rahmen der ersten Beurteilung erfolgt auch die Auswertung von Unfallmeldungen. Neben den Unfallmeldungen liegen bei den Führungskräften auch Hinweise über Probleme mit der Persönlichen Schutzausrüstung oder auch auf die besondere Beanspruchung der Mitarbeiter in Einsatzsituationen vor.

Die Mitarbeiter der Feuerwehr sowie die Sicherheitskoordinatoren werden einbezogen und haben die Möglichkeit, Ergänzungsvorschläge zu machen bzw. Hinweise zu geben.

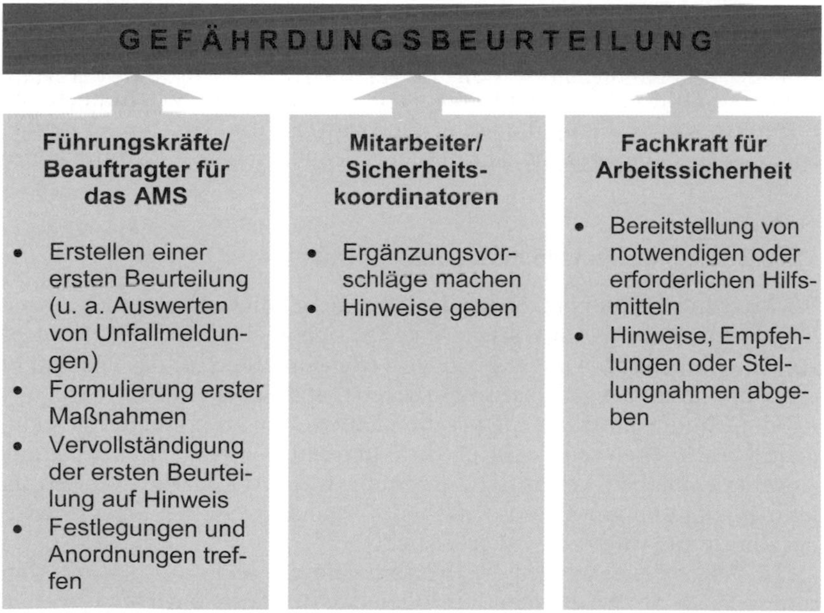

GEFÄHRDUNGSBEURTEILUNG

Führungskräfte/ Beauftragter für das AMS	Mitarbeiter/ Sicherheits- koordinatoren	Fachkraft für Arbeitssicherheit
• Erstellen einer ersten Beurteilung (u. a. Auswerten von Unfallmeldungen) • Formulierung erster Maßnahmen • Vervollständigung der ersten Beurteilung auf Hinweis • Festlegungen und Anordnungen treffen	• Ergänzungsvor- schläge machen • Hinweise geben	• Bereitstellung von notwendigen oder erforderlichen Hilfs- mitteln • Hinweise, Empfeh- lungen oder Stel- lungnahmen abge- ben

Bild 23:   Beteiligungen und Vorgehensweise bei der Vorbereitung einer Gefährdungsbeurteilung

Bei einer erstmalig durchgeführten Gefährdungsbeurteilung ist das Fachwissen der Fachkraft für Arbeitssicherheit in einem höheren Maß gefragt als bei einer Revision. Deren fachliche Hinweise, Empfehlungen oder Stellungnahmen sollen in die Gefährdungsbeurteilung einfließen.

Zur Vorbereitung der Gefährdungsbeurteilung sind demnach die folgenden Dinge festzulegen bzw. einzuleiten:

- Festlegung der Zuständigkeiten,
- Auswertung von Unfallmeldungen,
- Einbeziehung der Mitarbeiter,
- Festlegung der zu untersuchenden Bereiche,
- Einbeziehung der Fachkraft für Arbeitssicherheit.

Weil zu diesen Punkten bereits an anderer Stelle Aussagen getroffen wurden, werden sie nachfolgend nur kurz beleuchtet.

5.3.1.1 Zuständigkeiten

Eine der vorbereitenden Maßnahmen ist die Festlegung der Zuständigkeiten. Die grundsätzliche Organisation der Feuerwehr und/oder des Rettungsdienstes lässt sich am einfachsten in Form eines Organigramms abbilden. Für die Organisation ist es notwendig, den einzelnen Aufgaben- und Arbeitsbereichen die Namen der zuständigen Verantwortlichen, der Vertreter und der unterstellten Mitarbeiter zuzuordnen. Hierzu bietet sich das Arbeitsblatt 1 nach DGUV Information 211-032 (siehe Anhang 2) an. Die Führungskräfte erstellen erste Gefährdungsbeurteilungen und formulieren erste Maßnahmen, in die Hinweise der Mitarbeiter einfließen. Es obliegt den Führungskräften, Festlegungen und Anordnungen zu treffen.

5.3.1.2 Unfallmeldungen und Unfallstatistik

Wichtige Informationen, die bei der Erstellung von Gefährdungsbeurteilungen von Nutzen sein können, ergeben sich auch aus der Auswertung von Unfallmeldungen in der Folge von Dienstunfällen bei der Feuerwehr und/oder im Rettungsdienst sowie deren statistischer Aufbereitung.

Um Unfallmeldungen entsprechend auswerten zu können, muss eindeutig beschrieben sein, wie sich die Mitarbeiter bei einem Dienstunfall zu verhalten haben. Verfahrensanweisungen zur Abgabe einer Dienstunfallmeldung und zur grundsätzlichen Vorgehensweise bei einer Dienstunfallmeldung sind daher unerlässlich.

Im Allgemeinen werden die Unfallmeldungen nicht nur dem Verwaltungsbereich der Feuerwehr und/oder des Rettungsdienstes zugeleitet, sondern auch dem zuständigen Arbeitsmediziner, in dessen Zuständigkeitsbereich eine Auswertung der Unfallereignisse vorgenommen wird.

In Zusammenarbeit mit dem arbeitsmedizinischen Bereich lassen sich dann aussagefähige Auswertungen vornehmen, die auf der vorherigen Definition von Unfallgruppen (z. B. Dienstsport, Übungsbetrieb, Einsatzdienst Feuerwehr, Einsatzdienst Rettungsdienst etc.) fußen. Durch die weitere Untergliederung dieser Unfallgruppen in Kategorien (z. B. Verstauchung, Zerrung, Fraktur, Infektion etc.) lassen sich die Auswertungen noch konkretisieren. Mit dem Wissen, wann und wo bei welcher Tätigkeit sich der Unfall ereignet hat, können weitere, wichtige Grundlagen für die Gefährdungsbeurteilung geschaffen werden.

5.3.1.3 Einbeziehen der Mitarbeiter

Das Einbeziehen der Mitarbeiter leitet sich aus der Forderung der »Besonderen Unterstützungsverpflichtung« gemäß § 16 ArbSchG ab und ist ein wesentlicher Bestandteil eines Arbeitsschutzmanagementsystems (vgl. Kapitel 4.3.4). Vor diesem Hintergrund und aufgrund der Kenntnis des eigenen Arbeitsbereichs ist es unerlässlich, die Mitarbeiter aktiv in die Prozesse des Arbeitsschutzes zu integrieren. Dazu gehört, die Mitarbeiter in die Erstellung von Gefährdungsbeurteilungen einzubeziehen. Es bietet sich an, von den Beschäftigten Informationen über Sicherheitsmängel, gesundheitliche Beschwerden und subjektiv empfundene Belastungen z. B. in Form von Mitarbeiterbefragungen einzuholen.

5.3.1.4 Festlegen von Bereichen

Erfolgt die Festlegung von Arbeitsbereichen, Arbeitsplätzen und/oder Arbeitsabläufen im Rahmen eines AMS (vgl. Kapitel 4.4.3.), kann bei der Gefährdungsbeurteilung auf diese Strukturen aufgebaut werden.

5.3.1.5 Einbeziehen der Fachkraft für Arbeitssicherheit

Die Fachkraft für Arbeitssicherheit wirkt im AMS einer Feuerwehr beratend mit und unterstützt durch Expertenwissen. Auf deren grundsätzliche Aufgaben im AMS ist in Kapitel 3.3 bereits hingewiesen worden.

5.4 Ermitteln der Gefahren

Nachdem im Rahmen der Vorbereitungen die grundsätzlichen Voraussetzungen geschaffen worden sind, gilt es nun im Rahmen einer Bestandsaufnahme die Gefahren zu ermitteln. Dazu ist es zweckmäßig, mit den für die Betrachtungseinheit (Feuerwache, Werkstatt) verantwortlichen

Personen (Sachgebietsleiter, Wachvorsteher) zunächst bereichsübergreifende Aspekte des Arbeitsschutzes, d. h. die Arbeitsumgebung zu überprüfen. Zur Arbeitsumgebung lassen sich zusammenfassend die in Bild 24 aufgeführten Beispiele zählen.

Erst nach der Erfassung und Untersuchung der Arbeitsumgebung empfiehlt es sich, den einzelnen Arbeitsabläufen folgend, die Arbeitsplätze und/oder die Tätigkeiten der Mitarbeiter der Feuerwehr unter Berücksichtigung der jeweiligen Arbeitsmittel zu beurteilen. Das bedeutet, dass sich die im Rahmen des Arbeitsschutzes mit der Ermittlung der Gefahren betrauten Personen Klarheit darüber verschaffen müssen, bei welchen Arbeitsabläufen oder Tätigkeiten welche Arbeitsstoffe oder Arbeitsmittel eingesetzt werden und ob dabei Gefahren auftreten können. Werden die Beschäftigten an Arbeitsplätzen eingesetzt, die nicht einem bestimmten Bereich zuzuordnen sind (nicht ortsfeste Arbeitsplätze) oder unterliegen deren Arbeitsabläufe einem häufigen Wechsel, ist eine berufsgruppenspezifische Ermittlung der Gefahren zu empfehlen. Anderenfalls gilt es, die Gefahren für den einzelnen Mitarbeiter zu ermitteln. Die Tabelle 4 gibt einen grundsätzlichen Überblick über mögliche Maßnahmen des Arbeitsschutzes, um einer potenziellen Gefährdung zu begegnen.

Grundsätzlich sind im Rahmen einer Gefährdungsbeurteilung alle bei der Feuerwehr vorhandenen Arbeitsmittel zu erfassen. Den Mitarbeitern der Feuerwehr dürfen nur solche Arbeitsmittel zur Verfügung gestellt werden, die für den jeweiligen Arbeitsplatz oder die betreffende Verwendung geeignet sind. Die Gefährdungsbeurteilung von Arbeitsmitteln hat alle Gefährdungen zu erfassen, die mit deren Benutzung verbunden sind. Hierbei sind auch Wechselwirkungen mit anderen Arbeitsmitteln oder Arbeitsstoffen zu berücksichtigen.

Arbeitsmittel bei der Feuerwehr müssen einer regelmäßigen Prüfung unterzogen werden, damit sie als sicher eingestuft und verwendet werden dürfen. Die Prüfung ist vom Hersteller, von einem Fachbetrieb oder eines für die Prüfung zertifizierten Beschäftigten der Feuerwehr durchzuführen und zu dokumentieren, wobei die Art, der Umfang und die Fristen der Prüfung zu berücksichtigen sind.

Tabelle 4: Gefährdungsquellen und Schutzmaßnahmen

Potenzielle Gefährdung durch	Präventive Maßnahmen
Arbeitsumgebung	Klima, Beleuchtung, Belüftung, Bewegungsflächen, Aufenthaltsräume etc. überprüfen
Arbeitsabläufe/-organisation	präventiv ausgerichtete Planung
Arbeitsmittel	Verwendung von Schutzeinrichtungen, Beachtung der Prüffristen, Betriebsanweisungen erstellen
Arbeitsplatz	Analyse des Arbeitsplatzes, ergonomische Gestaltung, Angebot zur arbeitsmedizinischen Vorsorge
Psychische Belastungen	Verminderung von Stressfaktoren, Untersuchung der Arbeitsumgebung, Überprüfung des Umgangs der Beschäftigten miteinander, Kommunikationswege
Stromschlag	Verwendung von Schutzeinrichtungen, Beachtung der Prüffristen, Betriebsanweisungen erstellen
Brand und Explosion	Nach Möglichkeit den Einsatz brennbarer Stoffe vermeiden oder diese sicher lagern, Betriebsanweisungen und Notfallpläne erstellen, Übungen durchführen
Verletzungen durch Schneiden/Quetschen/Stürzen	Organisation der rettungsdienstlichen und Erste-Hilfe-Maßnahmen
Lärm	Lärmquelle einhausen/abschirmen, Expositionszeit verringern
Transport	Ladungssicherung durchführen, Hilfen zum Anheben verwenden
Besondere Arbeitssituationen	Persönliche Schutzausrüstung tragen, arbeitsmedizinische Vorsorge, Hautschutzplan, Hygienevorschriften

Zur Gefahrenermittlung bietet es sich an, den Betrachtungsbereich systematisch zu untersuchen. Als Hilfsmittel kann die Auflistung der Gefährdungsfaktoren (siehe Glossar) herangezogen werden. Die Gefährdungsfaktoren definieren sich als Gruppe von Gefährdungen, die sich durch gleichartige Wirkungen oder Gefahren kennzeichnen lassen [95]. Die DGUV Information 211-032 »Gefährdungs- und Belastungs-Katalog – Beurteilung von Gefährdungen und Belastungen am Arbeitsplatz« enthält Informationen und dezidierte Fragen zu den einzelnen Gefährdungs-faktoren. Daneben existieren für eine Vielzahl von Branchen spezifische Kataloge, mit deren Hilfe sich eine Checkliste erstellen lässt. Das Verwenden einer solchen Checkliste erleichtert das Auffinden und Zuordnen von Gefährdungen in dem zu betrachtenden Bereich und sollte systematische Anwendung finden. Ein Beispiel für eine solche Checkliste ist in Anhang 3 zu finden.

Gemäß § 6 ArbSchG müssen die Ergebnisse einer Gefährdungsbeurteilung dokumentiert werden. Zur Erfassung der ermittelten bzw. erkannten Gefahren kann ein Beurteilungsbogen/Arbeitsblatt verwendet werden (vgl. Anhang 4, Arbeitsblatt 2).

Jeder Beurteilungsbogen enthält – bezogen auf den jeweiligen Arbeitsplatz – die Tätigkeit, das Arbeitsmittel sowie eine eigene, fortlaufende Nummer, damit eine zweifelsfreie Zuordnung erfolgen kann. Im Kopf des Beurteilungsbogens finden sich die Angaben zum untersuchten Bereich, ob es sich um eine Tätigkeit oder ein Arbeits- bzw. Rettungsmittel handelt und zu den verantwortlichen Personen.

Den Gefährdungen werden in diesem Beurteilungsbogen bereits Bewertungen bezüglich eines bestimmten Risikos zugeordnet. Weiterhin sind die Schutzziele, die allgemein bzw. speziell einzuleitenden Maßnahmen und die Verantwortlichkeit festzulegen. Letztendlich kann in weitere Spalten des Beurteilungsbogens zu Dokumentationszwecken eingetragen werden, bis zu welchem Termin die Beseitigung einer bestimmten Gefährdung zu erfolgen hat, durch wen die Beseitigung als erledigt gemeldet worden ist und zu welchem Datum die Durchführung der Maßnahmen erfolgt ist.

5.5 Beurteilung

Hat sich im Rahmen der Ermittlung der Gefahren ergeben, dass die Beschäftigten räumlich und zeitlich in Kontakt mit Faktoren kommen, die zu Verletzungen führen können, sind die Gefahren zu beurteilen. Alles, was in irgendeiner Weise zu Gesundheitsschäden oder Unfällen bei der Feuerwehr führen kann oder schon führte, ist in der Gefährdungsbeurteilung zu erfassen.

Die Gefährdungsbeurteilung erfolgt durch eine Risikoanalyse. Um eine Aussage über das Risiko tätigen zu können, muss die Frage nach der Wahrscheinlichkeit eines Schadens und des möglichen Schadenausmaßes beantwortet werden. Das Produkt aus der Wahrscheinlichkeit (W) eines Schadens für die Gesundheit der Mitarbeiter und dem möglichen Schadensausmaß (S) bezeichnet man als Risiko [96].

> **Merke:**
> Risiko (R) = Wahrscheinlichkeit (W) × Schadensausmaß (S)

Im Rahmen der Risikobewertung muss festgestellt werden, ob das ermittelte Risiko kleiner oder größer als der Soll-Wert ist, der im Rahmen der Überlegungen zu den Schutzzielen als maximal zu akzeptieren für die Feuerwehr definiert werden kann. Solche Soll-Werte sind häufig als festgelegte Grenzwerte den technischen Regelwerken oder Vorschriften zu entnehmen. Kommt man im Zuge der Risikobewertung zu dem Schluss, dass das für die Mitarbeiter bestehende Risiko inakzeptabel ist, sind Maßnahmen zu ergreifen, die das Risiko vermindern. Ein anderes Ergebnis der Bewertung können Maßnahmen zur Beseitigung der Unfall- oder Gesundheitsgefährdung sein oder die Erkenntnis, dass trotz aller Maßnahmen noch ein Restrisiko verbleibt.

Grundsätzlich muss es das Ziel sein, dass die Gefährdung beseitigt oder reduziert wird. Ist dieses Ziel nicht zu erreichen, sind geeignete technische und/oder organisatorische Maßnahmen zu ergreifen, geeignete Persönliche Schutzausrüstung zu verwenden und das sicherheitsrelevante Verhalten jedes Einzelnen anzusprechen, um die Wirkung der Gefährdung zu minimieren (vgl. Kapitel 4.4.5.1).

In der Risikobewertung müssen auch das Ausbildungsniveau, die Qualität der Fortbildung, mögliche Erfahrungen sowie die jeweiligen taktischen Aspekte Niederschlag finden.

Für die praktische Anwendung ist die Verwendung einer so genannten Risikomatrix von Vorteil. Damit eine Vergleichbarkeit gewährleistet ist, muss dem Risiko ein Zahlenwert zugeordnet werden können. Das wiederum setzt voraus, dass auch die Wahrscheinlichkeit (W) für das Eintreten einer Gefahr und das mögliche gesundheitliche Schadenausmaß jeweils mit einem Wert belegt sind.

Als Grundlage für die Zahlenwerte der Eintrittswahrscheinlichkeit (W) und des Schadenausmaßes (S) kann die Methode gemäß DGUV Information 205-014 »Auswahl von persönlicher Schutzausrüstung auf der Basis einer Gefährdungsbeurteilung für Einsätze bei deutschen Feuerwehren« [97] angewendet werden. Die Eintrittswahrscheinlichkeit (W) und das Schadenausmaß (S) sind danach in fünf Kategorien unterteilt. Jeder Kategorie ist ein Zahlenwert zugeordnet (vgl. Tabelle 5).

Die Werte für die Wahrscheinlichkeit (W) sind mit einfach steigenden Zahlen von »0« bis »4« belegt. Als Grundlage für die Bewertung der Wahrscheinlichkeit für das Auftreten einer Gefahr lassen sich die Ergebnisse der Auswertung der Unfallstatistiken aus dem Bereich Feuerwehr bzw. Rettungsdienst oder eigene Einschätzungs- und Erfahrungswerte heranziehen. Zudem muss die Frequenz der jeweiligen Tätigkeit und die Zahl der Beschäftigten, die sich in einem möglichen Gefahrenbereich aufhalten, berücksichtigt werden. Bei einer niedrigen Frequenz und einer niedrigen Zahl an Beschäftigten ist die Wahrscheinlichkeit dementsprechend niedrig. Steigt die Frequenz und/oder die Zahl der Beschäftigten, die bestimmte Tätigkeiten ausüben, nimmt auch die Wahrscheinlichkeit des Eintretens einer Gefährdung zu. Beispielsweise ist die Wahrscheinlichkeit, dass Rettungssanitäter oder Notfallsanitäter eine Verletzung durch Injektionsmaterial erleiden, als mindestens »sehr wahrscheinlich« einzustufen.

Tabelle 5: Eintrittswahrscheinlichkeit und Schadenausmaß

Wahrscheinlichkeit für das Eintreten von Gefahren und dem Schadenausmaß					
Kate-gorie (W)	Eintritts-wahrscheinlichkeit		Kate-gorie (S)	Folgen für Feuerwehrangehörige	
0	nie	nie	0	ohne Folgen	-
1	aus-nahms-weise	≤ 2 x / Jahr	1	gering	z.B. leichte Verletzungen wie kleine Schnittwun-den, Abschürfungen, Verstauchungen, leichte Verbrennungen
2	gele-gent-lich	≤ 10 x / Jahr	2	mäßig	z.B. schwerere Verletzun-gen wie Knochenbrüche, Verbrennungen 2. Gra-des, Kreislaufbeeinträch-tigungen
3	sehr wahr-schein-lich	≤ 1 x / Woche	4	hoch	lebensbedrohliche Verletzungen oder Erkrankungen
4	immer	täglich	8	sehr hoch	dauerhafte Dienst-unfähigkeit oder Tod
Hinweis: Die »0« ist für den Bereich der Feuerwehr nur dann zu akzeptieren, wenn mit Sicherheit ausgeschlossen werden kann, auf eine mögliche Gefahr zu stoßen.					

Die Werte für das Schadenausmaß steigen in einer Folge von »0« bis »8« mit dem Faktor »2« multipliziert an und sind damit höher gewichtet als die Werte der Wahrscheinlichkeit. Je höher das Schadenausmaß und damit die gesundheitlichen Folgen für die Beschäftigten, desto höher ist der jeweilige Wert.

Risiko R = W x S					Eintrittswahrscheinlichkeit (W)	
0	0	0	0	0	0	nie
0	1	2	4	8	1	ausnahms-weise
0	2	4	8	16	2	gelegentlich
0	3	6	12	24	3	sehr wahr-scheinlich
0	4	8	16	32	4	immer
0	1	2	4	8		
ohne Folgen	gering	mäßig	hoch	sehr hoch		
Schadenausmaß (S)						

Bild 25: Risikomatrix

Aus der ermittelten Eintrittswahrscheinlichkeit (W) und dem möglichen gesundheitlichen Schadenausmaß (S) kann mit Hilfe der in Bild 25 dargestellten Risikomatrix, in Anlehnung an die Risikomatrix nach Nohl [98], das Risiko abgeschätzt werden, wobei sich aus dem Schnittbereich von Wahrscheinlichkeit und Schadenausmaß die Risikogruppe ablesen lässt. Analoge Darstellungen ergeben sich aus der Risikoeinschätzung nach Gruber [99] oder durch die Zürich-Methode [100].

Die Risikomatrix lässt sich anhand einer farblichen Darstellung zudem auch noch in unterschiedliche Risikoklassen oder -kategorien unterteilen. Diese Art der Visualisierung der Risikowerte erleichtert die Einschätzung der Gefährdungen. Den Risikoklassen/-kategorien liegen die folgenden Überlegungen zugrunde:

Risikoklasse/-kategorie 0 (dunkelgrün, vgl. Risikomatrix):
Die »0« ist für den Bereich der Feuerwehr bzw. des Rettungsdienstes nur dann zu akzeptieren, wenn mit Sicherheit ausgeschlossen werden kann, auf eine mögliche Gefahr oder einen gesundheitlichen Schaden eines Beschäftigten zu stoßen. In einem solchen Fall ist es nicht erforderlich, Maßnahmen zum Gesundheits- oder Unfallschutz für die Beschäftigten zu ergreifen.

Risikoklasse/-kategorie 1 (hellgrün, vgl. Risikomatrix):
Die Kategorie 1 umfasst Risiken mit einem Wert von 1–2, bei denen die Wahrscheinlichkeit des Eintretens einer Gefährdung als maximal »gelegentlich« und das Schadenausmaß als »gering« eingestuft werden kann. Es handelt sich um den Bereich des so genannten Restrisikos. Zum Schutz reichen hier durchaus schon persönliche Maßnahmen.

Risikoklasse/-kategorie 2 (gelb, vgl. Risikomatrix):
Die Kategorie 2 umfasst signifikante Risiken mit einem Wert von 3–6 und kennzeichnet den Bereich zwischen dem vorhandenen Risiko und dem Restrisiko unter Berücksichtigung der jeweiligen Eintrittswahrscheinlichkeit und dem Schadenausmaß. In dieser Risikoklasse sind neben den persönlichen Maßnahmen weitere Maßnahmen zur Risikoreduzierung erforderlich.

Risikoklasse/-kategorie 3 (rot, vgl. Risikomatrix):
In die Kategorie 3 fallen die Risiken mit dem Wert 8–32. Führen die Bewertungen für Arbeitsplätze, Tätigkeiten oder Arbeitsmittel zu Risikowerten der Kategorie 3, sind Maßnahmen zur Minimierung bzw. Reduzierung des Risikos dringend notwendig.

5.6 Festlegen der Maßnahmen

Durch die Erarbeitung und Festlegung von Schutzzielen wird ein möglichst sicherer Soll-Zustand festgelegt. Dieser Soll-Zustand kann vielfach bereits aus normierten Regelwerken, wie beispielsweise Gesetzen, Verordnungen, Technischen Regeln oder Normen, entnommen werden. Nur nach der Formulierung des Schutzziels/der Schutzziele lassen sich die notwendigen und passenden Maßnahmen ergreifen. Mögliche Schutzziele können beispielsweise das Verhindern von mechanischen Verletzungen, elektrischen Schlägen, Verbrennungen, Vergiftungen oder Lärmschwerhörigkeit sein.

Grundsätzlich kann davon ausgegangen werden, dass die Arbeiten der Feuerwehr nicht völlig risikolos durchgeführt werden können. Daher muss man sich darüber Gedanken machen, welches Risiko als gerade noch akzeptabel anzusehen ist. Dieses gerade noch akzeptable Risiko definiert das so genannte Grenzrisiko. Die Differenz zwischen dem Ist-Zustand (vorhandenes Risiko) und dem Soll-Zustand (gerade noch akzeptiertes Risiko) kennzeichnet den Bereich, für den geeignete Maßnahmen zu treffen sind (siehe Bild 26).

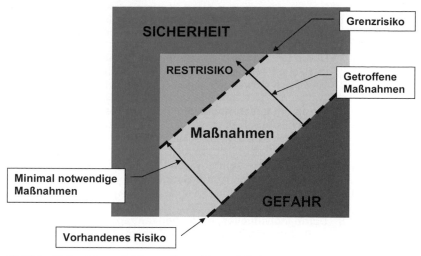

Bild 26: Risiko-Schutzziel-Darstellung (Grenzrisiko)

An erster Stelle der zu ergreifenden Maßnahmen muss stehen, die potenzielle Gefahrenquelle zu beseitigen. Nur wenn sich diese Maßnahme nicht realisieren lässt, ist dafür Sorge zu tragen, dass durch

- technische Maßnahmen (z. B. scharfkantige Gegenstande entfernen, scharfe Kanten abrunden oder durch Kunststoffüberzüge abschirmen),
- organisatorische Maßnahmen (z. B. Kennzeichnung von Gefahrenstellen durch Warnhinweise, Erstellen und Veröffentlichen von Hygiene-/Desinfektions- und Hautschutzplänen, Erstellen und Aushängen von Betriebsanweisungen),
- geeignete persönliche Schutzkleidung/-ausrüstung,
- individuelles, sicherheitsgerechtes Verhalten (z. B. arbeitsmedizinische Vorsorgeuntersuchungen, jährliche Unterweisungen)

das Risiko reduziert wird. Das TOP-Prinzip im Arbeitsschutz findet Anwendung.

Diese Reihenfolge der grundsätzlichen Maßnahmen folgt dabei einer Zielhierarchie [101], [102], [103] (Bild 27) und ist zwingend einzuhalten.

Werden Maßnahmen festgelegt, ist darauf zu achten, dass nicht neue Gefahren geschaffen werden. Zudem ist zu vereinbaren, bis zu welchem Datum und durch wen die Maßnahmen umzusetzen sind. Abschließend ist zu überlegen, ob durch organisatorische Vorgaben eine Übergangslösung geschaffen werden muss oder ob die Verwendung des Arbeitsmittels bzw. die Tätigkeit in einem Arbeitsbereich aufgrund des bestehenden

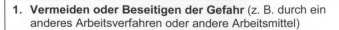

1. **Vermeiden oder Beseitigen der Gefahr** (z. B. durch ein anderes Arbeitsverfahren oder andere Arbeitsmittel)

2. **Durch technische Maßnahmen die Gefahr ausschließen** (z. B. durch Absperren des Bereichs, durch Abschirmen oder durch Verwenden anderer Schutzeinrichtungen)

3. **Durch organisatorische Maßnahmen die Gefahr ausschließen** (z. B. durch Verringern einer Expositionszeit oder durch eine räumliche Trennung)

4. **Verringern der Gefahr durch Verwendung von Persönlicher Schutzausrüstung** (z. B. durch Zur-Verfügung-Stellen und Anlegen der PSA)

5. **Durch individuelles, sicherheitsangepasstes Verhalten** (z. B. durch die Beachtung von Sicherheitshinweisen)

Bild 27: Zielhierarchie von grundsätzlichen Maßnahmen

Risikos zunächst zu untersagen ist. Alle durchgeführten Maßnahmen sind zu dokumentieren. Die mit der Festlegung der Maßnahmen zu Ende geführte Gefährdungsbeurteilung wird durch die Unterschrift des Leiters der Feuerwehr genehmigt.

5.7 Überprüfen auf Wirksamkeit

Nach dem Festlegen der Maßnahmen und der Fertigstellung der Gefährdungsbeurteilung erfolgt der Prozess der Kontrolle. Dazu bieten sich die folgenden Kontrollarten an:
- die Durchführungskontrolle, mit der überprüft wird, ob die festgelegten Maßnahmen auch tatsächlich und entsprechend den Vorgaben umgesetzt sind;
- die Wirkungskontrolle, mit der sichergestellt wird, dass die Maßnahmen wirksam zur Minimierung des festgestellten Risikos beitragen;
- die Einhaltungskontrolle, durch die gewährleistet wird, dass die Mitarbeiter der Feuerwehr die Maßnahmen dauerhaft einhalten.

Grundsätzlich gilt für die Gefährdungsbeurteilung analog zum AMS, dass es sich nicht um eine Momentaufnahme handelt, sondern in regelmäßigen Abständen überarbeitet und fortgeschrieben werden muss.

6   Betriebsanweisungen

Die Erstellung von Betriebsanweisungen [104], [105] ist eine Pflicht und leitet sich aus den §§ 4, 9 und 12 ArbSchG, dem § 9 der BetrSichV, dem § 14 der GefStoffV, dem § 2 der DGUV Vorschrift 1 und den Technischen Regeln ab. Unter einer Betriebsanweisung wird eine auf die Tätigkeit oder den Arbeitsplatz bezogene, schriftliche Anordnung durch den Leiter der Feuerwehr im Umgang mit Gefahrstoffen oder Arbeitsmitteln verstanden. In einer solchen Anweisung wird auf Gefahren für den Menschen und/oder die Umwelt hingewiesen sowie die erforderlichen Verhaltens- und Schutzmaßnahmen festgelegt [106].

Die Betriebsanweisung ist ein Dokument und hat zum Ziel, die wichtigsten Sicherheitsaspekte systematisch zusammenzufassen, um ein angemessenes Verhalten der Beschäftigten zur Vermeidung von Unfall- und Gesundheitsgefahren zu erreichen und um die Mitarbeiter vor Ort über die erforderlichen Schutzmaßnahmen im Umgang mit Gefahrstoffen und Arbeitsmitteln zu informieren.

In einer Betriebsanweisung sind die relevanten Informationen kurz und eindringlich dargestellt. Eine Betriebsanweisung ist für alle Mitarbeiter der Feuerwehr verbindlich und muss eingehalten werden. Die Nichteinhaltung kann arbeitsrechtliche, d. h. disziplinarische Konsequenzen zur Folge haben. Dem Grundsatz der Verhältnismäßigkeit ist dabei Beachtung zu schenken.

Grundsätzlich müssen Betriebsanweisungen in einer schriftlichen und für die Mitarbeiter der Feuerwehr sprachlich gut verständlichen Form ausgeführt werden. Zur Verdeutlichung von besonderen Gefahren sind die entsprechenden Symbole zu verwenden. Die Darstellung in einer Betriebsanweisung muss so eindeutig gewählt sein, dass von den Mitarbeitern eine Umsetzung in ein richtiges Handeln oder ein richtiges Verhalten am Arbeitsplatz oder im Arbeitsprozess vollzogen werden kann. Weitere Informationen über die Anforderungen an eine Betriebsanweisung und deren grundsätzliche Gestaltung können der DGUV Information 211-010 »Sicherheit durch Betriebsanweisungen« entnommen werden.

Betriebsanweisungen sind gut sichtbar aufzuhängen. Zudem ist es erforderlich, die betreffenden Mitarbeiter vor der Verwendung der Arbeitsmittel bzw. der Gefahrstoffe in Bezug auf die Betriebsanweisung zu unterweisen und diese Unterweisung zu dokumentieren. Werden neue Mitarbeiter eingestellt, ändern sich die Arbeitsmittel, Arbeitsabläufe oder Gefährdungen, müssen die Mitarbeiter (mindestens jedoch einmal im Jahr) unterwiesen werden.

Um den Wiedererkennungseffekt zu erhöhen, sollten Betriebsanweisungen grafisch einheitlich gestaltet werden (Bild 28), logisch wie auch übersichtlich aufgebaut und nach Möglichkeit nicht länger als ein bis zwei DIN A4-Seiten sein.

Eine formelle Vorgabe zur farblichen Gestaltung der Betriebsanweisungen gibt es nicht. Dennoch ist es sinnvoll, für die unterschiedlichen Betriebsanweisungen innerhalb der Feuerwehr bestimmte Konventionen festzulegen wie sie bereits im industriellen Bereich Anwendung finden. Hier werden Gefahrstoff-Betriebsanweisungen mit einem roten oder orangefarbenen Rahmen, Betriebsanweisungen für den Betrieb von Maschinen oder für Arbeitsmittel/Arbeitsverfahren mit einem blauen Rahmen und Betriebsanweisungen nach der Biostoffverordnung bzw. die das Tragen von Persönlicher Schutzausrüstung voraussetzen mit einem grünen oder pinkfarbenen Rahmen versehen.

Eine Betriebsanweisung ist im Allgemeinen in folgende Elemente gegliedert:

- Anwendungsbereich,
- Gefahren für Menschen und Umwelt,
- Schutzmaßnahmen und Verhaltensregeln,
- Verhalten im Gefahrfall,
- Erste Hilfe und Gesundheitsschutz,
- Sachgerechte Entsorgung.

Weiterhin enthält die Betriebsanweisung die Symbole aus der Arbeitsstättenregel ASR A1.3 (Gebote, Warnzeichen, Verbote). Bei Gefahrstoffen müssen auch die Kennzeichnungen nach dem Global harmonisierten System zur Kennzeichnung von Chemikalien (GHS, Globally Harmonized System of Classification, Labelling and Packaging of Chemicals) verwendet werden.

Eine Betriebsanweisung kann weiterhin das Wappen oder Logo der Feuerwehr bzw. der Kommune enthalten. Sie muss eine fortlaufende Nummerierung und einen Hinweis auf das letzte Revisionsdatum besitzen. Weiterhin muss aus der Betriebsanweisung zu entnehmen sein, wer für die Erstellung verantwortlich ist und für welchen Geltungsbereich sie Gültigkeit besitzt. Die Inkraftsetzung muss durch den Leiter der Feuerwehr oder eine von ihm beauftragte, verantwortliche Person erfolgen. Das Originaldokument muss unterschrieben sein. In Aushängen kann dann stehen »gez. Name«.

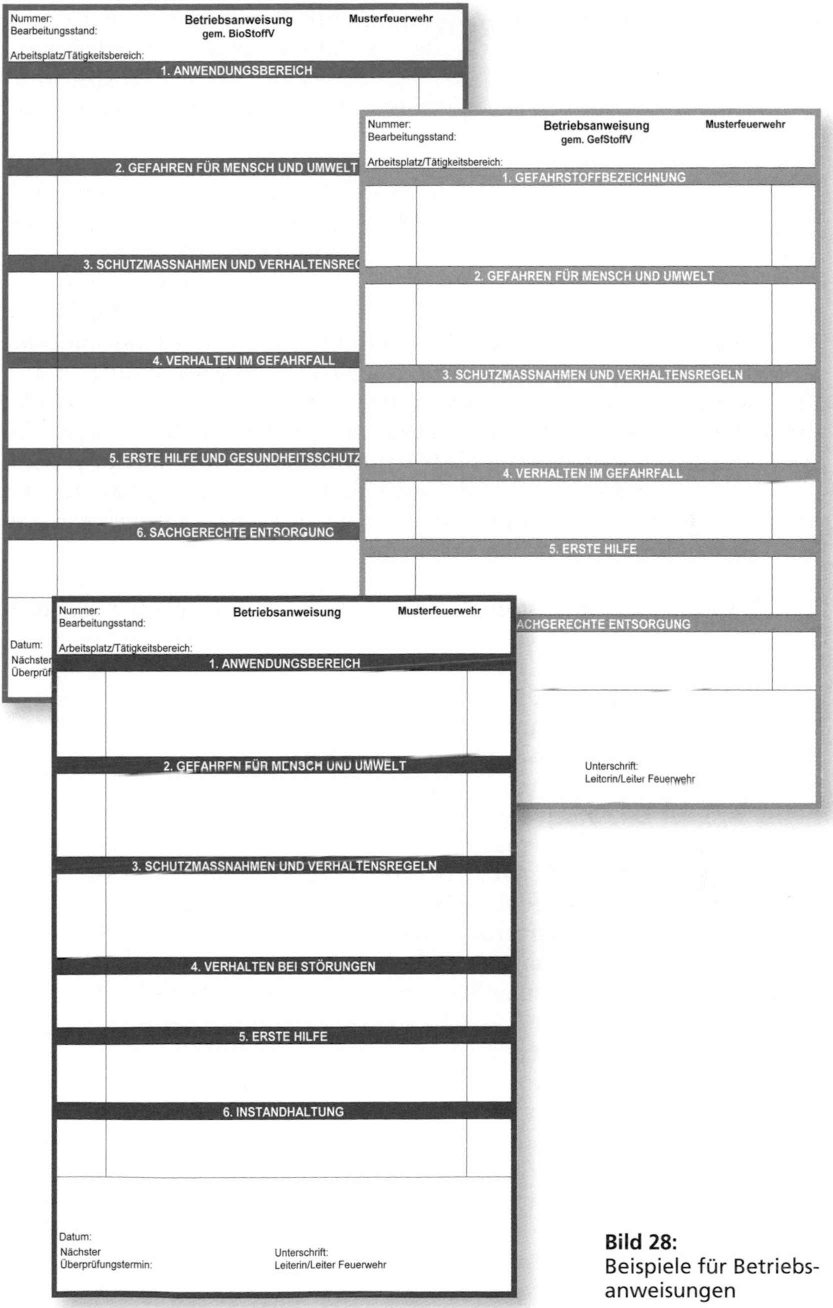

Betriebsanweisung
gem. BioStoffV   Musterfeuerwehr

Nummer:
Bearbeitungsstand:

Arbeitsplatz/Tätigkeitsbereich:

1. ANWENDUNGSBEREICH

2. GEFAHREN FÜR MENSCH UND UMWELT

3. SCHUTZMASSNAHMEN UND VERHALTENSRE

4. VERHALTEN IM GEFAHRFALL

5. ERSTE HILFE UND GESUNDHEITSSCHUTZ

6. SACHGERECHTE ENTSORGUNG

Datum:
Nächste
Überprüf

Betriebsanweisung
gem. GefStoffV   Musterfeuerwehr

Nummer:
Bearbeitungsstand:

Arbeitsplatz/Tätigkeitsbereich:

1. GEFAHRSTOFFBEZEICHNUNG

2. GEFAHREN FÜR MENSCH UND UMWELT

3. SCHUTZMASSNAHMEN UND VERHALTENSREGELN

4. VERHALTEN IM GEFAHRFALL

5. ERSTE HILFE

ACHGERECHTE ENTSORGUNG

Unterschrift:
Leiterin/Leiter Feuerwehr

Betriebsanweisung   Musterfeuerwehr

Nummer:
Bearbeitungsstand:

Arbeitsplatz/Tätigkeitsbereich:

1. ANWENDUNGSBEREICH

2. GEFAHREN FÜR MENSCH UND UMWELT

3. SCHUTZMASSNAHMEN UND VERHALTENSREGELN

4. VERHALTEN BEI STÖRUNGEN

5. ERSTE HILFE

6. INSTANDHALTUNG

Datum:
Nächster
Überprüfungstermin:

Unterschrift:
Leiterin/Leiter Feuerwehr

Bild 28:
Beispiele für Betriebs-
anweisungen

101

7   Unterweisungen

In einer sehr großen Zahl sind Arbeitsunfälle auf das nicht angemessene Verhalten von Mitarbeitern zurückzuführen. Zur Vermeidung von Unfällen gilt es, die Mitarbeiter entsprechend zu sensibilisieren. Unterweisungen [107], [108], [109] der Mitarbeiter der Feuerwehr in Bezug auf die Sicherheit und den Gesundheitsschutz müssen aufgrund der rechtlichen Vorgaben auch Bestandteile des Arbeitsschutzes bei der Feuerwehr sein. Die Grundlagen ergeben sich aus den Gesetzen, Verordnungen und Vorschriften der Unfallversicherungsträger.

Gemäß § 12 Abs. 1 des Arbeitsschutzgesetzes liegt die Pflicht zur Durchführung von Unterweisungen beim (Ober-)Bürgermeister bzw. dem Landrat der jeweiligen Kommune in seiner Funktion als Arbeitgeber (vgl. Kapitel 3.1.1). Demnach hat der Arbeitgeber die Beschäftigten während der regulären Arbeitszeit bezogen auf den jeweiligen Arbeitsplatz sowie die unterschiedlichen Aufgabenbereiche angemessen und ausreichend über die mit der Benutzung von Arbeitsmitteln verbundenen Gefahren zu informieren und zu unterrichten.

In § 12 der Betriebssicherheitsverordnung (BetrSichV) wird ebenfalls auf die Pflichten des Arbeitgebers zur Unterrichtung und Unterweisung hingewiesen. Danach hat der Arbeitgeber besonders über die Gefahren, die mit der Benutzung der Arbeitsmittel verbunden sind, sowie die Gefahren der Arbeitsumgebung zu informieren.

Zu den weiteren Gesetzen und Verordnungen zählen das Mutterschutzgesetz (MuSchG), das Betriebsverfassungsgesetz (§ 81 BetrVG), die Gefahrstoffverordnung (§ 14 GefStoffV) und die Verordnung zum Schutz der Mütter am Arbeitsplatz (§ 2 MuSchArbV). Seitens der Unfallversicherungsträger wird die Pflicht zur Unterweisung in § 4 (Unterweisung der Versicherten) und § 31 (besondere Unterweisungen) der DGUV Vorschrift 1 »Grundsätze der Prävention« formuliert.

Grundsätzlich hat der (Ober-)Bürgermeister bzw. der Landrat die Pflicht zur Unterweisung. Im Rahmen der Pflichtenübertragung geht diese Verantwortung auf den Leiter der Feuerwehr und ihm nachgeordnete Führungskräfte über. Wie bereits in anderen Fragen des Arbeitsschutzes, sind der Arbeitsmediziner und die Fachkraft für Arbeitssicherheit nur beratend tätig.

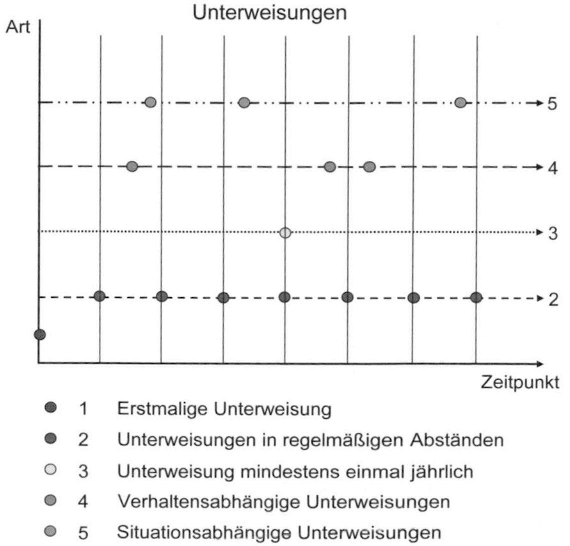

Bild 29:
Arten und Zeitpunkte
der Unterweisungen

- 1 Erstmalige Unterweisung
- 2 Unterweisungen in regelmäßigen Abständen
- ○ 3 Unterweisung mindestens einmal jährlich
- 4 Verhaltensabhängige Unterweisungen
- 5 Situationsabhängige Unterweisungen

Die Unterweisung dient dazu, die Betriebs- bzw. Arbeitsabläufe sicher zu machen und den Gesundheitsschutz der Mitarbeiter der Feuerwehr zu stärken. Entscheidend für einen sicheren und störungsfreien Dienstbetrieb bei der Feuerwehr im Sinne des Arbeitsschutzes ist das persönliche Verhalten der Beschäftigten. Die Mitarbeiter der Feuerwehr können sich aber nur dann richtig verhalten, wenn sie über die Arbeitsabläufe, die möglichen Gefahren, die entsprechenden Schutzmaßnahmen, die verwendeten sicherheitstechnischen Kennzeichnungen sowie die Umsetzung der Alarm- und Notfallpläne bei Störungen und Notfällen informiert sind. Zudem gilt es die Mitarbeiter der Feuerwehr in Bezug auf den Arbeitsschutz zu motivieren, indem diese entsprechend eingebunden werden. Dadurch ist es möglich, die Abhängigkeit von einer sicheren feuerwehrtechnischen Ausstattung und der Verfolgung besonderer organisatorischer Vorgaben nachvollziehbar zu verdeutlichen.

Unterweisungen finden als Erst- oder Wiederholungsunterweisungen statt (Bild 29). Erstunterweisungen lassen sich z. B. im Rahmen der Feuerwehrausbildung (feuerwehrtechnische Grundausbildung, Ausbildung zum Rettungssanitäter) durchführen. Sie sind bei der Einführung von neuen feuerwehrtechnischen oder medizinischen Geräten, bei der Änderung von Arbeitsabläufen oder beim Personalwechsel in andere Aufgabenbereiche notwendig.

Wiederholungsunterweisungen dienen dazu, die Mitarbeiter zu sensibilisieren. Dabei können Wiederholungsunterweisungen regelmäßig, d. h. in bestimmten zeitlichen Abständen, mindestens einmal pro Jahr, in entsprechenden zeitlichen Abständen bezogen auf das Verhalten der Mitarbeiter im Umgang mit den feuerwehrtechnischen sowie medizinischen Geräten oder bezogen auf besondere Einsatzsituationen bzw. anlassbezogen durchgeführt werden. Anlassbezogene Unterweisungen ergeben sich durch Unfälle oder Beinaheunfälle aufgrund von erkennbar werdendem sicherheitsrelevantem Fehlverhalten der Beschäftigten oder bei Arbeitsabläufen, die nur selten durchgeführt werden, wie auch bei Geräten, die nur geringfügig zum Einsatz kommen.

Die nachfolgende, nicht abschließende Auflistung nennt beispielhaft Themen für eine mögliche Unterweisung:

- arbeitsschutzrelevante, rechtliche Grundlagen,
- Bedeutung von Verkehrs- und Fluchtwegen in den Liegenschaften der Feuerwehr,
- Rechte und Pflichten der Beschäftigten im Arbeitsschutz,
- Sicherheitskennzeichnungen,
- Verhalten bei Störungen oder Notfällen,
- Gefahren im Feuerwehrdienst,
- Sucht und Rauschmittel am Arbeitsplatz,
- Persönliche Schutzausrüstung,
- psychische Belastungen,
- arbeitsbedingte Belastungen und Gesundheitsgefahren,
- elektrische, hydraulische oder pneumatische Arbeitsmittel,
- medizinische Arbeitsmittel im Rettungsdienst,
- Hygiene im Rettungsdienst,
- Vermeidung und Verhütung von Infektionen,
- Hautschutz und Desinfektion,
- Verhalten bei Dienstunfällen,
- Heben und Tragen von Lasten,
- Umgang mit motorgetriebenen Aggregaten,
- Bedienung von speziellen Arbeitsmitteln,
- Ladungssicherung bei Fahrzeugen der Feuerwehr,
- Umgang mit Gefahrstoffen,
- Fahrten unter Nutzung von Sondersignalen.

Für die Unterweisungen sollten im Dienstplan der Feuerwehr bestimmte Zeitfenster verankert werden. Diese sollten nach Möglichkeit eine überschaubar kurze Zeitdauer in Anspruch nehmen. Mehrmaligen Unterweisungen ist gegenüber einer zeitlich längeren Unterweisung aufgrund einer höheren Effizienz der Vorzug zu geben.

Die Art der Unterweisung, das grundsätzliche Thema und der Inhalt, der jeweilige Zeitpunkt der Unterweisung sowie die Namen der unterwiesenen Mitarbeiter bzw. der Name des unterweisenden Dozenten sind zu dokumentieren, damit der Nachweis über die Pflicht der Unterweisung erbracht ist. Ein Vorschlag für einen Nachweis einer Erst- oder Wiederholungsunterweisung ist im Anhang 6 als Muster-Unterweisung aufgeführt.

8 Glossar

Arbeitsplatz [110]:
Der Arbeitsplatz ist der räumliche Bereich, in dem der Beschäftigte innerhalb des betrieblichen Arbeitssystems mit Arbeitsmitteln und -gegenständen zusammenwirkt. Der Arbeitsplatz ist die kleinste räumliche Struktureinheit eines Betriebs (Feuerwache) und kann je nach Aufgabe an einem festen (z. B. Leitstelle, Atemschutzwerkstatt) oder wechselnden Ort (z. B. Brandschutz, Rettungsdienst) mit unterschiedlicher Aufenthaltsdauer zu finden sein.

Arbeitsschutz [8]:
Unter Arbeitsschutz versteht man Maßnahmen zur Verhütung von Unfällen bei der Arbeit und arbeitsbedingten Gesundheitsgefahren, zum Schutz vor arbeitsbedingten Verletzungen oder Erkrankungen einschließlich der Maßnahmen der menschengerechten Gestaltung der Arbeit.

Arbeitsschutzmanagementsystem [40]:
Das Arbeitsschutzmanagementsystem (AMS) ist ein betriebliches Führungsinstrument und stellt miteinander verbundene oder zusammenwirkende Elemente und Verfahren zur Festlegung der Arbeitsschutzpolitik, der Arbeitsschutzziele und zum Erreichen dieser Ziele dar. Hierbei werden die organisatorischen Dinge (Vorbereitung, Planung, Durchführung, Überwachung und Kontrolle) für einen umfassenden Arbeitsschutz berücksichtigt.

Arbeitssicherheit:
Die Beschreibung der Arbeitssicherheit lässt sich aus dem im Arbeitsschutzgesetz enthaltenen Begriff »Sicherheit und Gesundheitsschutz der Beschäftigten bei der Arbeit« ableiten [111]. Die Arbeitssicherheit kann aber auch als der Zustand verstanden werden, bei dem mit einer hinreichenden Wahrscheinlichkeit unter Berücksichtigung eines gerade noch zu akzeptierenden Risikos eine Schädigung der Gesundheit nicht eintritt [112].

Arbeitsstätte [11]:
Eine Arbeitsstätte kann einen oder mehrere Arbeitsplätze umfassen und befindet sich an einem Arbeitsort. Sie liegt auf einem abgegrenzten Grundstück oder einem Grundstückskomplex, auf dem sich eine oder mehrere Personen ständig zur Wahrnehmung der haupt- bzw. nebenberuflichen Arbeit befinden.

Arbeitgeber/Unternehmer [24]:
Arbeitgeber im Sinne des Arbeitsschutzgesetzes sind natürliche und juristische Personen und rechtsfähige Personengesellschaften, die Personen, z. B. Arbeitnehmer oder Beamte, beschäftigen. Die kommunale Verwaltung ist als Arbeitgeber zu verstehen.

Gemäß § 14 Bürgerliches Gesetzbuch (BGB) wird als Unternehmer eine natürliche oder juristische Person oder eine rechtsfähige Personengesellschaft bezeichnet, die z. B. in selbstständiger Weise Dienstleistungen anbietet. Im öffentlichen Dienst ist der (Ober-)Bürgermeister als Unternehmer anzusehen. Unternehmen können aus einer oder mehreren Arbeitsstätten bestehen; im öffentlichen Dienst sind das die Gebäude der Kommunalverwaltung.

Arbeitsumgebung [126]:
Unter Arbeitsumgebung lassen sich alle äußeren, auf die Beschäftigten einwirkenden Faktoren (Lärm, Klima, Ergonomie, biologische oder chemische Gefahrstoffe, die Arbeitsabläufe wie auch die Arbeitszeit) verstehen, die zu einer Belastung beitragen können.

Audit [89], [90]:
Das Audit stellt die systematische Untersuchung der örtlichen Gegebenheiten in Bezug auf Übereinstimmung mit den grundsätzlichen Anforderungen dar. Es wird zwischen dem externen und dem internen Audit unterschieden. Das Audit liefert wichtige Informationen für einen Führungsprozess und dient u. a. der Überprüfung der Wirksamkeit des Arbeitsschutzmanagements bei einer Feuerwehr.

Beauftragte (im Arbeitsschutz) [126]:
Das ist eine Person/Personengruppe, welche dem Leiter der Feuerwehr in allen Belangen des Arbeitsschutzes beratend zur Seite steht. Hierbei handelt es sich um Fachkräfte für Arbeitssicherheit, Arbeitsmediziner, Atemschutzbeauftragte, Hygienebeauftragte, Gefahrgutbeauftragte, Strahlenschutzbeauftragte oder Beauftragte für das Arbeitsschutzmanagement.

Beschäftigte [8]:
Als Beschäftigte nach dem Arbeitsschutzgesetz gelten alle bei der Feuerwehr beschäftigten Angestellten, Arbeiter und Beamten. Keine unmittelbare Anwendung aus dem ArbSchG lässt sich für die ausschließlich ehrenamtlich Tätigen der Freiwilligen Feuerwehr ableiten. In diesem Bereich kommt den Unfallverhütungsvorschriften eine besondere Bedeutung zu. Aus der Unfallverhütungsvorschrift »Grundsätze der Prävention« lässt sich ableiten, dass für alle im Aufgabenfeld »Feuerwehr« Tätigen die Gefährdungen beurteilt und erforderliche Maßnahmen ergriffen werden müssen. Auf dieser Basis unterliegt damit auch die Freiwillige Feuerwehr einer Kommune den sich aus den Gefährdungsbeurteilungen ergebenden Maßnahmen und deren Umsetzung.

Betrieb [113]:
Als Betriebe im Sinne des Arbeitsschutzgesetzes gelten für den Bereich des öffentlichen Dienstes die Dienststellen, wobei man unter Dienststellen die einzelnen Behörden oder Verwaltungsstellen, z. B. die jeweilige Feuerwehr, versteht.

Belastung [114]:
Unter der Belastung lassen sich die Gesamtheit der in einem Arbeitssystem von außen auf den Menschen wirkenden Bedingungen (z. B. Lärm) oder die Anforderungen (z. B. hoher zeitlicher Druck) verstehen.

Dokumente [126]:
Unter Dokumenten lassen sich alle für den Arbeitsschutz relevanten, schriftlichen Ausführungen zur Arbeitsschutzpolitik, das AMS-Handbuch, die Dienst und Verfahrensanweisungen sowie die nachweisenden Aufzeichnungen auf Papier oder als elektronische Daten zusammenfassen, die ein konkretes Handeln der Beschäftigten vorgeben.

Fehler [128]:
Unter einem Fehler versteht man die Nichterfüllung einer Anforderung.

Gefahr [115]:
Grundsätzlich kann man unter Gefahr eine Situation oder einen Sachverhalt verstehen, durch die bzw. den es in einem Zeitraum bei ungehindertem Ablauf des objektiv zu erwartenden Geschehens zu einer negativen Auswirkung kommen kann. Unter den Gesichtspunkten der Arbeitssicherheit besteht eine Gefahr, wenn eine Person räumlich und zeitlich in Kontakt mit Faktoren kommt, die zu Verletzungen führen können.

Gefahrenquelle [116]:
Unter der Gefahrenquelle ist die mögliche Ursache für eine Gefahr zu verstehen.

Gefährdung [117]:
Die Möglichkeit des Eintritts eines Schadens oder einer gesundheitlichen Beeinträchtigung, wobei an das Ausmaß oder die Eintrittswahrscheinlichkeit keine bestimmten Anforderungen gestellt werden, bezeichnet man als Gefährdung. Im Sinne der Feuerwehr wird durch die Gefährdung das Zusammentreffen der Mitarbeiter mit einer Gefahrenquelle gekennzeichnet und der potenzielle Gesundheitsschaden beschrieben.

Relevante Gefährdungen, durch die Mitarbeiter der Feuerwehr zu Schaden kommen können, fließen nach deren systematischer Ermittlung und Bewertung in der Gefahrenbeurteilung zusammen, mit dem Ziel, konkrete Maßnahmen zum Schutz der bei der Feuerwehr Beschäftigten abzuleiten.

Gefährdungsbeurteilung [40]:
Die Gefährdungsbeurteilung, die grundsätzlich zu Arbeitsstätten, Arbeitsplätzen, Arbeits- und Fertigungsverfahren, Arbeitsabläufen und Arbeitszeiten zu fertigen ist, basiert u. a. auf §§ 5 und 6 des Arbeitsschutzgesetzes. Sie bildet die Grundlage des betrieblichen Arbeitsschutzes. Das Ziel einer Gefährdungsbeurteilung besteht darin, im Vorfeld zu ermitteln, welche Maßnahmen des Arbeitsschutzes für die Beschäftigten aufgrund der mit ihrer Arbeit verbundenen Gefährdungen zwingend erforderlich sind.

Gefährdungsfaktoren [118]:
Unter Gefährdungsfaktoren lassen sich Gruppen von Gefährdungen zusammenfassen, bei denen die Quellen der Gefahren oder deren Wirkung durch ihre Gleichartigkeit geprägt sind und einen Unfall oder eine durch den Beruf bedingte Erkrankung hervorrufen können. Die Gefährdungsfaktoren, die bei der Feuerwehr auftreten können, werden bei den Gefährdungsbeurteilungen berücksichtigt und sind in Tabelle 6 aufgeführt.

Gesundheit:
Nach der Definition der Weltgesundheitsorganisation ist die Gesundheit als ein »*Zustand des körperlichen, des geistigen und des sozialen Wohlbefindens und nicht nur als das Fehlen von Krankheit oder Gebrechen*« definiert. Im Sinne des Arbeitsschutzes ist unter Gesundheit der Zustand zu verstehen, der nicht zu einer Beeinträchtigung der körperlichen, der geistigen und der seelischen Zustände führt [119].

Tabelle 6: Gefährdungsfaktoren

Gefährdungsfaktoren	Gefährdungen (Beispiele)
Mechanische Gefährdungen	• Schnittverletzungen durch scharfe Kanten • ungeschützt bewegte Maschinenteile • Stolpern, Ausrutschen, Hinfallen • Absturz
Elektrische Gefährdungen	• Stromschlag durch Kontakt mit spannungsführenden Teilen • Verletzung durch Bildung eines Lichtbogens
Chemische Gefährdungen	• Verletzungen durch Kontakt mit Säuren, Laugen oder Giftstoffen • Einatmen von giftigen Dämpfen
Biologische Gefährdungen	• Infektion mit Krankheitserregern (Mikroorganismen, Viren)
Brand- und Explosionsgefährdungen	• Verbrennungen • Flash-over • Verletzungen infolge der Zündung einer explosionsfähigen Atmosphäre
Thermische Gefährdungen	• Verbrennungen nach Berührung von heißen Oberflächen • Verbrühungen • Erfrierungen
Physikalische Gefährdungen	• Lärm • Strahlung
Gefährdungen durch Umgebungsbedingungen	• Straßenverkehr • Sichteinschränkung durch Nebel oder Rauchgase • Lichtverhältnisse (Tag/Nacht) • Witterung (Wärme/Kälte/Nässe)
Psychische Faktoren	• Zeitdruck • Nachteinsätze • Doppelbelastungen • Organisationsmängel (Vernachlässigen von Prüfpflichten, Bereitstellen von nicht angemessener Schutzausrüstung, nicht ausreichende Qualifikation)
Physische Belastungen	• Art der Persönlichen Schutzausrüstung • Tragen von schweren Geräten oder Personen • Einsatzdauer • Hautbelastung
Sonstige Gefährdungen	• Frei verfügbarer Gefährdungsfaktor; hier werden Gefährdungen aufgenommen, die den vorstehenden Faktoren nicht eindeutig zuzuordnen sind.

Grenzrisiko [120]:
Unter Grenzrisiko versteht man den Übergang von einem noch zu vertretenden Risiko zu nicht mehr vertretbarem Risiko. Dieser Wert wird individuell festgelegt.

Korrekturen/Korrekturmaßnahmen [126], [128]:
Unter Korrekturen/Korrekturmaßnahmen sind alle Aktivitäten zu verstehen, die zur Behebung eines oder mehrerer Fehler geeignet sind. Sie dienen dazu, das erneute Auftreten von Fehlern zu verhindern.

Mitarbeiter:
Im ursprünglichen Sinn sind unter Mitarbeitern Personen zu verstehen, die in einem Arbeits- oder Angestelltenverhältnis beschäftigt sind. Hier wird der Begriff »Mitarbeiter« allgemeiner für alle Beschäftigten bei der Feuerwehr verwendet und schließt im Fall einer Berufsfeuerwehr auch die Angehörigen der Freiwilligen Feuerwehr ausdrücklich mit ein.

Prozess [128]:
Hierunter sind Tätigkeiten zu verstehen, die zueinander in einer Wechselwirkung oder einer Wechselbeziehung stehen und bei denen bestimmte Eingaben wiederum in bestimmte Ergebnisse umgewandelt werden. Um beispielsweise bei der Wartung von Arbeitsmitteln/Aggregaten ein Ergebnis im Sinn der Arbeitssicherheit zu erreichen, ist die Einhaltung von Wartungsfristen, die Bereitstellung der für die Wartung erforderlichen Arbeitsmittel und die Qualifikation des dafür vorhandenen Personals notwendig.

Risiko [120]:
Der Begriff »Risiko« wird in der Wissenschaft unterschiedlich definiert. Grundsätzlich versteht man unter dem Risiko die Beschreibung eines Ereignisses mit der Möglichkeit negativer Auswirkungen. Das Risiko wird allgemein als Produkt aus der Wahrscheinlichkeit des Eintretens eines Ereignisses und dem Schadenausmaß angesehen.

Restrisiko [124]:
Als Restrisiko lässt sich der Wert definieren, der das verbleibende Risiko nach Durchführung der geeigneten Schutzmaßnahmen zur Risikoreduzierung beschreibt. Das Restrisiko ist immer größer »Null«.

Risikobeurteilung [121]:
Unter der Risikobeurteilung ist das Verfahren zur Bewertung der Risiken für die Sicherheit und die Gesundheit der Beschäftigten, die durch eine Gefährdung bei der Arbeit entstehen können, zu verstehen.

Risikobewertung [114]:
Nach der Feststellung eines bestehenden Risikos muss dieses dahingehend bewertet werden, ob das Risiko größer oder kleiner als das Grenzrisiko ist und damit als akzeptabel einzustufen ist oder nicht. Aus der Bewertung leiten sich ggf. Maßnahmen zum Schutz der Sicherheit und der Gesundheit der Beschäftigten ab.

Schaden [122]:
Nach DIN EN ISO 12100:2011 ist unter einem Schaden eine Verletzung oder sonstige Schädigung der Gesundheit oder die Schädigung von Sachwerten zu verstehen.

Schadenausmaß [123]:
Das Schadenausmaß beschreibt den wirtschaftlichen oder humanen Schaden, den ein Negativ-Ereignis verursachen kann. Im Sinne des Arbeitsschutzes ist das Schadenausmaß ohne Folgen bzw. gering, wenn keine oder nur leichte Verletzungen eingetreten sind. Das Schadenausmaß wird als hoch angesehen, wenn mögliche Verletzungen zum Tod der Personen geführt haben.

Schutzziele [129]:
Durch die Formulierung von Schutzzielen werden Forderungen oder Vorgaben ausgedrückt, die den Arbeits- oder Gesundheitsschutz der Beschäftigten zum Inhalt haben.

Tätigkeiten:
Tätigkeiten charakterisieren Teile von Arbeitsaufträgen unter Verwendung von Arbeitsmitteln (z. B. Sägen, Führen eines Rettungswagens oder eines Löschfahrzeugs, Behandeln eines Patienten).

Verfahrensanweisung:
Unter einer Verfahrensanweisung wird hier die verbindliche Festlegung verstanden, was, wann, wo, wie und vom wem unter Nutzung von bestimmten Materialen oder Arbeitsmitteln sowie unter Beachtung von bestimmten Dokumenten auszuführen ist.

Vorbeugung:
Das sind eine oder mehrere Maßnahmen, die ergriffen werden, um dem möglichen Auftreten von Fehlern im Vorhinein entgegenzuwirken.

Unfall [120]:
Im Sinne des Arbeitsschutzes spricht man von einem Unfall, wenn ein Beschäftigter durch ein plötzliches und unerwartetes Ereignis in Folge einer äußeren Einwirkung (Schlag, Stoß, Fall) auf seinen Körper unfreiwillig eine Gesundheitsschädigung erleidet.

9 Anhang

Anhang 1a: Vorschlag zur Bestellung von Sicherheitskoordinatoren

BESTELLUNG

zum/zur

SICHERHEITSKOORDINATOR/-IN

der

MUSTERFEUERWEHR

Frau/Herr

NAME: .... VORNAME: ....

wird gemäß § 22 Sozialgesetzbuch VII (SGB VII) unter Berücksichtigung des § 20 der Unfallverhütungsvorschrift *„Grundsätze der Prävention"* (DGUV Vorschrift 1) mit sofortiger Wirkung zum/zur Sicherheitskoordinator/-in bestellt.

Der/die Sicherheitskoordinator/-in hat die Aufgabe, den Leiter der Musterfeuerwehr und die Führungskräfte in allen Fragen zum Arbeitsschutz und bei der Unfallverhütung zu unterstützen. Er/Sie wirkt bei der Einführung, der Durchführung und der kontinuierlichen Optimierung des Arbeitsschutzmanagementsystems der Musterfeuerwehr mit und gibt Hinweise auf mögliche Unfall- und/oder Gesundheitsgefahren.

Der Zuständigkeitsbereich des/der Sicherheitskoordinators/Sicherheitskoordinatorin erstreckt sich auf:

....
(Feuerwache/Rettungswache/Gerätehaus)

....
Ort und Datum

....
Unterschrift   Unterschrift   Unterschrift
Leiterin/Leiter der Feuerwehr   Personalvertretung   Sicherheitskoordinator/-in

Anhang 1b: Vorschlag zur Bestellung von Management-beauftragten für den Arbeitsschutz

BESTELLUNG

zum/zur

MANAGEMENTBEAUFTRAGTEN FÜR DEN ARBEITSSCHUTZ

der

MUSTERFEUERWEHR

Frau/Herr

NAME: .... VORNAME: ....

wird in Ergänzung seiner/ihrer Aufgaben im Sachgebiet/Fachbereich zum/zur Managementbeauftragten für den Arbeitsschutz bestellt.

Der/die Managementbeauftragte für den Arbeitsschutz hat die Aufgabe,
- ein Arbeitsschutzmanagementsystem (AMS) auf der Basis des OHRIS-Gesamtkonzepts aufzubauen und zu dokumentieren,
- das AMS zu pflegen und an die gültigen Bedingungen der Musterfeuerwehr anzupassen,
- das interne Audit anzustoßen und durchzuführen,
- die Anpassungen aufgrund von Korrektur- oder Verbesserungsmaßnahmen vorzunehmen,
- zur regelmäßigen Berichterstattung über die Erfolge im Arbeitsschutz,
- die Arbeitsschutzpolitik der Musterfeuerwehr umzusetzen,
- der Leiterin/dem Leiter der Musterfeuerwehr grundsätzliche Verbesserungen vorzuschlagen.

Für die Erfüllung der Aufgaben steht ein Anteil von ...... % des Geschäftsverteilungsplans/ der Stellenbeschreibung zur Verfügung.

....
Ort und Datum

....
Unterschrift   Unterschrift   Unterschrift
Leiterin/Leiter der Feuerwehr   Personalvertretung   Beauftragter

Anhang 1c: Vorschlag zur Bestellung von Beauftragten für die Prüfung von Atemschutzgeräten, von hydraulisch oder pneumatisch getriebenen feuerwehrtechnischen Geräten, von motorgetriebenen Aggregaten oder elektrischen Betriebsmitteln

BESTELLUNG

zum/zur

BEAUFTRAGTEN FÜR ....

der

MUSTERFEUERWEHR

Frau/Herr

NAME: ....   VORNAME: ....

wird in Abstimmung mit der Personalvertretung der Musterfeuerwehr mit sofortiger Wirkung zur/zum Beauftragten für

....

bestellt.

Sie/Er unterstützt den Leiter der Musterfeuerwehr im genannten Aufgabenbereich. Zudem wirkt Frau/Herr .... bei der Einführung neuer Geräte und deren Anwendung sowie der kontinuierlichen Optimierung des Arbeitsschutzes im Aufgabenbereich mit. Die Rechte und Pflichten im Aufgabenbereich ergeben sich aus dem jeweiligen Geschäftsverteilungsplan/Stellenplan der Musterfeuerwehr.
Die Qualifikation wurde durch entsprechend aussagefähige Dokumente nachgewiesen.

....
Ort und Datum

....	....	....
Unterschrift	Unterschrift	Unterschrift
Leiterin/Leiter der Feuerwehr	Personalvertretung	Beauftragter

Anhang 2a: Arbeitsblatt 1 nach DGUV Information 211-032

Arbeitsblatt 1 – Überblick über Arbeitsplätze / Tätigkeiten bei der Feuerwehr

Feuerwehrinterne Nummerierung:

Betriebsart: _____

(Feuerwache, Rettungswache, Gerätehaus)

Arbeitsbereich:	Arbeitsbereich:	Arbeitsbereich:	Arbeitsbereich:
Arbeitsplatz/-mittel/Tätigkeit	Arbeitsplatz/-mittel/Tätigkeit	Arbeitsplatz/-mittel/Tätigkeit	Arbeitsplatz/-mittel/Tätigkeit

Anhang 2b: Arbeitsblatt 1 nach DGUV Information 211-032 (Beispiel)

Arbeitsblatt 1 – Überblick über Arbeitsplätze / Tätigkeiten bei der Feuerwehr

Feuerwehrinterne Nummerierung:

Betriebsart: _Haupt-Feuerwache_

(Feuerwache, Rettungswache, Gerätehaus)

	Arbeitsbereich:		Arbeitsbereich:		Arbeitsbereich:
100	Verwaltung	200	Kfz-Werkstatt	300	Leitstelle
	Arbeitsplatz/-mittel/Tätigkeit		Arbeitsplatz/-mittel/Tätigkeit		Arbeitsplatz/-mittel/Tätigkeit
101	Abteilungsleiterbüro	201	Meisterbüro	301	Ruheräume
102	Sachbearbeiterbüro	202	Montagegruben	302	Leitstellenplatz
103	Kopierraum	203	Bremsenprüfstand	303	Büro
104	Druckerraum	204	Hebebühne	304	Telefonvermittlung
105	Archiv	205	Reifenlager		
		206	Metallbearbeitung		
		207	Drehbank		

Anhang 3: Checkliste »Gefährdungsfaktoren«

(In Anlehnung an: Schriftenreihe der BAuA, Sonderheft S42, Ratgeber zur Ermittlung ge-
fährdungsbezogener Arbeitsschutzmaßnahmen im Betrieb, 3. aktualisierte Fassung 2001)

Checkliste „Gefährdungsfaktoren"

Erstellt durch	:	Datum	:

Feuerwache	:	Arbeitsplatz	:
Werkstatt	:	Tätigkeit	:
Anderer Bereich	:		

Gefährdungs-faktoren	Mögliche Gefährdungen	Im Bereich vorhanden	
		ja	nein
1. Mechanische Gefährdungen	1.1 ungeschützte, bewegliche Teile von Maschinen - stoßen oder schlagen - quetschen - stechen oder schneiden - aufwickeln - einziehen	☐	☐
	1.2 Teile mit gefährlichen Oberflächen - Ecken oder Kanten - Spitzen - raue Oberflächen - anstoßen, eintreten von spitzen Gegenständen	☐	☐
	1.3 Transport und bewegte Arbeitsmittel - Beschaffenheit des Transport- oder Arbeitsmittels - Transportweg - transportierte Güter - verwendete Hilfsmittel (Anschlagmittel, Ladungssicherung, Behälter)	☐	☐
	1.4 unkontrolliert bewegte Teile - rollen, kippen, pendeln oder gleiten von Teilen - herabfallen, wegfliegen von Teilen - splittern	☐	☐
	1.5 Sturz auf der Ebene - ausrutschen - umknicken, stolpern - Fehltritt	☐	☐

119

	1.6 *Absturz* - abstürzen von einer Standfläche - unzureichende Tragfähigkeit - ungesicherte Öffnungen - umkippen, wegrutschen oder rollen der Standfläche - zerstören der Standfläche	☐	☐
	1.7	☐	☐
2. Elektrische Gefährdungen	2.1 *Durchströmungen* - berühren von betriebsbedingt Spannung führenden Teilen - berühren von leitfähigen Teilen, die durch einen Schaden Spannung führend werden können - in unzulässiger Weise annähern an elektrisch leitende Teile mit einer Spannung > 1000 V	☐	☐
	2.2	☐	☐
3. Chemische Gefährdungen	3.1 *Umgang oder Freisetzen von Gefahrstoffen* - ätzende, reizende, leicht entzündliche, giftige oder brandfördernde Stoffe - krebserzeugende Stoffe	☐	☐
	3.2 *Auftreten von Gasen oder Dämpfen* - Acetylengas, Lösemitteldämpfe, Ausgasungen beim Aushärten von Kunstharzen oder Spachtelmassen - Auftreten von Dieselemissionen in Gebäuden - Abgase von Verbrennungsmotoren in geschlossenen Räumen	☐	☐
	3.3 *Auftreten von Aerosolen* - Sprühnebel beim Verwenden von Hochdruckreinigern	☐	☐
	3.4 *Entstehung von Rauchen* - Auftreten von Schweißrauchen	☐	☐
	3.5		

4. Biologische Gefährdungen	4.1 *nicht gezielte Tätigkeiten mit biologischen Arbeitsstoffen* - Übertragung von Krankheitserregern durch Stichverletzungen - Infektion mit Erregern der Risiko-gruppen 2 und 3 gemäß BioStoffV	☐	☐
	4.2	☐	☐
5. Brand- oder Explosions-gefährdungen	5.1 *Brandgefahr durch Feststoffe, Flüssigkeiten und Gase* - Umgang mit Benzin, entzündlichen Reinigern, Lösemitteln - Propangas, Acetylen	☐	☐
	5.2 *Explosionsfähige Atmosphäre* - beim Umgang mit brennbaren Flüssigkeiten, Gasen, Aerosolen	☐	☐
	5.3 *Explosivstoffe* - Montage, Demontage von Airbags	☐	☐
	5.4	☐	☐
6. Thermische Gefährdungen	6.1 *Kontakt mit heißen Medien* - heiße Oberflächen, heiße Flüssig-keiten, Schweißstellen - Wärmeleitung - Kontaktzeiten	☐	☐
	6.2 *Kontakt mit kalten Medion* - kalte Oberflächen, Ausströmventile, Druckminderer - Kontaktzeiten	☐	☐
	6.3	☐	☐
7. Physikalische Gefährdungen	7.1 *Lärm* - beim Trennschleifen, bei der Holz-bearbeitung - Einsatz von motorgetriebenen Lüftern, Trennschleifern oder Kettensägen - druckluftbetriebene Arbeitsgeräten - Ausbreitung von Schall	☐	☐
	7.2 *Ganzkörperschwingungen* - beim Arbeiten mit Radladern, Dreh-leitern	☐	☐

	7.3	*Hand-Arm-Schwingungen*	☐	☐
		- rotierende oder schlagende Hand- arbeitsgeräte (z. B. Kettensägen, Trenn- schleifer, Pressluft- oder Bohrhämmer)		
	7.4	*Arbeiten unter Druckverhältnissen*	☐	☐
		- Taucharbeiten		
	7.5	*Nichtionisierende Strahlung*	☐	☐
		- elektromagnetische Felder (Arbeiten an Antennenanlagen) - UV-Strahlung bei der Durchführung von Elektroschweißarbeiten - IR-Strahlung bei der Durchführung von Gasschweißarbeiten		
	7.6	*Gefahr des Ertrinkens*	☐	☐
		- Arbeiten an (Kaianlagen, Spund- wände) oder auf Gewässern (Binnen- schiffe, Boote der Feuerwehr)		
	7.7	....	☐	☐
8. Umgebungs- bedingungen	8.1	*Klima (Kälte-/Wärmebelastung)*	☐	☐
		- Temperatur, Luftfeuchtigkeit, Luft- bewegung		
	8.2	*Beleuchtung*	☐	☐
		- Stärke der Beleuchtung, Blenden, Schlagschatten, falsche Farbwiedergabe		
	8.3	*Raumbedarf/Flächen*	☐	☐
		- zu geringe Arbeitsflächen, einge- schränkte Verkehrs- und Bewegungs- flächen, zugestellte oder versperrte Rettungswege/Notausgänge/Fluchttüren - ungünstige Anordnung des Arbeits- platzes - unzureichende Kennzeichnungen der Flucht- und Rettungswege		
	8.4	....	☐	☐
9. Physische Gefährdungen	9.1	*schwere dynamische Anstrengungen*	☐	☐
		- Transport hoher Lastgewichte von Hand - Arbeiten unter Aufbringung hoher Anstrengung		

122

	9.2 *einseitige dynamische Anstrengung* - Arbeiten mit einseitiger Belastung (beanspruchte Körperhaltung)	☐	☐
	9.3 *statische Arbeiten, Halte- und Haltungsarbeit* - Arbeiten in einer körperlichen Zwangshaltung (über Kopf, stark gebeugt, kniend, permanent stehend etc.) - Häufigkeit, zeitliche Dauer	☐	☐
	9.4 *dynamische oder statische Arbeiten in Kombination* - manuelles Heben und Halten von Lasten (Tragen im Rettungsdienst)	☐	☐
	9.5 *Persönliche Schutzausrüstung* - Arbeiten unter Verwendung von schwerem Atemschutz - Arbeiten unter Verwendung von Feuerwehrschutzkleidung - Einsatzdauer	☐	☐
	9.6 *Belastungen der Haut* - kein vorhandener Hand- oder Hautschutz - Verwendung von flüssigkeitsundurchlässigen Handschuhen	☐	☐
	9.7	☐	☐
10. Psychische Gefährdungen	10.1 *Organisation der Arbeit* - Arbeiten unter Zeitdruck - Nachtarbeit - häufige Störungen bei Arbeitsabläufen - Mehrarbeit/Überstunden - fehlende Notfallpläne/Betriebsanweisungen - unzureichende Qualifikation/Erfahrung/ Eignung - keine eindeutige Zuweisung von Befugnissen	☐	☐
	10.2 *Arbeitstätigkeit* - unzureichende Informationen - Überforderung/Unterforderung - fehlende Abwechslung (monotone Tätigkeiten)	☐	☐

	10.3 *soziale Faktoren* - Spannungen im zwischenmenschlichen Bereich (Betriebsklima) - Mobbing - fehlende Anerkennung durch Führungskräfte - fehlende Möglichkeiten zur beruflichen Entwicklung	☐	☐
	10.4 Umfang der Wahrnehmung - Erfüllbarkeit der Anforderungen - Erkennen von relevanten Informationen bei einem Informationsüberangebot	☐	☐
	10.5..............	☐	☐
11. Sonstige Gefährdungen	11.1 *Informationsaufnahme* - nicht oder nur unzureichend verständliche Durchsagen (Wachalarm) - nicht wahrnehmbare optische oder akustische Signale	☐	☐
	11.2 *Handhabung von Arbeitsmitteln* - Gestaltung oder Anordnung folgt keinen ergonomischen Gesichtspunkten - nicht ausreichend sicher zu benutzende oder zu handhabende Bedienelemente	☐	☐
	11.3 *Dienstsport* - Sportplätze oder Sportgeräte sind nicht unfallfrei zu nutzen	☐	☐
	11.4 *durch Menschen* - Gewalt gegen Mitarbeiter während der Ausübung der Arbeit (Gewalteskalation im Rettungsdienst)	☐	☐

Anhang 4: Dokumentation der Gefährdungen, Risiko-analyse, Schutzziele und Maßnahmen

Musterfeuerwehr	Gefährdungsbeurteilung	Änderungsstand 0
		Seite 1 von 2

Dokumentation der Gefährdungsbeurteilungen, Risikoanalyse, Schutzziele und Maßnahmen

Feuerwehr	Bearbeiter:	Leiter der Feuerwehr	Laufende Nummer
FRw/Rw/LG/LZ			Zustimmung AMS-Beauftragter
		Datum Unterschrift	Datum Unterschrift

☐ Arbeitsablauf/Arbeitsplatz ☐ Einrichtung/Gerätehaus   **Bezeichnung**
☐ Arbeitsmittel ☐

Nr.	Gefährdungen	Risiko W	S	R	Schutzziel-/-maßnahmen	Eingeleitete Maßnahme(n)	Handlungs-bedarf ja	nein	Verantwortlicher	Termin	erledigt ja	nein
1	Mechanische Gefährdung						☐	☐			☐	☐
2	Elektrische Gefährdung						☐	☐			☐	☐
3	Chemische Gefährdung						☐	☐			☐	☐
4	Biologische Gefährdung						☐	☐			☐	☐
5	Brand- und Explosionsgefährdung						☐	☐			☐	☐

Erstellungsdatum:	Überprüfungsdatum:	Freigabedatum:

125

Musterfeuerwehr	Gefährdungsbeurteilung	Änderungsstand 0
		Seite 2 von 2

			ja	nein		ja	nein
6	Thermische Gefährdung		☐	☐		☐	☐
7	Physikalische Gefährdung		☐	☐		☐	☐
8	Gefährdung durch Umgebungsbedingungen		☐	☐		☐	☐
9	Psychische Faktoren		☐	☐		☐	☐
10	Physische Gefährdung		☐	☐		☐	☐
11	Sonstige Gefährdung		☐	☐		☐	☐

Kontrolle auf Wirksamkeit der Maßnahmen

☐ Datum: Wirksamkeit ist gegeben: ☐ ja ☐ nein
☐ Datum: Wirksamkeit ist gegeben: ☐ ja ☐ nein
☐ Datum: Wirksamkeit ist gegeben: ☐ ja ☐ nein

Erstellungsdatum:	Überprüfungsdatum:	Freigabedatum:

Anhang 5: Vorschlag für einen Muster-Hautschutzplan

Hautschutzplan für den Rettungsdienst der Musterfeuerwehr			
Allgemeine Hinweise	- Hinweise auf Verzicht von Uhren, Ringen oder Schmuck - Hinweise auf die Länge von Fingernägeln - Vorgaben an die Waschmöglichkeiten: Erreichbarkeit, fließendes kaltes und warmes Wasser, Spender für Desinfektions-, Reinigungs- und Pflegemittel, Handtuchspender		
Was	**Womit**	**Wie**	**Wann**
Händedesinfektion	Angaben zum Desinfektionspräparat (evtl. mit Abbildung)	Angaben und eindeutige Anleitung zur Anwendung	- vor oder nach einem Kontakt zu einem Patienten - nach dem Ausziehen von Einmalhandschuhen - nach dem Besuch der Sanitäreinrichtungen - nach Reinigungs- oder Wartungsarbeiten am Rettungsmittel
Händereinigung	Angaben zum Reinigungsprodukt (evtl. mit Abbildung)	Angaben und eindeutige Anleitung zur Anwendung; gründlich trocknen mit Einmalhandtüchern	- vor Aufnahme der Arbeit - nach Arbeitsende - vor Pausen - nach der Händedesinfektion bei Vorliegen von offensichtlichen Verschmutzungen - bei persönlichem Bedarf
Hautpflege	Angaben zum Pflegeprodukt (evtl. mit Abbildung)	Angaben und eindeutige Anleitung zur Anwendung	- nach der Händereinigung - in Pausen - bei persönlichem Bedarf
Hautschutz	Angaben zum Hautschutzprodukt (evtl. mit Abbildung)	Angaben und eindeutige Anleitung zur Anwendung	- gemäß den Empfehlungen des Herstellers - bei persönlichem Bedarf - vor dem Anlegen von Schutzhandschuhen - vor Aufnahme der Arbeit
Handschuhe	Angaben zur Art des Handschuhmaterials (evtl. mit Abbildung)	Angaben zur richtigen Anwendung	Beschreibung, wann bestimmte Handschuhe anzulegen sind

Anhang 6: Vorschlag für einen Unterweisungsnachweis

Musterfeuerwehr

☐ **Erstunterweisung**   ☐ **Wiederholungsunterweisung**

Datum: **Ort:**

Thema:

Inhalt:

Name des Dozenten	Unterschrift:

Teilnehmer(innen) der Unterweisung

Lfd. Nr.	Name, Vorname	Unterschrift:
1		
2		
3		
4		
5		
6		
7		
8		
9		
10		
11		
12		
13		

Anhang 7: Anregungen und Beispiele für die Gestaltung eines Desinfektions- und Hygieneplans

Hygieneplan für den Rettungsdienst der Feuerwehr

REINIGUNG UND DESINFEKTION DES FAHRZEUGES

WAS	WANN	WIE	WOMIT	WORAUS
Fahrerraum				
Gesamtreinigung (insbes. Lenkrad, Griffe, Hebel)	täglich und nach Kontamination	scheuern/wischen	Angabe des Desinfektionsmittels inkl. Einwirkzeit	Dosiergerät
Patientenraum				
Alle freien Oberflächen (z. B. Decke, Wände, Türverkleidungen, Ablagen, Infusionshalter, Fußböden)	wöchentlich und nach Kontamination	scheuern/wischen	Angabe des Desinfektionsmittels inkl. Einwirkzeit	Dosiergerät
Türgriffe (innen/außen), Reeling der Trage, Haltegurte, Rohre	täglich und nach Kontamination	scheuern/wischen	Angabe des Desinfektionsmittels inkl. Einwirkzeit	Dosiergerät
Material und Gerät				
Notfallrucksack, Notfallkoffer, Baby-Notfallkoffer (außen) Tragenauflage/-gestell, Tragestuhlauflage/-gestell	täglich und nach Kontamination	scheuern/wischen	Angabe des Desinfektionsmittels inkl. Einwirkzeit	Dosiergerät
Schubladen und Schränke innen, Dachablage innen, Notfallkoffer innen, Vakuummatratze, Schaufeltrage, HWS Fixiermaterial, Kunststoffschienen, Pneumatische Schienen	monatlich und nach Kontamination	scheuern/wischen	Angabe des Desinfektionsmittels inkl. Einwirkzeit	Dosiergerät
Tägliche Desinfektion kleiner Flächen				
kleine Verschmutzungen		abwischen	Angabe des Desinfektionsmittels inkl. Einwirkzeit	Druckpumpenzerstäuber (Schaumbildner)
kleine Flächen von maximal 1 m²	nach Kontamination	satt einschäumen, mit einem Einmalwischtuch aufnehmen und abwischen	Angabe des Desinfektionsmittels inkl. Einwirkzeit	Druckpumpenzerstäuber (Schaumbildner)

EKG-Geräte				
komplett inkl. Kabel und Paddel	wöchentlich und nach Gebrauch	vorsichtig feucht wischen und reinigen	*Angabe des Desinfektionsmittels inkl. Einwirkzeit*	Dosiergerät/ Druckpumpen- zerstäuber (Schaumbildner)
Beatmungsgeräte				
Grundgerät	wöchentlich und nach Gebrauch	vorsichtig feucht wischen	*Angabe des Desinfektionsmittels inkl. Einwirkzeit*	Dosiergerät/ Druckpumpen- zerstäuber (Schaumbildner)
Beatmungsbeutel- hülle, O_2-Inhala- tionsgerät, Armatur, Flasche	wöchentlich und nach Gebrauch	vorsichtig feucht wischen	*Angabe des Desinfektionsmittels inkl. Einwirkzeit*	Dosiergerät/ Druckpumpen- zerstäuber (Schaumbildner)
Schlauch + Ventil, Ventil und Maske, Peep-Ventil	nach Gebrauch	Tauchbad- Desinfektion	*Angabe des Desinfektionsmittels inkl. Einwirkzeit*	Dosierpumpe
Absauggeräte				
Gehäuse	wöchentlich und nach Gebrauch	abwischen	*Angabe des Desinfektionsmittels inkl. Einwirkzeit*	Dosiergerät/ Druckpumpen- zerstäuber (Schaumbildner)
Behälter und Schlauch	nach Gebrauch	entsorgen		
Blutdruckgerät				
Manometer, Manschette, Stethoskop	täglich und nach Gebrauch	feucht abwischen, bei grober Verschmutzung ggf. Tauchbad	*Angabe des Desinfektionsmittels inkl. Einwirkzeit*	Dosiergerät/ Druckpumpen- zerstäuber (Schaumbildner) Dosierpumpe
Sonstiges				
Pulsoximeter, Fingerclip, Kabel	täglich und nach Gebrauch	vorsichtig feucht wischen	*Angabe des Desinfektionsmittels inkl. Einwirkzeit*	Dosiergerät/ Druckpumpen- zerstäuber (Schaumbildner)
Laryngoskopgriff	nach Gebrauch	abwischen	*Angabe des Desinfektionsmittels inkl. Einwirkzeit*	Dosiergerät/ Druckpumpen- zerstäuber (Schaumbildner)
Laryngoskopspatel	nach Gebrauch	Tauchbad- Desinfektion	*Angabe des Desinfektionsmittels inkl. Einwirkzeit*	Dosiergerät/ Dosierpumpe

REINIGUNG UND DESINFEKTION DER SCHUTZKLEIDUNG

WAS	WANN	WIE	WOMIT	WORAUS
Dienstkleidung				
Rettungsdienst-kleidung (Hose, T-Shirt, Polo-Shirt)	täglich und nach Bedarf	desinfizierendes Waschverfahren	*Angabe des Desinfektions-/ Waschmittels*	Dosiergerät der Waschmaschine
Rettungsdienstjacke	täglich und nach Bedarf	desinfizierendes Waschverfahren	*Angabe des Desinfektions-/ Waschmittels*	Dosiergerät der Waschmaschine
Sicherheitsschuhe	Nach Kontakt mit Körperflüs-sigkeiten/-aus-scheidungen	abwischen	*Angabe des Desinfektionsmittels inkl. Einwirkzeit*	Druckpumpen-zerstäuber (Schaumbildner)

ENTWESUNG
(Transport von Patienten mit Läusen, Flöhen, Wanzen etc.)

Der Desinfektor entscheidet, ob eine Entwesung des Fahrzeugs durchgeführt wird. Im Zweifelsfall zieht der Desinfektor einen Schädlingsbekämpfer hinzu. Die Entwesung darf nur von sachkundigem Personal gemäß TRGS 523 vorgenommen werden.				
Verhalten bei möglichem Kontakt mit Läusen, Flöhen, Wanzen etc.				
Schutzkleidung tragen	vor Transport Schutzkleidung anlegen		*Schutzkittel und Handschuhe, ggf. Overall*	Hygiene-Set
Duschen	bei Bedarf und Kontamination		*Wasch-/Desinfek-tionsmaterial*	Spender
Kopfhaut/Haare	bei Bedarf und Kontamination	Haarwäsche nach Gebrauchsanw.	*Wasch-/Desinfek-tionsmaterial*	Apotheke

HÄNDE- UND HAUTDESINFEKTION

WAS	WANN	WIE	WOMIT	WORAUS
Hände	Vor und nach Patiententrans-porten, Desin-fektionsarbeiten Vorbereitung v. Medikamenten, anlegen oder wechseln von Verbänden, bei Kontamination	Mit Desinfektions-mittel beide Hände vollständig benet-zen und 30 s ver-reiben; Daumen, Fingerkuppen und Nagelfalz berück-sichtigen	*Angabe des Desinfektionsmittels inkl. Einwirkzeit*	Direktspender
Haut	vor einer Punktion	aufsprühen, mit Tupfer Haut ent-fetten, erneut auf-sprühen, Ein-wirkzeit beachten	*Angabe des Desinfektionsmittels inkl. Einwirkzeit*	Druckpumpen-zerstäuber

131

WASCHEN DER HÄNDE- UND HAUTSCHUTZ

WAS	WANN	WIE	WOMIT	WORAUS
Waschen der Hände	bei sichtbarer Verschmutzung oder bei Bedarf	mit alkalischer Seifenlösung aus dem Spender nach der Desinfektion	*Angabe des Waschmittels/-lotion*	Direktspender, Trinkwasserversorgung
Pflege der Hände	nach dem Händewaschen bei Dienstbeginn	einreiben	*Angabe des Hautpflegemittels*	Direktspender

HYGIENE IM GEBÄUDE

WAS	WANN	WIE	WOMIT	WER
Tische/Küche	täglich	abwischen	*Reinigungsmittel aus der Deutschen Veterinärgesellschaft Liste (Lebensmittelbereich)*	Reinigungspersonal
Tische/Küche	wöchentlich	abwischen mit einem mit Desinfektionsmittel eingesprühten Tuch, anschließend mit klarem Wasser nachwischen	*Angabe des Desinfektionsmittels inkl. Einwirkzeit*	eingewiesenes Feuerwehrpersonal
Fußboden	täglich	wischen/scheuern	*Haushaltsreiniger*	Reinigungspersonal
Duschen	täglich	wischen/scheuern	*Haushaltsreiniger*	Reinigungspersonal
Toiletten	täglich	wischen/scheuern	*Haushaltsreiniger*	Reinigungspersonal
Toilettenbrillen	täglich	wischen/scheuern	*Haushaltsreiniger*	Reinigungspersonal

132

Anhang 8: Gefährdungsbeurteilung

Gefährdungsbeurteilung

(Entscheidungshilfe zur Beurteilung der Arbeitsbedingungen unter Berücksichtigung des MuSchG, der MuSchArbV und weiterer Rechtsvorschriften)

durchgeführt von: ....   am: ....

Name der werdenden Mutter: ....
Bezeichnung des Arbeitsplatzes/-bereichs: ....
Beschreibung der Art der Tätigkeiten: ....

Schwangerschaft und voraussichtlicher
Entbindungstermin wurden mitgeteilt   am: ....

Die Gefährdungsbeurteilung wurde durchgeführt unter Beteiligung

	ja	nein
☐ der Arbeitsmedizinerin/des Arbeitsmediziners	☐	☐
☐ der Fachkraft für Arbeitssicherheit	☐	☐

Mögliche Gefährdung durch: **ja**   **nein**

Physikalische Faktoren:
	ja	nein
• Heben und Tragen von Lasten (regelmäßig über 5 kg, gelegentlich über 10 kg)	☐	☐
• Häufig erhebliches Strecken oder Beugen	☐	☐
• Arbeiten in der Hocke oder in gebückter Haltung	☐	☐
• Belastungen durch Lärm, Staub, Gase, Hitze, Kälte*) etc.	☐	☐
• Stöße oder Erschütterungen (auf oder in der Nähe von Maschinen)	☐	☐

133

Biologische Faktoren:
- Infektionsgefahr
  (Ausscheidungen, Blut, Bakterien, Viren,
  Exsudaten etc.)   □   □
- Infektionsgefahr in Folge von Stichverletzungen   □   □
  (im Rettungsdienst)
- Infektionsgefahr durch Hepatitis B/C oder HIV   □   □

Gefahrstoffe:
- Umgang mit Desinfektionsmittel
  (Grenzwert kann überschritten werden)   □   □
- Umgang mit formaldehydhaltigen Desinfektionsmitteln □   □

Arbeitsbedingungen:
- Erhöhte Unfallgefahr
  (Absturz, Ausrutschen, Sturz von Leitern, Fallen etc.)   □   □
- Arbeiten bei erhöhtem Druck (Feuerwehrtaucher)   □   □
- Gefährdung durch Gewalt (Umgang mit potenziell
  aggressiven Personen – u. a. Rettungsdienst)   □   □
- Nachtarbeit (zwischen 20.00 Uhr und 06.00 Uhr)   □   □
- Arbeiten an Sonn- und Feiertagen   □   □

Sonstige:
- Arbeiten unter hoher kardiopulmonalen Belastung   □   □
- Arbeiten unter besonderen Bedingungen
  (Einsatzstellen)   □   □

Maßnahmen:
Werden einzelne Positionen der vorstehenden Gefährdungen mit „Ja"
beantwortet, ist von einer Gefährdung der werdenden Mutter auszugehen.

□   Es ist objektiv keine Gefährdung festzustellen; die übertragenen
     Aufgaben bleiben unverändert.
□   Es kann grundsätzlich eine Gefährdung nicht ausgeschlossen
     werden. Damit dem MuSchG und der MuSchArbV entsprochen
     werden kann,

     □   sind die Aufgaben angepasst/geändert und/oder
          angemessene Schutzmaßnahmen ergriffen worden,
     □   ist ein anderer Arbeitsplatz vorzusehen,
     □   muss die werdende Mutter von der Arbeit freigestellt
          werden, da kein anderer Arbeitsplatz bei der Feuerwehr
          zur Verfügung steht.

134

Information:
Im Sinn des § 2 MuSchArbV ist über das Ergebnis der
Gefährdungsbeurteilung unterrichtet worden:

☐   die werdende Mutter   am: ....

☐   die übrigen Mitarbeiterinnen der Feuerwehr am: ....

☐   die für die Feuerwehr zuständige Personalvertretung   am: ....

....
Datum   Name des Leiters   Unterschrift des
               der Feuerwehr   Leiters der Feuerwehr

*) Hinweis:
Bei Temperaturen unterhalb von 17 °C und oberhalb von 26 °C besteht bei
leichter Tätigkeit bereits ein Beschäftigungsverbot [130], [131], [132].

10   Literatur

10.1   Literaturstellen

[1]   *www.arbeitsschutz-management.sga-direkt.de*
[2]   DGUV Lernen und Gesundheit, die gesetzliche Unfallversicherung, 11/2010
[3]   *https://de.wikipedia.org/wiki/Arbeitsschutz*, Stand: 1. Oktober 2015
[4]   *www.stmas.bayern.de/gewerbeaufsicht/organisation/deutschland.php*; Arbeitsschutz in Deutschland, Gesetzliche Grundlagen – Ingenieurbüro Dudek, *www.ib-dudek.com*, Stand: 17.12.2010
[5]   Bundesministerium für Arbeit und Soziales, Übersicht über das Arbeitsrecht/Arbeitsschutzrecht, Januar 2008
[6]   Grundgesetz für die Bundesrepublik Deutschland vom 23. Mai 1949 (BGBl. S. 1), zuletzt geändert durch Artikel 1 des Gesetzes vom 23.12.2014 (BGBl. I S. 2438)
[7]   *https://de.wikipedia.org/wiki/Unfallverhütungsvorschriften*, Stand: 1. Oktober 2015
[8]   Arbeitsschutzgesetz (ArbSchG) vom 7. August 1996 (BGBl. I S. 1246), zuletzt geändert durch Artikel 8 des Gesetzes vom 19. Oktober 2013 (BGBl. I S. 3836)
[9]   Gesetz über Betriebsärzte, Sicherheitsingenieure und andere Fachkräfte für Arbeitssicherheit (ASiG) vom 12. Dezember 1973 (BGBl. I S. 1885), zuletzt geändert durch Artikel 3 Absatz 5 des Gesetzes vom 20. April 2013 (BGBl. I S. 868)
[10] Betriebssicherheitsverordnung (BetrSichV) vom 3. Februar 2015 (BGBl. I S. 49), zuletzt geändert durch Artikel 1 der Verordnung vom 13. Juli 2015 (BGBl. I S. 1187)
[11] Arbeitsstättenverordnung vom 12. August 2004 (BGBl. I S. 2179), zuletzt geändert durch Artikel 4 der Verordnung vom 19. Juli 2010 (BGBl. I S. 960)
[12] Gefahrstoffverordnung (GefStoffV) vom 26. November 2010 (BGBl. I S. 1643, 1644), zuletzt geändert durch Artikel 2 der Verordnung vom 3. Februar 2015 (BGBl. I S. 49)
[13] Biostoffverordnung (BioStoffV) vom 15. Juli 2013 (BGBl. I S. 2514)
[14] Bildschirmarbeitsverordnung (BildscharbV) vom 4. Dezember 1996 (BGBl. I S. 1841, 1843), zuletzt geändert durch Artikel 7 der Verordnung vom 18. Dezember 2008 (BGBl. I S. 2768)

[15] Bildschirmarbeitsplatzverordnung – Auslegungshinweise zu den unbestimmten Rechtsbegriffen, LASI, August 2000
[16] Mutterschutzgesetz (MuSchG) in der Fassung der Bekanntmachung vom 20. Juni 2002 (BGBl. I S. 2318), zuletzt geändert durch Artikel 6 des Gesetzes vom 23. Oktober 2012 (BGBl. I S. 2246)
[17] Verordnung zum Schutze der Mütter am Arbeitsplatz (MuSchArbV) vom 15. April 1997 (BGBl. I S. 782), zuletzt geändert durch Artikel 5 Absatz 8 der Verordnung vom 26. November 2010 (BGBl. I S. 1643)
[18] Lärm- und Vibrations-Arbeitsschutzverordnung (LärmVibrationsArbSchV) vom 6. März 2007 (BGBl. I S. 261), zuletzt geändert durch Artikel 3 der Verordnung vom 19. Juli 2010 (BGBl. I S. 960)
[19] PSA-Benutzungsverordnung (PSA-BV) vom 4. Dezember 1996 (BGBl. I S. 1841)
[20] Siebtes Buch Sozialgesetzbuch – Gesetzliche Unfallversicherung – (Artikel 1 des Gesetzes vom 7. August 1996, BGBl. I S. 1254), zuletzt geändert durch Artikel 4 des Gesetzes vom 17. Juli 2015 (BGBl. I S. 1368)
[21] DGUV Information 211-027, Organisation des Arbeitsschutzes – Städte und Gemeinden, Informationen für Bürgermeister und Amtsleiter
[22] Bürgerliches Gesetzbuch in der Fassung der Bekanntmachung vom 2. Januar 2002 (BGBl. I S. 42, 2909; 2003 I S. 738), zuletzt geändert durch Artikel 16 des Gesetzes vom 29. Juni 2015 (BGBl. I S. 1042)
[23] Persönliche Mitteilung in Form einer Erläuterung durch einen Juristen
[24] DGUV Information 211-029, Organisation des Arbeitsschutzes – Grundlagen zur Integration des Arbeitsschutzes in die Organisation, Oktober 2005
[25] Schünemann, J., Lenz, K.: Pflichtenheft Arbeitsschutzrecht, 7. Auflage, ecomed Sicherheit, Landsberg am Lech, 2014
[26] https://de.wikipedia.org/wiki/Arbeitsschutzmanagementsystem, Stand: 1. Oktober 2015
[27] Strafgesetzbuch (StGB) in der Fassung der Bekanntmachung vom 13. November 1998 (BGBl. I S. 3322), geändert durch Artikel 1 des Gesetzes vom 12. Juni 2015 (BGBl. I S. 926)
[28] Bundesanstalt für Arbeitsschutz und Arbeitsmedizin, Qualität des Handelns der Fachkräfte für Arbeitssicherheit, Schriftenreihe Fb 1046, 2005
[29] IG Metall, Arbeitsmedizin, Aufgaben und Handlungsmöglichkeiten im Betrieb, Handlungshilfe 26, Frankfurt 2010
[30] Deutsche Gesetzliche Unfallversicherung (DGUV), DGUV Vorschrift 2 »Betriebsärzte und Fachkräfte für Arbeitssicherheit«, Januar 2011
[31] Bundespersonalvertretungsgesetz (BPersVG) vom 15. März 1974 (BGBl. I S. 693), das zuletzt durch Artikel 3 Absatz 2 des Gesetzes vom 3. Juli 2013 (BGBl. I S. 1978) geändert worden ist
[32] Bundesverwaltungsgericht (BVerwG) vom 14.2.2013, AZ: 6 PB 1.13
[33] Bundesverwaltungsgericht (BVerwG) vom 5.3.2012, AZ: 6 PB 25.11
[34] Bundesverwaltungsgericht (BVerwG) vom 14.10.2002, AZ: 6 P 7.01
[35] DGUV Regel 100-001, Grundsätze der Prävention
[36] Sauer/Scheil/Schurr/von Kiparski (Hrsg.): Arbeitsschutz von A bis Z 2014, Haufe-Lexware, 2013

[37] Springer Gabler Verlag (Hrsg.), Gabler Wirtschaftslexikon, 18., aktualisierte Auflage, Springer Gabler Verlag, 2014
[38] Sonderdruck GUV-X 99951, Teil 1: Leitfaden, »Organisation und integrierter Arbeitsschutz – Wegweiser zu einem Handbuch für Gemeinden«; Sonderdruck GUV-X 99952, Teil 2: Arbeitshilfen, 12/2005
[39] DGUV Information 211-027, Organisation des Arbeitsschutzes, Städte und Gemeinden, Informationen für Bürgermeister und Amtsleiter, März 2001 (zurückgezogen)
[40] Nationaler Leitfaden für AMS, 2003
[41] Bundesanstalt für Arbeitsschutz und Arbeitsmedizin (BAuA), Leitfaden für Arbeitsschutzmanagementsysteme, Dortmund, Juni 2002
[42] BG Bau, Schriftenreihe Arbeitssicherheit und Arbeitsmedizin in der Bauwirtschaft, Nr. 23 Arbeitsmanagementsysteme in Deutschland
[43] DGUV Information 211-019, Arbeitsschutzmanagementsysteme – Ein Erfolgsfaktor für Ihr Unternehmen, Januar 2014
[44] Anna-Maria Hessenmöller, Josef Merdian: Wirksamkeit von Arbeitsschutzmanagementsystemen aus der Unternehmer- und Mitarbeiterperspektive, In: Sicherheitsingenieur 7/2012, S. 22-29
[45] Metze, E.: Arbeitsschutz-Management-System (AMS) als Hilfen für eine sichere Organisation des Arbeits- und Gesundheitsschutzes, angewandte Arbeitswissenschaft No 197, 2008
[46] British Standards Institution/Gerd Reinartz und Ludger Pautmeier: OHSAS 18002:2008 – Deutsche Übersetzung: Arbeits- und Gesundheitsschutz-Managementsysteme – Leitfaden für die Implementierung von OHSAS 18001:2007, 2009
[47] *https://de.wikipedia.org/wiki/Arbeitsschutzmanagementsystem*, Stand: 1. Oktober 2015
[48] Guidelines on occupational safety and health management systems, ILO-OSH 2001, Geneva, International Labour Office, 2001
[49] Merdian, J: Arbeitsschutzmanagement, In: Praktische Arbeitsmedizin 10/2008, S. 6–11
[50] Rupp, Daniel: Leitfaden für ein AMS für Feuerwehren, In: sicher ist sicher – Arbeitsschutz aktuell 04/2009, S. 174–177
[51] Leitfaden für Arbeitsschutzmanagementsysteme, Bundesanstalt für Arbeitssicherheit und Arbeitsmedizin, Stand 12/2002
[52] Managementsysteme für Arbeitsschutz und Anlagensicherheit, das OHRIS-Gesamtkonzept, Bayerisches Staatsministerium für Umwelt, Gesundheit und Verbraucherschutz (StMUGV), 9/2005
[53] Ernst, Antje und Mathias: Innovative Leitbilder für Städte, In: Verwaltung und Management 2004, S. 264–269
[54] Graf, Pedro/Spengler, Maria: Leitbild- und Konzeptentwicklung, 5. Auflage, Augsburg, 2008
[55] Unfallkasse des Bundes, Der Weg zum AMS, Stand 06/2011
[56] Nationale Arbeitsschutzkonferenz, Leitlinie Organisation des betrieblichen Arbeitsschutzes, 12/2011
[57] Württembergischer Gemeindeunfallversicherungsverband, Organisation des Arbeitsschutzes – Information für Landräte, (Ober-)Bürgermeister und Amtsleiter, 11/2002

[58] Handwerkskammer Hamburg, Arbeitsschutz im Handwerk – Lösungen für Kleinbetriebe, 07/2008

[59] GUV-I 8563, Aufgaben, Pflichten, Verantwortung und Haftung im innerbetrieblichen Arbeitsschutz, 09/2002

[60] Pieper, Ralf/Vorath, Bernd-Jürgen: Handbuch Arbeitsschutz – Sicherheit und Gesundheit am Arbeitsplatz, Bund-Verlag, 2001

[61] Der Qualitätsmanager aktuell, Ausgabe 15/2011, Sonderausgabe »Projektmanagement – unverzichtbares Werkzeug für erfolgreiche QM-Projekte«

[62] DGUV Information 212-015, Hautkrankheiten und Hautschutz, Ausgabe 03/2007

[63] DGUV Information 212-017, Allgemeine Präventionsrichtlinie Hautschutz, Ausgabe 06/2009

[64] Pieper, Ralf: Arbeitsmedizinische Vorsorge – Grundlagen, Pflichtuntersuchungen, Datenschutz, Mitbestimmung, Vortrag am 11. Mai 2011, Soli-Serv Forum Arbeitsrecht 2011, Köln

[65] Arbeitsmedizinische Untersuchungen zwischen Fürsorge und Selbstbestimmung, In: Dieterich, Thomas u. a. (Hrsg.): Individuelle und kollektive Freiheit im Arbeitsrecht – Gedächtnisschrift für Ulrich Zachert, Baden-Baden, 2010, S. 326–340

[66] Preuß, Geraldine/Schäcke, Gustav: Arbeitsmedizinische Vorsorgeuntersuchung für Feuerwehrleute – eine Leitlinie nach neuen Erkenntnissen, In: Zentralblatt für Arbeitsmedizin 54, 2004, S. 379–392

[67] Verordnung zur arbeitsmedizinischen Vorsorge (ArbMedVV) vom 18. Dezember 2008 (BGBl. I S. 2768), zuletzt geändert durch Artikel 1 der Verordnung vom 23. Oktober 2013 (BGBl. I S. 3882)

[68] DGUV Grundsätze für arbeitsmedizinische Untersuchungen, 6., vollständig neubearbeitete Auflage, Gentner Verlag, Stuttgart, 2014

[69] Empfehlungen der Ständigen Impfkommission (STIKO) am Robert-Koch-Institut, Stand August 2013; Epidemiologisches Bulletin unter www.rki.de

[70] Zur Mühlen/Heese/Haupt: Arbeits- und Gesundheitsschutz im Rettungsdienst, In: ErgoMed 06/2005, S. 169–177

[71] Badura, B./Ritter, W./Scherf, M.: Betriebliches Gesundheitsmanagement – ein Leitfaden für die Praxis, Berlin, 1999

[72] Faller, G.: Betriebliche Gesundheitsförderung oder Betriebliches Gesundheitsmanagement? Beitrag zu einer konzeptionellen und terminologischen Klärung, In: Prävention – Zeitschrift für Gesundheitsförderung 01/2009, S. 71–74

[73] DGUV Information 205-010, Sicherheit im Feuerwehrdienst

[74] DGUV Information 207-019, Gesundheitsdienst

[75] BGI 523, Mensch und Arbeitsplatz (zurückgezogen)

[76] DGUV Information 250-007, DGUV Grundsatz für arbeitsmedizinische Untersuchungen »Bildschirmarbeitsplätze« G 37 (mit Kommentar); GUV-I 8566, Sichere und gesundheitsgerechte Gestaltung von Bildschirmarbeitsplätzen

[77] Alkohol am Arbeitsplatz – Eine Praxishilfe für Führungskräfte, BARMER GEK, Wuppertal, Deutsche Hauptstelle für Suchtfragen e.V., Hamm, 05/2010

[78] Schröder, H. (Hrsg.): Fit for Fire Fighting – Das bewährte Trainings- und Ernährungsprogramm für die Feuerwehr, 4. Auflage, Neckar Verlag, 2014

[79] Bundesanstalt für Arbeitsschutz und Arbeitsmedizin (Hrsg.): Gesunde MitarbeiterInnen in gesunden Unternehmen: Das Europäische Netzwerk Betriebliche Gesundheitsförderung, Dortmund, 2001

[80] *http://www.berliner-feuerwehr.de/ueber-uns/behoerdenstruktur/arbeits-und-gesundheitsschutz-ags/*

[81] Bundesministerium für Familie, Senioren, Frauen und Jugend, Leitfaden zum Mutterschutz, Stand: 10/2013

[82] Zur Mühlen, A./Heese, B./Haupt, S.: Arbeits- und Gesundheitsschutz für Beschäftigte im Rettungsdienst, In: ErgoMed 6/2005, S. 169–177

[83] Wiedenmann, M. (Hrsg.): Hygiene im Rettungsdienst, Urban & Fischer, 2011

[84] Bohnen, D.: Hygiene und Infektionsschutz: Betrieblicher Arbeitsschutz zum Schutz der Einsatzkräfte, In: Notfallvorsorge 3/2008, S. 20-22

[85] DGUV Regel 107-003, Desinfektionsarbeiten im Gesundheitsdienst, Stand 10/1999

[86] Gesetz zur Verhütung und Bekämpfung von Infektionskrankheiten beim Menschen (Infektionsschutzgesetz – IfSG) vom 20. Juli 2000 (BGBl. I S. 1045), zuletzt geändert durch Artikel 8 des Gesetzes vom 17. Juli 2015 (BGBl. I S. 1368)

[87] Technische Regeln für Biologische Arbeitsstoffe (TRBA 250), Ausgabe März 2014, zuletzt geändert am 21.07.2015, GMBl Nr. 29

[88] Fahlbruch, B./Meyer, I.: Ganzheitliche Unfallanalyse – Leitfaden zur Ermittlung grundlegender Ursachen von Arbeitsunfällen in kleinen und mittleren Unternehmen, Forschung Projekt F 2287, 1. Auflage, Bundesanstalt für Arbeitsschutz und Arbeitsmedizin, 2013

[89] Kamiske, Gerd F. (Hrsg.): Managementsysteme, Symposion Publishing GmbH, Düsseldorf, 2008

[90] Wübbelmann, K.: Herausforderung Management Audit, Gabler/GWV Fachverlage GmbH, Wiesbaden, 2009

[91] DGUV Information 205-021, Leitfaden zur Erstellung einer Gefährdungsbeurteilung im Feuerwehrdienst

[92] Johanniter Unfallhilfe (Hrsg.): Handbuch Arbeitssicherheit/Arbeitsschutz im Rettungsdienst, 2. Auflage, 2010

[93] Gerhold, Patrick: Gefährdungsbeurteilung im Feuerwehr- und Rettungsdienst, S+K-Verlag, Edewecht, 2012

[94] Berufsgenossenschaft für Gesundheitsdienst und Wohlfahrtspflege (BGW) (Hrsg.): Gefährdungsbeurteilung in Beratungs- und Betreuungsstellen, Stand 09/2014

[95] Bundesanstalt für Arbeitsschutz und Arbeitsmedizin (Hrsg.): Ratgeber zur Gefährdungsbeurteilung, Handbuch für Arbeitsschutzfachleute, 1. Auflage, Dortmund, 2012

[96] *https://de.wikipedia.org/wiki/Risiko*, Stand: 1. Oktober 2015

[97] DGUV Information 205-014, Auswahl von persönlicher Schutzausrüstung auf der Basis einer Gefährdungsbeurteilung für Einsätze bei deutschen Feuerwehren

[98] Nohl, J./Thiemecke, H.: Systematik zur Durchführung von Gefährdungs-analysen, Verlag für neue Wissenschaft GmbH, 1988

[99] Gruber/Kittelmann/Barth: Leitfaden für die Gefährdungsbeurteilung, 14., überarbeitete Auflage, DC Verlag, Bochum, 2015

[100] Internationale Vereinigung für Soziale Sicherheit (Hrsg.): Gefahrenermitt-lung, Gefahrenbewertung – praxisbewährte systematische Methoden, Hei-delberg, 1997

[101] Unfallkasse Hessen (Hrsg.): Die Gefährdungsbeurteilung im Feuerwehr-dienst – Ein Leitfaden, Stand: Oktober 2013

[102] DGUV Information 205-021, Leitfaden zur Erstellung einer Gefährdungs-beurteilung im Feuerwehrdienst, Stand: Oktober 2012

[103] Unfallkasse Hessen (Hrsg.): Sicherheit und Gesundheitsschutz bei der Ar-beit, Grundlagen und Grundwissen – Ein Handbuch, Schriftenreihe der Unfallkasse Hessen, Band 5, 2. Auflage, Dezember 2011

[104] TRGS 555 »Betriebsanweisung und Information der Beschäftigten«, Aus-gabe Januar 2013 (GMBl 2013 S. 321–327 v. 7.3.2013)

[105] DGUV Information 211-010, Sicherheit durch Betriebsanweisungen, Stand Dezember 2012

[106] *https://de.wikipedia.org/wiki/Betriebsanweisung*, Stand: 1. Oktober 2015

[107] DGUV Information 211-005, Unterweisung – Bestandteil des betrieblichen Arbeitsschutzes

[108] *www.bfga.de/arbeitsschutz/unterweisungen*, Stand: 1. Oktober 2015

[109] *www.arbeitsschutz-kmu.de*, Laufzeit des Projektes: 1.3.2009 bis 31.12.2011

[110] *https://de.wikipedia.org/wiki/Arbeitsplatz*, Stand: 1. Oktober 2015

[111] Schliephacke, Jürgen: Führungswissen Arbeitssicherheit, Aufgaben – Ver-antwortung – Organisation, 3. Auflage, Erich Schmidt Verlag, Berlin, 2008

[112] Bundesanstalt für Arbeitsschutz und Arbeitsmedizin (Hrsg.): Erläuterung von Begriffen zur Verwendung in der Ausbildung zu Fachkräften für Ar-beitssicherheit, Stand: Juni 2008

[113] Springer Gabler Verlag (Hrsg.), Gabler Wirtschaftslexikon, 18., aktuali-sierte Auflage, Springer Gabler Verlag, 2014

[114] Bundesanstalt für Arbeitsschutz und Arbeitsmedizin, Erläuterung von Be-griffen zur Verwendung in der Ausbildung zu Fachkräften für Arbeits-sicherheit, Stand: Juni 2008

[115] *https://de.wikipedia.org/wiki/Gefahr*, Stand: 1. Oktober 2015

[116] Haufe Mediengruppe (Hrsg.): Arbeitsschutz von A-Z, 5. Auflage, 2009

[117] Leitfaden für Arbeitsschutzmanagementsysteme, Juni 2002

[118] DGUV Information 211-032, Gefährdungs- und Belastungs-Katalog – Be-urteilung von Gefährdungen und Belastungen am Arbeitsplatz

[119] Schmatz, H./Nöthlichs, M.: Sicherheitstechnik – Ergänzende Sammlung der Vorschriften nebst Erläuterungen für Unternehmen und Ingenieure, Band II, Teil 1, Kz 4010, S. 8a, 7/2005

[120] Geiger, W./Kotte, W.: Handbuch Qualität: Grundlagen und Elemente des Qualitätsmanagements: Systeme – Perspektiven, 5. Auflage, Vieweg Verlag, 2008

[121] Pfeiffer, T./ Sauer, J.: Arbeitsschutz von A-Z 2014: Fachwissen im prakti-schen Taschenformat, Haufe-Lexware, Freiburg, 2013

[122] DIN EN ISO 12100:2011-03, Sicherheit von Maschinen – Allgemeine Gestaltungsleitsätze – Risikobeurteilung und Risikominderung

[123] DIN EN ISO 14971:2013-04, Medizinprodukte – Anwendung des Risikomanagements auf Medizinprodukte

[124] Springer Gabler Verlag (Hrsg.), Gabler Wirtschaftslexikon, 18., aktualisierte Auflage, Springer Gabler Verlag, 2014

[125] Managementanforderungen der BGW zum Arbeitsschutz (MAAS-BGW), Integration des Arbeitsschutzes in QM-Systeme nach DIN EN ISO 9001, Stand: 07/2004

[126] Managementanforderungen der BGW zum Arbeitsschutz (MAAS-BGW), Integration des Arbeitsschutzes in QM-Systeme nach IQMP-Reha, Stand: 08/2010

[127] Kommentierung zu den MAAS-BGW, Hilfe zur Integration der Managementanforderungen der BGW zum Arbeitsschutz in ein QM-System nach DIN EN ISO 9001, Stand: 01/2013

[128] DIN EN ISO 9000:2015-11 »Qualitätsmanagementsysteme – Grundlagen und Begriffe«

[129] Länderausschuss für Arbeitsschutz und Sicherheitstechnik – LASI (Hrsg.): Leitlinien zur Arbeitsstättenverordnung, LV 40, Stand: 03/2009

[130] Technische Regeln für Arbeitsstätten ASR A3.5, Ausgabe Juni 2010, zuletzt geändert GMBl 2014, S. 287

[131] *www.sicherheitsbeauftragter.de*, Fachartikel: Gesund in der Schwangerschaft arbeiten, 20.11.2012

[132] *www.brd.nrw.de* > Arbeitsschutz > Mutterschutz und Jugendschutz

10.2   Weiterführende Literatur

- Arbeitsschutzmanagementsysteme in Deutschland, Schriftenreihe Arbeitssicherheit und Arbeitsmedizin in der Bauwirtschaft, BG Bau, 2010
- Bayerisches Staatsministerium für Arbeit und Soziales, Familie und Integration: Managementsystem OHRIS, *www.stmas.bayern.de/arbeitsschutz/managementsysteme/ohris.htm*
- Bayerisches Staatsministerium für Umwelt, Gesundheit und Verbraucherschutz: Occupational Health and Risk Managementsystem: Das OHRIS-Gesamtkonzept, 1. Auflage, München, 2005
- Berufsgenossenschaft für Gesundheitsdienst und Wohlfahrtspflege (Hrsg.): Managementanforderungen der BGW zum Arbeitsschutz (MAAS-BGW), Hamburg, 2013
- Bozenhardt, M: Arbeitsschutz ist Chefsache, In: Healthcare-Journal 01/2014, S. 26–29
- Bundesanstalt für Arbeitsschutz und Arbeitsmedizin (Hrsg.): Gefährdungsbeurteilung psychischer Belastung – Erfahrungen und Empfehlungen, 1. Auflage, Erich Schmidt Verlag, Berlin, 2014

- Bundesanstalt für Arbeitsschutz und Arbeitsmedizin (Hrsg.): Ratgeber zur Gefährdungsbeurteilung – Handbuch für Arbeitsschutzfachleute, 1. Auflage, Dortmund, 2012
- Bundesanstalt für Arbeitsschutz und Arbeitsmedizin (Hrsg.): Sicherheit und Gesundheit bei der Arbeit 2013 – Unfallverhütungsbericht Arbeit, 1. Auflage, Dortmund, 2014
- DGUV Grundsatz 305-002, Prüfgrundsätze für Ausrüstung und Geräte der Feuerwehr
- DGUV Information 205-008, Sicherheit im Feuerwehrhaus, Sicherheitsgerechtes Planen, Gestalten und Betreiben
- DGUV Information 205-010, Sicherheit im Feuerwehrdienst – Arbeitshilfen für Sicherheit und Gesundheitsschutz
- DGUV Information 205-013, Wartung von Atemschutzgeräten für die Feuerwehren
- DGUV Information 205-014, Auswahl von persönlicher Schutzausrüstung auf der Basis einer Gefährdungsbeurteilung für Einsätze bei deutschen Feuerwehren
- DGUV Information 205-020, Feuerwehrschutzkleidung – Tipps für Beschaffer und Benutzer
- DGUV Information 211-032, Gefährdungs- und Belastungskatalog – Beurteilung von Gefährdungen und Belastungen am Arbeitsplatz
- DGUV Regel 100-001, Grundsätze der Prävention
- DGUV Regel 101-018, Umgang mit Reinigungs- und Pflegemitteln
- DGUV Regel 105-003, Benutzung von persönlicher Schutzausrüstung im Rettungsdienst
- Eickmann, U./Turk, J./Knauff-Eickmann, R./ Kefenbaum, K.: Desinfektionsmittel im Gesundheitsdienst – Informationen für eine Gefährdungsbeurteilung; Gefahrstoffe – Reinhaltung der Luft, 67 (2007) Nr. 1/2, S. 17–25
- Feuerwehr-Dienstvorschrift (FwDV) 100 »Führung und Leitung im Einsatz«
- GKV-Spitzenverband (Hrsg.): Leitfaden Prävention – Handlungsfelder und Kriterien des GKV-Spitzenverbandes zur Umsetzung der §§ 20 und 20a SGB V vom 21. Juni 2000 in der Fassung vom 10. Dezember 2014
- Gruber/Kittelmann/Barth: Leitfaden für die Gefährdungsbeurteilung, 14., überarbeitete Auflage, DC Verlag, Bochum, 2015
- Hessisches Sozialministerium (Hrsg.): Leitfaden Arbeitsschutzmanagement, 4. Auflage, Stand 2013, Wiesbaden, 2013
- Holm, Matthias/Geray, Max: Integration der psychischen Belastungen in die Gefährdungsbeurteilung, hrsg. von der Bundesanstalt für Arbeitsschutz und Arbeitsmedizin in Kooperation mit der Initiative Neue Qualität der Arbeit – INQA, 5., überarbeitete Auflage, Dortmund, 2012

- Leitfaden für Arbeitsschutzmanagementsysteme des Bundesministeriums für Wirtschaft und Arbeit, der obersten Arbeitsschutzbehörden der Länder, der Träger der gesetzlichen Unfallversicherung und der Sozialpartner, Stand 2.12.2002 (Nationaler Leitfaden)
- Loch, H.-J.: Die deutsche Konzeption zu Managementsystemen im Arbeitsschutz. In: Bundesanstalt für Arbeitsschutz und Arbeitsmedizin (Hrsg.): Managementsysteme im Arbeitsschutz. Europäischer Workshop Dortmund, 18.–19.3.1999, Tagungsbericht 99, Wirtschaftsverlag NW, Bremerhaven, 1999
- Luxemburger Deklaration zur betrieblichen Gesundheitsförderung in der Europäischen Union, Stand 2007
- Meyer-Falcke, A./ Siegmann, S.: Betriebliche Gefährdungsbeurteilung – Grundlage und prägendes Element betriebsärztlichen Handelns, In: Arbeitsmedizin Sozialmedizin, Umweltmedizin 2000, S. 382–388
- Meyer-Falcke, A.: Arbeitsmedizinisch relevante Organisationen, In: Letzel, S./Nowak, D. (Hrsg.): Handbuch der Arbeitsmedizin, Loseblattsammlung, 7. Ergänzungslieferung 5/2008, Kapitel G I-2, Ecomed Verlag, Landsberg
- Ritter, A.: Leitfäden für die Gestaltung und Einführung eines Arbeitsschutz-Managementsystems, In: Die BG 121 (2009) 5, S. 228–233
- Ritter, A./Reim, O./Schulte, A.: Praxisbeispiele für eine erfolgreiche Integration von Sicherheit und Gesundheitsschutz in Führungskonzepte kleiner Unternehmen – Models of good Practice. Schriftenreihe der Bundesanstalt für Arbeitsschutz und Arbeitsmedizin – Forschungsanwendung, Fa 49, Band II, Bremerhaven, 2000
- Ritter, A.: Managementsystem für den betrieblichen Arbeitsschutz, In: Kamiske, G. (Hrsg.): Qualitätsmanagement – Digitale Fachbibliothek, Ergänzungslieferung August 2009, Symposion Publishing, Düsseldorf, S. 1–41
- Rogall, U.: Gefährdungsbeurteilung, In: Petersen, J./Wahl-Wachendorf, A. (Hrsg.): Praxishandbuch Arbeitsmedizin, Gentner Verlag, Stuttgart, 2009, S. 380–385
- Sonderdruck »Leitfaden zur Erstellung einer Gefährdungsbeurteilung im Feuerwehrdienst« (GUV-X 99955) und DGUV Information 205-020
- Unfallverhütungsvorschrift »Grundsätze der Prävention« (DGUV Vorschrift 1)
- Unfallverhütungsvorschrift »Feuerwehren« (DGUV Vorschrift 49)
- vfdb-Richtlinie 08/05 »Empfehlungen zur Auswahl von Feuerwehrschutzausrüstungen«
- Weber, Arno (Hrsg.): Handbuch Arbeitssicherheit/Arbeitsschutz im Rettungsdienst, 2., völlig überarbeitete Auflage, Eigenverlag, 2010

11   Abkürzungen

AAO	Alarm- und Ausrückeordnung
AGBF	Arbeitsgemeinschaft der Leiter der Berufsfeuerwehren
AMS	Arbeitsschutzmanagementsystem
ArbMedVV	Verordnung zur arbeitsmedizinischen Vorsorge
ArbSchG	Arbeitsschutzgesetz
ArbStättV	Arbeitsstättenverordnung
ASA	Arbeitsschutzausschuss
ASiG	Arbeitssicherheitsgesetz
ASR	Arbeitsstättenregel
BAuA	Bundesanstalt für Arbeitsschutz und Arbeitsmedizin
BetrSichV	Betriebssicherheitsverordnung
BG	Berufsgenossenschaft
BGB	Bürgerliches Gesetzbuch
BGI	BG-Information
BGR	BG-Regel
BGV	BG-Vorschrift
BGW	Berufsgenossenschaft für Gesundheitsdienst und Wohlfahrtspflege
BildscharbV	Bildschirmarbeitsverordnung
BioStoffV	Verordnung über Sicherheit und Gesundheitsschutz bei Tätigkeiten mit biologischen Arbeitsstoffen
DGUV	Deutsche Gesetzliche Unfallversicherung
DHS	Deutsche Hauptstelle für Suchtfragen e.V.
DIN EN ISO	QM-Norm
EG	Europäische Gemeinschaft
EWG	Europäische Wirtschaftsgemeinschaft
FwDV	Feuerwehr-Dienstvorschrift
GDA	Gemeinsame Deutsche Arbeitsschutzstrategie
GefStoffV	Gefahrstoffverordnung
GHS	Globally Harmonized System of Classification, Labelling and Packaging of Chemicals (global harmonisiertes System zur Kennzeichnung von Chemikalien)
GUV	Gemeinde-Unfallversicherung

GUV-I	GUV-Information
GUV-R	GUV-Regel
GUV-V	GUV-Vorschrift
ILO	International Labour Organisation (Internationale Arbeitsorganisation der Vereinten Nationen)
IR-Strahlung	Infrarot-Strahlung
LärmVibrationsArbSchV	Verordnung zum Schutz der Beschäftigten vor Gefährdungen durch Lärm und Vibration
LASI	Länderausschuss für Arbeitsschutz und Sicherheitstechnik
MPBetreibV	Medizinprodukte-Betreiberverordnung
MuSchArbV	Verordnung zum Schutz der Mütter am Arbeitsplatz
MuSchG	Gesetz zum Schutz der erwerbstätigen Mütter
NLA	Nationaler Leitfaden für Arbeitsschutz-Managementsysteme
OHRIS	Occupational Health- and Risk-Managementsystem (AMS-Leitfaden des Bayerischen Staatsministeriums für Arbeit und Sozialordnung, Familie und Frauen)
OHSAS	Occupational Health and Safety Assessment Series (britischer Arbeitsschutzstandard)
OSHA	Occupational Safety and Health Administration (Informationsnetzwerk Sicherheit und Gesundheitsschutz am Arbeitsplatz)
OWiG	Gesetz über Ordnungswidrigkeiten
PR/PV	Personalrat/Personalvertretung
PSA	Persönliche Schutzausrüstung
PSA-BV	Benutzungsverordnung für Persönliche Schutzausrüstung
RKI	Robert-Koch-Institut
SGB	Sozialgesetzbuch
StGB	Strafgesetzbuch
TR	Technische Regeln
TRA	Technische Regeln für Arbeitsstätten
TRBA	Technische Regeln Biologische Arbeitsstoffe
TRBS	Technische Regeln für Betriebssicherheit
TRGS	Technische Regeln für Gefahrstoffe
UKH	Unfallkasse Hessen
UVV	Unfallverhütungsvorschrift

Teil II

Beispiel für ein Handbuch
eines Managementsystems unter
Berücksichtigung des Arbeitsschutzes
der Musterfeuerwehr

Managementsystem für den Arbeitsschutz

Dokumentation in Form eines Handbuchs

Die Dokumentation der Vorgaben zum Arbeitsschutz in Form eines Handbuchs bietet den Vorteil, dass alle relevanten und notwendigen Informationen in einer übersichtlichen und kompakten Form jederzeit zur Verfügung stehen.

Durch die Verwendung eines Arbeitsschutzmanagementsystems stellt die oberste Führungsebene einer Feuerwehr ihre Position zu den Zielen des Arbeitsschutzes dar und regelt alle Maßnahmen, die zu einer kontinuierlichen Verbesserung des Arbeitsschutzes zum Wohl der Beschäftigten bei der Feuerwehr beitragen. Sie bedient sich damit eines systematischen Führungselements. In den Bereichen »Dienstleistung«, »Industrie« und »Wirtschaft« sind die unterschiedlichen Managementsysteme als Standards und die Zertifizierung des jeweiligen Managementsystems als Imageträger etabliert.

Die schriftlichen Dokumentationen zum Arbeitsschutz bei der Feuerwehr haben zur Konsequenz, dass die Abläufe ohne Abweichungen oder Veränderungen gleichermaßen von den Mitarbeitern ausgeführt werden. Dafür muss sichergestellt sein, dass alle Informationen und Vorgaben zur Arbeitssicherheit und zum Gesundheitsschutz den Beschäftigten einer Feuerwehr in geeigneter Art und Weise bekannt gemacht werden. Abweichungen, die zu möglichen Unfällen oder Beinaheunfällen führen können, lassen sich bei einer schriftlichen Dokumentation durch Abgleich schneller identifizieren und geeignete Schutz- bzw. Sicherheitsmaßnahmen sind schneller zu veranlassen.

Für den Leiter der Feuerwehr ist die Dokumentation in Form eines Handbuchs sehr hilfreich. Nicht nur, dass auf diese Weise die Wirksamkeit des Arbeitsschutzes grundsätzlich besser beurteilt werden kann, sondern auch die Einhaltung der gesetzlichen Vorgaben bzw. die der Unfallversicherungsträger lässt sich zweifelsfrei nachweisen.

Die nachfolgenden Ausführungen sind als Ansatz für den Aufbau eines Arbeitsschutzmanagementsystems zu verstehen. Beispielhaft haben sich die Autoren der Strukturen einer Berufsfeuerwehr als Grundlage für die Ausführungen zur »Musterfeuerwehr« bedient.

1 Musterfeuerwehr

An dieser Stelle gilt es, in Form eines grundsätzlichen Überblicks die Musterfeuerwehr kurz vorzustellen bzw. zu beschreiben. Dazu können die Darstellungen, die zur Erstellung des Brandschutzbedarfsplans der Musterstadt/Musterkommune Verwendung gefunden haben, herangezogen werden. Beispielhaft für eine kurze Vorstellung sind die nachfolgend aufgeführten Punkte als Orientierungshilfe zu nennen:

1. Kurze Vorstellung der Stadt/Kommune und Beschreibung der geografischen Lage sowie der Flächenstruktur.
2. Hinweise auf die Zahl der Einwohner/Pendler, die Verkehrsanbindung (Autobahnen, Bundesstraßen, Wasserstraßen, Bahnstrecken) und auf industrielle Ansiedlungen sowie die Ansiedlung von Instituten oder Hochschulen.
3. Formulierung einer Aussage, ob es sich bei der Musterfeuerwehr ausschließlich um eine Berufsfeuerwehr, eine Freiwillige Feuerwehr, eine Freiwillige Feuerwehr mit hauptamtlichen Kräften oder um eine Pflichtfeuerwehr handelt.
4. Benennung der Anzahl der Mitarbeiter. Hierbei sollte eine Unterscheidung in die Bereiche Verwaltung und Einsatzdienst bzw. angestellte und verbeamtete Beschäftigte vorgenommen werden.
5. Die Anzahl der Feuerwachen, der Rettungswachen und der Gerätehäuser der Freiwilligen Feuerwehr der Musterfeuerwehr sowie deren Lage innerhalb der Stadt/Kommune sind zu skizzieren.
6. Kurze Erläuterung zur Funktionsstärke (Anzahl der Einsatzkräfte) und zur Zuordnung der Einsatzkräfte zu den entsprechenden Funktionen.
7. Kurz gefasste Darstellung zum Fuhrpark der Musterfeuerwehr mit einer groben Differenzierung.
8. Hinweis auf die Leitstelle, deren technische und personelle Ausstattung sowie die Zahl der disponierten Einsätze.
9. Beschreibung der Organisationsstruktur der Feuerwehr (Organigramm, kurze Darstellung der Abteilungen, Stabsstellen etc.).

Neben den Aufgaben, die sich für die Musterfeuerwehr aus dem Feuerwehrgesetz des jeweiligen Bundeslandes ergeben (beispielsweise Brandschutz, Technische Hilfeleistung, Vorbeugender Brandschutz, Brandsi-
cherheitswachen, Brandschau, Brandschutzerziehung/-aufklärung,
Erstellung von externen Notfallplänen etc.), sind an dieser Stelle weitere
Aufgaben darzustellen. Als Beispiele für mögliche Aufgaben sind die
nachfolgenden Punkte genannt:

1. Rettungsdienst (sofern die Musterfeuerwehr für den Träger des Rettungsdienstes entsprechende Aufgaben übernimmt, sind die Strukturen kurz zu beschreiben):
   – Notfallrettung,
   – Krankentransport,
   – Rettungshubschrauber,
   – Intensivtransporte;
2. ABC-Gefahrenabwehr;
3. Dekontamination;
4. Brandschutz/Technische Hilfeleistung auf Gewässern/Flüssen;
5. Brandschutz/Technische Hilfeleistung auf Autobahnen;
6. Wasserrettung durch Feuerwehrtaucher;
7. Höhenrettung;
8. Sondereinheiten (SEH) der Freiwilligen Feuerwehr der Musterfeuerwehr;
9. Sonderaufgaben im Rahmen von Landeskonzepten.

2 Arbeitsschutzpolitik

2.1 Leitbild der Musterfeuerwehr

Die Musterfeuerwehr ist Teil der Musterstadt/Musterkommune. Die Beschäftigten der Musterfeuerwehr haben eine herausgehobene Bedeutung für die Sicherheit der Musterstadt/Musterkommune. Für die bisherigen und zukünftigen Erfolge der Musterfeuerwehr stellen die fachliche und individuelle Leistungsbereitschaft und Leistungsfähigkeit der Beschäftigten der Musterfeuerwehr die Grundlage dar. Dabei steht der Mensch im Mittelpunkt des Denkens und Handelns.

Die Musterfeuerwehr stellt die Einheit aus Berufsfeuerwehr/Freiwilliger Feuerwehr/Freiwilliger Feuerwehr mit hauptamtlichen Kräften dar. Sie stellt sich den möglichen Risiken und Anforderungen, die aus einem strukturellen Wandel resultieren können. Das schließt das Verständnis als hoch motivierter, leistungsfähiger, moderner kommunaler Dienstleister für die Bürger ein.

Der Arbeitsschutz, insbesondere die Vermeidung von Unfällen und Gesundheitsgefahren, die Sicherstellung der Sicherheit der Einsatzkräfte und die Vermeidung von Sach- bzw. Umweltschäden haben mit der Zielsetzung der kontinuierlichen Verbesserung eine sehr hohe Priorität. Der Arbeitsschutz genießt den gleichen Stellenwert wie die Einhaltung der durch die AGBF definierten Schutzziele.

Die Einhaltung der entsprechenden Gesetze, Verordnungen, technischen Regeln, Unfallverhütungsvorschriften und der internen Verfahrensanweisungen ist eine Selbstverständlichkeit. Durch eine kontinuierliche Optimierung des Arbeitsschutzes sollen Unfälle und Erkrankungen während des Dienstbetriebs vermieden werden. Der Arbeitsschutz muss als integraler Bestandteil in allen Dienstabläufen der Musterfeuerwehr verstanden werden und ist in alle relevanten Überlegungen bereits in der Planungsphase einzubeziehen.

Die Gesundheitsförderung der Beschäftigten der Musterfeuerwehr ist auch vor dem Hintergrund der demografischen Entwicklung unverzichtbar. Das schließt die gesundheitliche Prävention ein, wenn der Arbeitsschutz zur Stärkung der Gesundheit der Mitarbeiter der Musterfeuerwehr fungieren soll.

Nur durch die vorausschauenden Maßnahmen, die die Gesundheit und Sicherheit der Beschäftigten zum Ziel haben, können gesundheits- und krankheitsbedingte Ausfälle gesenkt werden. Der Arbeitsschutz muss als Aufgabe aller Mitarbeiter zur vertrauensvollen Zusammenarbeit verstanden werden. Die Umsetzung des Arbeitsschutzes ist Aufgabe und Verpflichtung für alle Beschäftigten der Musterfeuerwehr gleichermaßen.

2.2 Leitlinien zum Arbeitsschutz der Musterfeuerwehr

1. Die Sicherheit und die Gesundheit der Beschäftigten der Musterfeuerwehr bei der Arbeit besitzen eine hohe Bedeutung und leisten einen wichtigen Beitrag bei der Erfüllung der Aufgaben auf der Grundlage des jeweiligen Feuerwehrgesetzes. Es gilt Unfälle und arbeitsbedingte Erkrankungen zu vermeiden und die Gesundheit der Mitarbeiter zu fördern.

2. Von allen Führungskräften der Musterfeuerwehr sowie von der Personalvertretung werden die Ziele des Arbeits- und Gesundheitsschutzes durch Schaffung von personellen, materiellen und organisatorischen Voraussetzungen aktiv verfolgt. Dazu sind die Vorgaben aus dem Bereich des Arbeits- und Gesundheitsschutzes bereits in die Planung von feuerwehrtechnischen Arbeitsmitteln, Arbeitsplätzen und Arbeitsprozessen einzubeziehen.

3. Die Arbeitssicherheit und die Gesundheitsförderung tragen zum Erhalt und zur Stärkung der Leistungsbereitschaft und der Leistungsfähigkeit der Mitarbeiter der Musterfeuerwehr bei. Wirtschaftliche Gesichtspunkte müssen gegenüber der Sicherheit und Gesundheit der Beschäftigten nachrangig betrachtet werden.

4. Die Mitarbeiter der Musterfeuerwehr sind verpflichtet, die Gesetze, Verordnungen, Vorschriften und alle dienstlichen Regelungen zum Arbeitsschutz einzuhalten. Das wird auch von Dritten, die auf den Feuer- oder Rettungswachen der Musterstadt/Musterkommune tätig werden, verlangt.

5. Die Prävention hat bei der Musterfeuerwehr einen hohen Stellenwert. Dabei steht eine kontinuierliche Verbesserung des Arbeits- und Gesundheitsschutzes im Vordergrund.

6. Führungskräfte nehmen die übertragenen Pflichten verantwortlich wahr und sind Vorbild. Der Leiter der Musterfeuerwehr stellt die notwendigen personellen, zeitlichen und finanziellen Ressourcen zur Verfügung.

7. Die Beschäftigten sind verpflichtet, aktiv Vorschläge zur Unfall- und Schadensverhütung, zur Gesundheitsvorsorge und zur Steigerung der Leistungsfähigkeit der Musterfeuerwehr zu machen. Die umgesetzten Verbesserungen sollen im Rahmen eines Prämienverfahrens der Musterstadt/Musterkommune belohnt werden.

8. Werden die Vorgaben des Arbeitsschutzes leichtfertig, bewusst oder vorsätzlich missachtet und damit die Leistungsfähigkeit sowie das Ansehen der Musterfeuerwehr gefährdet, können disziplinarische Maßnahmen die Konsequenz sein.

3 Grundsätzliche Festlegungen

3.1 Organigramm

Die Feuerwehr der Musterstadt gliedert sich in die Amtsleitung und die nachgeordneten Abteilungen
- »Verwaltung«,
- »Aus- und Fortbildung«,
- »Einsatz/Einsatzvorbereitung«,
- »Vorbeugender Brandschutz und Gefahrenschutz« sowie
- »Technik«.

[Anmerkung: An dieser Stelle sind die Organisationsstrukturen der jeweiligen Feuerwehr zu beschreiben. Die nachfolgend dargestellten Strukturen stellen eine von vielen Varianten dar.]

Der AMS-Beauftragte ist der Leitung der Musterfeuerwehr im Rahmen einer Stabsfunktion unmittelbar unterstellt. Die Fachkraft für Arbeitssicherheit und der Arbeitsmediziner haben eine beratende Funktion für das jeweilige Fachamt der Musterstadt/Musterkommune. In der Tabelle 7 wird die beispielhafte Gliederung der Feuerwehr der Musterstadt dargestellt. In Bild 30 ist das Organigramm der Feuerwehr der Musterstadt als Beispiel angeführt.

Tabelle 7: Gliederung der Feuerwehr der Musterstadt

Bezeichnung	Titel	Leiter der Feuerwehr	Stabsstelle AMS-Beauftragter	Stabsstelle Ärztlicher Leiter Rettungsdienst	Personalvertretung	Verwaltung	Finanzcontrolling	Allg. Verwaltung	Rechnungen/Gebühren	Aus- und Fortbildung	Personalentwicklung	Feuerwehrschule	Rettungsassistentenschule	Freiwillige Feuerwehr	Einsatz/Einsatzvorbereitung	Öffentlichkeitsarbeit	Rettungsdienst	Personaleinsatz/Personalführung	Krisenmanagement/Bevölkerungsschutz	Feuerwachen/Rettungswachen	Vorbeugender Brand- und Gefahrenschutz	Genehmigungs-/Planungsverfahren	Brandschau	Sonderschutzpläne	Technik	Fahrzeug-/Gerätetechnik	Werkstätten/Lager/Geräteprüfung	Leitstelle/Kommunikationstechnik	Atemschutz/Pers. Schutzausrüstung
		LdF	AMS-B	ST-ÄLR	PV	37-1	37-11-C	37-11	37-12	37-2	37-21	37-22	37-23	37-24	37-3	37-31	37-32	37-33	37-34	37-35	37-4	37-41	37-42	37-43	37-5	37-51	37-52	37-53	37-54
VA Feu S 3.1-01-1	Organigramm	M		M		V	A			M					M						M				M				

V = Verfahrensverantwortung   **A** = Ausführung
M = Mitwirkung

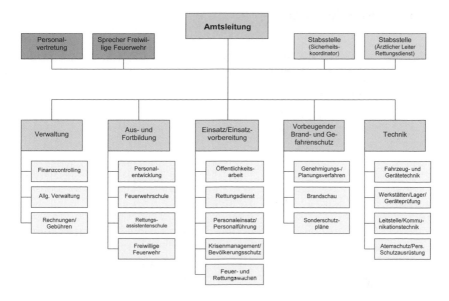

Bild 30: Organigramm der Feuerwehr der Musterstadt

3.2 Verantwortung und Befugnisse

Der Leiter der Musterfeuerwehr trägt die grundsätzliche Verantwortung für die Aufgabenbereiche sowie die Gewährleistung für die Einhaltung des Arbeitsschutzes. Die in Tabelle 8 dargestellte Matrix gibt beispielsweise die Verantwortung für die Einhaltung von Forderungen/Vorgaben wieder.

Nachfolgend sind für die Führungskräfte der Musterfeuerwehr (Abteilungsleiter), den AMS-Beauftragten, die Personalvertretung und das weitere Fachpersonal die grundsätzlichen Aufgaben und Befugnisse dargestellt. Eine detaillierte Beschreibung der Aufgaben eines Stelleninhabers geht aus den jeweiligen Geschäftsverteilungsplänen der Musterfeuerwehr hervor.

Abteilungsleiter

Der Abteilungsleiter ist in dem zugewiesenen Zuständigkeitsbereich weisungsbefugt. Durch ihn erfolgen im Zuständigkeitsbereich die notwendige Veranlassung und die Überwachung des Arbeitsschutzes. Dazu gehören auch die Mitwirkung bei der Erarbeitung von Zielen und Maßnahmen

Tabelle 8: Verantwortung für die Einhaltung von Forderungen/Vorgaben

Nr.	Kapitel	LdF	AMS-B	ST-ÄLR	PV	37-1	37-11-C	37-11	37-12	37-2	37-21	37-22	37-23	37-24	37-3	37-31	37-32	37-33	37-34	37-35	37-4	37-41	37-42	37-43	37-5	37-51	37-52	37-53	37-54
1	**Musterfeuerwehr**	G																											
2	**Arbeitsschutzpolitik**	G																											
2.1	Leitbild der Musterfeuerwehr	G																											
2.2	Leitlinien der Musterfeuerwehr	G																											
3	**Grundsätzliche Forderungen**																												
3.1	Organigramm	G																											
3.2	Verantwortung + Befugnisse	G																											
3.3	AMS-Beschreibung		G			V				V					V						V				V				
3.4	Kontinuierliche Verbesserung		G			V				V					V						V				V				
4	**Führungsbereich**																												
4.1	Ausrichtung und Bewertung	G	V			V				V					V						V				V				
4.2	Lenkung und Analyse von Dokumenten	V	G			V				V					V						V				V				
4.3	Verwaltung und Steuerung von Ressourcen	G		V	V	V	V	V							V						V				V	V	V	V	V
4.4	Gefährdungsbeurteilung		G	V	V					V					V						V				V				

G = Gesamtverantwortung   V = Verantwortung für Einzelaspekte

Spaltenbezeichnungen:
- LdF = Leiter der Feuerwehr
- AMS-B = Stabsstelle AMS-Beauftragter
- ST-ÄLR = Stabsstelle Ärztlicher Leiter Rettungsdienst
- PV = Personalvertretung
- 37-1 = Verwaltung
- 37-11-C = Finanzcontrolling
- 37-11 = Allg. Verwaltung
- 37-12 = Rechnungen/Gebühren
- 37-2 = Aus- und Fortbildung
- 37-21 = Personalentwicklung
- 37-22 = Feuerwehrschule
- 37-23 = Rettungsassistentenschule
- 37-24 = Freiwillige Feuerwehr
- 37-3 = Einsatz/Einsatzvorbereitung
- 37-31 = Öffentlichkeitsarbeit
- 37-32 = Rettungsdienst
- 37-33 = Personaleinsatz/Personalführung
- 37-34 = Krisenmanagement/Bevölkerungsschutz
- 37-35 = Feuerwachen/Rettungswachen
- 37-4 = Vorbeugender Brand- und Gefahrenschutz
- 37-41 = Genehmigungs-/Planungsverfahren
- 37-42 = Brandschau
- 37-43 = Sonderschutzpläne
- 37-5 = Technik
- 37-51 = Fahrzeug-/Gerätetechnik
- 37-52 = Werkstätten/Lager/Geräteprüfung
- 37-53 = Leitstelle/Kommunikationstechnik
- 37-54 = Atemschutz/Pers. Schutzausrüstung

Tabelle 8: Verantwortung für die Einhaltung von Forderungen/Vorgaben *(Forts.)*

Spaltenkürzel (Kopfzeile, von links nach rechts):
- **LdF** = Leiter der Feuerwehr
- **AMS-B** = Stabsstelle AMS-Beauftragter
- **ST-ÄLR** = Stabsstelle Ärztlicher Leiter Rettungsdienst
- **PV** = Personalvertretung
- **37-1** = Verwaltung
- **37-11-C** = Finanzcontrolling
- **37-11** = Allg. Verwaltung
- **37-12** = Rechnungen/Gebühren
- **37-2** = Aus- und Fortbildung
- **37-21** = Personalentwicklung
- **37-22** = Feuerwehrschule
- **37-23** = Rettungsassistentenschule
- **37-24** = Freiwillige Feuerwehr
- **37-3** = Einsatz/Einsatzvorbereitung
- **37-31** = Öffentlichkeitsarbeit
- **37-32** = Rettungsdienst
- **37-33** = Personaleinsatz/Personalführung
- **37-34** = Krisenmanagement/Bevölkerungsschutz
- **37-35** = Feuerwachen/Rettungswachen
- **37-4** = Vorbeugender Brand- und Gefahrenschutz
- **37-41** = Genehmigungs-/Planungsverfahren
- **37-42** = Brandschau
- **37-43** = Sonderschutzpläne
- **37-5** = Technik
- **37-51** = Fahrzeug-/Gerätetechnik
- **37-52** = Werkstätten/Lager/Geräteprüfung
- **37-53** = Leitstelle/Kommunikationstechnik
- **37-54** = Atemschutz/Pers. Schutzausrüstung

Nr.	Kapitel	LdF	AMS-B	ST-ÄLR	PV	37-1	37-11-C	37-11	37-12	37-2	37-21	37-22	37-23	37-24	37-3	37-31	37-32	37-33	37-34	37-35	37-4	37-41	37-42	37-43	37-5	37-51	37-52	37-53	37-54
4.5	Störungen und Notfälle	G	V	V	V			V		V					V						V				V				
4.6	Unterweisungen	G	V					V		V					V						V				V				
4.7	Unfalluntersuchung/Kontrollmaßnahmen	G	V	V	V			V		V					V						V				V				
4.8	Planung von Arbeitsverfahren	G	V	V	V			V		V					V						V				V				
4.9	Interne Audit	G	V	V	V			V		V					V						V				V				
5	**Kernbereich**																												
5.1	Produkte und Produktgruppen	G						V		V					V			V			V				V	V			
5.2	Konzeption	V	G					V		V					V						V								
5.3	Erzeugung der Produkte		G												V										V				
6	**Unterstützungsbereich**																												
6.1	Bedarf und Beschaffung	G						V	V	V	V														V	V			
6.2	Lagerung							V	V	V	V														G		V		
6.3	Wartung/Instandsetzung	V						V	V	V															G	V	V	V	V
6.4	Sicherheit	V	G					V		V					V						V				V				
6.5	Aus- und Fortbildung	V								G	V	V	V												V				
6.6	Arbeitssicherheit, Fachkraft für Arbeitssicherheit	G	V					V		V					V						V				V				
6.7	Arbeitsmedizinische Vorsorge	G	V					V		V					V						V				V				
6.8	Planung und Umbauten	G																							V				

G = Gesamtverantwortung   **V** = Verantwortung für Einzelaspekte

159

im Arbeitsschutz, ein persönliches Handeln im Sinne des Arbeitsschutzes sowie die Information der Mitarbeiter im Zuständigkeitsbereich. Der Abteilungsleiter ist schriftlich über die übertragenen Aufgaben im Arbeitsschutz zu informieren.

AMS-Beauftragter

Der AMS-Beauftragte der Musterfeuerwehr ist für die Einführung, die Anwendung, die Überprüfung der Wirksamkeit und die kontinuierliche Fortschreibung des AMS bei der Musterfeuerwehr verantwortlich. Er hat durch die Koordination von Unterweisungen/Fortbildungen den Beschäftigten die besondere Bedeutung der Arbeitssicherheit bei der Musterfeuerwehr bewusst zu machen.

Gegenüber dem Leiter der Musterfeuerwehr bzw. gegenüber dem Arbeitssicherheitsausschuss berichtet der AMS-Beauftragte in regelmäßigen Abständen über die Belange des Arbeitsschutzes, d. h. über Erfolge sowie die Möglichkeit bzw. Notwendigkeit, den Arbeitsschutz zu verbessern.

Weiterhin gehört es zu den Aufgaben des AMS-Beauftragten das AMS-Handbuch zu pflegen, d. h. Aktualisierungen oder notwendige Änderungen vorzunehmen. Seitens der Amtsleitung ist ihm die Möglichkeit einzuräumen, Abweichungen von den Vorgaben oder Forderungen des Arbeitsschutzes zu ermitteln. Zudem spricht er Empfehlungen aus, wie Abweichungen von den Vorgaben/Forderungen des Arbeitsschutzes zu begegnen ist. Er kann diese Maßnahmen aber auch selbst einleiten oder verfügen, wenn eine akute Gefahr besteht. Die Überprüfung, ob die Korrekturmaßnahmen erfolgreich zur Umsetzung kommen, gehört ebenfalls zu seinem Aufgabenspektrum.

Personalvertretung

Die Personalvertretung wirkt bei allen Maßnahmen mit, die zur Verbesserung des Arbeitsschutzes und zur Vermeidung von Gefährdungen der Mitarbeiter der Musterfeuerwehr notwendig sind sowie bei der Umsetzung, Anwendung und Fortentwicklung des AMS bzw. ist im Rahmen der Mitbestimmungsrechte einzubinden.

Fachpersonal

Die von der Musterstadt/Musterkommune bestellte Fachkraft für Arbeitssicherheit (SiFa) und der bestellte Arbeitsmediziner (AM) beraten den Leiter der Musterfeuerwehr in Fragen des Arbeitsschutzes sowie der Gesundheitsförderung und wirken im Arbeitssicherheitsausschuss mit. Das Fachpersonal berät in besonderen Fällen auch die Beschäftigten der Musterfeuerwehr direkt. Es wirkt bei der Ermittlung von Vorgaben, der Festlegung und Umsetzung von notwendigen Maßnahmen im Arbeitsschutz sowie bei der Überwachung von deren Einhaltung mit. Die Fachkraft für Arbeitssicherheit und der Arbeitsmediziner zeichnen sich durch eine entsprechende Qualifikation für die an sie herangetragenen Aufgaben aus und werden schriftlich bestellt.

[Anmerkung: Der (Ober-)Bürgermeister der Musterstadt/Musterkommune bestellt für die Wahrnehmung der Aufgaben im Rahmen der Arbeitssicherheit bzw. der Arbeitsmedizin eine Fachkraft für Arbeitssicherheit bzw. einen Arbeitsmediziner.]

Zusätzlich zu dem vorgenannten Fachpersonal sind beispielsweise die in Tabelle 9 genannten Personen zu bestellen bzw. die Ausschüsse/Arbeitskreise festzulegen, um die Anwendung, die Überprüfung der Wirksamkeit und die Weiterentwicklung des AMS zu gewährleisten. Die Auflistung in Tabelle 9 ist nicht als abschließend anzusehen und kann bzw. muss den örtlichen Gegebenheiten angepasst werden.

Tabelle 9: Zusätzliches Fachpersonal, Ausschüsse/Arbeitskreise

Bezeichnung	Kurzzeichen
Arbeitsausschuss für aktuelle Sicherheitsentscheidungen (bei Bedarf, nur temporär)	AAS
Arbeitssicherheitsausschuss	ASA
AMS-Beauftragter	AMS-B
Beauftragter für Atemschutzgeräte (Gerätewart)	B-A
Beauftragter für die Sicherheit hydraulischer Geräte, pneumatischer Hebemittel und Anschlagmittel	B-GHA
Beauftragter für motorgetriebene Aggregate	B-MA
Gefahrgutbeauftragter	GB
Sicherheitskoordinator	SK

In der Tabelle 10 ist dargestellt, bei wem die Verfahrens- bzw. Durchführungsverantwortung für die Entscheidung der internen Verfahrensanweisungen liegt und wer daran mitwirkt.

Tabelle 10: Verfahrens- bzw. Durchführungsverantwortung für die Entscheidung der internen Verfahrensanweisungen

Bezeichnung	Titel	LdF (Leiter der Feuerwehr)	AMS-B (Stabsstelle AMS-Beauftragter)	ST-ALR (Stabsstelle Ärztlicher Leiter Rettungsdienst)	PV (Personalvertretung)	37-1 (Verwaltung)	37-11-C (Finanzcontrolling)	37-11 (Allg. Verwaltung)	37-12 (Rechnungen/Gebühren)	37-2 (Aus- und Fortbildung)	37-21 (Personalentwicklung)	37-22 (Feuerwehrschule)	37-23 (Rettungsassistentenschule)	37-24 (Freiwillige Feuerwehr)	37-3 (Einsatz/Einsatzvorbereitung)	37-31 (Öffentlichkeitsarbeit)	37-32 (Rettungsdienst)	37-33 (Personaleinsatz/Personalführung)	37-34 (Krisenmanagement/Bevölkerungsschutz)	37-35 (Feuerwachen/Rettungswachen)	37-4 (Vorbeugender Brand- und Gefahrenschutz)	37-41 (Genehmigungs-/Planungsverfahren)	37-42 (Brandschau)	37-43 (Sonderschutzpläne)	37-5 (Technik)	37-51 (Fahrzeug-/Gerätetechnik)	37-52 (Werkstätten/Lager/Geräteprüfung)	37-53 (Leitstelle/Kommunikationstechnik)	37-54 (Atemschutz/Pers. Schutzausrüstung)
VA FEU S 3.2-02-1	Kurzzeichenverzeichnis der Funktionsträger	M			V	A																							
VA FEU S 3.2-03-1	Übertragung von Pflichten	V						A	M																				
VA FEU S 3.2-04-1	Bestellung beauftragter Personen	V						A	M																				
FB 3.2.-01	Übertragung von Pflichten	V						A	M																				
FB 3.2.-02	Bestellung zum AMS-Beauftragten	V						A	M																				
FB 3.2.-03	Bestellung zum Sicherheitskoordinator	V						A	M																				
FB 3.2.-04	Bestellung beauftragter Personen	V						A	M																				

V = Verfahrensverantwortung   **A** = Ausführung
M = Mitwirkung

FB = Formblatt

3.3 Beschreibungen des Arbeitsschutzmanagement-systems (AMS)

3.3.1 Darstellung des Bereichsmodells

Das AMS beinhaltet beispielhaft die Umsetzung der Vorgaben und For-derungen des Arbeitsschutzes bei der Musterfeuerwehr. Es lehnt sich in seinem Aufbau an das Arbeitsschutzmanagementsystem-Konzept OHRIS:2005 an und beschreibt die Abläufe bei der Musterfeuerwehr.

Die spezifischen Vorgaben und Forderungen sind nicht nur Inhalt des AMS-Handbuchs, sondern finden sich – soweit notwendig – in den internen Verfahrensanweisungen wieder. In der Konsequenz hat das einen koordinierten und nachvollziehbaren Umgang mit den Vorgaben des Arbeitsschutzes zur Folge.

Die größte Transparenz für die Formulierung von Vorgaben und Forderungen beim Arbeitsschutz und deren Umsetzung ist nur mit einer umfassenden Dokumentation zu erreichen. Auf diese Weise besteht auch die Möglichkeit, das Vorgehen der Beschäftigten nachzuvollziehen. Eine Untersuchung der Tätigkeiten im Dienst- und Ausbildungsbetrieb der Musterfeuerwehr trägt im Rahmen einer umfassenden Dokumentation auch zum Aufspüren von Schwachstellen und zum Verbessern von Abläufen im Sinne des Arbeitsschutzes bei.

Das AMS-Handbuch beinhaltet eine allgemeine Vorstellung der »Musterfeuerwehr« (vgl. Kapitel 1), auf die die Darstellung der »Arbeitsschutzpolitik« in Kapitel 2 folgt. Das Kapitel 3 befasst sich mit den »Grundsätzlichen Festlegungen«.

Ein funktionierendes AMS baut auf einem prozessorientierten Ansatz auf. Hierbei sind nach ISO 9000 unter einem Prozess miteinander in Wechselwirkungen stehende Tätigkeiten zu verstehen, bei denen Eingaben in Ergebnisse umgewandelt werden.

Der Hauptteil des AMS-Handbuchs der Musterfeuerwehr gliedert sich auf der Basis von Prozessen in den »Führungsbereich«, den »Kernbereich« und den »Unterstützungsbereich« (Bild 31). Die im Führungsbereich zu erbringenden Aufgaben sind solche, die von den Führungs-

Bild 31:
Bereichsmodell

163

kräften aufgrund der Vorgesetztenfunktion zu erbringen und nicht zu delegieren sind. Es handelt sich um den Bereich, der die Ausrichtung der Musterfeuerwehr bestimmt. Aufgaben aus dem Unterstützungsbereich dienen dazu, die Musterfeuerwehr, deren Führungskräfte und die Beschäftigten der Musterfeuerwehr bei der Erfüllung der Aufgaben aus dem Kernbereich zu unterstützen. Der Kernbereich umfasst alle Aufgaben der Musterfeuerwehr, die ihr im Rahmen der Pflichtenerfüllung übertragen sind. Die möglichen Inhalte dieser drei Bereiche sind in der Tabelle 11 wiedergegeben.

Tabelle 11: Inhalte der drei Bereiche

Führungsbereich	Kernbereich	Unterstützungsbereich
Ausrichtung und Bewertung	Produktgruppen und Produkte	Bedarf und Beschaffung
Lenkung und Analyse von Dokumenten	Konzeption	Lager
Verwaltung und Steuerung der Ressourcen	Erzeugung der Produkte	Wartung/Instandhaltung
Gefährdungsbeurteilung		Sicherheit
Störungen und Notfälle		Aus- und Fortbildung
Unterweisungen		Arbeitssicherheit, Fachkraft für Arbeitssicherheit
Unfalluntersuchungen/ Korrekturmaßnahmen		Arbeitsmedizinische Vorsorge
Planung von Arbeitsverfahren		Planung und Umbau
Interne Audits		

Durch das optimale Zusammenwirken der drei Bereiche im Arbeitsschutz kann das sichere Erbringen der Dienstleistungen (Produkte) durch die Musterfeuerwehr und damit die Sicherstellung der Gesundheit der Mitarbeiter der Musterfeuerwehr gewährleistet werden. Die Einhaltung und Umsetzung der Vorgaben und Forderungen im Arbeitsschutz durch den Kern- und den Unterstützungsbereich wird durch den Führungsbereich sichergestellt. Der Unterstützungsbereich garantiert das einwandfreie Funktionieren des Kernbereichs.

3.3.2 Beschreibung der Bereiche

Führungsbereich:

»Ausrichtung und Bewertung«
Ziel der Leitung der Musterfeuerwehr ist eine zukunftsorientierte, erfolgreiche Ausrichtung der Musterfeuerwehr im Arbeitsschutz. Aus diesem Ziel wird in dem Bereich »Ausrichtung und Bewertung« eine Arbeitsschutzpolitik entwickelt, welche die oberste Führungsebene, bestehend aus dem Leiter und den Abteilungsleitern der Musterfeuerwehr sowie dem AMS-Beauftragten, verfolgt. Zielvereinbarungen zwischen dem Leiter und den Führungskräften der Musterfeuerwehr dienen der Verpflichtung zur Einhaltung der Ziele. Als Grundlage für die Formulierung der Ziele ist es notwendig, die erforderlichen Maßnahmen zu definieren und einen Zeitplan für deren Umsetzung zu vereinbaren. Im Rahmen eines internen Audits und einer Bewertung durch die oberste Führungsebene werden die Einhaltung bzw. die Abweichung von Zielvorgaben analysiert sowie bewertet und, falls notwendig, Korrekturen formuliert. Sind die vereinbarten Ziele im Arbeitsschutz erreicht, ist es sinnvoll, neue Ziele im Bereich des Arbeitsschutzes zu erarbeiten oder auch die Arbeitsschutzpolitik der Musterfeuerwehr kritisch zu überprüfen.

»Lenkung und Analyse von Dokumenten«
In diesem Bereich geht es um die Informationsgewinnung zum Arbeitsschutz und um die Informationsweitergabe innerhalb der Musterfeuerwehr. Dazu muss zum einen von der obersten Führungsebene der Musterfeuerwehr und vom AMS-Beauftragten recherchiert werden, welche Informationen zum Arbeitsschutz für die Musterfeuerwehr von Bedeutung und wie diese ggf. im Rahmen von internen Verfahrensanweisungen umzusetzen sind. Der Weg der Informationsweitergabe muss dokumentiert werden. Es ist darauf zu achten, dass die relevanten Informationen allen Beschäftigten allgemein verständlich aufbereitet zugänglich sind.

Zum anderen muss grundsätzlich innerhalb der Musterfeuerwehr eine Regelung getroffen werden, wie eine Informationsweitergabe zwischen den Hierarchieebenen zu erfolgen hat, damit die notwendigen Informationen zum Arbeitsschutz von der obersten Führungsebene bis zur untersten Ebene und umgekehrt sicher transportiert werden. Hierbei ist die Kommunikation innerhalb der eigenen Kommunalverwaltung ebenso wie zu anderen, externen Stellen (z. B. mittlere oder oberste Landesbehörden, Prüfstellen an Landesschulen der Feuerwehren, private Prüfstellen, Institute, Einrichtungen etc.) zu berücksichtigen.

Um den Überblick nicht zu verlieren, ist zu empfehlen, ein Verfahren vorzugeben, das eine für alle Beschäftigten verbindliche Regelung zur

Lenkung und Archivierung von Nachweisen oder Aufzeichnungen enthält.

»Verwaltung und Steuerung von Ressourcen«

In diesem Bereich wird von der obersten Führungsebene der Musterfeuerwehr festgelegt, wie die für den Arbeitsschutz benötigten sachbezogenen (Sachressourcen), personellen (Personalressourcen) und finanziellen Mittel (Finanzressourcen) verwaltet werden. Hierzu zählt nicht nur die Finanzressourcen im Haushalt der Musterfeuerwehr in erforderlicher Höhe bereitzustellen, sondern auch die Prioritäten bei der Beschaffung von entsprechenden Ausstattungen und Ausrüstungen festzulegen. Zudem müssen die zeitlichen Rahmenbedingungen geschaffen werden, um geeignetes Personal zu gewinnen, zu qualifizieren und einzuarbeiten.

»Gefährdungsbeurteilung«

Die für den jeweiligen Fachbereich der Musterfeuerwehr zuständigen Führungskräfte erstellen mit dem Beauftragten für das AMS die Gefährdungsbeurteilungen. Unter Einbeziehung der Mitarbeiter bzw. der Sicherheitskoordinatoren sowie der Fachkraft für Arbeitssicherheit werden die möglichen Gefährdungen im Sinne des Arbeitsschutzes ermittelt, beurteilt und erforderliche Maßnahmen zu deren Beseitigung oder zumindest zu deren Minimierung festgelegt. Die festgelegten und durchgeführten Maßnahmen müssen auf ihre Wirksamkeit überprüft werden, wobei ggf. Anpassungen vorzunehmen sind. Die Erstellung der Gefährdungsbeurteilungen ist ein kontinuierlicher Prozess, wobei in regelmäßigen Abständen unter Beteiligung des vorgenannten Personenkreises Revisionen stattzufinden haben. Die Ergebnisse werden dokumentiert.

»Störungen und Notfälle«

In diesem Bereich werden Maßnahmen festgelegt, wie bei der Musterfeuerwehr auf Störungen oder betriebliche Notfälle reagiert wird. Hierzu sind von der obersten Führungsebene sowie dem AMS-Beauftragten Vorkehrungen zur Vorbeugung bzw. zur Abwehr von Störungen oder betrieblichen Notfällen zu formulieren. Das kann im Rahmen von Notfallplänen, die unterschiedliche Einsatzszenarien abbilden und in die AAO der Musterfeuerwehr einfließen, geschehen. Grundsätzlich lassen sich die Vorkehrungen in die Erstellung von Notfallplänen, in organisatorische Festlegungen sowie in Schulungen und Übungen gliedern.

»Unterweisungen«

Die Führungskräfte der Musterfeuerwehr führen gemäß den gesetzlichen Vorgaben und auf die jeweiligen Bereiche der Musterfeuerwehr angepasste Unterweisungen durch, die jedoch mindestens einmal pro

Jahr stattfinden müssen. Diese Unterweisungen können Erst- oder Wiederholungsunterweisungen sein. Die Beschäftigten der Musterfeuerwehr sind entsprechend einzubinden, damit die Abhängigkeit von sicherer feuerwehrtechnischer Ausstattung und der Verfolgung besonderer organisatorischer Vorgaben in Bezug auf den Arbeitsschutz verdeutlicht wird.

»Unfalluntersuchung/Kontrollmaßnahmen«
Die Führungskräfte der Musterfeuerwehr haben in Zusammenarbeit mit dem AMS-Beauftragten, im Rahmen einer aktiven oder reaktiven Überprüfung, die Einhaltung der Vorgaben im Arbeitsschutz zu überprüfen. Das bedeutet u. a. auch, dass die zum Zuständigkeitsbereich gehörenden Mitarbeiter dahingehend zu kontrollieren sind, ob die übertragenen Aufgaben und Arbeiten unter Berücksichtigung des Arbeitsschutzes ausgeführt sowie die Persönliche Schutzausrüstung verwendet und vorhandene sicherheitstechnische Einrichtungen gemäß den Bestimmungen genutzt werden. Die Überprüfung schließt den Einsatz von geeigneten technischen und feuerwehrtechnischen Arbeitsmitteln ein. In diesem Bereich sind weiterhin die möglichen Ursachen und Gründe für Verletzungen oder Erkrankungen herauszuarbeiten und die sich daraus ergebenden Konsequenzen bzw. Korrekturmaßnahmen zu formulieren und zu dokumentieren.

»Planung von Arbeitsverfahren«
In diesem Bereich ist durch die Führungskräfte der Musterfeuerwehr mit Unterstützung des AMS-Beauftragten zu ermitteln und zusammenzustellen, welche Belange des Arbeitsschutzes bereits in die Planungsphase bzw. bei der Überprüfung von Arbeitsverfahren einfließen. Grundsätzlich ist es günstiger, die Vorgaben des Arbeitsschutzes in Bezug auf die Sicherheit und die Gesundheit der Mitarbeiter vorausschauend zu berücksichtigen, damit diese Vorgaben nicht zu einem späteren Zeitpunkt mit einem erhöhten Aufwand eingeführt werden müssen.

»Internes Audit«
Das interne Audit ist als wichtiges Instrument für die oberste Führungsebene der Musterfeuerwehr zu verstehen, um das AMS der Musterfeuerwehr in regelmäßigen Abständen auf seine Wirksamkeit und seine Funktionalität hin zu überprüfen und kann als Qualitätssicherungsverfahren verstanden werden. Eine eindeutige und sachgerechte Beurteilung, ob die Anforderungen eingehalten sind oder ob Abweichungen bestehen, muss abschließend möglich sein. In diesem Bereich erfolgt durch die oberste Führungsebene die Festlegung der Zielsetzung und des Umfangs des Audits wie auch die Festlegung des Auditteams und dessen Leiters.

Kernbereich:

»Produktgruppen und Produkte«

An dieser Stelle erscheint es sinnvoll, auf die für die Kommunalverwaltungen eingeführte Terminologie des »Neuen kommunalen Finanzmanagement« zurückzugreifen. Für den Produktbereich »Sicherheit und Ordnung« lassen sich die in Tabelle 12 aufgeführten Produkte, die zu Produktgruppen zusammengefasst werden können, formulieren.

Tabelle 12: Produktgruppen und Produkte

Produktbereich »Sicherheit und Ordnung«	
Produktgruppe	**Produkte**
Intervention	Brandbekämpfung
	Technische Hilfeleistung
	Großschadenereignisse, Krisenmanagement, Bevölkerungsschutz
Prävention	Vorbeugender Brandschutz
	Brandschau
	Brandsicherheitswachdienst
Rettungsdienst	Notarzteinsatz
	Rettungsdiensteinsatz
	Krankentransport

Es besteht die Möglichkeit, die unterschiedlichen Produkte auch noch in Teilprodukte zu untergliedern. Für das Produkt »Technische Hilfeleistung« stellt beispielsweise die »patientenorientierte Rettung« ein Teilprodukt dar.

Grundsätzlich müssen für die Produkte und Produktgruppen der Musterfeuerwehr die Anforderungen im Arbeitsschutz ermittelt und festgelegt werden. Hierbei ist das Augenmerk auf den Dienst- und Übungsbetrieb zu lenken. Es muss geprüft werden, ob die dienstlichen Abläufe mit den gesetzlichen Forderungen im Einklang sind.

»Konzeption«

In diesem Bereich wird die Umsetzung der Produkte bzw. der Produktgruppen konzeptionell entwickelt, deren Grundlage die im Bereich »Produktgruppen und Produkte« formulierten Anforderungen bilden.

Dabei werden Festlegungen zur Erbringung der Dienstleistungen der Musterfeuerwehr getroffen, wobei die Belange des Arbeitsschutzes einbezogen werden. Zudem sind im Bereich »Konzeption« auch die für die Prävention notwendigen Maßnahmen hinsichtlich des Arbeitsschutzes zu berücksichtigen.

»Erzeugung der Produkte«

Die Art und Weise der Durchführung von Dienstleistungen der Musterfeuerwehr werden in diesem Bereich abgebildet. Dazu ist es notwendig, dass sich die Mitarbeiter, z. B. im Rahmen des Übungsbetriebs, mit der konkreten Durchführung der Dienstleistung für das Produkt (z. B. »Technische Hilfeleistung«) auseinandersetzen. Die Überlegungen zur Ausrichtung einer solchen Übung, die Freigabe der geplanten Übung, die Durchführung der Übung und die abgeleiteten Erkenntnisse (Qualitätskontrolle) stellen dabei die unterschiedlichen Phasen dar. Die Anforderungen des Arbeitsschutzes sind in die Phasen des Übungsbetriebs zu integrieren.

Unterstützungsbereich:

»Bedarf und Beschaffung«

Im Bereich »Bedarf und Beschaffung« werden alle notwendigen Maßnahmen für die Beschaffung und den Einkauf bzw. die Entsorgung von Materialien (z. B. Fahrzeuge, feuerwehrtechnische Geräte, Softwarelösungen etc.) formuliert, die mit der Erbringung der Produkte verbunden sind. Das beinhaltet auch die einzelnen Schritte von der Bedarfsmeldung über die Erstellung eines Leistungsverzeichnisses, die Qualitätsanforderungen und die Ausschreibung bis zur Eingangskontrolle der ausgeschriebenen Waren. Auch hier ist den Vorgaben und Forderungen des Arbeitsschutzes Rechnung zu tragen. Weiterhin ist festzulegen, wer bis zu welcher Wertgrenze was beschaffen darf. Gegebenenfalls ist zu entscheiden, ob die Fachkraft für Arbeitssicherheit oder der Arbeitsmediziner einzubeziehen ist. Bei der Beschaffung von Persönlicher Schutzausrüstung sind die Hinweise der Mitarbeiter der Musterfeuerwehr im Rahmen der Beteiligung zu berücksichtigen.

»Lager«

Um die genannten Produkte der Musterfeuerwehr im Rahmen der Dienstleistung erbringen zu können, müssen Regelungen getroffen werden, dass im Bedarfsfall Ersatz für beschädigte oder zerstörte Ausrüstung vorhanden ist. Das schließt eine grundsätzliche Vorhaltung von Ersatzteilen mit ein. Dazu ist es notwendig, die Lagerung und Bereitstellung der benötigten Ausstattung und Ausrüstung zu regeln sowie eine notwendige Abfallentsorgung (z. B. alte Batterien, Alt-Öl etc.) zu organisieren.

»Wartung und Instandhaltung«

In den Bereich »Wartung und Instandhaltung« sind die Abläufe, die zum Erhalt der feuerwehrtechnischen Ausstattung und Ausrüstung (z. B. Prüfung der motorgetriebenen Aggregate, der hydraulischen und pneumatischen Rettungsgeräte, der Hebezeuge, der Persönlichen Schutzausrüstung, Wartungsintervalle für Fahrzeuge, Wartungsintervalle von Atemschutzgeräten etc.) erforderlich sind, zu integrieren. Für die Dokumentation, beispielsweise mittels so genannter Prüfbücher, Prüfplaketten oder Wartungstabellen, sind entsprechende Vorgaben zu machen. Zudem dürfen in diesem Bereich der interne Transport und die zweifelsfreie Kennzeichnung der feuerwehrtechnischen Geräte nicht unberücksichtigt bleiben.

»Sicherheit«

Die Überprüfung, die Überwachung und die Bewertung des Arbeitsschutzes bei der Musterfeuerwehr muss kontinuierlich verfolgt werden. Deshalb sind Maßnahmen oder Indikatoren festzulegen, wie die formulierten Ziele überwacht werden können. Bei Abweichungen von den Zielen regeln Mechanismen bei der Musterfeuerwehr die Einleitung von Korrekturen. Zudem müssen Vorgaben formuliert werden, die eine Analyse des Arbeitsschutzes dahingehend ermöglichen, ob die Vorgaben geeignet und wirksam bzw. in welchen Bereichen bei der Musterfeuerwehr Verbesserungen vorzunehmen sind.

»Aus- und Fortbildung«

In diesem Bereich wird der Aus- und Fortbildungsumfang der Mitarbeiter der Musterfeuerwehr unter Berücksichtigung der Belange der Feuerwehr und der rechtlichen Vorgaben bzw. Notwendigkeiten festgelegt. Die Aus- und Fortbildung wird beispielsweise erforderlich, wenn Neueinstellungen vorgenommen wurden, Beschäftigte auf einen neuen Arbeitsplatz bzw. in einen neuen Aufgabenbereich gewechselt sind, sich Arbeitsabläufe verändert haben oder neue feuerwehrtechnische bzw. medizinische Geräte eingeführt wurden. Eine Dokumentation der veranlassten Maßnahmen ist erforderlich.

»Arbeitssicherheit, Fachkraft für Arbeitssicherheit«

In diesem Unterstützungsbereich sind Festlegungen zu treffen, wann die Fachkraft für Arbeitssicherheit einzubeziehen ist. Das ist beispielsweise bei Planungs- (Um-/Neubau von Feuerwachen/Gerätehäusern) oder Beschaffungsabläufen, bei der Gestaltung von Arbeitsplätzen oder Arbeitsbereichen wie auch bei Arbeitsabläufen sowie bei Besprechungen des Arbeitsschutzausschusses der Fall.

»Arbeitsmedizinische Vorsorge«

In diesem Bereich ist abzustimmen, wann der Arbeitsmediziner hinzuzuziehen ist, um arbeitsbedingte Erkrankungen zu vermeiden oder Gefährdungen für die Beschäftigten frühzeitig zu erkennen und mögliche Präventionsmaßnahmen einzuleiten. Hierzu gehört auch die Festlegung des Umfangs der erforderlichen und vorgeschriebenen Eignungs- und freiwilligen Vorsorgeuntersuchungen wie auch die Postexpositionsprophylaxe. Für die Einhaltung der Untersuchungsfristen ist eine geeignete Regelung zu finden.

»Planung und Umbau«

Bereits in der Planungsphase ist bei Neu- oder Umbauten von Feuerwachen bzw. Gerätehäusern der Aspekt der Sicherheit und des Gesundheitsschutzes zu berücksichtigen. Sowohl die Fachkraft für Arbeitssicherheit als auch der Arbeitsmediziner sind in den Planungsprozess einzubeziehen.

3.3.3 Beschreibung des Dokumentationssystems

3.3.3.1 Allgemein

Um davon auszugehen, dass getroffene Entscheidungen, dienstliche Anweisungen oder andere Vorgaben bei der Musterfeuerwehr nicht nur umgesetzt, sondern auch eingehalten werden, ist es notwendig, diese schriftlich zu formulieren. Nur dokumentierte Entscheidungen, Anweisungen oder Vorgaben lassen sich entsprechend reproduzieren und sind im Sinne des Arbeitsschutzes nachprüfbar. Mit Hilfe der Dokumentation lassen sich die Festlegungen und Strukturen systematisch erfassen. Das hat den Vorteil, dass Arbeitsabläufe in der vorgegebenen Weise von den Mitarbeitern reproduziert werden können. Die Dokumentation erleichtert in einem hohen Maß den Nachweis der Einhaltung von rechtlichen Grundlagen. Sie ist nicht nur für neue Mitarbeiter der Musterfeuerwehr von hohem Nutzen, sondern stellt u. a. auch die Grundlage für eine Überprüfung im Rahmen eines internen Audits und für Entscheidungen innerhalb der Führungsstrukturen dar.

Grundsätzlich wird das Arbeitsschutzmanagementsystem (AMS) als übergreifende Dokumentation in Form eines Handbuchs beschrieben. Das AMS-Handbuch ist Teil eines Dokumentationssystems der Musterfeuerwehr, das neben den internen, dauerhaft bestehenden Verfahrensanweisungen (VA FEU S) und den zeitlich begrenzten Verfahrensanweisungen (VA FEU), den Arbeitsanweisungen (Betriebs- und Wartungsanweisungen) auch eine Dokumentation von Aufzeichnungen und Nachweisen regelt.

3.3.3.2 Art der Dokumente

Auf der Grundlage der DIN EN ISO 9000, in der u. a. die Grundlagen und Begriffe in Qualitätsmanagementsystemen definiert werden, lassen sich die Dokumente in Gruppen unterscheiden:

a) Anweisende Dokumente: Hierunter sind neben dem AMS-Handbuch und den gültigen rechtlichen Vorgaben auch die Verfahrensanweisungen, die Wartungspläne sowie der Desinfektions- und Hygieneplan zu verstehen.

b) Nachweisende Dokumente: Unter die nachweisenden Dokumente fallen z. B. alle Aufzeichnungen, die dem Nachweis der Erfüllung von Vorgaben dienen.

3.3.3.3 Dokumentationsebenen

Das Dokumentationssystem der Musterfeuerwehr ist in mehreren Dokumentationsebenen aufgebaut (Bild 32). Das AMS-Handbuch wird der ersten, der obersten Ebene zugeordnet. Hier erfolgt die allgemeine Vorstellung der Musterfeuerwehr (Kapitel 1), die Darstellung der Arbeitsschutzpolitik (Kapitel 2) und der grundsätzlichen Feststellungen (Kapitel 3). Zudem werden der »Führungsbereich« (Kapitel 4), der »Kernbereich« (Kapitel 5) und der »Unterstützungsbereich« (Kapitel 6) beschrieben. Das AMS-Handbuch ist zur grundsätzlichen Darstellung der internen Abläufe und Regelungen im Arbeitsschutz bei der Musterfeuerwehr angelegt und sollte daher nicht zu umfangreich sein, damit die Abläufe im Arbeitsschutz schnell erfasst werden können.

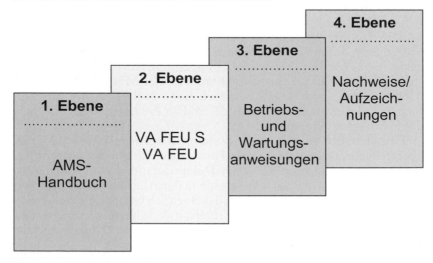

Bild 32: Dokumentationsebenen

172

Die zweite Ebene bilden die Verfahrensanweisungen (ständig geltende Verfahrensanweisungen – VA FEU S und zeitlich begrenzt geltende Verfahrensanweisungen – VA FEU), in denen genauer beschrieben ist, wie die im AMS-Handbuch formulierten Forderungen geregelt werden sollen.

Auf der dritten Ebene finden sich die Betriebs- und Wartungsanweisungen. Hier wird im Detail vorgegeben, wie sich die Mitarbeiter der Musterfeuerwehr bei den übertragenen Arbeiten zu verhalten haben.

Die vierte und damit unterste Ebene bilden die Nachweise und Aufzeichnungen. Unter Nachweisen und Aufzeichnungen lassen sich beispielsweise die Dokumentationen über die Einhaltung von gesetzlichen Forderungen zum Arbeitsschutz, die Dokumentation von Vorgaben innerhalb der Musterfeuerwehr, die Dokumentation von regelmäßig durchgeführten Wartungen an feuerwehrtechnischen und medizinischen Geräten, technische Zeichnungen von Fahrzeugen, die Niederschriften zu den Begehungen wie auch zu den internen Audits verstehen.

3.3.3.4 Lenkung von Dokumenten

Die bei der Musterfeuerwehr verwendeten Dokumente unterliegen der Lenkung. Die Lenkung von anweisenden Dokumenten bedeutet, dass diese bewertet und sowohl vor der Herausgabe als auch im Rahmen einer Überarbeitung bzw. Aktualisierung genehmigt bzw. freigegeben werden. Hierbei ist zu beachten, dass die Freigabe ausschließlich von berechtigten Führungskräften der Musterfeuerwehr erteilt werden darf. Werden Dokumente überarbeitet oder aktualisiert, muss der Revisionsstatus eindeutig sichtbar sein. Zudem ist dafür Sorge zu tragen, dass nur aktuell gültige Dokumente Verwendung finden.

Bei nachweisenden Dokumenten ist auf die Aktualität und die Vollständigkeit zu achten. Weiterhin ist die Frist festzulegen, wie lange die Dokumente aufzubewahren sind. Auf nachweisende Dokumente muss von den Berechtigten zu jedem Zeitpunkt zugegriffen werden können. Zudem sind Vorgaben zur Archivierung der nachweisenden Dokumente zu machen.

Damit Verfahrensanweisungen, Betriebs- und Prüfanweisungen sowie Nachweise sicher aufgefunden werden können, erfolgt in dem jeweiligen Kapitel des AMS-Handbuchs ein entsprechender Hinweis.

3.3.3.5 Datensicherung und Archivierung

Die Zuständigkeit für die Datensicherung der Dokumente im Bereich des Arbeitsschutzes ist dem AMS-Beauftragten zuzuweisen, der die Dokumente grundsätzlich in Papierform vorhält. Alle Dokumente werden zudem in eine EDV-Form überführt und in dem entsprechenden Ordner auf dem Netzwerkserver der Musterfeuerwehr abgelegt, sodass sie von den Mitarbeitern eingesehen werden können. Soweit es erforderlich ist, stellt der AMS-Beauftragte die originalen Dokumente zur Ansicht oder als Kopie zur Verfügung.

Originaldokumente von externen Stellen werden vom AMS-Beauftragten in Papierform verwaltet, in eine EDV-Form überführt und in dem betreffenden EDV-Ordner abgelegt. Die Datensicherung erfolgt gespiegelt auf zwei voneinander getrennten Servern des EDV-Netzwerks der Musterfeuerwehr.

Alte Dokumente aus dem Bereich Arbeitssicherheit und Gesundheitsschutz der Musterfeuerwehr werden zweifelsfrei als solche gekennzeichnet. Für die Archivierung ist der AMS-Beauftragte verantwortlich. Der Aufbewahrungszeitraum der Dokumente wird von der obersten Führungsebene der Musterfeuerwehr gemeinsam mit dem AMS-Beauftragten festgelegt. Ungültige Dokumente werden, sofern eine Archivierung ausscheidet, entsorgt.

3.3.3.6 Zuständigkeiten

Alle Dokumente aus dem Bereich des Arbeitsschutzes gibt der AMS-Beauftragte heraus oder zieht sie wieder ein. Er ist für die Überwachung und Lenkung der entsprechenden Dokumente zuständig. Das gilt auch für solche Dokumente, die von den Sachgebieten/Fachbereichen der Musterfeuerwehr überarbeitet oder aktualisiert wurden und den Arbeitsschutz betreffen. Die inhaltliche Prüfung auf Vollständigkeit der Dokumente und die Verantwortung dafür liegen in den jeweiligen Sachgebieten/Fachbereichen. Die Genehmigung und die Freigabe der Dokumente erfolgt grundsätzlich durch den Leiter der Musterfeuerwehr. Soweit Aktualisierungen oder Änderungen bei den Dokumenten vorgenommen werden, ist das ausschließlich den jeweils zuständigen Sachgebieten/Fachbereichen vorbehalten.

3.3.3.7 Erstellung von Dokumenten

Externe Dokumente
Dokumente von externen Stellen werden wie unter Kapitel 3.3.3.5 beschrieben vom AMS-Beauftragten verwaltet und mit einem Eingangsvermerk (mindestens Eingangsstempel und Kurzzeichen) versehen.

Interne Dokumente
Die für die dienstlichen Abläufe erforderlichen Dokumente werden in den jeweils zuständigen Sachgebieten/Fachbereichen unter Beratung des AMS-Beauftragten bzw. unter Hinzuziehung des Fachpersonals (Fachkraft für Arbeitssicherheit, Arbeitsmediziner) erstellt.

Um ein möglichst einheitliches Aussehen der Dokumente sicherzustellen, folgt die Gestaltung der anweisenden Dokumente einer festgelegten Vorgabe in Bezug auf die Gliederung und die formale Gestaltung der Kopf-und Fußzeile des jeweiligen Dokuments. Die Gliederung der Dokumente beinhaltet:

- den Zweck; hier wird angegeben, welchem Ziel das Dokument dienen soll;
- den Geltungsbereich; es bedarf einer Festlegung, für welche Bereiche bei der Feuerwehr das Dokument eine verbindliche Regelung darstellt;
- die Zuständigkeit; an dieser Stelle werden die Funktion und die Tätigkeiten der Personen beschrieben, die für die Umsetzung der Aufgabe(n) verantwortlich sind;
- den Ablauf; unter diesem Gliederungspunkt sind die einzelnen Abläufe genau darzustellen und evtl. durch ein Ablaufschema zu verdeutlichen;
- die mitgeltenden Unterlagen; hier wird Bezug auf zu verwendende Formblätter, Wartungsanweisungen oder andere Verfahrensanweisungen genommen.

Die Kopfzeile beinhaltet das Wappen der Feuerwehr bzw. der Stadt oder Kommune, den Titel des Dokuments, die Nummerierung auf der Basis des Organisationsschlüssels, die Seitenzahl und den Revisionsstand. In der Fußzeile ist das Datum der Erstellung, der Überprüfung und der Freigabe zu vermerken.

Für die nachweisenden Dokumente ist die folgende Gliederung vorzusehen:
- Erstelldatum,
- Name des Erstellers,
- Genehmigungsdatum,
- Name des Genehmigers,
- thematische Inhalte.

Die Kopfzeile beinhaltet wie bei den anweisenden Dokumenten das Wappen der Feuerwehr bzw. der Stadt oder Kommune, den Titel des Dokuments, die Nummerierung auf der Basis des Organisationsschlüssels und die Seitenzahl. Die Fußzeile entfällt.

3.3.3.8 Organisationsnummern

Um eine zweifelsfreie Identifikation der Dokumente im AMS der Musterfeuerwehr zu gewährleisten, ist es notwendig, ein einheitliches Nummerierungssystem auf der Basis eines Organisationsschlüssels vorzugeben. Der AMS-Beauftragte vergibt auf der Grundlage des als Beispiel erläuterten Organisationsschlüssels (Bild 33) die entsprechende Organisationsnummer.

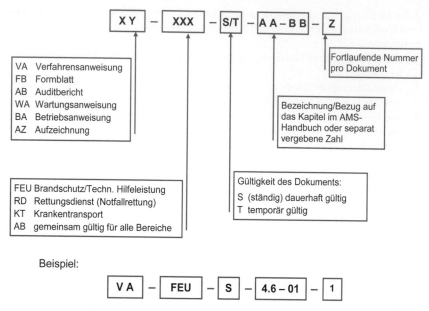

Bild 33: Organisationsschlüssel

3.3.3.9 Verzeichnis der Dokumente

Es ist notwendig, ein Ablageverzeichnis zu erstellen, in dem alle für den Bereich des Arbeitsschutzes relevanten Dokumente, d. h. beispielsweise die Verfahrensanweisungen, die Betriebs- und Wartungsanweisungen sowie die Nachweise bzw. die Aufzeichnungen, aufgeführt sind. Dieses Ablageverzeichnis wird vom AMS-Beauftragten erstellt und geführt. Es steht den Mitarbeitern der Musterfeuerwehr zur Einsicht zur Verfügung.

3.4 Kontinuierliche Verbesserungen

Kontinuierliche Verbesserungen des AMS der Musterfeuerwehr sind abhängig von der aktiven Mitwirkung aller Mitarbeiter, einschließlich der Führungskräfte. Zur Erreichung von systematischen, kontinuierlichen und auf Dauer ausgelegten Verbesserungen werden Festlegungen im Führungsbereich »Ausrichtung und Bewertung« z. B. im Rahmen eines internen Audits und einer Bewertung der Erreichung der Zielvorgaben sowie im Kernbereich »Konzeption« durch präventive Maßnahmen im

176

Arbeitsschutz getroffen. Durch ständig geltende Verfahrensanweisungen bei der Musterfeuerwehr (VA FEU S) werden die detaillierten Vorgaben beschrieben. Zudem sind die Mitarbeiter der Musterfeuerwehr durch eine Verfahrensanweisung zu einem »Vorschlags- und Meldewesen« in ein Verbesserungsverfahren eingebunden.

Das Verfahren »Vorschlags- und Meldewesen« regelt die Meldung von Dienst- und Arbeitsunfällen sowie die Vorschläge, mit denen beispielsweise die Unfallverhütung, der Arbeitsschutz und die Gesundheitsvorsorge bzw. der Gesundheitsschutz verbessert werden kann. Die oberste Führungsebene prüft und bewertet die eingereichten Verbesserungsvorschläge und entscheidet, welche Vorschläge ggf. in das AMS der Musterfeuerwehr zu übernehmen sind.

Ob eine Prämierung von Verbesserungsvorschlägen grundsätzlich möglich ist, hat der Leiter der Musterfeuerwehr mit der Leitung des Haupt- bzw. Personalamtes auf der Grundlage des Prämiensystems der Musterstadt/Musterkommune abzustimmen.

4   Führungsbereich

4.1 Ausrichtung und Bewertung

4.1.1 Ziel

Eine zukunftsorientierte Planung bei der Musterfeuerwehr bildet die Basis für eine erfolgreiche Ausrichtung und Fortentwicklung im Arbeitsschutz. Dazu bedient sich die oberste Führungsebene festgelegter Maßnahmen zur Führung der Musterfeuerwehr. Hierzu zählen:

* Verfassung und Aktualisierung der Arbeitsschutzpolitik,
* Festlegung der Leitlinien,
* Definition der Leitziele,
* Umsetzung der Leitziele,
* Kontrolle der Einhaltung der Leitziele,
* Erarbeitung neuer Ziele bzw. Überprüfung der Arbeitsschutzpolitik.

4.1.2 Geltungsbereich

Die Regelungen haben Gültigkeit für die gesamte Musterfeuerwehr.

4.1.3 Verantwortlichkeit

Der Leiter der Musterfeuerwehr und die Führungskräfte der obersten Führungsebene sowie der AMS-Beauftragte sind für die Einhaltung und Fortentwicklung dieses Bereichs verantwortlich.

4.1.4 Ablaufschema

1. Der Leiter der Musterfeuerwehr entwickelt mit den Abteilungsleitern und dem AMS-Beauftragten Aussagen zur Arbeitsschutzpolitik der Musterfeuerwehr. Durch das Verabschieden der Arbeitsschutzpolitik tritt diese in Kraft und ist für die Beschäftigten der Musterfeuerwehr verpflichtend. Im Rahmen der Überlegungen zur Verbesserung des Arbeitsschutzes erfolgt eine regelmäßige Überprüfung. Soweit notwendig und indiziert, werden die Aussagen zum Arbeitsschutz angepasst.
2. Auf der Basis der Arbeitsschutzpolitik erarbeiten die in der obersten Führungsebene mitwirkenden Führungskräfte der Musterfeuerwehr und der AMS-Beauftragte dezidierte, sich an dem Ist-Stand der Musterfeuerwehr orientierende und mess- bzw. prüfbare Ziele für den Arbeitsschutz.

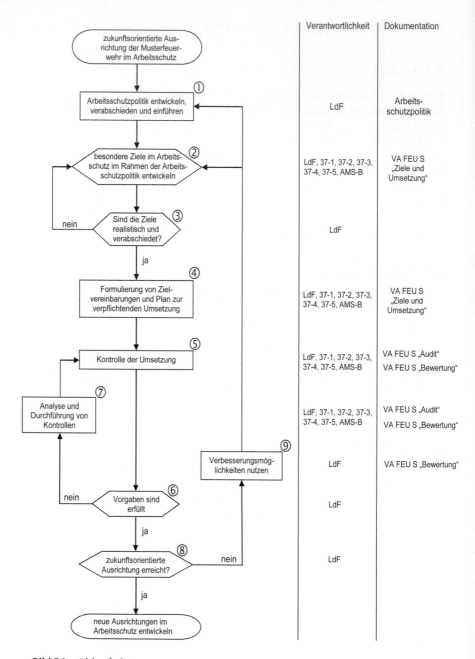

	Verantwortlichkeit	Dokumentation
zukunftsorientierte Ausrichtung der Musterfeuerwehr im Arbeitsschutz		
① Arbeitsschutzpolitik entwickeln, verabschieden und einführen	LdF	Arbeitsschutzpolitik
② besondere Ziele im Arbeitsschutz im Rahmen der Arbeitsschutzpolitik entwickeln	LdF, 37-1, 37-2, 37-3, 37-4, 37-5, AMS-B	VA FEU S „Ziele und Umsetzung"
③ Sind die Ziele realistisch und verabschiedet? — nein / ja	LdF	
④ Formulierung von Zielvereinbarungen und Plan zur verpflichtenden Umsetzung	LdF, 37-1, 37-2, 37-3, 37-4, 37-5, AMS-B	VA FEU S „Ziele und Umsetzung"
⑤ Kontrolle der Umsetzung	LdF, 37-1, 37-2, 37-3, 37-4, 37-5, AMS-B	VA FEU S „Audit" / VA FEU S „Bewertung"
⑦ Analyse und Durchführung von Kontrollen	LdF, 37-1, 37-2, 37-3, 37-4, 37-5, AMS-B	VA FEU S „Audit" / VA FEU S „Bewertung"
⑨ Verbesserungsmöglichkeiten nutzen	LdF	VA FEU S „Bewertung"
⑥ Vorgaben sind erfüllt — nein / ja	LdF	
⑧ zukunftsorientierte Ausrichtung erreicht? — nein / ja	LdF	
neue Ausrichtungen im Arbeitsschutz entwickeln		

Bild 34: Ablaufschema

3. Der Leiter der Musterfeuerwehr prüft die von den Führungskräften erarbeiteten Ziele auf Zielrichtung und Umsetzbarkeit und gibt diese durch Unterschrift frei. Sofern die formulierten Ziele unrealistisch sind, muss die Erarbeitung der Ziele im Arbeitsschutz wieder aufgenommen werden.
4. Für die Umsetzung der Ziele trifft der Leiter der Musterfeuerwehr mit den Führungskräften schriftlich formulierte Zielvereinbarungen. Die Vereinbarungen sollen nicht nur eine Aussage zur Verantwortlichkeit oder Zuständigkeit, sondern auch zu den zur Verfügung stehenden Ressourcen und zum Zeitplan enthalten.
5. Die Abteilungsleiter und der AMS-Beauftragte bzw. der Arbeitssicherheitsausschuss kontrollieren die Umsetzung der Vorgaben. Dies kann im Rahmen des internen Audits oder der Bewertung geschehen, wobei der Fokus auf die Einhaltung der bzw. die Abweichung von den Zielvorgaben zu richten ist. Zu den weiteren Erkenntnissen tragen die Informationen aus dem Kernbereich »Konzeption« sowie aus dem »Vorschlags- und Meldewesen« bei.
6. Zur Formulierung einer Aussage, ob die Vorgaben des Arbeitsschutzes erfüllt sind, müssen die Ergebnisse aus der Beurteilung der Leistungen der Musterfeuerwehr im Arbeitsschutz dem Leiter der Musterfeuerwehr vorgelegt werden.
7. Führen die Ergebnisse der Beurteilung der Leistungen zu der Aussage, dass aufgrund von Mängeln die Ziele nicht einzuhalten waren, müssen mögliche Ursachen analysiert bzw. herausgearbeitet und gegebenenfalls angemessene Korrekturen durchgeführt werden. Diese Korrekturen können sich im Organisatorischen auf bestimmte Arbeitsprozesse oder Arbeiten wie auch auf die Arbeitsschutzpolitik auswirken. Hierbei ist nicht nur die Umsetzung der Korrekturen, sondern auch deren Wirksamkeit zu kontrollieren.
8. Sind die formulierten Ziele erreicht, muss durch den Leiter der Musterfeuerwehr entschieden werden, ob damit die zukunftsorientierte Ausrichtung erreicht ist oder nicht. Ist das der Fall, gilt es zu prüfen, inwieweit eine neue Ausrichtung im Arbeitsschutz zu entwickeln ist.
9. Wenn die vorgegebenen Ziele erreicht sind, nicht aber die zukunftsorientierte Ausrichtung der Musterfeuerwehr in Sachen des Arbeitsschutzes, gilt es die Verbesserungsmöglichkeiten zu nutzen und auszuschöpfen. Die Verbesserungen können Einfluss auf die Arbeitsschutzpolitik, besonders aber auf die formulierten Ziele haben.

4.1.5 Schriftstücke/Dokumente

In der Tabelle 13 ist beispielhaft dargestellt, bei wem die Verfahrens- bzw. Durchführungsverantwortung für die Entscheidung der internen Verfahrensanweisungen liegt und wer daran mitwirkt.

Tabelle 13: Verfahrens- bzw. Durchführungsverantwortung für die Entscheidung der internen Verfahrensanweisungen

Bezeichnung	Titel	**Leiter der Feuerwehr** (LdF)	**Stabsstelle AMS-Beauftragter** (AMS-B)	**Stabsstelle Ärztlicher Leiter Rettungsdienst** (ST-ÄLR)	**Personalvertretung** (PV)	**Verwaltung** (37-1)	Finanzcontrolling (37-11-C)	Allg. Verwaltung (37-11)	Rechnungen/Gebühren (37-12)	**Aus- und Fortbildung** (37-2)	Personalentwicklung (37-21)	Feuerwehrschule (37-22)	Rettungsassistentenschule (37-23)	Freiwillige Feuerwehr (37-24)	**Einsatz/Einsatzvorbereitung** (37-3)	Öffentlichkeitsarbeit (37-31)	Rettungsdienst (37-32)	Personaleinsatz/Personalführung (37-33)	Krisenmanagement/Bevölkerungsschutz (37-34)	Feuerwachen/Rettungswachen (37-35)	**Vorbeugender Brand- und Gefahrenschutz** (37-4)	Genehmigungs-/Planungsverfahren (37-41)	Brandschau (37-42)	Sonderschutzpläne (37-43)	**Technik** (37-5)	Fahrzeug-/Gerätetechnik (37-51)	Werkstätten/Lager/Geräteprüfung (37-52)	Leitstelle/Kommunikationstechnik (37-53)	Atemschutz/Pers. Schutzausrüstung (37-54)
	Arbeitsschutzpolitik	V	A		M					M					M						M				M				
VA FEU S 4.1.-01-1	Ziele und Umsetzung	V	A	M	M	M				M					M						M				M				
VA FEU S 4.9.-01-1	Audit	V	A	M	M	M				M					M						M				M				
VA FEU S 4.1.-02-1	Bewertung	V	A	M	M	M				M					M						M				M				
FB 4.1.-01	Zielvereinbarung	V	A	M	M	M				M					M						M				M				

V = Verfahrensverantwortung   **A** = Ausführung
M = Mitwirkung

FB = Formblatt

4.2 Lenkung und Analyse von Dokumenten

4.2.1 Ziel

Die Lenkung und Analyse von Dokumenten, besonders aber die Beschaffung von relevanten Informationen zum Arbeitsschutz sowie deren Weitergabe zwischen den Hierarchieebenen, ist für die Musterfeuerwehr von hoher Bedeutung. Durch die Festlegungen zur Lenkung und zur Analyse von Dokumenten soll eine möglichst große Transparenz gewährleistet, Vorgaben bei Arbeitsprozessen und Arbeiten reproduzierbar und die Einbindung der Mitarbeiter der Musterfeuerwehr in den Arbeitsschutz garantiert werden. Zum Ablauf des Informationsflusses gehören:

- Auswahl relevanter Informationen,
- Informationen dokumentieren,
- Steuerung der Dokumente mit Angabe des Ortes der Aufbewahrung,
- interne Kommunikation (innerhalb der Musterfeuerwehr sowie zwischen der Musterfeuerwehr und den Verwaltungsbereichen der Musterstadt/Musterkommune),
- externe Kommunikation (mittlere oder oberste Landesbehörden, Prüfstellen an Landesschulen der Feuerwehren, private Prüfstellen, Institute, Einrichtungen, Unfallversicherungsträger etc.).

4.2.2 Geltungsbereich

Die Regelungen haben Gültigkeit für die gesamte Musterfeuerwehr.

4.2.3 Verantwortlichkeit

Die Lenkung und Analyse von Dokumenten gehört zum »Führungsbereich«. Eine Lenkung und Analyse von Dokumenten kann nur erfolgreich funktionieren, wenn die Vorgaben auf allen Hierarchieebenen umgesetzt werden. Das hat zur Konsequenz, dass alle Mitarbeiter für die Weitergabe und ggf. Dokumentation der relevanten Informationen verantwortlich sind. Der AMS-Beauftragte stellt ein funktionierendes Dokumentationssystem sicher.

4.2.4 Ablaufschema

1. Der obersten Führungsebene, dem AMS-Beauftragten sowie den Mitarbeitern der Musterfeuerwehr stehen die entsprechenden Informationen im Arbeitsschutz zur Verfügung oder aber, sie stellen fest, dass

| | Verantwortlichkeit | Dokumentation |

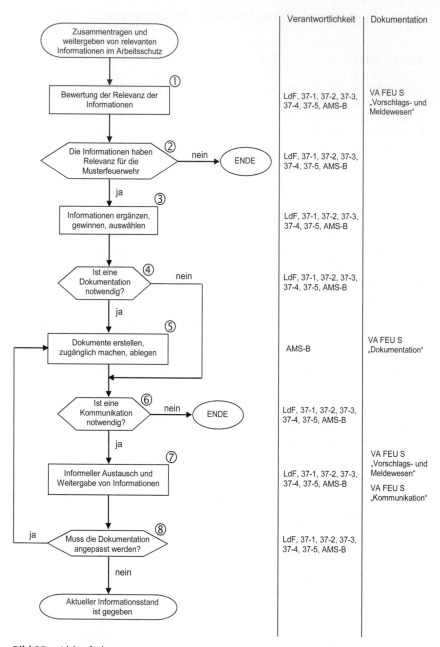

Bild 35: Ablaufschema

Informationslücken bestehen. Die Informationen sind grundsätzlich bezüglich der Relevanz für den Arbeitsschutz der Musterfeuerwehr zu prüfen. Zu diesen Informationen gehören auch die Hinweise und Anregungen aus dem »Vorschlags- und Meldewesen«, um Mängel zu beseitigen und Verbesserungen einführen zu können.

2. Ist erkennbar, dass die vorliegenden Informationen für den Arbeitsschutz der Musterfeuerwehr ohne Relevanz sind, ist es nicht notwendig, weiter tätig zu werden. Der Ablauf endet dann an dieser Stelle.

3. Sofern eine Relevanz der Informationen offensichtlich ist, gilt es zu prüfen, ob die vorliegenden Informationen ausreichen oder noch vervollständigt werden müssen. Fehlende Informationen sind beizustellen und einer weiteren Verwendung zuzuleiten.

4. Der Mitarbeiter der Musterfeuerwehr, dem die Informationen zur Verfügung stehen, entscheidet über die weitere Vorgehensweise. Sofern eine Dokumentation als nicht notwendig eingestuft wird, reicht es aus, die Informationen entsprechend mündlich weiter zu geben. Die Verfahrensweise im Rahmen der Kommunikation ist in Schritt 6 beschrieben.

5. Ist es notwendig, die dem Mitarbeiter vorliegenden Informationen zu dokumentieren, müssen diese in das Dokumentationssystem eingearbeitet werden. Dazu ist der AMS-Beauftragte zu kontaktieren, der dafür verantwortlich ist, dass Dokumente im Arbeitsschutz der Musterfeuerwehr erstellt, zugänglich gemacht und entsprechend abgelegt werden.

6. Kommt der Mitarbeiter zu dem Ergebnis, dass die ihm vorliegenden Informationen auch mündlich nicht weitergegeben werden müssen, endet der Ablauf an dieser Stelle.

7. Ist eine Kommunikation zum informellen Austausch notwendig, so erfolgt die Weitergabe der Informationen gemäß der Verfahrensanweisung zur internen bzw. externen Kommunikation.

8. Liegt im Rahmen der internen bzw. externen Kommunikation ein neuer Informationsstand vor, der eine Anpassung der Dokumentation mit sich bringt, so muss eine Ergänzung bzw. Aktualisierung des Dokumentationssystems gemäß Schritt 5 vorgenommen werden. Ist das nicht der Fall, kann der Informationsstand als aktuell betrachtet werden.

4.2.5 Schriftstücke/Dokumente

In der Tabelle 14 ist als Beispiel dargestellt, bei wem die Verfahrens- bzw. Durchführungsverantwortung für die Entscheidung der internen Verfahrensanweisungen liegt und wer daran mitwirkt.

Tabelle 14: Verfahrens- bzw. Durchführungsverantwortung für die Entscheidung der internen Verfahrensanweisungen

Bezeichnung	Titel	Leiter der Feuerwehr (LdF)	Stabsstelle AMS-Beauftragter (AMS-B)	Stabsstelle Ärztlicher Leiter Rettungsdienst (ST-ÄLR)	Personalvertretung (PV)	Verwaltung (37-1)	Finanzcontrolling (37-11-C)	Allg. Verwaltung (37-11)	Rechnungen/Gebühren (37-12)	Aus- und Fortbildung (37-2)	Personalentwicklung (37-21)	Feuerwehrschule (37-22)	Rettungsassistentenschule (37-23)	Freiwillige Feuerwehr (37-24)	Einsatz/Einsatzvorbereitung (37-3)	Öffentlichkeitsarbeit (37-31)	Rettungsdienst (37-32)	Personaleinsatz/Personalführung (37-33)	Krisenmanagement/Bevölkerungsschutz (37-34)	Feuerwachen/Rettungswachen (37-35)	Vorbeugender Brand- und Gefahrenschutz (37-4)	Genehmigungs-/Planungsverfahren (37-41)	Brandschau (37-42)	Sonderschutzpläne (37-43)	Technik (37-5)	Fahrzeug-/Gerätetechnik (37-51)	Werkstätten/Lager/Geräteprüfung (37-52)	Leitstelle/Kommunikationstechnik (37-53)	Atemschutz/Pers. Schutzausrüstung (37-54)
VA FEU S 4.2.-01-1	Vorschlags- und Meldewesen	V	A			M	M			M					M						M				M				
VA FEU S 7000-1	Dokumentationssystem	V	A			M	M			M					M						M				M				
VA FEU S 4.2.-02-1	Kommunikation	V	A			M	M			M					M						M				M				

V = Verfahrensverantwortung   A = Ausführung
M = Mitwirkung

FB = Formblatt

4.3 Verwaltung und Steuerung von Ressourcen

4.3.1 Ziel

Um die im Rahmen der Umsetzung des Arbeitsschutzes formulierten Festlegungen und Ziele zu erreichen, sind Personal-, Finanz- und Sachressourcen bereitzustellen, zu verwalten und den unterschiedlichen Aufgabenbereichen innerhalb der Musterfeuerwehr zur Verfügung zu stellen. Hierzu gehören:

- Finanzressourcen bereitstellen und verwalten/überwachen,
- geeignete Mitarbeiter auswählen oder ggf. einstellen, einarbeiten und schulen,
- sachbezogene Ressourcen (Fahrzeuge, medizinische oder feuerwehrtechnische Geräte etc.) bereitstellen, die den Anforderungen der Musterfeuerwehr unter Berücksichtigung des Arbeitsschutzes entsprechen,
- Entsorgung von Abfallmaterial und/oder Verkauf/Ausmusterung von abgeschriebenen Fahrzeugen/Geräten.

4.3.2 Geltungsbereich

Die Regelungen haben Gültigkeit für die gesamte Musterfeuerwehr.

4.3.3 Verantwortlichkeit

Der Leiter der Musterfeuerwehr ist für die Verwaltung und Bereitstellung der Ressourcen mit einem besonderen Augenmerk auf die finanziellen Mittel verantwortlich. Die Planung und Haushaltsaufstellung unter Berücksichtigung des Arbeitsschutzes, die Buchung der Haushaltsmittel und Einholung der Genehmigung der Ausgaben in der Kämmerei sind Aufgaben der obersten Führungsebene, der Abteilung »Verwaltung« und des AMS-Beauftragten. Für die Beschaffung der Sachressourcen und die Entsorgung bzw. den Verkauf/die Ausmusterung ist die technische Abteilung der Musterfeuerwehr verantwortlich. Die Bereitstellung der erforderlichen Personalressourcen obliegt in der Abteilung »Aus- und Fortbildung« dem Sachgebiet »Personalentwicklung«.

4.3.4 Ablaufschema

1. Zur Ermittlung des Bedarfs an Personal-, Finanz- und Sachressourcen stellt die oberste Führungsebene unter Mitwirkung des AMS-Beauftragten den Haushaltsplan für die Musterfeuerwehr auf, der vom Kämmerer bzw. Leiter der Kämmerei der Musterkommune genehmigt wird. Der Haushaltsplan deckt die Ausgaben für das folgende Haushaltsjahr. Für eine verlässliche Planung müssen die Abteilungsleiter der Musterfeuerwehr eine kurz-, mittel- und langfristige Planung erarbeiten, die den jeweiligen Brandschutz- bzw. Rettungsdienstbedarfsplan zur Grundlage hat. Die laufenden Ausgaben beruhen auf den Planungen des Vorjahrs.
2. Gemeinsam mit der Abteilung »Verwaltung« überwacht der Leiter der Musterfeuerwehr die Ausgaben bzw. die Bewirtschaftung der Haushaltsstellen im Vergleich mit der Planung.
3. Die Abteilung »Verwaltung« trifft die Aussagen über die Einhaltung des Haushaltsplans.
4. Kann der Haushaltsplan des laufenden Jahres nicht eingehalten werden, müssen die zur Verfügung stehenden Möglichkeiten geprüft werden. Das kann bedeuten, dass die oberste Führungsebene die für das Haushaltsjahr aufgestellte Planung im Bereich der sachbezogenen Ressourcen an die aktuelle Haushaltssituation anpasst oder in Absprache mit der Kämmerei überplanmäßige Finanzmittel beantragt.

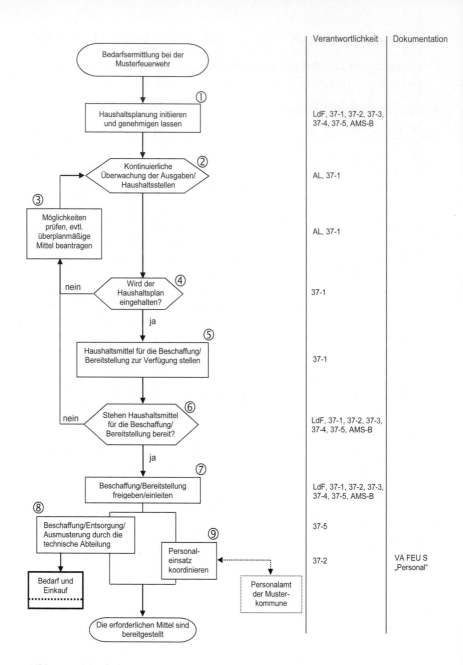

Bild 36: Ablaufschema

188

5. Durch die Abteilung »Verwaltung« werden die für die geplanten Maßnahmen erforderlichen finanziellen Ressourcen bereitgestellt und den
   jeweiligen Haushaltsstellen zugeordnet. Die Bereitstellung von Personal und die daraus resultierenden Kosten werden in Schritt 9 beschrieben.
6. Bevor die betreffende Abteilung bzw. das betreffende Sachgebiet (Fachbereich) eine Ausschreibung bzw. bei Unterschreitung einer bestimmten Wertgrenze die Ausgabe initiiert, muss sie sich davon überzeugen,
   dass die geplanten finanziellen Ressourcen in der tatsächlichen Höhe
   zur Verfügung stehen. Sollte dem nicht so sein, muss die Beschaffung
   zunächst zurückgestellt werden. Die Klärung der weiteren Verfahrensweise erfolgt unter Berücksichtigung des hierarchischen Aufbaus der
   Musterfeuerwehr innerhalb der obersten Führungsebene.
7. Soweit die Beschaffungsmaßnahme mit der Planung übereinstimmt
   und finanzielle Mittel in ausreichender Höhe bereitstehen, kann die
   Ausschreibung eingeleitet bzw. der Einkauf freigegeben werden. Die
   weiteren Abläufe sind in den Schritten 8 und 9 dargestellt.
8. Die Beschaffung aller sachbezogenen Ressourcen, d. h. alle investiven
   oder konsumtiven Güter der Musterfeuerwehr, tätigt die technische
   Abteilung. Vor diesem Hintergrund ist an dieser Stelle eine Verknüpfung mit dem Unterstützungsbereich »Bedarf und Beschaffung« vorgesehen.
9. Bei der Musterfeuerwehr wird eine Koordinierung aller Mitarbeiter
   vorgenommen. Das beinhaltet beispielsweise in der Abteilung »Aus-
   und Fortbildung« im Sachgebiet (Fachbereich) »Personalentwicklung«
   das Durchführen von Personalauswahlverfahren, die Dienstplange-
   staltung, die Zuordnung der Mitarbeiter zu unterschiedlichen Wachen
   oder Wachabteilungen, die Durchführung der Beurteilungen, das Führen einer Unfallstatistik etc. Auch die Aus- und Fortbildung der Mitarbeiter gehört zu dieser Abteilung der Musterfeuerwehr.

Die Verwaltung des Personals der Musterfeuerwehr wird ausschließlich
vom Personalamt der Musterstadt/Musterkommune vorgenommen. Das
schließt auf der Basis der jeweils gültigen Bedarfspläne (Brandschutz-
bzw. Rettungsdienstbedarfsplan) auch die Neueinstellung von Mitarbeitern im mittleren, gehobenen oder höheren feuerwehrtechnischen Dienst
sowie im Angestelltenverhältnis nach erfolgtem Auswahlverfahren bei
der Musterfeuerwehr ein. Von hier erfolgt auch die Lohn- und Gehalts-
abrechnung bzw. die Besoldung bei den Beamtinnen und Beamten der
Musterfeuerwehr. Das Personalamt legt in den Geschäftsverteilungsplänen in Abstimmung mit der Musterfeuerwehr die Aufgaben und die Ein-
gruppierung/Einstufung im Rahmen der tariflichen Vereinbarungen nach
TVöD bzw. der Beamtenbesoldung fest.

4.3.5 Schriftstücke/Dokumente

In der Tabelle 15 ist dargestellt, bei wem die Verfahrens- bzw. Durchführungsverantwortung für die Entscheidung der internen Verfahrensanweisungen liegt und wer daran mitwirkt.

Tabelle 15: Verfahrens- bzw. Durchführungsverantwortung für die Entscheidung der internen Verfahrensanweisungen

Bezeichnung	Titel	Leiter der Feuerwehr (LdF)	Stabsstelle AMS-Beauftragter (AMS-B)	Stabsstelle Ärztlicher Leiter Rettungsdienst (ST-ÄLR)	Personalvertretung (PV)	Verwaltung (37-1)	Finanzcontrolling (37-11-C)	Allg. Verwaltung (37-11)	Rechnungen/Gebühren (37-12)	Aus- und Fortbildung (37-2)	Personalentwicklung (37-21)	Feuerwehrschule (37-22)	Rettungsassistentenschule (37-23)	Freiwillige Feuerwehr (37-24)	Einsatz/Einsatzvorbereitung (37-3)	Öffentlichkeitsarbeit (37-31)	Rettungsdienst (37-32)	Personaleinsatz/Personalführung (37-33)	Krisenmanagement/Bevölkerungsschutz (37-34)	Feuerwachen/Rettungswachen (37-35)	Vorbeugender Brand- und Gefahrenschutz (37-4)	Genehmigungs-/Planungsverfahren (37-41)	Brandschau (37-42)	Sonderschutzpläne (37-43)	Technik (37-5)	Fahrzeug-/Gerätetechnik (37-51)	Werkstätten/Lager/Geräteprüfung (37-52)	Leitstelle/Kommunikationstechnik (37-53)	Atemschutz/Pers. Schutzausrüstung (37-54)
VA FEU S 4.3.-01-1	Personal	V	M		M	M				A				M						M				M		M			

V = Verfahrensverantwortung **A** = Ausführung
M = Mitwirkung

FB = Formblatt

4.4 Gefährdungsbeurteilungen

4.4.1 Ziel

Gefährdungsbeurteilungen sind das Resultat der Beurteilung der Arbeitsbedingungen aller Beschäftigten der Musterfeuerwehr. Ziel ist es, die möglichen Gefährdungen zu erfassen, offenkundige Gefahren und Belastungen zu priorisieren und spezifische Vorgehensweisen zu entwickeln, um Gefährdungen für die Mitarbeiter der Musterfeuerwehr zu vermeiden oder zu beseitigen und auszuschließen, sodass Gefährdungen nicht wirksam werden oder die Wahrscheinlichkeit bzw. die Folgen einer Ein-

190

wirkung einer Gefahrenquelle verringert oder verhindert wird. Gefährdungsbeurteilungen sind von den Führungskräften zu verfassen, weil diese

- die Arbeit, die Arbeitsbedingungen sowie die eingesetzten feuerwehrtechnischen bzw. medizinischen Geräte oder Arbeitsmittel kennen,
- die Verantwortung für die ihnen zugeordneten Mitarbeiter tragen,
- für die Kommunikation und die Unterweisung der Beschäftigten verantwortlich sind.

4.4.2 Geltungsbereich

Die Regelungen haben Gültigkeit für die gesamte Musterfeuerwehr.

4.4.3 Verantwortlichkeit

Für die Beurteilung der Gefährdungen sind die Führungskräfte mit Unterstützung des AMS-Beauftragten der Musterfeuerwehr und im Zusammenwirken mit den Beschäftigten verantwortlich. Die Fachkraft für Arbeitssicherheit kann beratend tätig werden.

4.4.4 Ablaufschema

1. Die oberste Führungsebene und der ASA legen das Verfahren bzw. die Methode zur Gefährdungsbeurteilung fest. Das anzuwendende Verfahren bzw. die Methode richtet sich dabei nach der potenziellen Gefährdung, nach dem Arbeitsverfahren oder nach den feuerwehrtechnischen bzw. medizinischen Arbeitsmitteln. Die Verfahren oder Methoden können Begehungen, Überprüfungen von Arbeitsmitteln auf sicherheitstechnischen Grundlagen, Befragungen der Mitarbeiter etc. sein.
2. Durch die Führungskräfte und den AMS-Beauftragten werden unter Beteiligung der Mitarbeiter die Gefährdungen ermittelt. Hierbei kann es sich um Gefährdungen handeln, die aus der Arbeitsumgebung, dem Zustand der Arbeitsmittel oder der Arbeitsorganisation (Abläufe, Arbeitszeiten, Pausenzeiten, Verantwortung etc.) resultieren.
3. Das Vorhandensein von Gefährdungen kann durch die Führungskräfte und den AMS-Beauftragten z. B. anhand von Checklisten (vgl. Gefährdungsfaktoren) überprüft werden. Liegen keine Gefährdungen für die Beschäftigten vor, kann die Durchführung der Gefährdungsbeurteilung nach der Dokumentation der Ergebnisse abgeschlossen werden.

4. Kommen die Führungskräfte und der AMS-Beauftragte zu dem Schluss, dass eine Gefährdung vorliegt, muss entschieden werden, ob die Gefährdung eindeutig ist. Um hierzu eine Aussage treffen zu können, ist es sinnvoll zu prüfen, ob z. B. dezidierte Grenzwerte in rechtlichen Vorschriften oder in den Vorschriften der Unfallversiche-

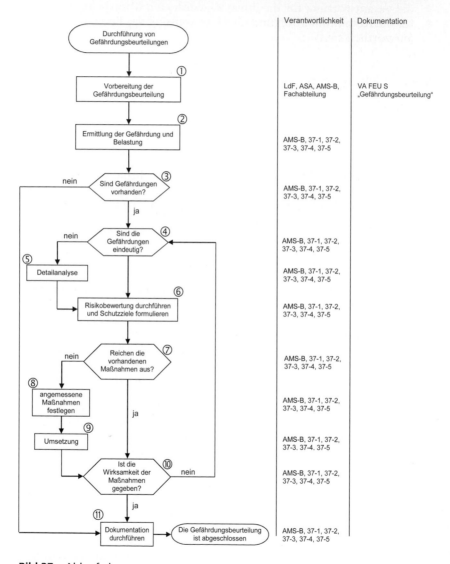

Bild 37: Ablaufschema

192

rungsträger dokumentiert sind und ob diese Anwendung finden. Ist eine eindeutige Aussage zu einer Gefährdung nicht möglich, bedarf es der Detailanalyse.

5. Die für die Gefährdungsbeurteilung Verantwortlichen müssen z. B. den betreffenden Bereich oder das Arbeitsmittel einer Detailanalyse unterziehen. Eine solche Detailanalyse kann eine Schallpegelmessung, eine Messung der Helligkeit oder eine andere geeignete Analyse sein.

6. In diesem Schritt haben die Führungskräfte und der AMS-Beauftragte unter Beteiligung der Beschäftigten der Musterfeuerwehr eine Risikoabschätzung und eine Risikobewertung durchzuführen sowie entsprechende Schutzmaßnahmen zu formulieren. Bei der Risikoabschätzung wird die Eintrittswahrscheinlichkeit eines Schadens für die Gesundheit und das Leben der Mitarbeiter wie auch das möglicherweise eintretende und durch die Gefährdung verursachte Schadenausmaß betrachtet. Im Rahmen der Risikobewertung wird dann überprüft, ob das Risiko unterhalb des Grenzrisikos liegt. Je nach Ergebnis der Risikobewertung müssen von den Verantwortlichen entsprechende Schutzziele formuliert werden.

7. Die Führungskräfte und der AMS-Beauftragte haben zu prüfen, ob die bereits vorhandenen Maßnahmen ausreichend sind. Ist das der Fall, kann wie in Schritt 10 beschrieben weiter verfahren werden.

8. Reichen die vorhandenen Schutzmaßnahmen nicht aus, sind diese den gegebenen Bedingungen anzupassen. Die Maßnahmen haben, sofern die Gefährdungen nicht beseitigt werden können, dem TOP-Prinzip zu genügen: technische Maßnahmen vor organisatorischen Maßnahmen und Persönlicher Schutzausrüstung.

9. Die Führungskräfte und der AMS-Beauftragte der Musterfeuerwehr haben in diesem Schritt die Umsetzung der erforderlichen Maßnahmen zu veranlassen. Dazu ist festzulegen, welche Maßnahme bis zu welchem Datum (Zeit-/Terminvorgabe) vom wem (namentliche Nennung) durchgeführt bzw. umgesetzt werden muss.

10. Nach der Umsetzung der angemessenen Schutzmaßnahmen bzw. der Überprüfung der vorhandenen Schutzmaßnahmen muss deren Wirksamkeit überprüft werden. Sind die Maßnahmen wirksam, kann dieser Schritt beendet werden. Anderenfalls sind die Maßnahmen erneut einer kritischen Prüfung zu unterziehen und es sind alternative Arbeitsverfahren anzuwenden, die Expositionszeit zu verringern oder die Persönliche Schutzausrüstung anzupassen.

11. Die Führungskräfte und der AMS-Beauftragte haben die Ergebnisse der Gefährdungsbeurteilung, die festgelegten Schutzmaßnahmen und die Ergebnisse der Wirksamkeit zu dokumentieren.

4.4.5 Schriftstücke/Dokumente

In der Tabelle 16 ist dargestellt, bei wem die Verfahrens- bzw. Durchführungsverantwortung für die Entscheidung der internen Verfahrensanweisungen liegt und wer daran mitwirkt.

Tabelle 16: Verfahrens- bzw. Durchführungsverantwortung für die Entscheidung der internen Verfahrensanweisungen

Bezeichnung	Titel	Leiter der Feuerwehr (LdF)	Stabsstelle AMS-Beauftragter (AMS-B)	Stabsstelle Ärztlicher Leiter Rettungsdienst (ST-ALR)	Personalvertretung (PV)	Verwaltung (37-1)	Finanzcontrolling (37-11-C)	Allg. Verwaltung (37-11)	Rechnungen/Gebühren (37-12)	Aus- und Fortbildung (37-2)	Personalentwicklung (37-21)	Feuerwehrschule (37-22)	Rettungsassistentenschule (37-23)	Freiwillige Feuerwehr (37-24)	Einsatz/Einsatzvorbereitung (37-3)	Öffentlichkeitsarbeit (37-31)	Rettungsdienst (37-32)	Personaleinsatz/Personalführung (37-33)	Krisenmanagement/Bevölkerungsschutz (37-34)	Feuerwachen/Rettungswachen (37-35)	Vorbeugender Brand- und Gefahrenschutz (37-4)	Genehmigungs-/Planungsverfahren (37-41)	Brandschau (37-42)	Sonderschutzpläne (37-43)	Technik (37-5)	Fahrzeug-/Gerätetechnik (37-51)	Werkstätten/Lager/Geräteprüfung (37-52)	Leitstelle/Kommunikationstechnik (37-53)	Atemschutz/Pers. Schutzausrüstung (37-54)
VA FEU S 4.4.-01-1	Gefährdungsbeurteilung	V	A		M	M				M					M						M				M				
FB 4.4.-01	Gefährdungsbeurteilung	V	A		M	M				M					M						M				M				

V = Verfahrensverantwortung A = Ausführung
M = Mitwirkung

FB = Formblatt

4.5 Störungen und Notfälle

4.5.1 Ziel

Störungen und Notfälle bei der Musterfeuerwehr sind Situationen, in denen die regulären Abläufe nicht wie vorgesehen funktionieren. Ziel ist es, ein schnelles Handeln mit dem Zweck zu ermöglichen, die negativen, evtl. auch äußeren Einwirkungen auf die Mitarbeiter wie auch auf die Einrichtungen der Musterfeuerwehr so gering als möglich zu halten. Hierbei ist auch die Zusammenarbeit mit anderen Behörden der Musterstadt/ Musterkommune zu gewährleisten. Das schließt die entsprechenden Kommunikationsabläufe innerhalb der Musterfeuerwehr ein.

Zu diesem Zweck haben die Führungskräfte der Musterfeuerwehr und der AMS-Beauftragte

* die Erstellung von Notfallplänen z. B. für Unfälle, Brände, Stromausfälle, Sturm- und Wasserschäden, Evakuierungen etc. zu veranlassen,
* die Mitarbeiter zu informieren und zu schulen,
* die Mitarbeiter für ein richtiges Verhalten in Notfällen und bei Störungen zu sensibilisieren.

4.5.2 Geltungsbereich

Die Regelungen haben Gültigkeit für die gesamte Musterfeuerwehr.

4.5.3 Verantwortlichkeit

Für die Erstellung der erforderlichen Notfallpläne für die Musterfeuerwehr ist die für die Abteilung »Einsatz/Einsatzvorbereitung« verantwortliche Führungskraft in Zusammenarbeit mit dem AMS-Beauftragten verantwortlich. Die Umsetzung und die Einhaltung obliegen den jeweiligen Führungskräften der Fachbereiche der Musterfeuerwehr.

4.5.4 Ablaufschema

1. Die Führungskräfte und der AMS-Beauftragte erarbeiten denkbare Einsatzszenarien für intern und extern verursachte betriebliche Störungen/Notfälle und ermitteln die möglichen Auswirkungen bei der Musterfeuerwehr. Betriebliche Störungen oder Notfälle basieren beispielsweise auf Ausfällen der Infrastruktur (Versorgungs-/Entsorgungseinrichtungen, EDV, Leitrechner etc.), sind möglicherweise verhaltens- (Fehlverhalten der Mitarbeiter) bzw. umgebungsbedingt (Ausfall der Stromversorgung) oder sind natürlichen Ursprungs (Extremwetterlagen, Blitzschlag). Im Rahmen der Ermittlung der möglichen Auswirkungen muss geprüft werden, welche möglichen Schwachstellen bei der Musterfeuerwehr vorliegen. Zudem ist eine Analyse und Bewertung der Ergebnisse vorzunehmen, die Eintrittswahrscheinlichkeit abzuschätzen und das Auftreten von Folgeschäden zu berücksichtigen.
2. In diesem Schritt ist zu prüfen, ob die Planungen und Festlegungen vorgenommen sind und komplett vorliegen. Lassen sich Schwachstellen identifizieren oder kann es aufgrund von umgebungsbedingten Ursachen zu einer betrieblichen Störung bzw. einem Notfall kommen und liegen keine entsprechenden Planungen vor, muss wie in Schritt 3 beschrieben verfahren werden.

3. Bei der Erstellung der Notfallpläne für intern oder extern verursachte betriebliche Störungen/Notfälle haben die Führungskräfte und der AMS-Beauftragte darauf zu achten, dass die folgenden Punkte berücksichtigt sind:
   - Ist ein Räumungssignal für die Einrichtungen der Musterfeuerwehr festgelegt?

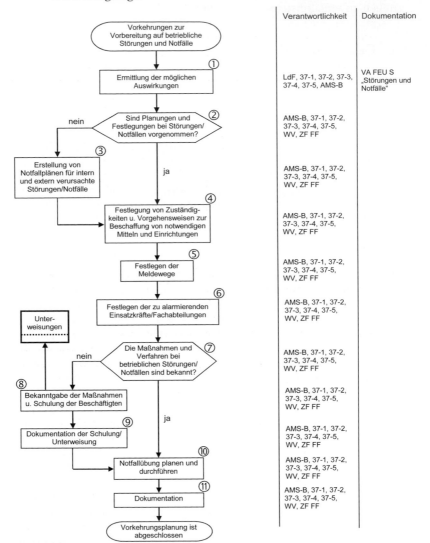

Bild 38: Ablaufschema

196

- Sind Fluchtwege gekennzeichnet?
- Sind Sammelpunkte bekannt und gekennzeichnet?
- Sind Alarmpläne erstellt und bekannt?
- Sind die Standorte von mobilen Löschgeräten, von Notausschaltern, von Hauptschaltern, von AED oder anderen medizinischen Erste-Hilfe-Stationen bekannt und eingerichtet?
- Werden Verletzungen/Arbeitsunfälle oder andere Störungen/Notfälle dokumentiert?
- Sind ausreichend Ersthelfer vorhanden oder benannt?

Weiterhin müssen die Führungskräfte und der AMS-Beauftragte darauf hinwirken, dass Hinweise auf mögliche Gefahren gegeben werden, die aus einer Reaktion auf eine Störungs- oder Notfallsituation resultieren können. Zur Sicherung einer Störfall- oder Notfallsituation sind zudem Überlegungen anzustellen oder Planungen vorzunehmen, wie mit dem Ausfall vom Komponenten oder Personen umzugehen ist. Hierzu gehört auch die Festlegung von möglichen Alarmierungsstufen im Sinne der Alarm- und Ausrückeordnung.

4. Für die Beschaffung der notwendigen Einrichtungen (z. B. mobile Löscheinrichtungen, Erste-Hilfe-Einrichtungen etc.) sind die finanziellen Ressourcen bereitzustellen, die entsprechenden Beschaffungen anzustoßen und die personellen Zuständigkeiten festzulegen.

5. Die Meldewege bei einer intern bzw. extern hervorgerufenen betrieblichen Störung oder eines Notfalls sind zu definieren. Bei einer Störung bzw. einem Notfall ist die zuständige Leitstelle zu informieren. Von hier werden bei Bedarf auf der Grundlage der Notfallpläne weitere Kräfte alarmiert und die nächsten Vorgesetzten (u. a. Leiter der Musterfeuerwehr, Dezernent, Oberbürgermeister) benachrichtigt. Zudem erfolgt von hier die Auslösung des Räumungssignals.

6. In Abhängigkeit von der Art der Störung bzw. des Notfalls muss festgelegt werden, welche Einsatzkräfte bzw. welche Mitarbeiter der Fachabteilungen der Musterfeuerwehr zu alarmieren sind. Hierzu gehört auch die Beachtung der festgelegten Alarmierungsstufen, sofern das nicht im Rahmen eines Automatismus auf der Basis der im Leitrechner der Musterfeuerwehr hinterlegten Strukturen erfolgt.

7. In regelmäßigen zeitlichen Abständen muss kontrolliert werden, ob die Maßnahmen und Verfahren bei einer betrieblichen Störung bzw. bei einem Notfall den Mitarbeitern bekannt bzw. ob die festgelegten Maßnahmen umgesetzt sind. Die Bekanntgabe der Maßnahmen wie auch der Verfahren erfolgt u. a. auf der Basis von Betriebsanweisungen.

8. Sind die Maßnahmen und Verfahren nicht bekannt, ist es im Sinne des Arbeitsschutzes dennoch notwendig, dass die Beschäftigten in der Lage sind, im Fall einer Störung bzw. eines Notfalls die Vorgaben zielgerichtet und wirkungsvoll umzusetzen. Das gilt besonders für Mitarbeiter der Musterfeuerwehr, die neu im jeweiligen Bereich

beschäftigt sind. An dieser Stelle besteht eine Verbindung zum Führungsbereich »Unterweisungen«.

9. Auch bei einer betrieblichen Störung oder einem Notfall gelten weiterhin die Bestimmungen des Arbeitsschutzes. Daher muss eine Unterweisung bzw. Schulung der Beschäftigten in Bezug auf das Verhalten bei Störungen/Notfällen wie auch die Einhaltung der Schutzvorkehrungen entsprechend dokumentiert werden.
10. Um die Mitarbeiter der Musterfeuerwehr für das Verhalten und die Maßnahmen bei betrieblichen Störungen bzw. Notfällen zu sensibilisieren, müssen regelmäßig, mindestens jedoch einmal pro Jahr, Notfallübungen für die jeweiligen Bereiche geplant und durchgeführt werden.
11. Unter Berücksichtigung der Vorgaben des Arbeitsschutzes sind alle Maßnahmen und Handlungsschritte zur Vorbereitung auf mögliche betriebliche Störungen und Notfälle zu dokumentieren.

4.5.5 Schriftstücke/Dokumente

In der Tabelle 17 ist dargestellt, bei wem die Verfahrens- bzw. Durchführungsverantwortung für die Entscheidung der internen Verfahrensanweisungen liegt und wer daran mitwirkt.

Tabelle 17: Verfahrens- bzw. Durchführungsverantwortung für die Entscheidung der internen Verfahrensanweisungen

Bezeichnung	Titel	Leiter der Feuerwehr (LdF)	Stabsstelle AMS-Beauftragter (AMS-B)	Stabsstelle Ärztlicher Leiter Rettungsdienst (ST-ÄLR)	Personalvertretung (PV)	Verwaltung (37-1)	Finanzcontrolling (37-11-C)	Allg. Verwaltung (37-11)	Rechnungen/Gebühren (37-12)	Aus- und Fortbildung (37-2)	Personalentwicklung (37-21)	Feuerwehrschule (37-22)	Rettungsassistentenschule (37-23)	Freiwillige Feuerwehr (37-24)	Einsatz/Einsatzvorbereitung (37-3)	Öffentlichkeitsarbeit (37-31)	Rettungsdienst (37-32)	Personaleinsatz/Personalführung (37-33)	Krisenmanagement/Bevölkerungsschutz (37-34)	Feuerwachen/Rettungswachen (37-35)	Vorbeugender Brand- und Gefahrenschutz (37-4)	Genehmigungs-/Planungsverfahren (37-41)	Brandschau (37-42)	Sonderschutzpläne (37-43)	Technik (37-5)	Fahrzeug-/Gerätetechnik (37-51)	Werkstätten/Lager/Geräteprüfung (37-52)	Leitstelle/Kommunikationstechnik (37-53)	Atemschutz/Pers. Schutzausrüstung (37-54)
VA FEU S 4.5.-01-1	Störungen und Notfälle	V	A		M	M			M						M						M				M				

V = Verfahrensverantwortung   A = Ausführung

M = Mitwirkung

FB = Formblatt

198

4.6 Unterweisungen

4.6.1 Ziel

Die Unterweisungen haben zum Ziel, die sicherheits- und gesundheitsrelevanten Aspekte des Arbeitsschutzes zu vermitteln und ein entsprechendes Verhalten der Mitarbeiter der Musterfeuerwehr zu erreichen bzw. zu erhalten. Hierzu haben die Führungskräfte der Musterfeuerwehr und der AMS-Beauftragte zu veranlassen:

* anlassbezogene oder in regelmäßigen Abständen stattfindende Unterweisungen bzw. Erstunterweisungen,
* das Interesse der Mitarbeiter durch
    - sachliche Schilderungen von Unfällen und den daraus resultierenden Konsequenzen,
    - Schilderung von vorbildlichem Verhalten in arbeitsschutzrelevanten Dingen,
    - Einbinden in Entscheidungen zum Arbeitsschutz zu wecken
* Gefährdungen und Belastungen aufzeigen sowie Kenntnisse der Beschäftigten erweitern,
* Verhaltensregeln und Schutzmaßnahmen erläutern, vorführen und im Rahmen von Übungen vertiefen,
* Dokumentation und Nachweisführung.

4.6.2 Geltungsbereich

Die Regelungen gelten für die gesamte Musterfeuerwehr.

4.6.3 Verantwortlichkeit

Die Führungskräfte sind mit Unterstützung durch den AMS-Beauftragten für die Einhaltung und Fortentwicklung dieses Führungsbereichs verantwortlich. Neben den Führungskräften und dem AMS-Beauftragten können dafür geeignete Mitarbeiter der Musterfeuerwehr als Unterweiser eingesetzt werden.

4.6.4 Ablaufschema

1. Unterweisungen zu Themen des Arbeitsschutzes erfolgen durch qualifiziertes und vom Leiter der Musterfeuerwehr autorisiertes Personal. Sie werden grundsätzlich mündlich durchgeführt, sind auf eine kurze Zeitdauer ausgelegt und werden unter Angabe des Zeitpunkts und der Räumlichkeit, wo sie stattfinden, festgelegt. Einer problemorientierten, auf eine kurze Zeitdauer angelegten Unterweisung ist gegenüber einer länger andauernden Unterweisung der Vorzug zu geben. In Abhängigkeit von den Themen der Unterweisungen ist die Teilnehmerzahl zu begrenzen.

2. Sofern die Planungsphase unter Berücksichtigung der Unterweisungsanlässe und der Organisation abzuschließen ist, kann wie in Schritt 5 beschrieben verfahren werden; anderenfalls folgt Schritt 3.

3. In diesem Schritt ist zu untersuchen, inwieweit im Rahmen der Untersuchung des Vorliegens eines Restrisikos Unterweisungen als Erst- oder Wiederholungsunterweisungen durchzuführen sind. Zur Ermittlung des Unterweisungsbedarfs gehört auch die Berücksichtigung von Unterweisungen aus besonderen Anlässen (z. B. Unfälle, persönliches sicherheitsauffälliges Verhalten, Beinaheunfälle).

4. In Schritt 4 folgt die Formulierung der Grobthemen, d. h. die Überlegung, ob die Unterweisungen den Fokus auf die Themen legen, die sich auf die Musterfeuerwehr beziehen (beispielsweise »Verhalten bei Störungen oder Notfällen«, »Alkohol oder andere Rauschmittel am Arbeitsplatz«, »rechtliche Vorschriften«) oder bestimmte Tätigkeiten (z. B. »Umgang mit elektrischen, hydraulischen oder medizinischen Geräten«) bzw. ein persönliches Verhalten (z. B. »Tragen der Persönlichen Schutzausrüstung«, »Heben und Tragen von Lasten«) nach sich ziehen.

5. Nachdem die Planungsphase abgeschlossen ist, kann festgelegt werden, welchen konkreten thematischen Inhalten die Unterweisungen folgen. Die Vorbereitung des Unterweisenden auf das jeweilige Thema ist ein Teilschritt.

6. Sofern alle Voraussetzungen für die Unterweisungen erfüllt sind, kann die Vorbereitung abgeschlossen werden.

7. Lässt sich die Vorbereitung nicht als abgeschlossen einstufen, gilt es zunächst in die Informationssammlung für die Unterweisungen einzusteigen, wobei hier noch keine Gewichtung oder Wertung vorzunehmen ist. Als potenzielle Informationsquellen können dabei die Unfallstatistik oder die Unfalluntersuchungen der Musterfeuerwehr genauso dienen wie die Ergebnisse von Begehungen, die Hinweise der Fachkraft für Arbeitssicherheit oder Bedienungsanleitungen, Verfahrensanweisungen bzw. Hinweise der Unfallversicherungsträger.

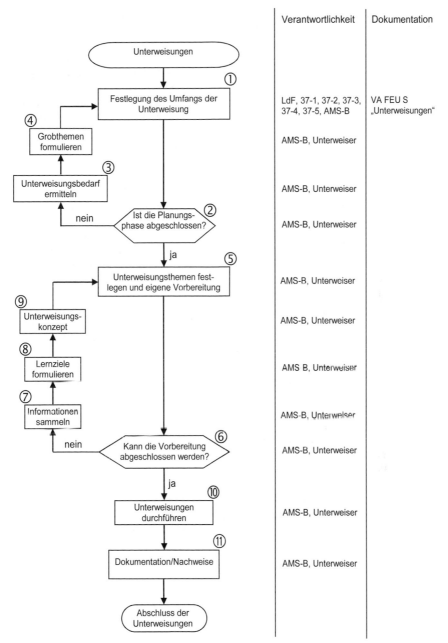

	Verantwortlichkeit	Dokumentation
① Festlegung des Umfangs der Unterweisung	LdF, 37-1, 37-2, 37-3, 37-4, 37-5, AMS-B	VA FEU S „Unterweisungen"
④ Grobthemen formulieren	AMS-B, Unterweiser	
③ Unterweisungsbedarf ermitteln	AMS-B, Unterweiser	
② Ist die Planungsphase abgeschlossen?	AMS-B, Unterweiser	
⑤ Unterweisungsthemen festlegen und eigene Vorbereitung	AMS-B, Unterweiser	
⑨ Unterweisungskonzept	AMS-B, Unterweiser	
⑧ Lernziele formulieren	AMS B, Unterweiser	
⑦ Informationen sammeln	AMS-B, Unterweiser	
⑥ Kann die Vorbereitung abgeschlossen werden?	AMS-B, Unterweiser	
⑩ Unterweisungen durchführen	AMS-B, Unterweiser	
⑪ Dokumentation/Nachweise	AMS-B, Unterweiser	

Bild 39: Ablaufschema

8. Der Unterweiser hat bei der von ihm durchgeführten Unterweisung ein bestimmtes Lernziel vor Augen, welches es zu erreichen gilt. Bei der Formulierung von Lernzielen geht es darum, eine Verhaltensänderung herbeizuführen, eine konkrete Arbeitssituation zu betrachten oder bestimmte Eigenschaften wie Fachwissen, persönliche Fähigkeiten bzw. Motivation hervorzuheben. Die Lernziele für die Mitarbeiter der Musterfeuerwehr lassen sich mit den Fragen nach der Zielgruppe (wer?), nach dem Arbeitsablauf oder der Arbeit (was?), nach den Arbeitsmitteln (womit?) und nach der Güte oder Qualität (wie?) mit überschaubarem Aufwand herausarbeiten.

9. Der Unterweiser erarbeitet ein Unterweisungskonzept, das durch einen logischen und strukturierten Aufbau der systematischen Vorbereitung dient. Er setzt dazu die entsprechenden thematischen Inhalte mit didaktischen Methoden und den geeigneten Medien sowie der Zeit in Beziehung. Der aktiven Mitarbeit der Beschäftigten der Musterfeuerwehr ist aufgrund des Lernerfolgs der Vorzug vor einem ausschließlichen Vortrag zu geben. Nach Fertigstellung des Unterweisungskonzepts kann wie in Schritt 5 beschrieben weiter verfahren werden.

10. Die Unterweisungen müssen einer erkennbaren Struktur folgen. Dazu sind die Themen bzw. die Ziele eindeutig zu benennen und der Bezug zum Arbeitsablauf/Dienstablauf bei der Musterfeuerwehr ist herzustellen. Durch den Einsatz von geeigneten Medien erfolgt die gezielte Information. Der Unterweiser hat die Mitarbeiter zur aktiven Mitwirkung (beispielsweise durch Schilderung eigener negativer oder positiver Erfahrungen/Erkenntnisse) zu motivieren. Durch Demonstrationen und anschließende Übungen sind die Mitarbeiter in der Lage, das richtige arbeitsschutzrelevante Verhalten zu verinnerlichen. Abschließend sind im Rahmen einer Zusammenfassung die wichtigsten Punkte herauszustellen und ein verbindliches Verfahren einzufordern.

11. Die Durchführungen von Unterweisungen müssen dokumentiert werden. Dazu sind neben dem Datum und den thematischen Inhalten auch die Namen des jeweiligen Unterweisers wie auch die der unterwiesenen Mitarbeiter mit den jeweiligen Unterschriften schriftlich festzuhalten.

4.6.5 Schriftstücke/Dokumente

In der Tabelle 18 ist dargestellt, bei wem die Verfahrens- bzw. Durchführungsverantwortung für die Entscheidung der internen Verfahrensanweisungen liegt und wer daran mitwirkt.

Tabelle 18: Verfahrens- bzw. Durchführungsverantwortung für die Entscheidung der internen Verfahrensanweisungen

Bezeichnung	Titel	Leiter der Feuerwehr	Stabsstelle AMS-Beauftragter	Stabsstelle Ärztlicher Leiter Rettungsdienst	Personalvertretung	Verwaltung	Finanzcontrolling	Allg. Verwaltung	Rechnungen/Gebühren	Aus- und Fortbildung	Personalentwicklung	Feuerwehrschule	Rettungsassistentenschule	Freiwillige Feuerwehr	Einsatz/Einsatzvorbereitung	Öffentlichkeitsarbeit	Rettungsdienst	Personaleinsatz/Personalführung	Krisenmanagement/Bevölkerungsschutz	Feuerwachen/Rettungswachen	Vorbeugender Brand- und Gefahrenschutz	Genehmigungs-/Planungsverfahren	Brandschau	Sonderschutzpläne	Technik	Fahrzeug-/Gerätetechnik	Werkstätten/Lager/Geräteprüfung	Leitstelle/Kommunikationstechnik	Atemschutz/Pers. Schutzausrüstung
		LdF	AMS-B	ST-ALR	PV	37-1	37-11-C	37-11	37-12	37-2	37-21	37-22	37-23	37-24	37-3	37-31	37-32	37-33	37-34	37-35	37-4	37-41	37-42	37-43	37-5	37-51	37-52	37-53	37-54
VA FEU S 4.6.-01-1	Unterweisungen	V	A	M	M			M						M				M			M					M			
FB 4.6.-01	Unterweisungen	V	M							A	M	M	M													M	M	M	M

V = Verfahrensverantwortung   A = Ausführung
M = Mitwirkung

FB = Formblatt

4.7 Unfalluntersuchungen/Korrekturmaßnahmen

4.7.1 Ziel

Grundsätzlich werden alle Unfälle, an denen Mitarbeiter der Musterfeuerwehr beteiligt sind, mindestens für statistische Zwecke erfasst. Bei Wegeunfällen greifen die Vorgaben nach der »Allgemeinen Dienstanweisung« (ADA) der Musterstadt/Musterkommune.

Das Ziel der Unfalluntersuchungen ist die Vermeidung von immer wieder auftretenden Unfällen vergleichbarer Art oder Ursache, abgeleitet aus der Aufdeckung von einer oder mehreren nicht erkannten Schwachstellen. Die Führungskräfte und der AMS-Beauftragte haben die Aufgabe, die tatsächlichen Unfallursachen herauszuarbeiten und daraus die notwendigen Korrekturmaßnahmen für die Musterfeuerwehr abzuleiten.

203

Hierzu sind die folgenden Schritte von den Führungskräften und dem AMS-Beauftragten vorzunehmen:

- Zusammentragen der relevanten Informationen,
- Beschreibung des genauen Unfallhergangs,
- Analyse der Ursachen für den Unfall,
- Formulierung von Korrekturmaßnahmen und Einleitung der Umsetzung,
- Dokumentation und Nachweisführung.

4.7.2 Geltungsbereich

Die Regelungen haben Gültigkeit für alle Bereiche der Musterfeuerwehr.

4.7.3 Verantwortlichkeit

Für die Durchführung der Unfalluntersuchungen und die Festlegung von Korrekturmaßnahmen sind die Führungskräfte und der AMS-Beauftragte der Musterfeuerwehr verantwortlich. Die Mitarbeiter der Musterfeuerwehr haben die Führungskräfte entsprechend zu unterstützen. Die Fachkraft für Arbeitssicherheit und der Arbeitsmediziner beraten bei der Untersuchung der Unfallursachen und der Formulierung von Korrekturmaßnahmen.

4.7.4 Ablaufschema

1. Bei der Musterfeuerwehr unterscheidet man zwischen Wegeunfällen und Unfällen während des Dienstbetriebs bzw. im Rahmen des Einsatzgeschehens. Bei Unfällen während des Dienstbetriebs auf einer Feuerwache oder in einem Gerätehaus wie auch bei Unfällen während bzw. in der Folge von Feuerwehreinsätzen wird entsprechend der nachfolgenden Schritte verfahren.
2. Geeignete Informationen ergeben sich durch die Informationssammlung am Unfallort. Durch Fotos und evtl. durch Skizzen kann die Unfallsituation festgehalten werden. Interne Dokumente wie Verfahrensanweisungen oder Beschreibungen des Herstellers sind heranzuziehen. Zudem werden die beteiligten Mitarbeiter als mögliche Zeugen und die verunfallte Person zum Unfallhergang befragt. Die Führungskräfte und der AMS-Beauftragte orientieren sich bei der

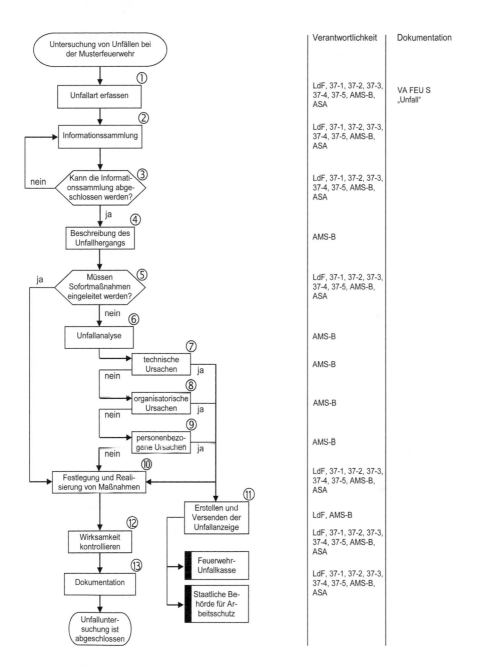

Bild 40: Ablaufschema

205

Befragung, um alle relevanten Informationen zu erlangen, an den folgenden Fragen:

- Was ist genau geschehen?
- Wer ist verletzt worden?
- Welcher Art sind die Verletzungen?
- Wo ist der Unfall passiert?
- Wann ist der Unfall vorgefallen?

3. In diesem Schritt gilt es zu entscheiden, ob die vorliegenden Informationen vollständig sind. Kommen die Führungskräfte und der AMS-Beauftragte zu dem Schluss, dass Informationen fehlen, muss der Schritt der Informationssammlung wieder aufgegriffen werden.

4. Aus den zur Verfügung stehenden Informationen erstellt der AMS-Beauftragte eine Beschreibung des Unfallgeschehens, ohne eine Wertung vorzunehmen. Zur Beschreibung des Unfallgeschehens eignet sich eine tabellarische Darstellung der Abläufe oder eine Darstellung, welche die Ereignisse bausteinartig zusammenführt. Grundsätzlich erfolgt zunächst die Erfassung derer, die am Unfall beteiligt waren (Personen, feuerwehrtechnische Ausrüstung oder Aggregate, Arbeitsabläufe). Daraufhin wird die Handlung beschrieben und unter Zuordnung der Zeit eine Festlegung der Reihenfolge vorgenommen.

5. Auf der Grundlage der zur Verfügung stehenden Informationen kann es vor Abschluss der Unfalluntersuchung und vor Aufnahme der Unfallanalyse notwendig sein, Sofortmaßnahmen zu ergreifen. Diese Sofortmaßnahmen werden von den am ASA beteiligten Personen festgelegt, die zeitlich unmittelbare Realisierung veranlasst und die Wirksamkeit der Maßnahmen kontrolliert.

6. Sollte die Einleitung von Sofortmaßnahmen nicht notwendig sein, kann der AMS-Beauftragte die Unfallanalyse vornehmen. Hierbei geht es darum, durch kritisches Hinterfragen und systematische Aufbereitung der Unfallursache auf die Spur zu kommen. Der AMS-Beauftragte bezieht sich bei der Unfallanalyse durch die Fragestellung »warum« auf die vorliegenden Informationen. Beispielsweise:

- Warum wurden bestimmte Handlungen ausgeführt?
- Warum geschah der Unfall zu dem betreffenden Zeitpunkt?
- Warum wurde das feuerwehrtechnische Gerät/Aggregat eingesetzt?

In der weiteren Unfallanalyse sind für die Klärung der Ursachen die Gliederungen gemäß dem TOP-Prinzip vorzunehmen.

7. Der AMS-Beauftragte hat zu klären, ob technische Probleme als Unfallursache in Frage kommen. Das können Fehlfunktionen, Verschleiß (u. a. auch hervorgerufen durch Korrosion oder andere Defekte) wie auch defekte Sicherheitseinrichtungen sein.

8. In diesem Schritt ist zu prüfen, in welcher Weise organisatorische Ursachen eine Rolle beim Unfallgeschehen gespielt haben. Organi-

satorische Ursachen lassen sich z. B. auf fehlende Ressourcen wie fehlendes Personal, fehlende finanzielle Mittel oder Zeitdruck zurückführen. Weiterhin können auch unzureichende Unterweisungen, die Arbeitsbedingungen (Lärm, unzureichende Beleuchtung, mangelbehaftete Belüftung) oder eine unzureichende Planung von Arbeitsabläufen zu organisatorischen Ursachen beitragen.

9. In diesem Schritt ist zu überprüfen, ob personenbezogene Ursachen für die Entstehung des Unfalls ausgemacht werden können. Hierzu hat der AMS-Beauftragte zu hinterfragen, ob Prüfungen nicht durchgeführt oder Prüffristen nicht eingehalten wurden, ob ein persönliches Fehlverhalten durch das Abweichen von bestimmten Vorgaben vorliegt oder ob die Mitarbeiter der Musterfeuerwehr den an sie gestellten Anforderungen nicht gewachsen waren.

10. Die Führungskräfte und der AMS-Beauftragte haben aus der identifizierten Ursache für den Unfall die entsprechenden Maßnahmen im Sinne des Arbeitsschutzes abzuleiten. Zudem müssen die Gefährdungsbeurteilung(en) auf der Grundlage der gewonnenen Erkenntnisse der Unfalluntersuchung/Unfallanalyse angepasst werden. Grundsätzlich ist bei der Festlegung der Maßnahmen zum Arbeitsschutz der Mitarbeiter der Musterfeuerwehr dem TOP-Prinzip Rechnung zu tragen.

11. Die Ergebnisse der gesamten Unfalluntersuchung und die sich für die Musterfeuerwehr ergebenden Maßnahmen zur Vermeidung von Folgeunfällen sind durch den AMS-Beauftragten schriftlich zu formulieren und durch den Leiter der Musterfeuerwehr der Feuerwehr-Unfallkasse und gegebenenfalls auch den staatlichen Behörden für Arbeitsschutz anzuzeigen.

12. Die Führungskräfte der Musterfeuerwehr haben die zeitnahe Umsetzung der festgelegten Maßnahmen zu veranlassen und deren Umsetzung wie auch die Wirksamkeit der veranlassten Maßnahmen zu überprüfen.

13. Die terminliche Vorgabe für die Umsetzung der festgelegten Maßnahmen ist mit der Benennung der verantwortlichen Person in einer geeigneten Weise zu dokumentieren. Mit der Dokumentation aller notwendigen Schritte der Unfalluntersuchung und der daraus abgeleiteten Maßnahmen zum Arbeitsschutz bei der Musterfeuerwehr endet die Unfalluntersuchung.

4.7.5 Schriftstücke/Dokumente

In der Tabelle 19 ist dargestellt, bei wem die Verfahrens- bzw. Durchführungsverantwortung für die Entscheidung der internen Verfahrensanweisungen liegt und wer daran mitwirkt.

Tabelle 19: Verfahrens- bzw. Durchführungsverantwortung für die Entscheidung der internen Verfahrensanweisungen

Bezeichnung	Titel	Leiter der Feuerwehr (LdF)	Stabsstelle AMS-Beauftragter (AMS-B)	Stabsstelle Ärztlicher Leiter Rettungsdienst (ST-ÄLR)	Personalvertretung (PV)	Verwaltung (37-1)	Finanzcontrolling (37-11-C)	Allg. Verwaltung (37-11)	Rechnungen/Gebühren (37-12)	Aus- und Fortbildung (37-2)	Personalentwicklung (37-21)	Feuerwehrschule (37-22)	Rettungsassistentenschule (37-23)	Freiwillige Feuerwehr (37-24)	Einsatz/Einsatzvorbereitung (37-3)	Öffentlichkeitsarbeit (37-31)	Rettungsdienst (37-32)	Personaleinsatz/Personalführung (37-33)	Krisenmanagement/Bevölkerungsschutz (37-34)	Feuerwachen/Rettungswachen (37-35)	Vorbeugender Brand- und Gefahrenschutz (37-4)	Genehmigungs-/Planungsverfahren (37-41)	Brandschau (37-42)	Sonderschutzpläne (37-43)	Technik (37-5)	Fahrzeug-/Gerätetechnik (37-51)	Werkstätten/Lager/Geräteprüfung (37-52)	Leitstelle/Kommunikationstechnik (37-53)	Atemschutz/Pers. Schutzausrüstung (37-54)
VA FEU S 4.7.-01-1	Unfall-	V	A		M	M				M					M						M				M				
FB 4.7.-01	Dienstunfall-meldung	V	A										M	M															

V = Verfahrensverantwortung   A = Ausführung
M = Mitwirkung

FB = Formblatt

4.8 Planung von Arbeitsverfahren

4.8.1 Ziel

Die Beseitigung von Mängeln oder Gefahren kann nach einem eingetretenen Ereignis möglicherweise sehr kostenintensiv sein. Die Führungskräfte und der AMS-Beauftragte haben daher bereits in der Planungsphase von Arbeitsverfahren oder bei der Einführung von neuen Arbeitsmitteln (feuerwehrtechnische oder medizinische Geräte) die Anforderungen und die Vorgaben des Arbeitsschutzes zu berücksichtigen. Bei der Einführung von neuen Arbeitsverfahren oder neuen Arbeitsmitteln sind von den Führungskräften unter der Mitwirkung des AMS-Beauftragten folgende Punkte zu veranlassen oder durchzuführen:

- Zusammentragen der notwendigen und relevanten Informationen,
- Erstellen von Gefährdungsbeurteilungen, sofern diese fehlen, oder bestehende Gefährdungsbeurteilungen anpassen,
- Überlegungen zu geeigneten Schutzmaßnahmen anstellen,
- Dokumentation und Nachweisführung.

4.8.2 Geltungsbereich

Die Regelungen haben Gültigkeit für alle Bereiche der Musterfeuerwehr.

4.8.3 Verantwortlichkeit

Für die Einführung von neuen Arbeitsverfahren oder neuen Arbeitsmitteln sind die Führungskräfte im Zusammenwirken mit dem AMS-Beauftragten der Musterfeuerwehr verantwortlich. Die Mitarbeiter der Musterfeuerwehr haben die Führungskräfte entsprechend zu unterstützen. Bei der Planung von neuen Arbeitsverfahren oder der Einführung von neuen Arbeitsmitteln werden die Fachkraft für Arbeitssicherheit und der Arbeitsmediziner beratend tätig.

4.8.4 Ablaufschema

1. Vor der Einführung eines neuen Arbeitsverfahrens (alternativ: Einführung von neuen feuerwehrtechnischen oder medizinischen Arbeitsmitteln) ist ein Verantwortlicher zu benennen, der für die Gefährdungsbeurteilung, die Beurteilung der Schutzmaßnahmen und die Einführung des Arbeitsverfahrens bei der Musterfeuerwehr die Verantwortung trägt. Als Verantwortlicher ist eine Führungskraft der Musterfeuerwehr zu benennen, die durch den AMS-Beauftragten wie auch weitere Mitarbeiter der Musterfeuerwehr unterstützt wird.
2. In diesem Schritt ist die Frage nach der ausreichenden Beschreibung des Arbeitsablaufs hinsichtlich einer Minimierung von möglichen Gefährdungen zu beantworten. Hierzu zählen auch die Aussagen zum Vorliegen von Gefährdungsbeurteilungen, zum Vorliegen von Informationen Dritter und zu den festzulegenden Maßnahmen im Sinne des Arbeitsschutzes. Ist der Arbeitsablauf ausreichend beschrieben, folgt Schritt 3.
3. Auf die Frage nach konkreten Schutzmaßnahmen muss in diesem Schritt eine zweifelsfreie Antwort gegeben werden können. Die Festlegung der Schutzmaßnahmen ist unter Anwendung des TOP-Prinzips vorzunehmen.
4. Ist die Beantwortung der Fragen aus Schritt 2 und/oder Schritt 3 negativ (nein), gilt es zusätzliche Informationen zu beschaffen und darauf aufbauend die Gefährdungsbeurteilung(en) und die festgelegten Schutzmaßnahmen kritisch zu überprüfen. Die zusätzlichen Informationen ergeben sich beispielsweise aus Hinweisen der gesetzlichen Unfallversicherungsträger oder aus Fachinformationen zu möglichen Alternativ-Arbeitsverfahren. Erst wenn alle notwendigen Informationen vorliegen, kann Schritt 5 folgen.

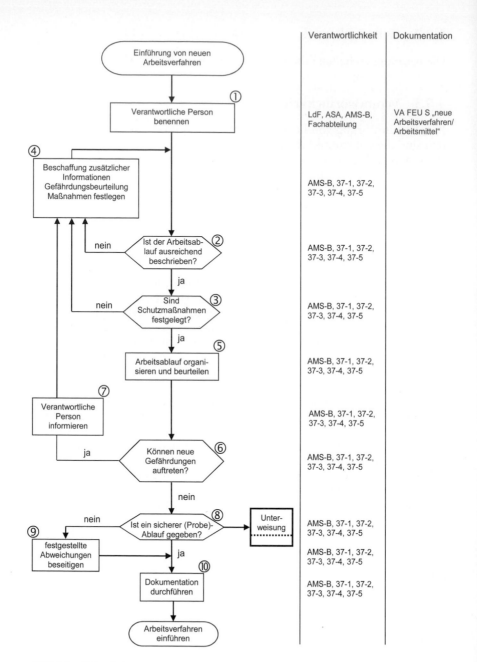

| | Verantwortlichkeit | Dokumentation |

Einführung von neuen Arbeitsverfahren

① Verantwortliche Person benennen — LdF, ASA, AMS-B, Fachabteilung — VA FEU S „neue Arbeitsverfahren/ Arbeitsmittel"

④ Beschaffung zusätzlicher Informationen Gefährdungsbeurteilung Maßnahmen festlegen — AMS-B, 37-1, 37-2, 37-3, 37-4, 37-5

② Ist der Arbeitsablauf ausreichend beschrieben? — nein — AMS-B, 37-1, 37-2, 37-3, 37-4, 37-5 — ja

③ Sind Schutzmaßnahmen festgelegt? — nein — AMS-B, 37-1, 37-2, 37-3, 37-4, 37-5 — ja

⑤ Arbeitsablauf organisieren und beurteilen — AMS-B, 37-1, 37-2, 37-3, 37-4, 37-5

⑦ Verantwortliche Person informieren — AMS-B, 37-1, 37-2, 37-3, 37-4, 37-5

⑥ Können neue Gefährdungen auftreten? — ja — AMS-B, 37-1, 37-2, 37-3, 37-4, 37-5 — nein

⑧ Ist ein sicherer (Probe)-Ablauf gegeben? — nein → Unterweisung — AMS-B, 37-1, 37-2, 37-3, 37-4, 37-5

⑨ festgestellte Abweichungen beseitigen — AMS-B, 37-1, 37-2, 37-3, 37-4, 37-5 — ja

⑩ Dokumentation durchführen — AMS-B, 37-1, 37-2, 37-3, 37-4, 37-5

Arbeitsverfahren einführen

Bild 41: Ablaufschema

5. Die verantwortliche Führungskraft veranlasst die Beschreibung des Ablaufs des Arbeitsverfahrens hinsichtlich der Organisation und prüft die Voraussetzungen zur Einhaltung der sicherheitstechnischen Vorgaben und des Gesundheitsschutzes.

6. In Schritt 6 wird das neue Arbeitsverfahren dahingehend überprüft, ob neue Gefährdungen für die Mitarbeiter der Musterfeuerwehr auftreten können. Liefert die Überprüfung das Ergebnis, dass neue Gefährdungen für die Beschäftigten nicht ausgeschlossen werden können, ist die für die Einführung des Verfahrens verantwortliche Person zu informieren. Beim Ausschluss von Gefährdungen folgt Schritt 8.

7. Die Information der verantwortlichen Führungskraft hat zur Konsequenz, dass diese die Überprüfung des Arbeitsverfahrens, unter der Maßgabe der in Schritt 4 beschriebenen Teilschritte, zu veranlassen hat.

8. Die Einführung und Erprobung von neuen Arbeitsverfahren setzt voraus, dass u. a. die Sicherheit für die mit dem Probelauf beauftragten Beschäftigten gewährleistet sein muss. Das hat zur Konsequenz, dass alle, die nicht unmittelbar an der Erprobung oder Einführung eines neuen Arbeitsverfahrens beteiligt sind, sich außerhalb eines potenziellen Gefahrenbereichs aufzuhalten haben. Vor Beginn der Erprobung müssen alle beteiligten Personen über die möglicherweise auftretenden Gefahren und die dementsprechend eingeleiteten Sicherheits- und Schutzmaßnahmen im Rahmen einer Unterweisung aufgeklärt werden. Hier besteht eine Verknüpfung zum Führungsbereich »Unterweisung«.

9. Ergeben sich während eines ersten, probemäßigen Ablaufs Abweichungen, die zu einer Gesundheitsgefährdung führen können oder die Sicherheit der Mitarbeiter beeinträchtigen, ist der Ablauf unmittelbar zu unterbrechen. Erst nach Beseitigung der festgestellten Abweichungen kann das Verfahren wieder aufgenommen werden.

10. Die Dokumentation aller notwendigen Schritte bei der Einführung eines neuen Arbeitsverfahrens ist notwendig. Das Arbeitsverfahren kann dann eingeführt werden, wenn sichergestellt ist, dass ein sicherer Ablauf gewährleistet und eine Gefährdung der Beschäftigten der Musterfeuerwehr ausgeschlossen ist.

4.8.5 Schriftstücke/Dokumente

In der Tabelle 20 ist dargestellt, bei wem die Verfahrens- bzw. Durchführungsverantwortung für die Entscheidung der internen Verfahrensanweisungen liegt und wer daran mitwirkt.

Tabelle 20: Verfahrens- bzw. Durchführungsverantwortung für die Entscheidung der internen Verfahrensanweisungen

Bezeichnung	Titel	Leiter der Feuerwehr (LdF)	Stabsstelle AMS-Beauftragter (AMS-B)	Stabsstelle Ärztlicher Leiter Rettungsdienst (ST-ÄLR)	Personalvertretung (PV)	Verwaltung (37-1)	Finanzcontrolling (37-11-C)	Allg. Verwaltung (37-11)	Rechnungen/Gebühren (37-12)	Aus- und Fortbildung (37-2)	Personalentwicklung (37-21)	Feuerwehrschule (37-22)	Rettungsassistentenschule (37-23)	Freiwillige Feuerwehr (37-24)	Einsatz/Einsatzvorbereitung (37-3)	Öffentlichkeitsarbeit (37-31)	Rettungsdienst (37-32)	Personaleinsatz/Personalführung (37-33)	Krisenmanagement/Bevölkerungsschutz (37-34)	Feuerwachen/Rettungswachen (37-35)	Vorbeugender Brand- und Gefahrenschutz (37-4)	Genehmigungs-/Planungsverfahren (37-41)	Brandschau (37-42)	Sonderschutzpläne (37-43)	Technik (37-5)	Fahrzeug-/Gerätetechnik (37-51)	Werkstätten/Lager/Geräteprüfung (37-52)	Leitstelle/Kommunikationstechnik (37-53)	Atemschutz/Pers. Schutzausrüstung (37-54)
VA FEU S 4.8.-01-1	Neue Arbeitsverfahren/ Arbeitsmittel	M	M	M						V	A				M		M			M	M				M	M		M	M

V = Verfahrensverantwortung   **A** = Ausführung
M = Mitwirkung

FB = Formblatt

4.9 Internes Audit

4.9.1 Ziel

Das Ziel des internen Audits ist die regelmäßige Überprüfung und Bewertung der Einhaltung der Vorgaben des Arbeitsschutzes im Rahmen des AMS bei der Musterfeuerwehr. Durch das interne Audit soll die Wirksamkeit des AMS seine Bestätigung finden oder mögliche Mängel aufgedeckt sowie notwendige Korrekturmaßnahmen eingeleitet bzw. umgesetzt werden. Dazu ist zu beurteilen, ob:

- die Umsetzung des AMS mit den festgelegten Vorgaben übereinstimmt,
- das AMS die Erfüllung von gesetzlichen Anforderungen sicherstellt,
- das AMS in Bezug auf die Qualitätsvorgaben wirksam ist und
- Möglichkeiten zur Verbesserung des AMS bestehen.

4.9.2 Geltungsbereich

Die Regelungen haben für alle Bereiche der Musterfeuerwehr Gültigkeit.

4.9.3 Verantwortlichkeit

Die Verantwortlichkeit für die Durchführung des internen Audits bei der Musterfeuerwehr ist bei der obersten Führungsebene, ergänzt durch die übrigen Mitglieder des ASA, angesiedelt. Für die Planung, Vorbereitung und Durchführung des internen Audits ist der AMS-Beauftragte verantwortlich.

4.9.4 Ablaufschema

1. Der Leiter der Musterfeuerwehr bestimmt einen Verantwortlichen für das interne Audit. Für die Planung, Vorbereitung und Durchführung des internen Audits ist der Audit-Verantwortliche zuständig.
2. Interne Audits sind in regelmäßigen Abständen, mindestens jedoch einmal im Jahr oder aus besonderen Anlässen (Störungen, Notfälle etc.), durchzuführen. Die festgelegten Audit-Termine sind verbindlich einzuhalten. Die Mitarbeiter des im Rahmen des internen Audits zu überprüfenden Bereichs werden vom Audit-Verantwortlichen informiert.
3. Die schriftliche Ankündigung des Audits, der Auditplan, wird vom AMS-Beauftragten erstellt und vom Leiter der Musterfeuerwehr genehmigt. Der Auditplan umfasst i. A. die Positionen:
   - Auditkriterien (Wirksamkeit des AMS, Aufdecken von Schwachstellen, Vorgaben aus dem Managementsystem oder aus Gesetzen/ UVV),
   - Auditumfang (Arbeitsprozesse, Arbeitsbereiche),
   - Auditor/Auditteam,
   - Audittermin.
4. Zur Vorbereitung des internen Audits dienen dem Audit-Verantwortlichen der Auditplan, das AMS-Handbuch, Audit-Checklisten der Musterfeuerwehr, Berichte über Korrekturmaßnahmen oder andere aussagefähige Dokumente.
5. Der Audit-Verantwortliche kündigt das interne Audit mit Hinweis auf den Auditplan zeitgerecht vor dem avisierten Audittermin an. Das interne Audit wird auf der Basis einer Audit-Checkliste in Form von Gesprächen mit den Mitarbeitern vor Ort oder an einem vorgegebenen Ort (z. B. der betreffende Sozialraum) durchgeführt. Die Fragen des Auditors sollen eindeutig, zielgerichtet und konkret sein. Suggestivfragen gilt es zu vermeiden.
6. Im Anschluss an das interne Audit findet eine Auswertung der Ergebnisse statt. Der Audit-Verantwortliche informiert die Beteiligten über die Ergebnisse.

7. Sind in der Folge des Audits Abweichungen von Vorgaben oder Schwachstellen festgestellt worden, analysiert der Audit-Verantwortliche mit der für den Fachbereich zuständigen Führungskraft die möglichen Ursachen. Sofern keine oder nur untergeordnete Abweichungen vorliegen, kann mit Schritt 10 fortgefahren werden.

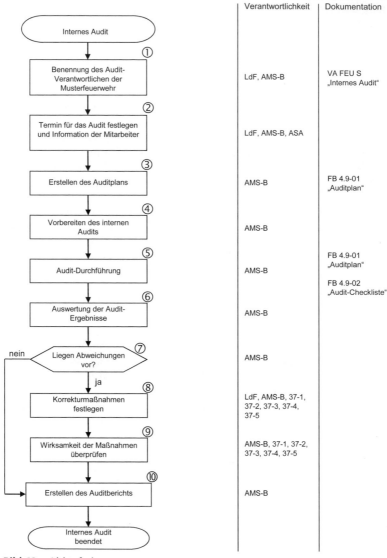

Bild 42: Ablaufschema

214

8. Bei festgestellten Abweichungen sind geeignete Korrekturmaßnahmen durch die Führungskraft des überprüften Bereichs zu formulieren, dem Audit-Verantwortlichen vorzuschlagen und in Absprache mit der obersten Führungsebene der Musterfeuerwehr zu beschließen. Die Mitarbeiter des jeweiligen Bereichs erhalten Kenntnis von den Korrekturmaßnahmen.
9. Die festgelegten Korrekturmaßnahmen sind in Bezug auf eine zeitnahe Umsetzung und die Wirksamkeit zu überprüfen.
10. Der Audit-Verantwortliche formuliert einen zusammenfassenden Auditbericht, in dem die Abweichungen, die Beobachtungen, die Hinweise, die Verbesserungsvorschläge und die Korrekturmaßnahmen dargestellt werden.

Die Auditpläne, Audit-Checklisten und Auditberichte archiviert der AMS-Beauftragte.

4.9.5 Schriftstücke/Dokumente

In der Tabelle 21 ist dargestellt, bei wem die Verfahrens- bzw. Durchführungsverantwortung für die Entscheidung der internen Verfahrensanweisungen liegt und wer daran mitwirkt.

Tabelle 21: Verfahrens- bzw. Durchführungsverantwortung für die Entscheidung der internen Verfahrensanweisungen

Bezeichnung	Titel	Leiter der Feuerwehr (LdF)	Stabsstelle AMS-Beauftragter (AMS-B)	Stabsstelle Ärztlicher Leiter Rettungsdienst (ST-ÄLR)	Personalvertretung (PV)	Verwaltung (37-1)	Finanzcontrolling (37-11-C)	Allg. Verwaltung (37-11)	Rechnungen/Gebühren (37-12)	Aus- und Fortbildung (37-2)	Personalentwicklung (37-21)	Feuerwehrschule (37-22)	Rettungsassistentenschule (37-23)	Freiwillige Feuerwehr (37-24)	Einsatz/Einsatzvorbereitung (37-3)	Öffentlichkeitsarbeit (37-31)	Rettungsdienst (37-32)	Personaleinsatz/Personalführung (37-33)	Krisenmanagement/Bevölkerungsschutz (37-34)	Feuerwachen/Rettungswachen (37-35)	Vorbeugender Brand- und Gefahrenschutz (37-4)	Genehmigungs-/Planungsverfahren (37-41)	Brandschau (37-42)	Sonderschutzpläne (37-43)	Technik (37-5)	Fahrzeug-/Gerätetechnik (37-51)	Werkstätten/Lager/Geräteprüfung (37-52)	Leitstelle/Kommunikationstechnik (37-53)	Atemschutz/Pers. Schutzausrüstung (37-54)
VA FEU S 4.9.-01-1	Audit	V	A	M	M	M				M					M						M				M				
FB 4.9.-01	Auditplan	V	A	M	M	M				M					M						M				M				
FB 4.9.-02	Audit-Checkliste	V	A	M	M	M				M					M						M				M				

V = Verfahrensverantwortung **A** = Ausführung
M = Mitwirkung

FB = Formblatt

215

5 Kernbereich

5.1 Produktgruppen und Produkte

5.1.1 Ziel

Die Produktgruppen und Produkte der Musterfeuerwehr sind im Rahmen der Erbringung von Dienstleistungen auf die Bedürfnisse der Bürger der Musterstadt/Musterkommune sowie vor dem Hintergrund der an die Musterfeuerwehr herangetragenen Anforderungen auszurichten. Dabei müssen die gesetzlichen Aspekte im Arbeitsschutz berücksichtigt werden. Die Anforderungen resultieren u. a. aus den jeweils gültigen Feuerwehrgesetzen wie auch aus den Rettungsgesetzen der Bundesländer. Hinzu kommen zudem die Anforderungen, die im Rahmen der kommunalen Selbstverwaltung der Musterfeuerwehr übertragen sind. Zu den hiermit verbundenen Aufgaben sind zu zählen:

- Erfüllung der gesetzlichen und kommunalen Forderungen,
- Analyse der Forderungen unter Berücksichtigung des Produkts,
- Gebührenkalkulation und Überprüfung der Umsetzung,
- Entgegennahme und Abwicklung von Hilfeersuchen,
- Bearbeitung von Beschwerden,
- Öffentlichkeitsarbeit,
- Analyse der Einhaltung von Vorgaben (z. B. Einhaltung der Schutzziele),
- Betreuung und Beratung der Bürger z. B. durch Brandschutzunterweisungen, Brandschutzaufklärung, Brandschutzerziehung, Erstellen von Sonderschutzplänen.

5.1.2 Geltungsbereich

Die Regelungen haben für alle Produktgruppen/Produkte und damit für alle von der Musterfeuerwehr zu erbringenden Dienstleistungen Gültigkeit. Das schließt alle Mitarbeiter, alle Arbeiten und Arbeitsmittel sowie Einrichtungen und Stoffe unter Berücksichtigung der gesetzlichen wie internen Vorgaben ein.

5.1.3 Verantwortlichkeit

Die Verantwortlichkeit für »Produkte und Produktgruppen« innerhalb des Kernbereichs haben neben dem Leiter der Musterfeuerwehr und der obersten Führungsebene im Besonderen die Leiter der Abteilungen »Einsatz/Einsatzvorbereitung« und »Vorbeugender Brandschutz«.

5.1.4 Ablaufschema

1. Der Bedarf an den Produkten, die seitens der Musterfeuerwehr geliefert werden können, ergibt sich aus dem Feuerwehrgesetz sowie dem Rettungsgesetz des jeweiligen Bundeslandes. Hierbei handelt es sich um Pflichtaufgaben zur Erfüllung nach Weisung. So genannte freiwillige Leistungen sind Aufgaben, die von der Musterstadt/Musterkommune den Bürgern im Rahmen der kommunalen Selbstbestimmung angeboten werden und der Musterfeuerwehr zur Erbringung übertragen sind. Grundsätzlich gilt es zu prüfen, ob ein Bedarf an den Produkten der Musterfeuerwehr besteht bzw. ob eine Ausweitung des Angebots sinnvoll ist.

2. Unter Berücksichtigung der Produkte der Musterfeuerwehr gilt es, die qualitativen Anforderungen zu formulieren, wobei die gesetzlichen Forderungen und die internen Vorgaben zu berücksichtigen sind. Das schließt die Anforderungen des Arbeitsschutzes an die Erbringung der Produkte bzw. an die internen Abläufe im Rahmen des Dienst- und Übungsbetriebs ein. Grundlage für diesen Schritt bilden der Brandschutzbedarfsplan und der Rettungsdienstbedarfsplan der Musterstadt/Musterkommune.

3. Innerhalb der Abteilungen »Einsatz/Einsatzvorbereitung« bzw. »Vorbeugender Brandschutz« erfolgen eine Bewertung der Anforderungen und die Prüfung der Umsetzungsmöglichkeiten. Dies findet sich in der Alarm- und Ausrückeordnung (AAO) und in der Formulierung von Standards, d. h. der Formulierung in welcher Weise das Produkt zu erbringen ist, wieder.

4. In der Abteilung »Einsatz/Einsatzvorbereitung« bzw. »Vorbeugender Brandschutz« wird entschieden, ob Änderungen zur Erbringung der Produkte notwendig sind oder nicht.

5. Sofern Änderungen erforderlich sind, wird durch die Abteilung »Einsatz/Einsatzvorbereitung« bzw. »Vorbeugender Brandschutz« geprüft, ob und mit welchen Änderungen die Produkte erbracht werden können. Tragen auch die Änderungen nicht zum Erfolg bei, sind die Produkte in der Weise nicht zu realisieren. In diesem Fall müssen die Anforderungen an die Bereitstellung der Produkte überprüft und ggf. angepasst werden.

6. Die Abteilung »Einsatz/Einsatzvorbereitung« bzw. »Vorbeugender Brandschutz« gleicht die Anforderungen in der Weise ab, dass sie prüft, ob unter Berücksichtigung der Änderungen die gesetzlichen bzw. internen Forderungen zur Erbringung der Produkte bzw. der Dienstleistungen eingehalten sind.

7. Die Abteilung »Verwaltung« der Musterfeuerwehr führt eine Gebührenkalkulation durch, nachdem die Abteilung »Einsatz/Einsatzvorbereitung« bzw. »Vorbeugender Brandschutz« die Umsetzung/

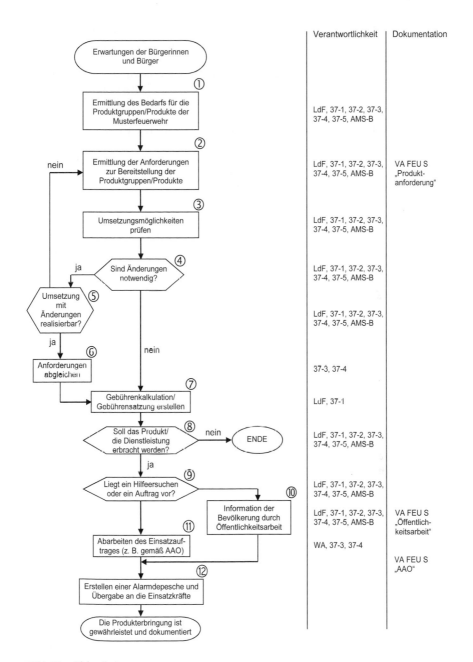

	Verantwortlichkeit	Dokumentation

Erwartungen der Bürgerinnen und Bürger

① **Ermittlung des Bedarfs für die Produktgruppen/Produkte der Musterfeuerwehr** — LdF, 37-1, 37-2, 37-3, 37-4, 37-5, AMS-B

nein ② **Ermittlung der Anforderungen zur Bereitstellung der Produktgruppen/Produkte** — LdF, 37-1, 37-2, 37-3, 37-4, 37-5, AMS-B — VA FEU S „Produktanforderung"

③ **Umsetzungsmöglichkeiten prüfen** — LdF, 37-1, 37-2, 37-3, 37-4, 37-5, AMS-B

ja ④ **Sind Änderungen notwendig?** — LdF, 37-1, 37-2, 37-3, 37-4, 37-5, AMS-B

⑤ **Umsetzung mit Änderungen realisierbar?** — LdF, 37-1, 37-2, 37-3, 37-4, 37-5, AMS-B

ja ⑥ **Anforderungen abgleichen** — 37-3, 37-4

nein ⑦ **Gebührenkalkulation/ Gebührensatzung erstellen** — LdF, 37-1

⑧ **Soll das Produkt/ die Dienstleistung erbracht werden?** nein → **ENDE** — LdF, 37-1, 37-2, 37-3, 37-4, 37-5, AMS-B

ja ⑨ **Liegt ein Hilfeersuchen oder ein Auftrag vor?** — LdF, 37-1, 37-2, 37-3, 37-4, 37-5, AMS-B

⑩ **Information der Bevölkerung durch Öffentlichkeitsarbeit** — LdF, 37-1, 37-2, 37-3, 37-4, 37-5, AMS-B — VA FEU S „Öffentlichkeitsarbeit"

⑪ **Abarbeiten des Einsatzauftrages (z. B. gemäß AAO)** — WA, 37-3, 37-4 — VA FEU S „AAO"

⑫ **Erstellen einer Alarmdepesche und Übergabe an die Einsatzkräfte**

Die Produkterbringung ist gewährleistet und dokumentiert

Bild 43: Ablaufschema

219

Realisierung signalisiert hat. Aus der Gebührenkalkulation resultiert das Anpassen bzw. Aufstellen der Gebührensatzung für das jeweilige Produkt.

8. Der Verwaltungsvorstand und/oder Rat/Kreistag der Musterstadt bzw. Musterkommune trifft letztendlich die Entscheidung, ob das Produkt bzw. die Dienstleistung der Musterfeuerwehr realisiert werden soll.

9. Je nachdem, ob ein konkretes Hilfeersuchen der Bürger der Musterstadt/Musterkommune vorliegt oder eine allgemeine Erwartungshaltung zur Verfügbarkeit von Produkten der Musterfeuerwehr besteht, lassen sich zwei voneinander unabhängige Schritte (vgl. 10, 11) beschreiben.

10. Besteht eine allgemeine Erwartungshaltung bei den Bürgern der Musterstadt/Musterkommune, müssen durch gezielte Öffentlichkeitsarbeit die Leistungsfähigkeit und die Produkte der Musterfeuerwehr vorgestellt bzw. auf diese hingewiesen werden. Das schließt das Betreiben einer aussagefähigen Internetseite und die Bedienung der so genannten »sozialen Medien« ein.

11. Liegt ein konkretes Hilfeersuchen, das über die Notrufnummer in der (integrierten) Leitstelle eingegangen ist, vor, resultiert ein auf der Basis der AAO durch die Leitrechnersoftware produzierter Alarmierungsvorschlag. Bei Vorliegen eines konkreten Auftrags z. B. in Form einer durchzuführenden Brandschau, Brandsicherheitswache etc. erfolgt die Erledigung des Einsatzauftrags auf der Basis der formulierten Standards.

12. Für die Einsatzkräfte der Musterfeuerwehr, die für die Erbringung der Produkte bzw. Dienstleistungen nach AAO vorgesehen sind, wird eine Alarmdepesche, die alle relevanten Informationen enthält, erzeugt und den Einsatzkräften zur Verfügung gestellt. Für konkrete Arbeitsaufträge (Brandschau, Brandsicherheitswache etc.) erfolgt die Formulierung einer Auftragsbestätigung.

5.1.5 Schriftstücke/Dokumente

In der Tabelle 22 ist dargestellt, bei wem die Verfahrens- bzw. Durchführungsverantwortung für die Entscheidung der internen Verfahrensanweisungen liegt und wer daran mitwirkt.

Tabelle 22: Verfahrens- bzw. Durchführungsverantwortung für die Entscheidung der internen Verfahrensanweisungen

Bezeichnung	Titel	Leiter der Feuerwehr (LdF)	Stabsstelle AMS-Beauftragter (AMS-B)	Stabsstelle Ärztlicher Leiter Rettungsdienst (ST-ÄLR)	Personalvertretung (PV)	Verwaltung (37-1)	Finanzcontrolling (37-11-C)	Allg. Verwaltung (37-11)	Rechnungen/Gebühren (37-12)	Aus- und Fortbildung (37-2)	Personalentwicklung (37-21)	Feuerwehrschule (37-22)	Rettungsassistentenschule (37-23)	Freiwillige Feuerwehr (37-24)	Einsatz/Einsatzvorbereitung (37-3)	Öffentlichkeitsarbeit (37-31)	Rettungsdienst (37-32)	Personaleinsatz/Personalführung (37-33)	Krisenmanagement/Bevölkerungsschutz (37-34)	Feuerwachen/Rettungswachen (37-35)	Vorbeugender Brand- und Gefahrenschutz (37-4)	Genehmigungs-/Planungsverfahren (37-41)	Brandschau (37-42)	Sonderschutzpläne (37-43)	Technik (37-5)	Fahrzeug-/Gerätetechnik (37-51)	Werkstätten/Lager/Geräteprüfung (37-52)	Leitstelle/Kommunikationstechnik (37-53)	Atemschutz/Pers. Schutzausrüstung (37-54)
VA FEU S 5.1.-01-1	Produktanforderungen	V	M		M	M				M					A	M	M	M	M	M	M				M				
VA FEU S 5.1.-02-1	Öffentlichkeitsarbeit	M	M		M	M				M					V	A					M				M				
VA FEU S 5.1.-03-1	Alarm- und Ausrückeordnung	M	M		M	M				M					V			A			M				M				

V = Verfahrensverantwortung A = Ausführung
M = Mitwirkung

FB = Formblatt

5.2 Planung

5.2.1 Ziel

Die Erzeugung bzw. das Erbringen der Produkte bzw. Dienstleistungen erfolgt bei der Musterfeuerwehr geplant und unter bestimmten Rahmenbedingungen. Das setzt ein zielgerichtetes Ineinandergreifen aller Vorgänge voraus. Grundlage für die formulierten Schritte sind die Anforderungen, die im Bereich »Produktgruppen und Produkte« beschrieben sind. Zusätzlich zur Gewährleistung und dem Anspruch der Bürger an die Qualität der Produkte der Musterfeuerwehr gilt es die relevanten rechtlichen Anforderungen des Arbeitsschutzes zu erfüllen. Zum Ablauf im Rahmen der Planung gehören:
- Formulierung eines Produktplans, d. h. Beschreibung der Produkteigenschaften, der Voraussetzungen zur Bereitstellung und Umsetzung der Produkte,

- Erarbeiten der Voraussetzungen zur Anpassung der Produkte an veränderte Rahmenbedingungen,
- Prüfung und Berücksichtigung der technischen Entwicklung bei der Umsetzung der Produkte bzw. Dienstleistungen,
- Berücksichtigung des Arbeitsschutzes,
- Vermeidung von möglichen Mängeln bei der Erbringung der Produkte/Dienstleistungen mit Blick auf qualitative oder arbeitsschutz-/sicherheitstechnische Fehler,
- Planung der Abläufe im Dienst- und Übungsbetrieb zur Vorbereitung auf die Erbringung der Produkte/Dienstleistungen,
- Erarbeitung eines Notfallmanagements für Notfälle und sonstige Störungen.

5.2.2 Geltungsbereich

Die Regelungen zum Notfallmanagement haben grundsätzlich Gültigkeit für die gesamte Musterfeuerwehr. Alle Anforderungen, die mit der Planung zur Bereitstellung der Produkte einhergehen, sind von der Abteilung »Einsatz/Einsatzvorbereitung« zu realisieren.

5.2.3 Verantwortlichkeit

Die Verantwortung für den Bereich »Planung« liegt bei der Abteilung »Einsatz/Einsatzvorbereitung«. Für die Planungen zur Realisierung der Produkte zeichnet »Personaleinsatz/Personalführung« verantwortlich, wohingegen das Sachgebiet bzw. der Fachbereich »Fahrzeug-/Gerätetechnik« für die Bereitstellung von neuen technischen Materialien verantwortlich ist. Sind vorbeugende Maßnahmen erforderlich, sind diese von den Abteilungsleitern umzusetzen.

5.2.4 Ablaufschema

1. Die Anforderungen an die Produkte bzw. Produktgruppen (z. B. Schutzziele, Hilfsfrist, Eintreffzeit, Zuschnitte der Einsatzbereiche, Annahme der Fahrtgeschwindigkeit der Fahrzeuge, Auslastung der Rettungsmittel, Wiederholungszeiträume von Brandschauen etc.) müssen durch die Abteilung »Einsatz/Einsatzvorbereitung« bzw. »Vorbeugender Brandschutz« auf Eindeutigkeit und Vollständigkeit geprüft werden, damit eine Grundlage für die Planung gegeben ist. Hierbei sind besonders den Anforderungen im Arbeitsschutz Rechnung zu tragen.

2. Die Abteilung »Einsatz/Einsatzvorbereitung« trifft die Entscheidung, ob die Vorgaben zweifelsfrei und komplett beschrieben sind.
3. Sind die Vorgaben nicht zweifelsfrei und komplett beschrieben, müssen sie noch einmal überprüft und ggf. spezifiziert werden.
4. Sofern die Eindeutigkeit und Vollständigkeit der Vorgaben festgestellt wird, entwickelt die Abteilung »Einsatz/Einsatzvorbereitung«

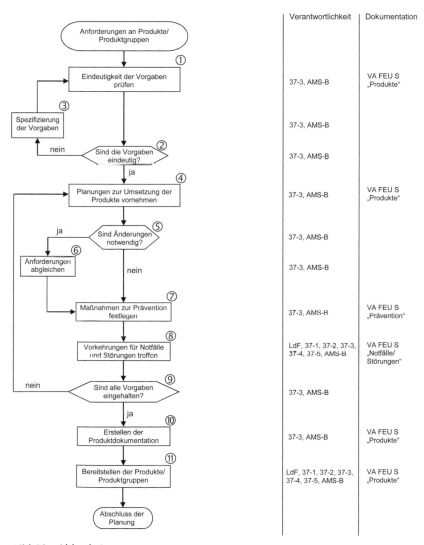

Bild 44: Ablaufschema

223

die notwendigen einsatztaktischen Planungen. Erfordern die Planungen die Bereitstellung von neuen Fahrzeugen oder Geräten, ist die Abteilung »Technik« einzubeziehen. Während der Planung ist es notwendig, den Belangen des Arbeitsschutzes höchste Aufmerksamkeit zu schenken. Die Planung schließt den Dienst- und Übungsbetrieb mit ein, weil dort die Grundlagen für ein sicheres Erbringen der Produkte gelegt werden.

5. Im Sachgebiet bzw. Fachbereich »Personaleinsatz/Personalführung« der Abteilung »Einsatz/Einsatzvorbereitung« werden die Anforderungen abgeglichen bzw. wird die Entscheidung getroffen, ob ein neues Produkt angeboten werden kann oder ob unter den gegebenen kommunalen Voraussetzungen ein vorhandenes Produkt angepasst werden muss.

6. Wenn Änderungen notwendig sind, werden im Sachgebiet bzw. Fachbereich »Personaleinsatz/Personalführung« der Abteilung »Einsatz/Einsatzvorbereitung« unter Berücksichtigung der gesetzlichen Forderungen die Anforderungen abgeglichen.

7. Für die Realisierung der Produkte sind Maßnahmen festzulegen, die eine Aussage zur Qualität der Produkte wie auch zum Arbeitsschutz zulassen.

8. Das nicht ordnungsgemäße Handeln oder Störungen des Dienst- und Übungsablaufs in der Form von Unfällen (z. B. Personenschaden) oder Sachschäden (z. B. Verkehrsunfall) können trotz akribischer Planung nicht gänzlich ausgeschlossen werden. Zu den Betriebsstörungen sind z. B. auch Stromausfälle oder Ausfälle der Telefonanbindung (Notrufleitungen) der Musterfeuerwehr an das öffentliche Telefonnetz zu zählen. Für Notfälle oder Störungen des Dienst- und Übungsbetriebs lassen sich analog zu den Feuerwehr-Einsatzplänen ebenfalls Einsatzpläne verfassen, welche die grundsätzlichen Informationen zum Vorgehen und zum Verhalten der Mitarbeiter in solchen Situationen enthalten.

9. Vor Beendigung der Planungen trifft die Abteilung »Einsatz/Einsatzvorbereitung« die grundsätzliche Entscheidung, ob alle Vorgaben erfüllt und eingehalten sind.

10. Sind alle Vorgaben eingehalten, kann die Dokumentation zur Erbringung der Produkte/Dienstleistungen (z. B. Einsatzpläne) erstellt werden. Ist das nicht der Fall, muss der Ablauf beginnend bei Schritt 4 noch einmal durchlaufen werden.

11. Die oberste Führungsebene der Musterfeuerwehr stellt fest, ob die Planung zur Bereitstellung der Produkte abgeschlossen ist und beendet den Planungsablauf.

5.2.5 Schriftstücke/Dokumente

In der Tabelle 23 ist dargestellt, bei wem die Verfahrens- bzw. Durchführungsverantwortung für die Entscheidung der internen Verfahrensanweisungen liegt und wer daran mitwirkt.

Tabelle 23: Verfahrens- bzw. Durchführungsverantwortung für die Entscheidung der internen Verfahrensanweisungen

Bezeichnung	Titel	Leiter der Feuerwehr (LdF)	Stabsstelle AMS-Beauftragter (AMS-B)	Stabsstelle Ärztlicher Leiter Rettungsdienst (ST-ÄLR)	Personalvertretung (PV)	Verwaltung (37-1)	Finanzcontrolling (37-11-C)	Allg. Verwaltung (37-11)	Rechnungen/Gebühren (37-12)	Aus- und Fortbildung (37-2)	Personalentwicklung (37-21)	Feuerwehrschule (37-22)	Rettungsassistentenschule (37-23)	Freiwillige Feuerwehr (37-24)	Einsatz/Einsatzvorbereitung (37-3)	Öffentlichkeitsarbeit (37-31)	Rettungsdienst (37-32)	Personaleinsatz/Personalführung (37-33)	Krisenmanagement/Bevölkerungsschutz (37-34)	Feuerwachen/Rettungswachen (37-35)	Vorbeugender Brand- und Gefahrenschutz (37-4)	Genehmigungs-/Planungsverfahren (37-41)	Brandschau (37-42)	Sonderschutzpläne (37-43)	Technik (37-5)	Fahrzeug-/Gerätetechnik (37-51)	Werkstätten/Lager/Geräteprüfung (37-52)	Leitstelle/Kommunikationstechnik (37-53)	Atemschutz/Pers. Schutzausrüstung (37-54)
VA FEU S 5.2.-01-1	Produkte	M	M	M		M									V			A			M	M			M	A			
VA FEU S 5.2.-02-1	Prävention	M	M	M						V	A				M						M	M			M				
VA FEU S 4.5.-01-1	Störungen und Notfälle	D	V	M	A					A					A						M	A			A				

V = Verfahrensverantwortung   **A** = Ausführung
M = Mitwirkung

FB = Formblatt

5.3 Erzeugung der Produkte

5.3.1 Ziel

Nachdem der Kernbereich »Planung« beendet ist, müssen im Bereich »Erzeugung der Produkte« die Art und Weise wie die Produkte der Musterfeuerwehr zu erbringen sind, abgebildet werden. Ziel ist es, die Mitarbeiter im Fortbildungs- und Übungsbetrieb mit der korrekten und sicheren Erbringung der Dienstleistung vertraut zu machen. Für den Kernbereich »Erzeugung der Produkte« sind notwendig:

- die Freigabe der Bereitstellung der Produkte muss erfolgt sein,
- die erforderlichen technischen Voraussetzungen (z. B. feuerwehrtechnische Geräte, Persönliche Schutzausrüstung, Fahrzeuge etc.) sind vorhanden,
- ausgebildetes Personal in der erforderlichen Anzahl,
- Berücksichtigung des Arbeitsschutzes,
- festgelegte Qualitätsstandards.

5.3.2 Geltungsbereich

Die Regelungen gelten für die Erbringung der Produkte und alle Bereiche der Musterfeuerwehr.

5.3.3 Verantwortlichkeit

Die Verantwortung für den Kernbereich »Erzeugung der Produkte« liegt bei der Abteilung »Aus- und Fortbildung« und der Abteilung »Technik«. Die Bereitstellung und Erbringung der Produkte durch eine kontinuierliche Aus- und Fortbildung sowie einen geregelten Übungsbetrieb ist in der Abteilung »Aus- und Fortbildung« zu suchen. Die Abteilung »Technik« sorgt dafür, dass die erforderlichen technischen Voraussetzungen vorhanden sind.

5.3.4 Ablaufschema

1. Die Abteilungen »Aus- und Fortbildung« sowie »Technik« prüfen die Einsatzplanung auf Durchführbarkeit in Bezug auf den Dienst- und Übungsbetrieb bzw. die technischen Möglichkeiten.
2. Die Abteilungen »Aus- und Fortbildung« sowie »Technik« entscheiden, ob die zur Verfügung gestellten Einsatzpläne ausreichende Informationen enthalten, um die für die Erzeugung/Erbringung der Produkte/Dienstleistungen notwendigen Maßnahmen einzuleiten.
3. Sind die in Einsatzplänen enthaltenen Informationen nicht komplett oder gibt es begründete Zweifel an der Umsetzung, muss die Abteilung »Einsatz/Einsatzvorbereitung« die Angaben präzisieren und ggf. die Einsatzpläne anpassen.
4. Die Abteilung »Technik« trifft die Aussage, ob die zur Erzeugung/ Erbringung der Produkte/Dienstleistungen notwendigen technischen

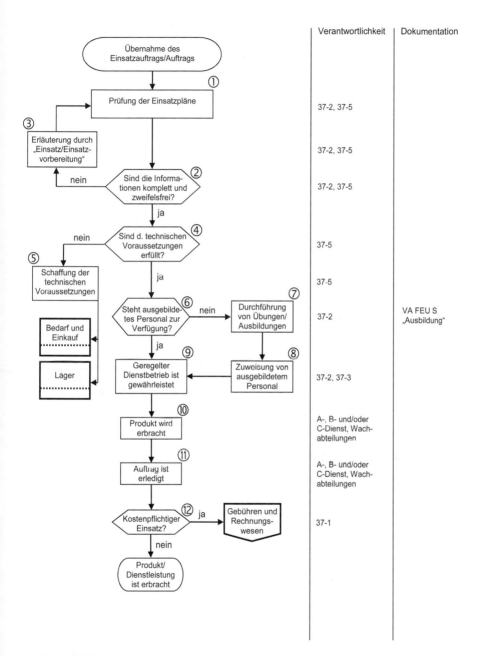

	Verantwortlichkeit	Dokumentation

Übernahme des Einsatzauftrags/Auftrags

① Prüfung der Einsatzpläne — 37-2, 37-5

③ Erläuterung durch „Einsatz/Einsatzvorbereitung" — 37-2, 37-5

nein

② Sind die Informationen komplett und zweifelsfrei? — 37-2, 37-5

ja

nein

④ Sind d. technischen Voraussetzungen erfüllt? — 37-5

⑤ Schaffung der technischen Voraussetzungen — 37-5

ja

Bedarf und Einkauf

Lager

⑥ Steht ausgebildetes Personal zur Verfügung? — nein — ⑦ Durchführung von Übungen/ Ausbildungen — 37-2 — VA FEU S „Ausbildung"

ja

⑨ Geregelter Dienstbetrieb ist gewährleistet ← ⑧ Zuweisung von ausgebildetem Personal — 37-2, 37-3

⑩ Produkt wird erbracht — A-, B- und/oder C-Dienst, Wachabteilungen

⑪ Auftrag ist erledigt — A-, B- und/oder C-Dienst, Wachabteilungen

⑫ Kostenpflichtiger Einsatz? — ja — Gebühren und Rechnungswesen — 37-1

nein

Produkt/ Dienstleistung ist erbracht

Bild 45: Ablaufschema

Voraussetzungen (feuerwehrtechnische Geräte, Persönliche Schutz-ausrüstung, Fahrzeuge etc.) vorhanden sind.

5. Ist das nicht der Fall, müssen durch die Abteilung »Technik« die entsprechenden technischen Voraussetzungen geschaffen werden. Das kann auch bedeuten, dass auf eine technische Ausfallreserve bzw. Lagerbestände zurückgegriffen werden muss. Hier bestehen Verbindungen zu den Unterstützungsbereichen »Bedarf und Einkauf« sowie »Lagerung und Prüfung«.

6. Sind die technischen Voraussetzungen erfüllt, wird von der Abteilung »Aus- und Fortbildung« geprüft, ob ausgebildetes Personal für die Erzeugung/Erbringung der Produkte/Dienstleistungen zur Verfügung steht.

7. Für den Fall, dass ausgebildetes Personal fehlt, ist im Anschluss an ein Auswahlverfahren im Rahmen eines Ausbildungs- und Übungsbetriebs eine entsprechende Zahl von Personen für die jeweiligen Funktionen auszubilden.

8. Die ausgebildeten Mitarbeiter werden durch die Abteilung »Einsatz/Einsatzvorbereitung« dem Wachbetrieb bzw. der Wachabteilung zugewiesen, um unter Berücksichtigung des Personalfaktors eine Besetzung der Funktionsstellen zu gewährleisten.

9. Steht ausgebildetes Personal in ausreichender Zahl zur Verfügung, kann ein geregelter Dienst- und Übungsbetrieb durchgeführt bzw. aufrechterhalten werden.

10. Soweit alle Voraussetzungen erfüllt sind und alle personellen wie auch sachbezogenen Ressourcen bereitstehen, kann das Produkt bzw. die Dienstleistung von den Mitarbeitern der Musterfeuerwehr erzeugt bzw. erbracht werden. Hierbei ist den Belangen des Arbeitsschutzes angemessen Rechnung zu tragen.

11. Ist der Auftrag erfüllt und das Produkt bzw. die Dienstleistung erbracht, wird die Einsatzstelle z. B. an den Betreiber/Hauseigentümer bzw. der Patient zur weiteren Behandlung dem aufnehmenden Arzt im Krankenhaus übergeben. Die Einsatzdokumentation wird abgeschlossen.

12. Sofern es sich um einen kostenpflichtigen Einsatz handelt, wird die Einsatzdokumentation zur weiteren Bearbeitung und Verrechnung des Einsatzes dem Unterstützungsbereich »Gebühren und Rechnungswesen« übergeben, zu dem an dieser Stelle eine Verbindung besteht. Handelt es sich nicht um einen kostenpflichtigen Einsatz, ist der Ablauf mit der Übergabe der Dokumentation an den Controllingbereich abgeschlossen.

5.3.5 Schriftstücke/Dokumente

In der Tabelle 24 ist dargestellt, bei wem die Verfahrens- bzw. Durchführungsverantwortung für die Entscheidung der internen Verfahrensanweisungen liegt und wer daran mitwirkt.

Tabelle 24: Verfahrens- bzw. Durchführungsverantwortung für die Entscheidung der internen Verfahrensanweisungen

Bezeichnung	Titel	Leiter der Feuerwehr (LdF)	Stabsstelle AMS-Beauftragter (AMS-B)	Stabsstelle Ärztlicher Leiter Rettungsdienst (ST-ALR)	Personalvertretung (PV)	Verwaltung (37-1)	Finanzcontrolling (37-11-C)	Allg. Verwaltung (37-11)	Rechnungen/Gebühren (37-12)	Aus- und Fortbildung (37-2)	Personalentwicklung (37-21)	Feuerwehrschule (37-22)	Rettungsassistentenschule (37-23)	Freiwillige Feuerwehr (37-24)	Einsatz/Einsatzvorbereitung (37-3)	Öffentlichkeitsarbeit (37-31)	Rettungsdienst (37-32)	Personaleinsatz/Personalführung (37-33)	Krisenmanagement/Bevölkerungsschutz (37-34)	Feuerwachen/Rettungswachen (37-35)	Vorbeugender Brand- und Gefahrenschutz (37-4)	Genehmigungs-/Planungsverfahren (37-41)	Brandschau (37-42)	Sonderschutzpläne (37-43)	Technik (37-5)	Fahrzeug-/Gerätetechnik (37-51)	Werkstätten/Lager/Geräteprüfung (37-52)	Leitstelle/Kommunikationstechnik (37-53)	Atemschutz/Pers. Schutzausrüstung (37-54)
VA FEU S 6.5.-01-1	Aus- und Fortbildung	V	M		M	M				A	M	M	M	M											A	M		M	M

V = Verfahrensverantwortung **A** = Ausführung
M = Mitwirkung

FB = Formblatt

6 Unterstützungsbereich

6.1 Bedarf und Einkauf

6.1.1 Ziel

Eine unabdingbare Voraussetzung für die Bereitstellung der Produkte der Musterfeuerwehr sind die zur Verfügung stehenden feuerwehrtechnischen Geräte, die Persönliche Schutzausrüstung und die Fahrzeuge sowie alle notwendigen Waren, die zu deren Betrieb bzw. Unterhaltung notwendig sind. Durch geeignete Maßnahmen sind der Einkauf, die vorzuhaltenden Lagerbestände sowie die Entsorgung von möglichen Abfallstoffen zu regeln. Zu den Aufgaben dieses Unterstützungsbereichs sind zu zählen:

- Bedarfsmeldungen prüfen bzw. formulieren,
- Beantragung von Finanzmitteln für den Einkauf,
- Erstellung von Leistungsverzeichnissen, Vorbereitung von Ausschreibungen, Einhaltung der Vergabe- und Vertragsordnung für Leistungen (VOL), Einholung von Angeboten gemäß VOL,
- Vorschlagen von möglichen Anbietern bei Einkäufen unterhalb einer gemäß VOL oder der Musterstadt/Musterkommune definierten Finanzschwelle,
- Auftragsvergabe,
- Koordinierung des Materialflusses,
- Durchführung der Kontrolle bei Wareneingängen und Produktabnahmen, Beanstandungen bzw. Reklamationen einleiten,
- Rechnungen auf sachliche Richtigkeit prüfen und zur Bezahlung weiterleiten,
- Vorschläge zur Veräußerung von abgeschriebenen Investitionsgütern formulieren.

6.1.2 Geltungsbereich

Die Regelungen haben für alle investiven Güter, die notwendigen Betriebsmittel und Dienstleistungen, die von der Musterfeuerwehr eingekauft werden, sowie für alle Abfallstoffe wie auch für die abgeschriebenen Investitionsgüter Gültigkeit.

6.1.3 Verantwortlichkeit

Die Verantwortlichkeit für diesen Unterstützungsbereich liegt aufgrund der finanziellen Belange in der Abteilung »Verwaltung«. Die Aufgaben fallen in die Verantwortung der jeweiligen Sachgebiete/Fachbereiche der Abteilung »Technik«.

6.1.4 Ablaufschema

1. Die Abteilungsleiter der Abteilungen »Verwaltung« und »Technik« der Musterfeuerwehr prüfen die Bedarfsanmeldung auf Einhaltung der beschlossenen Finanzvorgaben auf der Basis der Haushaltsplanung und die technische Umsetzbarkeit.
2. Die Abteilungen »Verwaltung« und »Technik« entscheiden, ob die vorliegenden Informationen komplett und zweifelsfrei sind.
3. Sind die Informationen unvollständig oder ist aus technischen Gründen eine Änderung der Bedarfsanmeldung notwendig, so wird das mit dem den Bedarf anmeldenden Sachgebiet bzw. dem Fachbereich oder der jeweiligen Wachabteilung abgestimmt.
4. Sind die Informationen komplett und zweifelsfrei, werden von der Abteilung »Verwaltung« die geplanten Finanzmittel bereitgestellt und für den Einkauf gebunden.
5. Von der Abteilung »Technik« wird ein Leistungsverzeichnis erstellt und gemäß den Grundsätzen der Verdingungsordnung für Leistungen eine Ausschreibung durchgeführt. Bei der Erstellung des Leistungsverzeichnisses sind die Forderungen aus dem Arbeitsschutz entsprechend zu berücksichtigen. Die Art der Ausschreibung ist vom kalkulierten finanziellen Volumen abhängig. Entweder der EU-Schwellenwert ist überschritten und es wird ein offenes bzw. nichtoffenes Verfahren oder bei Unterschreiten des EU-Schwellenwerts eine freihändige Vergabe, eine beschränkte oder öffentliche Ausschreibung eingeleitet. Potenzielle Anbieter erhalten die Möglichkeit zur fristgerechten Abgabe von Angeboten.
6. Nach Abgabeschluss werden die Angebotsunterlagen von der Submissionsstelle der Musterstadt/Musterkommune geöffnet und der Musterfeuerwehr zur Auswertung übergeben. Aufgrund der Wertungskriterien wird der Zuschlag und daraus folgend der Auftrag erteilt. Mit der Auftragsbestätigung durch den Auftragnehmer und der Prüfung der Erfüllung der vereinbarten Leistungen durch die Musterfeuerwehr sind die vertraglichen Regelungen abgeschlossen.
7. Durch die Mitarbeiter der Abteilung »Technik« erfolgt im Rahmen der Abnahme die Prüfung der Produkte auf Übereinstimmung mit dem Leistungsverzeichnis beim Hersteller oder bei der Entgegennahme der Waren vom Lieferanten. Hier besteht eine Verbindung zum Unterstützungsbereich »Lagerung und Prüfung«.
8. Die Abteilung »Technik« trifft die Entscheidung, ob die ausgeschriebenen Anforderungen an das Produkt bzw. die Ware eingehalten bzw. erfüllt sind.
9. Liegen Abweichungen vom Leistungsverzeichnis vor, wird der Auftragnehmer zur Nachbesserung aufgefordert (Reklamation). Minderung oder Rücktritt vom Vertrag sind Eskalationsstufen im Rahmen der Geltendmachung von Mängelansprüchen.

10. Kann das Produkt oder die gelieferte Ware mängelfrei von der Abteilung »Technik« übernommen werden, erfolgt eine entsprechende Mitteilung an die Abteilung »Verwaltung«, damit die Rechnung nach Eingang bei der Musterfeuerwehr bezahlt werden kann. Hier besteht eine Verbindung zum Unterstützungsbereich »Gebühren und Rechnungswesen«.

11. Die Abteilung »Technik« koordiniert den Materialfluss innerhalb der Musterfeuerwehr. Hier besteht eine Verbindung zum Unterstützungsbereich »Lagerung und Prüfung«. Zur Koordinierung des Ma-

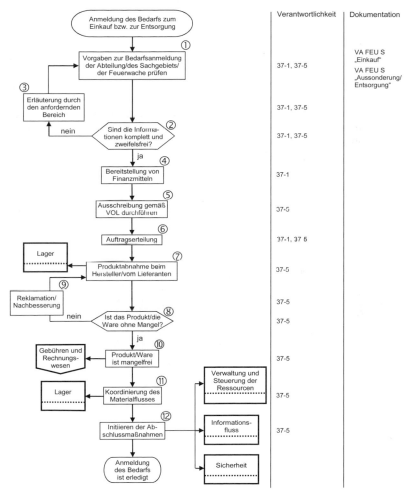

Bild 46: Ablaufschema

terialflusses gehört auch die Entsorgung von Abfallstoffen bzw. deren Abholung durch Dritte.

12. Von der Abteilung »Technik« werden die Abschlussmaßnahmen eingeleitet. Hierunter ist zu verstehen, dass seitens der Abteilung »Technik« z. B. auf den Bedarf von Einweisungen in die Handhabung von neuen feuerwehrtechnischen/medizinischen Geräten oder Fahrzeugen hingewiesen wird (Verknüpfung mit dem Führungsbereich »Verwaltung und Steuerung der Ressourcen«), die bestehenden Dokumentationen zum Arbeitsschutz aktualisiert (Verknüpfung mit dem Führungsbereich »Informationsfluss«) und Prüfungen im Rahmen des Arbeitsschutzes durchgeführt werden (Verknüpfung mit dem Unterstützungsbereich »Sicherheit bei der Musterfeuerwehr«). Sind die Abschlussmaßnahmen erledigt, ist der Ablauf beendet.

6.1.5 Schriftstücke/Dokumente

In der Tabelle 25 ist dargestellt, bei wem die Verfahrens- bzw. Durchführungsverantwortung für die Entscheidung der internen Verfahrensanweisungen liegt und wer daran mitwirkt.

Tabelle 25: Verfahrens- bzw. Durchführungsverantwortung für die Entscheidung der internen Verfahrensanweisungen

Bezeichnung	Titel	Leiter der Feuerwehr (LdF)	Stabsstelle AMS-Beauftragter (AMS-B)	Stabsstelle Ärztlicher Leiter Rettungsdienst (ST-ALR)	Personalvertretung (PV)	Verwaltung (37-1)	Finanzcontrolling (37-11-C)	Allg. Verwaltung (37-11)	Rechnungen/Gebühren (37-12)	Aus- und Fortbildung (37-2)	Personalentwicklung (37-21)	Feuerwehrschule (37-22)	Rettungsassistentenschule (37-23)	Freiwillige Feuerwehr (37-24)	Einsatz/Einsatzvorbereitung (37-3)	Öffentlichkeitsarbeit (37-31)	Rettungsdienst (37-32)	Personaleinsatz/Personalführung (37-33)	Krisenmanagement/Bevölkerungsschutz (37-34)	Feuerwachen/Rettungswachen (37-35)	Vorbeugender Brand- und Gefahrenschutz (37-4)	Genehmigungs-/Planungsverfahren (37-41)	Brandschau (37-42)	Sonderschutzpläne (37-43)	Technik (37-5)	Fahrzeug-/Gerätetechnik (37-51)	Werkstätten/Lager/Geräteprüfung (37-52)	Leitstelle/Kommunikationstechnik (37-53)	Atemschutz/Pers. Schutzausrüstung (37-54)
VA FEU S 6.1.-01-1	Einkauf	M		A		M				M											M				V	M	M	M	M
VA FEU S 6.1.-02-1	Aussonderung/ Entsorgung	M		A		M				M											M				V	M	M	M	M

V = Verfahrensverantwortung   A = Ausführung
M = Mitwirkung

FB = Formblatt

234

6.2 Lager

6.2.1 Ziel

Um für die bei der Musterfeuerwehr vorhandenen Geräte, Fahrzeuge und die Persönliche Schutzausrüstung in angemessener Zahl eine ausreichende technische Ausfallreserve zu haben, ist es notwendig, diese Ausrüstungsgegenstände bzw. Fahrzeuge zu lagern. Daneben ist es aber auch erforderlich, die zwischengelagerten Gegenstände sorgsam zu behandeln, damit die unmittelbare Einsatzmöglichkeit erhalten wird. Bei der Aussonderung von Fahrzeugen der Musterfeuerwehr ist zu entscheiden, ob die Beladung weiter verwendet und z. B. eingelagert wird.

Bei der Musterfeuerwehr dürfen nur mängelfreie Geräte, Fahrzeuge oder Persönliche Schutzausrüstung zum Einsatz kommen, damit die störungsfreie Bereitstellung der Produkte und Produktgruppen gewährleistet ist. Zu den Aufgaben dieses Unterstützungsbereichs sind zu zählen:

* Der Materialfluss für alle internen Arbeiten und Arbeitsabläufe ist sicherzustellen. Gleiches gilt für die Abläufe im Außenverhältnis (z. B. Entsorgung von Abfallstoffen, Abholung von Fahrzeugen durch externe Werkstätten etc.).
* Beachtung des Arbeitsschutzes bei der Lagerung.
* Entgegennahme von Warenlieferungen und Durchführung einer Eingangskontrolle; Organisation der Zwischenlagerung.
* Kontrolle der Abholung z. B. von Abfallstoffen oder Fahrzeugen durch Dritte.
* Inventarisieren von feuerwehrtechnischen und medizinischen Geräten, Fahrzeugen und Persönlicher Schutzausrüstung.
* Aussonderung von irreparabel beschädigten oder im Rahmen von Wartungen abgeschriebenen feuerwehrtechnischen und medizinischen Geräten, Fahrzeugen und Persönlicher Schutzausrüstung.

6.2.2 Geltungsbereich

Die Regeln finden Anwendung auf alle bei der Musterfeuerwehr inventarisierten feuerwehrtechnischen und medizinischen Geräte, Fahrzeuge und die Persönliche Schutzausrüstung, soweit diese nicht in die Verantwortung der Mitarbeiter übertragen ist.

6.2.3 Verantwortlichkeit

Die Verantwortlichkeit für den Unterstützungsbereich »Lager und Prüfung« ist in der Abteilung »Technik« zu suchen. Für die Lagerung und Prüfung der feuerwehrtechnischen und medizinischen Geräte, Fahrzeuge und die Persönliche Schutzausrüstung ist das Sachgebiet bzw. der Fachbereich »Werkstätten/Lager/Geräteprüfung« zuständig.

6.2.4 Ablaufschema

1. Die Verantwortung für die bei der Musterfeuerwehr eingelagerten Waren/Güter liegt in der Abteilung »Technik«. Diese hat durch die Lagerbewirtschaftung für eine angemessene Ausfallreserve zu sorgen. Weiterhin obliegt es der Abteilung »Technik«, die rechtzeitige Wartung aller wartungspflichtigen feuerwehrtechnischen und medizinischen Geräte, der Fahrzeuge und der Persönlichen Schutzausrüstung (PSA) zu veranlassen. In der Abteilung »Technik« wird entschieden, ob mit der Lieferung/Bereitstellung der Geräte, Fahrzeuge oder der PSA eine Wartung oder Lagerung verbunden ist, sodass der entsprechende Ablauf eingeleitet werden kann.

2. Das bei der Musterfeuerwehr vorhandene Zentrallager, das dem Sachgebiet/Fachbereich »Werkstätten/Lager/Geräteprüfung« zugeordnet ist, nimmt die angelieferten Waren/Güter entgegen bzw. wird über anstehende Aussonderungen informiert.
   - Extern angelieferte Waren/Güter: Werden Waren/Güter von einem Lieferanten entgegengenommen, wird die Lieferung im Rahmen einer Eingangskontrolle mit den im Auftrag vereinbarten Positionen verglichen. Stimmen die geforderten Leistungsmerkmale überein, darf eine Einlagerung vorgenommen werden. Hier besteht eine Verknüpfung zum Unterstützungsbereich »Gebühren und Rechnungswesen«.
   - Intern angelieferte Waren/Güter: Das Zentrallager wird über zur Entsorgung anstehende Abfallstoffe bzw. zur Aussonderung vorgesehene Geräte und Fahrzeuge informiert. Nicht unmittelbar wieder verwendete bzw. benötigte Geräte oder Beladungsbestandteile von zur Aussonderung vorgesehenen Fahrzeugen werden ins Zentrallager verbracht.

   Das Zentrallager entscheidet über die weiteren Schritte.

3. Das Zentrallager nimmt die Inventarisierung der feuerwehrtechnischen oder medizinischen Geräte, Fahrzeuge oder der Persönlichen Schutzausrüstung vor, soweit es sich nicht um so genannte Verbrauchsgüter bzw. Verbrauchsmaterialien handelt.

4. Das Zentrallager entscheidet, ob z. B. Abfallstoffe bis zu ihrer Abholung am Entstehungsort verbleiben oder ob z. B. ausgesonderte Geräte, Fahrzeuge oder Persönliche Schutzausrüstung bis zur Abholung zwischengelagert werden. Innerhalb des Sachgebiets/Fachbereichs »Werkstätten/Lager/Geräteprüfung« wird in Absprache mit der Abteilung »Verwaltung« die Entscheidung über die Art der Aussonderung (Bekanntmachung der Aussonderung im Amtsblatt der Musterstadt/Musterkommune oder Online-Versteigerung) getroffen.

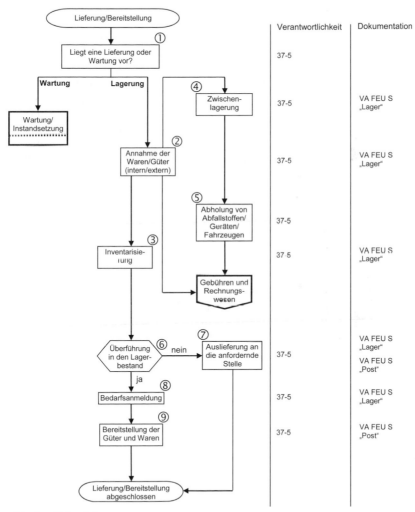

Bild 47: Ablaufschema

237

5. Ist die Abholung der Abfallstoffe erfolgt oder sind die ausgesonderten Geräte, Fahrzeuge bzw. die Persönliche Schutzausrüstung dem neuen Eigentümer übergeben, ist der Lagerablauf an dieser Stelle, nachdem der Unterstützungsbereich »Gebühren und Rechnungswesen« informiert wurde, beendet.

6. Die reparierten bzw. instandgesetzten feuerwehrtechnischen/medizinischen Geräte, die Fahrzeuge oder die Persönliche Schutzausrüstung werden wie die neu inventarisierten Geräte, Fahrzeuge oder die Persönliche Schutzausrüstung in den Lagerbestand überführt. Es muss darauf geachtet werden, dass die Lagerung so erfolgt, dass ein jederzeitiger Zugriff gewährleistet ist. Hierbei ist den Belangen des Arbeitsschutzes entsprechend Rechnung zu tragen. Der Lagerbestand ist adäquat zu dokumentieren. Weiterhin muss grundsätzlich geprüft werden, ob eine Überführung in den Lagerbestand erfolgen soll.

7. Erscheint eine Überführung in den Lagerbestand aufgrund der Notwendigkeit nicht zweckmäßig, erfolgt eine direkte Auslieferung an die anfordernde Stelle.

8. Sind die Waren/Güter in den Lagerbestand überführt, können aus diesem Bestand weitere Bedarfsanmeldungen aus den Sachgebieten/Fachbereichen oder den Wachabteilungen der Musterfeuerwehr bedient werden.

9. Die von den Sachgebieten/Fachbereichen oder den Wachabteilungen der Musterfeuerwehr angeforderten Waren/Güter werden im Rahmen eines internen Verteilsystems mit einem geeigneten Logistikfahrzeug unter Berücksichtigung des Arbeitsschutzes zur anfordernden Stelle transportiert und dort bereitgestellt. Bei der Handhabung und der Vorbereitung des Transports zur anfordernden Stelle sind die Vorgaben des Arbeitsschutzes zu berücksichtigen. Zur Dokumentation des durchgeführten Transports und der Übergabe an die anfordernde Stelle wird der entsprechende Lieferschein vom Empfänger abgezeichnet. Mit der Lieferung/Bereitstellung der angeforderten Geräte, Fahrzeuge oder der Persönlichen Schutzausrüstung ist der Ablauf abgeschlossen.

6.2.5 Schriftstücke/Dokumente

In der Tabelle 26 ist dargestellt, bei wem die Verfahrens- bzw. Durchführungsverantwortung für die Entscheidung der internen Verfahrensanweisungen liegt und wer daran mitwirkt.

Tabelle 26: Verfahrens- bzw. Durchführungsverantwortung für die Entscheidung der internen Verfahrensanweisungen

Bezeichnung	Titel	Leiter der Feuerwehr (LdF)	Stabsstelle AMS-Beauftragter (AMS-B)	Stabsstelle Ärztlicher Leiter Rettungsdienst (ST-ÄLR)	Personalvertretung (PV)	Verwaltung (37-1)	Finanzcontrolling (37-11-C)	Allg. Verwaltung (37-11)	Rechnungen/Gebühren (37-12)	Aus- und Fortbildung (37-2)	Personalentwicklung (37-21)	Feuerwehrschule (37-22)	Rettungsassistentenschule (37-23)	Freiwillige Feuerwehr (37-24)	Einsatz/Einsatzvorbereitung (37-3)	Öffentlichkeitsarbeit (37-31)	Rettungsdienst (37-32)	Personaleinsatz/Personalführung (37-33)	Krisenmanagement/Bevölkerungsschutz (37-34)	Feuerwachen/Rettungswachen (37-35)	Vorbeugender Brand- und Gefahrenschutz (37-4)	Genehmigungs-/Planungsverfahren (37-41)	Brandschau (37-42)	Sonderschutzpläne (37-43)	Technik (37-5)	Fahrzeug-/Gerätetechnik (37-51)	Werkstätten/Lager/Geräteprüfung (37-52)	Leitstelle/Kommunikationstechnik (37-53)	Atemschutz/Pers. Schutzausrüstung (37-54)
VA FEU S 6.2.-01-1	Lieferungen	M		M		M																			V	M	A	M	M
VA FEU S 6.2.-02-1	Materialtransport	M		M		M																			V		A		
FB 6.2.-01	Anforderungs-/bestellbeleg	M		M																					V		A		
FB 6.2.-02	Ausgabebeleg	M		M																					V		A		

V = Verfahrensverantwortung   A = Ausführung
M = Mitwirkung

FB = Formblatt

6.3 Wartung/Instandsetzung

6.3.1 Ziel

Durch die Vorgaben zur Wartung und Instandsetzung soll gewährleistet werden, den hohen Standard des Arbeitsschutzes bei der Musterfeuerwehr beizubehalten und möglichen Abweichungen angemessen zu begegnen. Aus der Beurteilung der Abweichungen lassen sich geeignete Korrekturmaßnahmen herleiten und Möglichkeiten für eine Verbesserung des Arbeitsschutzes generieren.

Um die Sicherheit der feuerwehrtechnischen bzw. medizinischen Geräte, der Fahrzeuge und der Persönlichen Schutzausrüstung für die Anwendung durch die Mitarbeiter der Musterfeuerwehr zu erhalten, sind regelmäßige Wartungen durchzuführen.

Das Ziel ist eine lückenlose Dokumentation (Historie) der durchgeführten Wartungen und Instandhaltungen an den technischen Geräten (Arbeitsmittel, Aggregate) und Fahrzeugen der Musterfeuerwehr. Dazu gehört das Führen von Wartungsplänen, die Erstellung von Wartungsprotokollen sowie die Fortschreibung der Geräte-/Fahrzeugunterlagen inklusive der mit der Wartung bzw. Instandhaltung verbundenen Kosten.

6.3.2 Geltungsbereich

Die Vorgaben und Regelungen erstrecken sich über alle Bereiche der Musterfeuerwehr.

6.3.3 Verantwortlichkeit

Für die Wartung und Instandhaltung der technischen Geräte und Fahrzeuge leisten alle Beschäftigten einen Beitrag, indem sie die Geräte und Fahrzeuge vor Inbetriebnahme einer Sichtprüfung unterziehen. Für die Wartung und Instandsetzung tragen die entsprechend ausgebildeten und autorisierten Beschäftigten der Musterfeuerwehr wie auch die Führungskräfte der jeweiligen Fachbereiche die Verantwortung.

6.3.4 Ablaufschema

1. Die für den feuerwehrtechnischen und den medizinisch-technischen Bereich zuständigen obersten Führungskräfte erfassen unter den Gesichtspunkten des Arbeitsschutzes mit dem ihnen zugewiesenen Fachpersonal die der Wartung und Instandhaltung unterworfenen Geräte und Fahrzeuge. Hierzu sind auch die Abnahmen bei Neubeschaffungen zu zählen. Zur Ermittlung des Wartungsumfangs gehören auch die Prüfung des Geräts vor der Erstverwendung, die regelmäßig anstehenden Wartungen, die Ermittlung der voraussichtlichen Instandsetzungen sowie die Kontrolle nach einer Mängelbeseitigung.
2. Die Erstellung eines Wartungsplans setzt voraus, dass alle wartungspflichtigen Geräte der Musterfeuerwehr inventarisiert und mit einer internen, am Gerät dauerhaft befestigten Identifikationsnummer gekennzeichnet sind. Aus dem Wartungsplan, in dem alle wartungspflichtigen Geräte und Fahrzeuge der Musterfeuerwehr erfasst sind, lassen sich die Bezeichnung des Geräts/Fahrzeugs, die interne Nummerierung, das Wartungsintervall bzw. der Wartungstermin, der Name der für die Wartung zuständigen Person oder Firma sowie mögliche Bemerkungen ablesen.

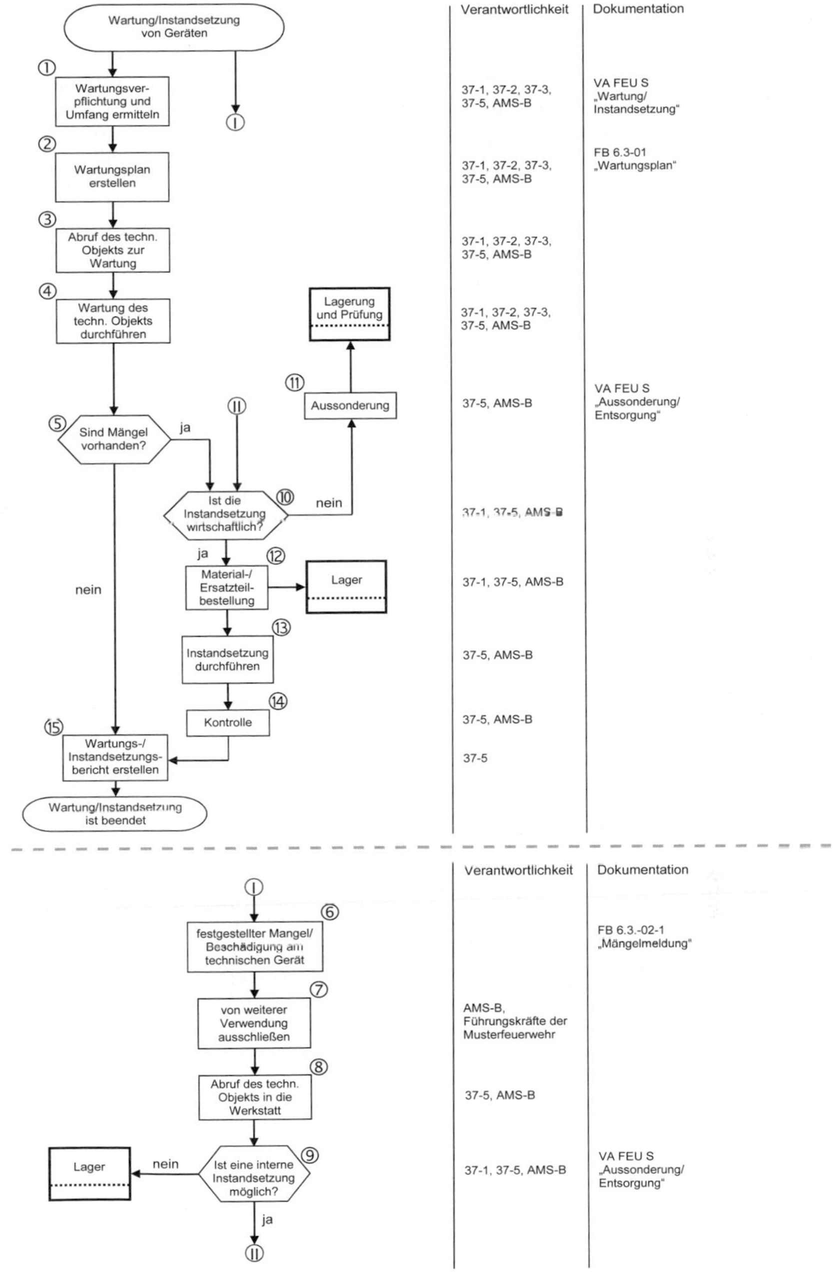
Verantwortlichkeit
Dokumentation
Wartung/Instandsetzung von Geräten
① Wartungsverpflichtung und Umfang ermitteln
37-1, 37-2, 37-3, 37-5, AMS-B
VA FEU S „Wartung/ Instandsetzung“
② Wartungsplan erstellen
37-1, 37-2, 37-3, 37-5, AMS-B
FB 6.3-01 „Wartungsplan“
③ Abruf des techn. Objekts zur Wartung
37-1, 37-2, 37-3, 37-5, AMS-B
④ Wartung des techn. Objekts durchführen
37-1, 37-2, 37-3, 37-5, AMS-B
Lagerung und Prüfung
⑪ Aussonderung
37-5, AMS-B
VA FEU S „Aussonderung/ Entsorgung“
⑤ Sind Mängel vorhanden?
ja
nein
⑩ Ist die Instandsetzung wirtschaftlich?
nein
ja
37-1, 37-5, AMS-B
⑫ Material-/ Ersatzteilbestellung
Lager
37-1, 37-5, AMS-B
⑬ Instandsetzung durchführen
37-5, AMS-B
⑭ Kontrolle
37-5, AMS-B
⑮ Wartungs-/ Instandsetzungsbericht erstellen
37-5
Wartung/Instandsetzung ist beendet
Verantwortlichkeit
Dokumentation
⑥ festgestellter Mangel/ Beschädigung am technischen Gerät
FB 6.3.-02-1 „Mängelmeldung“
⑦ von weiterer Verwendung ausschließen
AMS-B, Führungskräfte der Musterfeuerwehr
⑧ Abruf des techn. Objekts in die Werkstatt
37-5, AMS-B
⑨ Ist eine interne Instandsetzung möglich?
nein
Lager
ja
37-1, 37-5, AMS-B
VA FEU S „Aussonderung/ Entsorgung“

Bild 48: Ablaufschema

3. Die für die Wartung zuständige Fachkraft informiert den jeweiligen Fachbereich der Musterfeuerwehr mit einem ausreichenden zeitlichen Vorlauf über die anstehende Wartung und bestellt das Gerät bzw. das Fahrzeug für einen bestimmten Wartungstermin innerhalb des vorgesehenen zeitlichen Wartungsintervalls ein.

4. Die Wartung des technischen Geräts bzw. Fahrzeugs wird anhand der vorhandenen Dokumentation (bisherige Wartungsprotokolle, Wartungsbuch, Checkliste, Herstellerangaben etc.) vorgenommen.

5. In Abhängigkeit von den Ergebnissen der technischen wie auch der sicherheitstechnischen Wartung entscheidet es sich, ob Mängel vorliegen oder nicht. Sind keine Mängel vorhanden, erfolgt die Dokumentation der vorgenommenen Wartung, die Aktualisierung der Geräte- bzw. Fahrzeugunterlagen und die Festlegung eines neuen Wartungstermins im Wartungsplan. Liegen Mängel vor, folgt der Schritt 10.

6. Sind bei der Sichtprüfung der feuerwehrtechnischen bzw. medizinischen Geräte oder an den Fahrzeugen Mängel erkennbar, hat das eine Mängelmeldung zur Konsequenz. Diese Mängelmeldung ist dem Vorgesetzten bzw. der nächsthöheren Führungskraft vorzulegen.

7. In Abhängigkeit von der Schwere des gemeldeten Mangels entscheidet die Führungskraft, ob das technische Objekt unter Berücksichtigung der sicherheitstechnischen Vorgaben unmittelbar außer Betrieb genommen wird. Zudem erfolgt im Rahmen der Mängelmeldung eine Information des für die Instandsetzung zuständigen Fachbereichs.

8. In dem für die Instandsetzung zuständigen Sachgebiet/Fachbereich »Werkstätten/Lager/Geräteprüfung« erfolgt auf der Grundlage der Mängelmeldung der Abruf des Geräts bzw. Fahrzeugs von der jeweiligen Feuerwache bzw. dem jeweiligen Gerätehaus.

9. Das zuständige Sachgebiet bzw. der Fachbereich »Werkstätten/Lager/Geräteprüfung« prüft, ob die Instandsetzung innerhalb des Sachgebiets/Fachbereichs möglich ist. Sofern eine Instandsetzung nur extern erfolgen kann, wird durch den Fachbereich im Rahmen eines bestehenden Wartungsvertrags oder auf der Grundlage der Vergabeordnung eine Fachfirma beauftragt und das technische Objekt zur Abholung durch die Fachfirma dem Unterstützungsbereich »Lager« übergeben. Hier besteht eine Verknüpfung zum Unterstützungsbereich »Lager«.

10. Kommt der für die Wartung bzw. Instandsetzung zuständige Bereich »Werkstätten/Lager/Geräteprüfung« zu dem Ergebnis, dass eine interne Instandsetzung möglich ist, muss entschieden werden, ob die anstehende Instandsetzung wirtschaftlich ist. Zudem ist eine weitere Abwägung im Sinne des Arbeitsschutzes notwendig, ob die sicherheitstechnischen Anforderungen an das betreffende technische Objekt erfüllt sind.

11. Ist die Instandsetzung unwirtschaftlich und sind zudem sicherheitstechnische Anforderungen nicht erfüllt, werden die Geräte bzw. Fahrzeuge bzw. die PSA zur Aussonderung vorbereitet. Hier besteht eine Verknüpfung zum Unterstützungsbereich »Lager«. Steht ein Fahrzeug zur Aussonderung an, wird die feuerwehrtechnische oder medizinische Beladung abgepackt und dem Unterstützungsbereich »Lager« zugeführt.
12. Liegt die Erkenntnis vor, dass die Instandsetzung wirtschaftlich ist, ist zu prüfen, ob die für die Instandsetzung notwendigen Materialien bzw. Ersatzteile vorhanden sind oder ob diese angefordert oder bestellt werden müssen. Hier besteht eine Verknüpfung zum Unterstützungsbereich »Lager«.
13. Im Rahmen der Instandsetzung wird durch den Wechsel von defekten oder nicht mehr gebrauchsfähigen Teilen gegen Ersatzteile der Soll-Zustand wieder hergestellt.
14. Nach der Instandsetzung muss im Rahmen der Kontrolle der Mängelbeseitigung ein Funktionstest der sicherheitstechnischen Einrichtungen vorgenommen werden. Bei der Kontrolle ist darauf zu achten, dass sich Personen, die nicht unmittelbar an dem Funktionstest beteiligt sind, außerhalb des Gefahrenbereichs aufhalten.
15. Der Wartungs- und Instandsetzungsbericht ist der schriftliche Nachweis der fristgerecht durchgeführten Wartung oder der Instandsetzung.

In dem Wartungs- und Instandsetzungsbericht sind alle durchgeführten Maßnahmen zu dokumentieren. Folgende Angaben sind darin zu vermerken:
• die Bezeichnung und Identifikationsnummer des Geräts/des Fahrzeugs/der PSA,
• das Herstellungsjahr und das Jahr der Indienststellung,
• ein Hinweis, ob es sich um eine Wartung oder Instandsetzung handelt,
• das Wartungs- bzw. Instandsetzungsdatum,
• die Beschreibung der durchgeführten Arbeiten,
• die Aussage zur uneingeschränkten Einsatzbereitschaft,
• die Unterschrift der mit der Wartung bzw. Instandsetzung beauftragten verantwortlichen Person.

6.3.5 Schriftstücke/Dokumente

In der Tabelle 27 ist dargestellt, bei wem die Verfahrens- bzw. Durchführungsverantwortung für die Entscheidung der internen Verfahrensanweisungen liegt und wer daran mitwirkt.

Tabelle 27: Verfahrens- bzw. Durchführungsverantwortung für die Entscheidung der internen Verfahrensanweisungen

Bezeichnung	Titel	Leiter der Feuerwehr (LdF)	Stabsstelle AMS-Beauftragter (AMS-B)	Stabsstelle Ärztlicher Leiter Rettungsdienst (ST-ÄLR)	Personalvertretung (PV)	Verwaltung (37-1)	Finanzcontrolling (37-11-C)	Allg. Verwaltung (37-11)	Rechnungen/Gebühren (37-12)	Aus- und Fortbildung (37-2)	Personalentwicklung (37-21)	Feuerwehrschule (37-22)	Rettungsassistentenschule (37-23)	Freiwillige Feuerwehr (37-24)	Einsatz/Einsatzvorbereitung (37-3)	Öffentlichkeitsarbeit (37-31)	Rettungsdienst (37-32)	Personaleinsatz/Personalführung (37-33)	Krisenmanagement/Bevölkerungsschutz (37-34)	Feuerwachen/Rettungswachen (37-35)	Vorbeugender Brand- und Gefahrenschutz (37-4)	Genehmigungs-/Planungsverfahren (37-41)	Brandschau (37-42)	Sonderschutzpläne (37-43)	Technik (37-5)	Fahrzeug-/Gerätetechnik (37-51)	Werkstätten/Lager/Geräteprüfung (37-52)	Leitstelle/Kommunikationstechnik (37-53)	Atemschutz/Pers. Schutzausrüstung (37-54)
VA FEU S 6.3.-01-1	Wartung und Instandsetzung	V	M		M	M			M						M						M				A	M	M	M	M
FB 6.3.-04	Wartungsplan	M																							V	M	A		M
FB 6.3.-02	Mängelmeldung	M																							V	M	A		M

V = Verfahrensverantwortung **A** = Ausführung
M = Mitwirkung

FB = Formblatt

6.4 Sicherheit

6.4.1 Ziel

Es ist das Ziel, mögliche Gefährdungen der Mitarbeiter durch systematisch getroffene sicherheitstechnische und arbeitsmedizinische Entscheidungen auszuschließen und störungsfreie Arbeitsabläufe bei der Musterfeuerwehr zu gewährleisten. Hierzu zählt neben der aktiven und reaktiven Überprüfung des Arbeitsschutzes auch die arbeitsmedizinische Vorsorge. Durch geeignete Vorsorgemaßnahmen soll die Verhaltensweise der Mitarbeiter nachhaltig positiv beeinflusst werden.

6.4.2 Geltungsbereich

Die Vorgaben und Regelungen haben Gültigkeit für alle Aufgabenbereiche der Musterfeuerwehr.

6.4.3 Verantwortlichkeit

Die Führungskräfte der Musterfeuerwehr sind in den ihnen übertragenen Verantwortungsbereichen zuständig
- für die Erstellung von Gefährdungsbeurteilungen,
- für die Erfassung von Arbeiten oder Arbeitsabläufen, die ein Handeln im Sinn des Arbeitsschutzes nach sich ziehen,
- dafür, dass der Bereich des Grenzrisikos nicht überschritten wird,
- für die Unterbreitung von Vorschlägen geeigneter Vorsorgemaßnahmen.

Der Arbeitsmediziner trägt die Verantwortung für die Ausführung der arbeitsmedizinischen Eignungs- und Vorsorgeuntersuchungen.

6.4.4 Ablaufschema

1. Die Führungskräfte der Musterfeuerwehr nehmen im Rahmen der Vorbereitung eine Abgrenzung der unterschiedlichen Bereiche vor. Durch eine solche Segmentierung können die sicherheitstechnisch wie auch arbeitsmedizinisch relevanten Angelegenheiten für einen größeren Kreis von Beschäftigten untersucht werden.
2. Auf der Grundlage der vorgenommenen Bereichseinteilungen erfolgt für die unterschiedlichen Arbeiten bzw. Arbeitsbereiche die Erfassung der möglichen Gefahren für die Mitarbeiter. Dazu gehört auch das Führen einer Liste über die bei der Musterfeuerwehr vorhandenen Gefahrstoffe. Bei der Bereichseinteilung müssen zudem die Handlungen oder Aktivitäten betrachtet werden, die im Rahmen der Unterstützungsbereiche »Bedarf und Einkauf« oder »Planung um Umbau« einen Einfluss auf die Arbeitssicherheit bzw. den Gesundheitsschutz haben.
3. Die bei den unterschiedlichen Arbeiten bzw. in den Arbeitsbereichen möglicherweise auftretenden Gefährdungen sind durch die verantwortlichen Führungskräfte zu beurteilen und anschließend einer Risikobewertung zu unterwerfen. Das Risiko stellt das Produkt aus der Wahrscheinlichkeit des Eintretens und des Ausmaßes eines möglichen Schadens dar. Die sich daraus ergebende Zahl liefert unter heranziehen der Risikomatrix einen Hinweis auf die festzulegenden Maßnahmen für die Sicherheit und die Gesundheit der Mitarbeiter der Musterfeuerwehr.
4. Durch das Erarbeiten und Festlegen von geeigneten Maßnahmen soll zunächst ein sicherer Soll-Zustand erreicht werden. Grundlage für die Maßnahmen sind die Betrachtung der Wahrscheinlichkeit und/oder des Ausmaßes sowie die Überlegungen zum gerade noch akzeptablen

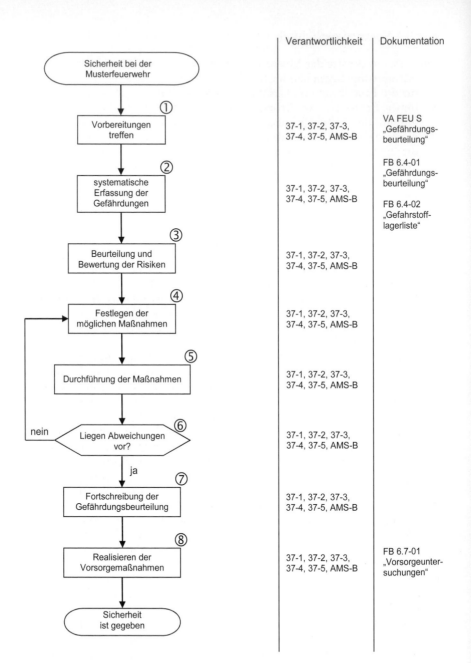

| | Verantwortlichkeit | Dokumentation |

Sicherheit bei der Musterfeuerwehr

① Vorbereitungen treffen — 37-1, 37-2, 37-3, 37-4, 37-5, AMS-B — VA FEU S „Gefährdungsbeurteilung"

② systematische Erfassung der Gefährdungen — 37-1, 37-2, 37-3, 37-4, 37-5, AMS-B — FB 6.4-01 „Gefährdungsbeurteilung"
FB 6.4-02 „Gefahrstofflagerliste"

③ Beurteilung und Bewertung der Risiken — 37-1, 37-2, 37-3, 37-4, 37-5, AMS-B

④ Festlegen der möglichen Maßnahmen — 37-1, 37-2, 37-3, 37-4, 37-5, AMS-B

⑤ Durchführung der Maßnahmen — 37-1, 37-2, 37-3, 37-4, 37-5, AMS-B

⑥ Liegen Abweichungen vor? — nein / ja — 37-1, 37-2, 37-3, 37-4, 37-5, AMS-B

⑦ Fortschreibung der Gefährdungsbeurteilung — 37-1, 37-2, 37-3, 37-4, 37-5, AMS-B

⑧ Realisieren der Vorsorgemaßnahmen — 37-1, 37-2, 37-3, 37-4, 37-5, AMS-B — FB 6.7-01 „Vorsorgeuntersuchungen"

Sicherheit ist gegeben

Bild 49: Ablaufschema

Risiko. Grundsätzlich gilt es, durch geeignete Maßnahmen Gefährdungen zu verhindern. Sofern das nicht möglich ist, haben die Führungskräfte mit Blick auf die Zielhierarchie Entscheidungen zu treffen, die das Ausmaß oder die Wahrscheinlichkeit eines möglichen Schadens minimieren. Bei der Umsetzung der Entscheidungen muss dem TOP-Prinzip entsprochen werden. Unter Berücksichtigung des Risikos haben die Führungskräfte diejenigen Maßnahmen auszuwählen, mit denen den Gefährdungen geeignet und effektiv begegnet werden kann.

5. Die von den Führungskräften beschlossenen Entscheidungen kommen zur Umsetzung. Über die Durchführung der Entscheidungen erhalten die Mitarbeiter informativ Kenntnis. Zudem haben sich die Führungskräfte von der Wirksamkeit der getroffenen Entscheidungen zu vergewissern.

6. Kommen die zuständigen Führungskräfte zu dem Ergebnis, dass die beschlossenen Entscheidungen nicht die gewünschte Wirkung nach sich ziehen, muss wieder in den Entscheidungsprozess (Schritt 4) eingetreten werden.

7. Es ist erforderlich, die formulierten Gefährdungsbeurteilungen unter Berücksichtigung der Änderungen in den dienstlichen Abläufen bei der Musterfeuerwehr in zeitlich regelmäßigen Abständen fortzuschreiben.

8. Auf der Grundlage der Gefährdungsbeurteilungen legen die Führungskräfte und der AMS-Beauftragte für die Mitarbeiter bezogen auf die Tätigkeitsbereiche als notwendig erachtete Eignungs- und Vorsorgeuntersuchungen fest. Hierbei ist es sinnvoll, dass die Untersuchungen nach Möglichkeit gebündelt stattfinden, um die Abwesenheitszeiten gering zu halten. Der Arbeitsmediziner tritt bei der Festlegung der zeitlichen Abstände der Untersuchungen beratend auf. Die arbeitsmedizinischen Vorsorgeuntersuchungen werden für die Mitarbeiter in einer Liste »Vorsorgeuntersuchungen« erfasst. Diese Liste gibt nicht nur einen Überblick über die individuellen Vorsorgeuntersuchungen, sondern dient auch der Terminüberwachung. Basierend auf der Liste »Vorsorgeuntersuchungen« ist das Sachgebiet bzw. der Fachbereich »Personaleinsatz/Personalführung« der Abteilung »Einsatz/Einsatzvorbereitung« der Musterfeuerwehr für die terminliche Organisation der Untersuchungen zuständig. Die Ergebnisse der Untersuchungen sind vom Arbeitsmediziner zu dokumentieren. Bei Eignungsuntersuchungen erhält der Leiter der Musterfeuerwehr eine Mitteilung über die uneingeschränkte bzw. eingeschränkte Einsatztauglichkeit des Mitarbeiters. Für die Information der Beschäftigten über die Ergebnisse der Untersuchungen wie auch für die Ausstellung von Bescheinigungen im Rahmen der Vorsorgeuntersuchungen finden die Vorgaben der Verordnung zur arbeitsmedizinischen Vorsorge Anwendung.

6.4.5 Schriftstücke/Dokumente

In der Tabelle 28 ist dargestellt, bei wem die Verfahrens- bzw. Durchführungsverantwortung für die Entscheidung der internen Verfahrensanweisungen liegt und wer daran mitwirkt.

Tabelle 28: Verfahrens- bzw. Durchführungsverantwortung für die Entscheidung der internen Verfahrensanweisungen

Bezeichnung	Titel	Leiter der Feuerwehr (LdF)	Stabsstelle AMS-Beauftragter (AMS-B)	Stabsstelle Ärztlicher Leiter Rettungsdienst (ST-ALR)	Personalvertretung (PV)	Verwaltung (37-1)	Finanzcontrolling (37-11-C)	Allg. Verwaltung (37-11)	Rechnungen/Gebühren (37-12)	Aus- und Fortbildung (37-2)	Personalentwicklung (37-21)	Feuerwehrschule (37-22)	Rettungsassistentenschule (37-23)	Freiwillige Feuerwehr (37-24)	Einsatz/Einsatzvorbereitung (37-3)	Öffentlichkeitsarbeit (37-31)	Rettungsdienst (37-32)	Personaleinsatz/Personalführung (37-33)	Krisenmanagement/Bevölkerungsschutz (37-34)	Feuerwachen/Rettungswachen (37-35)	Vorbeugender Brand- und Gefahrenschutz (37-4)	Genehmigungs-/Planungsverfahren (37-41)	Brandschau (37-42)	Sonderschutzpläne (37-43)	Technik (37-5)	Fahrzeug-/Gerätetechnik (37-51)	Werkstätten/Lager/Geräteprüfung (37-52)	Leitstelle/Kommunikationstechnik (37-53)	Atemschutz/Pers. Schutzausrüstung (37-54)
VA FEU S 4.4.-01-1	Gefährdungsbeurteilung	V	M		M	A			A		M	M	M	A		M		M		A		M	A			M	M	M	
FB 4.4.-01	Gefährdungsbeurteilung	V	M		M	A			A		M	M	M	A		M		M		A		M	A			M	M	M	
FB 6.4.-03	Gefahrstofflagerliste	V	M		M									A						A		M	A			M	M	M	
FB 6.7.-01	Vorsorgeuntersuchung	V	M		M	A			A		M	M	M	A		M		M		A		M	A			M	M	M	

V = Verfahrensverantwortung **A** = Ausführung
M = Mitwirkung

FB = Formblatt

6.5 Aus- und Fortbildung

6.5.1 Ziel

Ziel ist es, dass die Mitarbeiter der Musterfeuerwehr in ihrem Fachwissen auf einem hohen, sich an der Fortentwicklung des technischen Standards orientierenden Wissensniveau bleiben. Mit den Regelungen und Vorgaben zur Aus- und Fortbildung soll dem Rechnung getragen werden.

Hierbei wird der Fokus zum einen auf die besonderen Anforderungen im Aufgabenbereich der Feuerwehr und zum anderen auf den Arbeitsschutz sowie die Umsetzung des AMS gelegt. Die Aus- und Fortbildung hat weiterhin zum Ziel, die Befähigung der Beschäftigten zu fördern und die Sensibilität für die Bedeutung der Arbeitssicherheit zu erhöhen. Damit verbunden ist die Schärfung des Bewusstseins für die Leitlinien und Leitziele der Musterfeuerwehr, für die Verantwortung des Einzelnen im Arbeitsschutz und für die Konsequenzen, wenn von den Vorgaben oder Regelungen abgewichen wird.

6.5.2 Geltungsbereich

Die Vorgaben und Regelungen zur Aus- und Fortbildung, die auch die Übungen im Zusammenhang mit den Vorgaben im Bereich »Störungen und Notfälle« beinhalten, haben Gültigkeit für alle Aufgabenbereiche der Musterfeuerwehr.

6.5.3 Verantwortlichkeit

Der Leiter der Musterfeuerwehr wie auch die Führung der Abteilung »Aus- und Fortbildung« und deren Führungskräfte sind verantwortlich für die Ausbildung von Laufbahnbewerbern bei der Musterfeuerwehr, für die Erstellung von Ausbildungsplänen, für die Erstellung von Fortbildungsplänen für die Führungskräfte bzw. die Beschäftigten sowie für die Kontrolle der Durchführung und die Erfolgskontrolle der Fortbildung.

6.5.4 Ablaufschema

1. In einem ersten Schritt muss entschieden werden, ob es sich um eine Ausbildung von Laufbahnbewerbern oder um eine Fortbildung von Mitarbeitern der Musterfeuerwehr handelt.
2. Der für die Ausbildung bei der Musterfeuerwehr verantwortliche Bereich »Aus- und Fortbildung« erstellt vor Beginn der Ausbildung von Laufbahnbewerbern Ausbildungspläne, welche die Mindestinhalte der jeweils gültigen Verordnung über die Ausbildung und Prüfung (VAP) berücksichtigen. Im Rahmen der Ausbildung werden u. a. die Grundlagen des Arbeitsschutzes vermittelt, was sich auch im Ausbildungsplan wiederspiegeln kann. Die Musterfeuerwehr ist für die Ausbildung von Laufbahnbewerbern für den mittleren feuerwehrtechnischen Dienst eigenverantwortlich zuständig. Die Ausbildung richtet

sich nach den Vorgaben der VAP, sodass eine Genehmigung des Ausbildungsplans durch den Leiter der Musterfeuerwehr entfallen kann.
3. Für die in der Folge eines Auswahlverfahrens zur Ausbildung bei der Musterfeuerwehr eingestellten Laufbahnbewerber wird die Ausbildung auf der Grundlage der VAP durchgeführt. Die Dauer der Ausbildung ist von den Ausbildungsinhalten abhängig und gliedert sich in verschiedene Abschnitte.

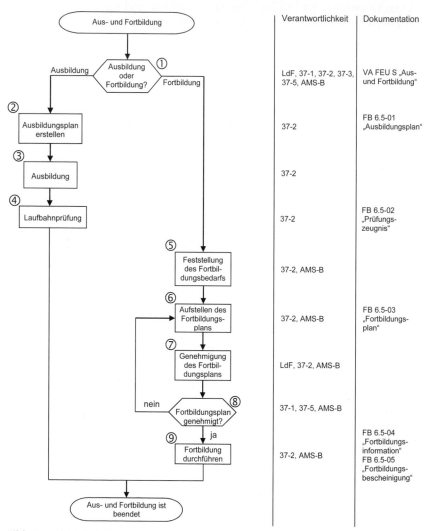

Bild 50: Ablaufschema

4. Die Ausbildung des Laufbahnbewerbers wird mit einer Laufbahnprüfung abgeschlossen. Das Bestehen der Laufbahnprüfung dokumentiert ein Prüfungszeugnis.
5. Der Bereich »Aus- und Fortbildung« der Musterfeuerwehr ermittelt für alle Mitarbeiter, einschließlich aller Führungskräfte, den Fortbildungsbedarf u. a. für den Themenbereich »Arbeitssicherheit und Gesundheitsschutz«. Der Fortbildungsbedarf für die Arbeitssicherheit und den Gesundheitsschutz ergibt sich aus den rechtlichen Vorgaben, den Vorgaben der Unfallversicherungsträger, den Ergebnissen des internen Audits, den dokumentierten Ergebnissen des ASA, den Erkenntnissen der Führungskräfte sowie den Erwartungen und Wünschen der Beschäftigten der Musterfeuerwehr. Als potenzielle Inhalte für die Fortbildung im Bereich »Arbeitssicherheit und Gesundheitsschutz« kommen in Frage
   a) das Arbeitsschutzmanagementsystem der Musterfeuerwehr,
   b) spezifische, feuerwehrbezogene Problemstellungen aus der Praxis,
   c) Ergebnisse von Gefährdungsbeurteilungen,
   d) Themen zur persönlichen Fortbildung mit einem feuerwehrrelevanten Bezug,
   e) Hinweise zum individuellen, gesundheitlichen Verhalten,
   f) die sicherheitsrelevante Verhaltensweise im Rahmen von betrieblichen Störungen oder Notfällen.
6. Durch den Bereich » Aus- und Fortbildung« wird in Abstimmung mit dem AMS-Beauftragten und unter Berücksichtigung der Mitbestimmung der für die Musterfeuerwehr zuständigen Personalvertretung der Fortbildungsplan erstellt. Stehen für die Fortbildung keine eigenen Kräfte zur Verfügung, sind externe Dozenten mit der Durchführung der Fortbildung auf Honorarbasis zu beauftragen. Die Fortbildung findet in den Räumlichkeiten der Feuerwehr- bzw. Rettungsassistentenschule der Musterfeuerwehr statt. Die Organisation der Räumlichkeiten und der erforderlichen Medien erfolgt durch die Sachgebiete/Fachbereiche »Feuerwehrschule« bzw. »Rettungsassistentenschule«. Der Fortbildungsplan berücksichtigt Ausweichtermine in einem angemessenen Umfang.
7. Der Leiter der Musterfeuerwehr genehmigt den vom Bereich »Aus- und Fortbildung« vorgelegten Fortbildungsplan.
8. Findet der Fortbildungsplan nicht die Genehmigung durch den Leiter der Musterfeuerwehr, hat der Bereich »Aus- und Fortbildung« an den relevanten Stellen nachzubessern bzw. Anpassungen vorzunehmen.
9. Die Sachgebiete/Fachbereiche »Feuerwehrschule« bzw. »Rettungsassistentenschule« sind für die Durchführung der Fortbildung verantwortlich. Hierzu werden die Mitarbeiter der Musterfeuerwehr schriftlich über das Stattfinden der Fortbildung informiert. Ist es dem Mitarbeiter aus zwingenden Gründen nicht möglich, an der von ihm

gemeldeten Fortbildung teilzunehmen oder kann die Fortbildung aufgrund des Ausfalls des Dozenten nicht stattfinden, wird ein im Fortbildungsplan vermerkter Ersatztermin als Ausweichtermin festgelegt. Der Dozent der jeweiligen Fortbildungsveranstaltung überzeugt sich vom Lernerfolg und veranlasst die Ausstellung einer Teilnahmebescheinigung.

6.5.5 Schriftstücke/Dokumente

In der Tabelle 29 ist dargestellt, bei wem die Verfahrens- bzw. Durchführungsverantwortung für die Entscheidung der internen Verfahrensanweisungen liegt und wer daran mitwirkt.

Tabelle 29: Verfahrens- bzw. Durchführungsverantwortung für die Entscheidung der internen Verfahrensanweisungen

Bezeichnung	Titel	Leiter der Feuerwehr (LdF)	Stabsstelle AMS-Beauftragter (AMS-B)	Stabsstelle Ärztlicher Leiter Rettungsdienst (ST-ÄLR)	Personalvertretung (PV)	Verwaltung (37-1)	Finanzcontrolling (37-11-C)	Allg. Verwaltung (37-11)	Rechnungen/Gebühren (37-12)	Aus- und Fortbildung (37-2)	Personalentwicklung (37-21)	Feuerwehrschule (37-22)	Rettungsassistentenschule (37-23)	Freiwillige Feuerwehr (37-24)	Einsatz/Einsatzvorbereitung (37-3)	Öffentlichkeitsarbeit (37-31)	Rettungsdienst (37-32)	Personaleinsatz/Personalführung (37-33)	Krisenmanagement/Bevölkerungsschutz (37-34)	Feuerwachen/Rettungswachen (37-35)	Vorbeugender Brand- und Gefahrenschutz (37-4)	Genehmigungs-/Planungsverfahren (37-41)	Brandschau (37-42)	Sonderschutzpläne (37-43)	Technik (37-5)	Fahrzeug-/Gerätetechnik (37-51)	Werkstätten/Lager/Geräteprüfung (37-52)	Leitstelle/Kommunikationstechnik (37-53)	Atemschutz/Pers. Schutzausrüstung (37-54)
VA FEU S 6.5.-01-1	Aus- und Fortbildung	M								V	M	A	A																
FB 6.5.-01	Ausbildungsplan	M								V	M	A	A																
FB 6.5.-02	Prüfungszeugnis									V	M	A	A	M															
FB 6.5.-03	Fortbildungsplan	M								V	M	A	A	M															
FB 6.5.-04	Fortbildungs-information									V	M	A	A	M															
FB 6.5.-05	Fortbildungs-bescheinigung									V	M	A	A	M															

V = Verfahrensverantwortung A = Ausführung
M = Mitwirkung

FB = Formblatt

252

6.6   Arbeitssicherheit

6.6.1   Ziel

Die Fachkraft für Arbeitssicherheit berät den Leiter der Musterfeuerwehr in allen Fragen der Arbeitssicherheit mit dem Ziel, den Arbeits- und Gesundheitsschutz in die Aufbau- und Ablauforganisation bei der Musterfeuerwehr zu integrieren wie auch mögliche Unfallfaktoren zu beseitigen, die Gestaltung von Arbeitsabläufen und Arbeitsplätzen im Sinn des Arbeitsschutzes zu optimieren und die Mitarbeiter der Musterfeuerwehr für die Belange der Arbeitssicherheit zu sensibilisieren.
   Durch die sicherheitstechnische Beratung trägt die Fachkraft für Arbeitssicherheit zu einer kontinuierlichen Verbesserung bzw. Optimierung des Arbeitsschutzes bei der Musterfeuerwehr bei.

6.6.2   Geltungsbereich

Die Beratungsleistung der Fachkraft für Arbeitssicherheit gilt für alle Aufgabenbereiche der Musterfeuerwehr.

6.6.3   Verantwortlichkeit

Grundsätzlich ist der Leiter der Musterfeuerwehr für den Arbeitsschutz im Zuständigkeitsbereich verantwortlich. Im Rahmen des Delegationsprinzips kann die Verantwortung auf die jeweils zuständigen Führungskräfte übertragen werden. Die Verantwortlichkeit für die Umsetzung der sicherheitstechnischen Maßnahmen, u. a. auch im Rahmen der Anpassung von Gefährdungsbeurteilungen, liegt bei den jeweiligen Führungskräften.
   Die Fachkraft für Arbeitssicherheit trägt die Verantwortung für die Qualität der im Zuge der Beratungs- und Prüfungsleitung getätigten schriftlichen oder mündlichen Aussagen.

6.6.4   Ablaufschema

1. Bei den Leistungen der Fachkraft für Arbeitssicherheit für die Musterfeuerwehr ist neben der Grundbetreuung auch die spezifische Betreuung zu berücksichtigen. Mit der Fachkraft für Arbeitssicherheit wird auf der Grundlage der Beschäftigten bei der Musterfeuerwehr der Umfang der Grundbetreuung (mindestens 0,2 Stunden pro Jahr

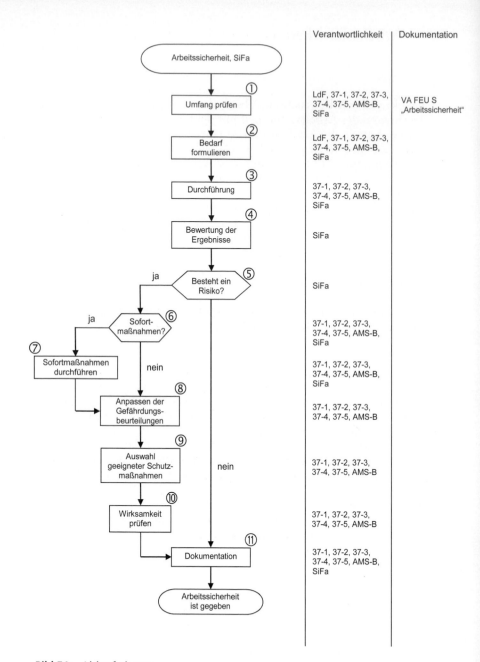

	Verantwortlichkeit	Dokumentation
Arbeitssicherheit, SiFa		
① Umfang prüfen	LdF, 37-1, 37-2, 37-3, 37-4, 37-5, AMS-B, SiFa	VA FEU S „Arbeitssicherheit"
② Bedarf formulieren	LdF, 37-1, 37-2, 37-3, 37-4, 37-5, AMS-B, SiFa	
③ Durchführung	37-1, 37-2, 37-3, 37-4, 37-5, AMS-B, SiFa	
④ Bewertung der Ergebnisse	SiFa	
ja ⑤ Besteht ein Risiko?	SiFa	
ja ⑥ Sofortmaßnahmen?	37-1, 37-2, 37-3, 37-4, 37-5, AMS-B, SiFa	
⑦ Sofortmaßnahmen durchführen	37-1, 37-2, 37-3, 37-4, 37-5, AMS-B, SiFa	
nein ⑧ Anpassen der Gefährdungsbeurteilungen	37-1, 37-2, 37-3, 37-4, 37-5, AMS-B	
⑨ Auswahl geeigneter Schutzmaßnahmen	37-1, 37-2, 37-3, 37-4, 37-5, AMS-B	
⑩ Wirksamkeit prüfen	37-1, 37-2, 37-3, 37-4, 37-5, AMS-B	
nein ⑪ Dokumentation	37-1, 37-2, 37-3, 37-4, 37-5, AMS-B, SiFa	
Arbeitssicherheit ist gegeben		

Bild 51: Ablaufschema

254

pro Mitarbeiter) und der spezifischen Betreuung abgestimmt. Zudem gilt es zu prüfen, zu welchen Problemen bzw. Problemstellungen seitens der Fachkraft für Arbeitssicherheit Handlungsbedarf besteht.

2. Der Handlungsbedarf für Leistungen der Fachkraft für Arbeitssicherheit ergibt sich aus den internen Arbeitsabläufen der Musterfeuerwehr (beispielsweise bei der Beratung in Fragen der Arbeitssicherheit bei Beschaffungen, Instandhaltungen, Umbau von Feuer- bzw. Rettungswachen und Gerätehäusern, der Personalentwicklung etc.), aus speziellen Arbeitsschutzanlässen (z. B. sicherheitstechnische Begehungen, Untersuchung von Unfällen etc.) und aus bestimmten Anlässen (Änderungen von rechtlichen Grundlagen, neue bzw. grundlegende eigene Erkenntnisse). Die oberste Führungsebene der Musterfeuerwehr definiert gemeinsam mit der Fachkraft für Arbeitssicherheit, dem AMS-Beauftragten und der für die Musterfeuerwehr zuständigen Personalvertretung unter Berücksichtigung der Dokumentation, der Gefährdungsbeurteilungen sowie der dienstlichen Rahmenbedingungen den Bedarf.

3. Die Fachkraft für Arbeitssicherheit ist ausschließlich beratend für den Leiter der Musterfeuerwehr tätig. Für die Qualität im Zuge der sicherheitstechnischen Beratung und/oder Prüfung besteht seitens der Fachkraft für Arbeitssicherheit eine umfassende Verantwortung und bei Vernachlässigung der Aufgaben auch eine entsprechende Haftung. Die Gefährdungen und die sich daraus ableitenden Maßnahmen werden von der Fachkraft für Arbeitssicherheit beurteilt. Bei Gefahr im Verzug hat sie die Möglichkeit, sicherheitswidrigen Zuständen unmittelbar abzuhelfen. Die Durchführung der sicherheitstechnischen Maßnahmen obliegt den jeweils zuständigen Führungskräften der Musterfeuerwehr.

4. Aus den Ergebnissen von Begehungen, Abnahmen oder Untersuchungen bzw. Auswertungen von Unfällen der Mitarbeiter der Musterfeuerwehr können sich Notwendigkeiten ergeben, die einen Einfluss auf das sicherheitstechnische Verhalten der Beschäftigten der Musterfeuerwehr haben.

5. Die Ergebnisse der sicherheitstechnischen Untersuchung können in der Abwägung von Schadenausmaß und Eintrittswahrscheinlichkeit zu einer Risikoeinschätzung führen, auf deren Basis eine Aussage zu möglicherweise notwendigen Maßnahmen getroffen werden muss. Besteht ein bisher nicht vorhergesehenes Risiko, muss von den zuständigen Führungskräften, dem AMS-Beauftragten und der Fachkraft für Arbeitssicherheit entschieden werden, wie gravierend die Gefährdung ist.

6. Bei der Abschätzung des Risikos gilt es zu beurteilen, ob das Restrisiko nicht, nur gering oder stark überschritten wird. In Abhängigkeit von der Einschätzung des Risikos kann unter Heranziehung

der Risikomatrix die Veranlassung von Sofortmaßnahmen notwendig sein.

7. Ist der Wert für das ermittelte Risiko in der Risikoklasse/-kategorie 3 einzuordnen, ist die Einleitung von Sofortmaßnahmen notwendig. Hier hat die Fachkraft für Arbeitssicherheit die Verpflichtung, die sofortige Außerdienstnahme z. B. eines Arbeitsmittels zu veranlassen. Die Fachkraft für Arbeitssicherheit legt mit den jeweils zuständigen Führungskräften und dem AMS-Beauftragten die unmittelbar und mittelbar notwendigen Maßnahmen sowie die Verantwortlichkeit für deren Umsetzung/Kontrolle fest; die Maßnahmen werden von den Führungskräften veranlasst.

8. Ergeben sich aus der Bewertung der Ergebnisse der Fachkraft für Arbeitssicherheit Hinweise auf ein bestehendes Risiko, sind die betreffenden Gefährdungsbeurteilungen durch die zuständigen Führungskräfte zu überprüfen und ggf. anzupassen.

9. Die Führungskräfte erarbeiten auf der Grundlage der sicherheitstechnischen Bedenken unter Berücksichtigung des TOP-Prinzips geeignete Schutzmaßnahmen für die Arbeitssicherheit der Mitarbeiter der Musterfeuerwehr, die vom Leiter der Musterfeuerwehr unter Beteiligung des Arbeitsschutzausschusses beschlossen werden. Die Umsetzung der Maßnahmen veranlassen die Führungskräfte. Grundsätzlich ist zwischen den Schutzzielen (mit Blick auf die eigentlichen Gefährdungen und Belastungen) und den Schutzmaßnahmen (mit Blick auf die Quellen der Gefährdungen und Belastungen) zu unterscheiden.

10. Um die Wirksamkeit der Maßnahmen zu beurteilen, sind die Führungskräfte für deren Kontrolle zuständig. Ist erkennbar, dass die Schutzmaßnahmen nicht umfänglich das erwartete Ergebnis liefern, müssen die entsprechenden Folgemaßnahmen beschlossen werden.

11. Über alle bei der Musterfeuerwehr durchgeführten Schutzmaßnahmen im Sinn eines risikoorientierten Vorgehens und zur kontinuierlichen Optimierung des Arbeitsschutzes zum Wohl und Nutzen der Beschäftigten der Musterfeuerwehr sind schriftliche Nachweise im Rahmen der Dokumentation zu führen. Diese Nachweise werden vom AMS-Beauftragten archiviert. Die angemessene Dokumentation über die sicherheitstechnische Beratung und das eigene Handeln erfolgt durch die Fachkraft für Arbeitssicherheit.

6.6.5 Schriftstücke/Dokumente

In der Tabelle 30 ist dargestellt, bei wem die Verfahrens- bzw. Durchführungsverantwortung für die Entscheidung der internen Verfahrensanweisungen liegt und wer daran mitwirkt.

Tabelle 30: Verfahrens- bzw. Durchführungsverantwortung für die Entscheidung der internen Verfahrensanweisungen

Bezeichnung	Titel	Leiter der Feuerwehr (LdF)	Stabsstelle AMS-Beauftragter (AMS-B)	Stabsstelle Ärztlicher Leiter Rettungsdienst (ST-ALR)	Personalvertretung (PV)	Verwaltung (37-1)	Finanzcontrolling (37-11-C)	Allg. Verwaltung (37-11)	Rechnungen/Gebühren (37-12)	Aus- und Fortbildung (37-2)	Personalentwicklung (37-21)	Feuerwehrschule (37-22)	Rettungsassistentenschule (37-23)	Freiwillige Feuerwehr (37-24)	Einsatz/Einsatzvorbereitung (37-3)	Öffentlichkeitsarbeit (37-31)	Rettungsdienst (37-32)	Personaleinsatz/Personalführung (37-33)	Krisenmanagement/Bevölkerungsschutz (37-34)	Feuerwachen/Rettungswachen (37-35)	Vorbeugender Brand- und Gefahrenschutz (37-4)	Genehmigungs-/Planungsverfahren (37-41)	Brandschau (37-42)	Sonderschutzpläne (37-43)	Technik (37-5)	Fahrzeug-/Gerätetechnik (37-51)	Werkstätten/Lager/Geräteprüfung (37-52)	Leitstelle/Kommunikationstechnik (37-53)	Atemschutz/Pers. Schutzausrüstung (37-54)
VA FEU S 6.6.-01-1	Arbeitssicherheit, SiFa	V	A					M			M					M						M	M			M			
VA FEU S 6.6.-02-1	Arbeitssicherheit, Begehungen	V	A					M			M					M						M	M			M			

V = Verfahrensverantwortung **A** = Ausführung
M = Mitwirkung

FB = Formblatt

6.7 Arbeitsmedizinische Vorsorge

6.7.1 Ziele

Das grundlegende Ziel ist es, Erkrankungen der Beschäftigten der Musterfeuerwehr, die auf arbeitsbedingte Ursachen zurückgehen, vorzubeugen. Unter Anwendung der arbeitsmedizinischen Vorsorge sollen arbeitsbedingte Ursachen einer gesundheitlichen Beeinträchtigung bereits zu einem frühen Zeitpunkt erkannt werden. Durch die Ergebnisse der arbeitsmedizinischen Vorsorge bei der Musterfeuerwehr können Schutzmaßnahmen initiiert werden, durch deren Umsetzung sich arbeitsbedingte, gesundheitliche Einschränkungen bei den Mitarbeitern vermeiden oder vermindern lassen. Weiterhin gilt es, die arbeitsmedizinischen Vorsorgeuntersuchungen sicherzustellen und damit den Gesundheitsschutz bei der Musterfeuerwehr weiterzuentwickeln.

6.7.2 Geltungsbereich

Die Regelungen haben Gültigkeit für alle Bereiche und alle Mitarbeiter der Musterfeuerwehr.

6.7.3 Verantwortlichkeit

Grundsätzlich ist der Leiter der Musterfeuerwehr für den Gesundheitsschutz bei der Musterfeuerwehr verantwortlich. Das schließt die Einhaltung der Fristen wie auch die Veranlassung der arbeitsmedizinischen Vorsorge ein. Die arbeitsmedizinischen Untersuchungen werden von dem für die Musterfeuerwehr zuständigen Arbeitsmediziner (AM) durchgeführt.

Für die Einschätzung der gesundheitlichen Gefährdung ist der Arbeitsmediziner zuständig. Die sich daraus ergebenden Notwendigkeiten einer Anpassung der jeweiligen Gefährdungsbeurteilung sind von den Führungskräften zu veranlassen.

6.7.4 Ablaufschema

1. Auf der Grundlage der Anzahl der Beschäftigten der Musterfeuerwehr wird mit dem zuständigen Arbeitsmediziner der arbeitsmedizinische Betreuungsumfang festgelegt. Neben der Grundbetreuung (mindestens 0,2 Stunden pro Jahr pro Beschäftigtem) muss dabei auch den spezifischen Anforderungen der Musterfeuerwehr Rechnung getragen werden.
2. Die oberste Führungsebene der Musterfeuerwehr legt unter Beteiligung des AMS-Beauftragten und der für die Musterfeuerwehr zuständigen Personalvertretung gemeinsam mit dem Arbeitsmediziner den Bedarf an arbeitsmedizinischer Vorsorge fest. Die arbeitsmedizinische Vorsorge umfasst die Pflichtuntersuchungen (vom Arbeitgeber/Dienstherrn veranlasste Eignungsuntersuchungen, die von den Beschäftigten wahrgenommen werden müssen), die Angebotsuntersuchungen (vom Arbeitgeber/Dienstherrn angebotene arbeitsmedizinische Vorsorge, die von den Beschäftigten wahrgenommen werden kann) und die Wunschuntersuchungen (von den Beschäftigten selbst initiierte arbeitsmedizinische Untersuchungen, die vom Arbeitgeber/Dienstherrn ermöglicht werden müssen).
3. Das Sachgebiet bzw. der Fachbereich »Personaleinsatz/Personalführung« der Abteilung »Einsatz/Einsatzvorbereitung« unterstützt den Arbeitsmediziner durch Koordinierung der fristgerechten Einhaltung der terminierten Eignungs- und Folgeuntersuchungen sowie durch Information der Beschäftigten der Musterfeuerwehr bei bevorstehen-

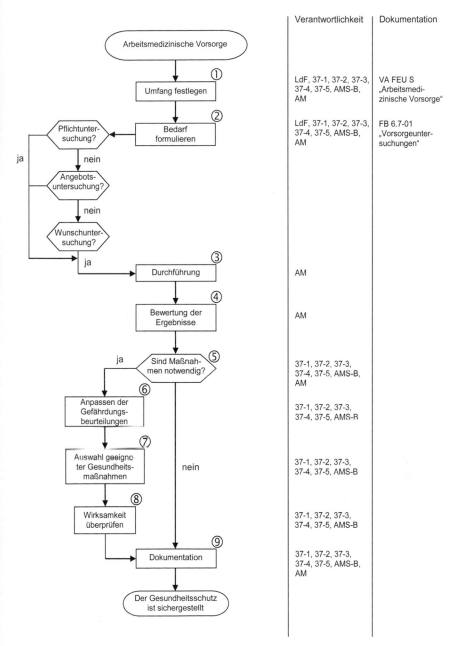

Bild 52: Ablaufschema

den Angebotsuntersuchungen. Für die Durchführung der arbeitsmedizinischen Vorsorgeuntersuchungen ist der für die Musterfeuerwehr tätige Arbeitsmediziner zuständig.

4. Der Leiter der Musterfeuerwehr erhält über die Durchführung einer Pflichtuntersuchung eines Mitarbeiters einen Nachweis, aus dem der Untersuchungsgrund, der Untersuchungszeitpunkt und der Hinweis auf die Einsatztauglichkeit hervorgehen. Nach Angebots- oder Wunschuntersuchungen wird dem Leiter der Musterfeuerwehr nur der Anlass und der Tag mitgeteilt, an dem der Mitarbeiter die Untersuchung wahrgenommen hat. Gegebenenfalls kann die Information um den Hinweis auf eine Folgeuntersuchung ergänzt sein. Aus der vom Arbeitsmediziner vorgenommenen Auswertung der Ergebnisse der arbeitsmedizinischen Vorsorgeuntersuchungen können sich Maßnahmen ergeben, die sich in der Konsequenz auf den Arbeitsplatz/Arbeitsbereich, die ausgeübte Tätigkeit oder die Person auswirken. Der Arbeitsmediziner weist den Leiter der Musterfeuerwehr bei einem unzureichenden gesundheitlichen Schutz der Beschäftigten unter Wahrung der Schweigepflicht auf die entsprechenden Umstände hin.

5. Die Ergebnisse der arbeitsmedizinischen Vorsorgeuntersuchungen wie auch die Empfehlungen des Arbeitsmediziners können bestimmte Maßnahmen notwendig werden lassen, um den gesundheitlichen Gefährdungen entgegenzuwirken bzw. um diese grundsätzlich zu vermeiden. Aufgrund der fachlichen Qualifikation des Arbeitsmediziners kann die Bewertung von potenziellen gesundheitlichen Gefährdungen und/oder Belastungen sichergestellt werden, sodass in Abstimmung mit den Führungskräften und dem AMS-Beauftragten sowie der für die Musterfeuerwehr zuständigen Personalvertretung die Maßnahmen getroffen werden, die dem gesundheitlichen Schutz der Beschäftigten dienen. Sind keine weiteren Maßnahmen notwendig, folgt Schritt 9.

6. Ergeben sich aufgrund der Auswertung der Ergebnisse der arbeitsmedizinischen Vorsorgeuntersuchungen Erkenntnisse, die den Schluss zulassen, dass eine gesundheitliche Gefährdung gegeben ist, müssen die betreffenden Gefährdungsbeurteilungen einer Revision unterzogen und entsprechend angepasst werden. Werden bei einem Mitarbeiter aus arbeitsmedizinischer Sicht gesundheitliche Einschränkungen festgestellt, sind von den zuständigen Führungskräften mit Beratung durch den Arbeitsmediziner individuelle Lösungen zu erarbeiten, die einen Einsatz in einem anderen Aufgabenbereich zeitlich umrissen oder dauerhaft zur Folge haben können. Die für die Musterfeuerwehr zuständige Personalvertretung ist vom Leiter der Musterfeuerwehr über die Ergebnisse der arbeitsmedizinischen Auswertung und die sich daraus ergebenden Anpassungen der Gefährdungsbeurteilungen bzw. die notwendige anderweitige Beschäftigung des Mitarbeiters zu informieren.

7. Die sich aus den arbeitsmedizinischen Ergebnissen ergebenden notwendigen Maßnahmen werden vom Leiter der Musterfeuerwehr unter Beteiligung der zuständigen Führungskräfte und des Arbeitsschutzausschusses beschlossen und von den Führungskräften umgesetzt.
8. Um die Wirksamkeit der Maßnahmen beurteilen zu können, sind diese von den zuständigen Führungskräften dahingehend zu überprüfen. Stellt sich heraus, dass die Maßnahmen nicht zum erwarteten Ergebnis führen, sind entsprechende Folgemaßnahmen zu veranlassen.
9. Über die bei der Musterfeuerwehr durchgeführte Koordinierung der Pflicht- und Angebotsuntersuchungen wie auch über die Festlegung und Umsetzung von notwendigen Anpassungen der Gefährdungsbeurteilungen sowie über die Prüfungen der Wirksamkeit der Maßnahmen wird ein entsprechender schriftlicher Nachweis geführt. Die angemessene Dokumentation der arbeitsmedizinischen Vorsorgeuntersuchungen erfolgt durch den Arbeitsmediziner.

6.7.5 Schriftstücke/Dokumente

In der Tabelle 31 ist dargestellt, bei wem die Verfahrens- bzw. Durchführungsverantwortung für die Entscheidung der internen Verfahrensanweisungen liegt und wer daran mitwirkt.

Tabelle 31: Verfahrens- bzw. Durchführungsverantwortung für die Entscheidung der internen Verfahrensanweisungen

Bezeichnung	Titel	Leiter der Feuerwehr	Stabsstelle AMS-Beauftragter	Stabsstelle Ärztlicher Leiter Rettungsdienst	Personalvertretung	Verwaltung	Finanzcontrolling	Allg. Verwaltung	Rechnungen/Gebühren	Aus- und Fortbildung	Personalentwicklung	Feuerwehrschule	Rettungsassistentenschule	Freiwillige Feuerwehr	Einsatz/Einsatzvorbereitung	Öffentlichkeitsarbeit	Rettungsdienst	Personaleinsatz/Personalführung	Krisenmanagement/Bevölkerungsschutz	Feuerwachen/Rettungswachen	Vorbeugender Brand- und Gefahrenschutz	Genehmigungs-/Planungsverfahren	Brandschau	Sonderschutzpläne	Technik	Fahrzeug-/Gerätetechnik	Werkstätten/Lager/Geräteprüfung	Leitstelle/Kommunikationstechnik	Atemschutz/Pers. Schutzausrüstung
		LdF	AMS-B	ST-ÄLR	PV	37-1	37-11-C	37-11	37-12	37-2	37-21	37-22	37-23	37-24	37-3	37-31	37-32	37-33	37-34	37-35	37-4	37-41	37-42	37-43	37-5	37-51	37-52	37-53	37-54
VA FEU S 6.7.-01-1	Arbeitsmedizinische Vorsorge	V	A		M			M	M		M	M				M		M	M					M					
FB 6.7-01	Vorsorgeuntersuchungen	V			A	M					M					M		M	M			M							M

V = Verfahrensverantwortung A = Ausführung
M = Mitwirkung

FB = Formblatt

261

6.8 Planung und Umbau

6.8.1 Ziele

Die Ziele sind, unter Berücksichtigung der Arbeitssicherheit und des Gesundheitsschutzes der Mitarbeiter der Musterfeuerwehr bei der Planung von Neubauten oder dem Umbau von Feuerwachen bzw. Gerätehäusern die sicherheitstechnischen und ergonomischen Anforderungen zu erfüllen.

6.8.2 Geltungsbereich

Die Regelungen haben Gültigkeit für alle Betriebsbereiche und alle Beschäftigten der Musterfeuerwehr und basieren auf den entsprechenden rechtlichen Vorgaben.

6.8.3 Verantwortlichkeit

Grundsätzlich hat sich der Leiter der Musterfeuerwehr für die Umsetzung der Vorgaben der Arbeitssicherheit und des Gesundheitsschutzes bei der Musterfeuerwehr einzusetzen. Für die Planung von Neu- oder Umbauten ist der vom Leiter benannte Planungsverantwortliche zuständig. Soweit die für die Planung bzw. den Umbau relevanten Gefährdungsbeurteilungen nicht zur Verfügung stehen, tragen die zuständigen Führungskräfte die Verantwortung für deren Erstellung. Verantwortlich für qualitative Hinweise zum Arbeits- und Gesundheitsschutz sind der AMS-Beauftragte der Musterfeuerwehr sowie die Fachkraft für Arbeitssicherheit und der Arbeitsmediziner.

6.8.4 Ablaufschema

1. Über die Feststellung des Bedarfs eines Neu- oder Umbaus sowie die Beantragung und Zuweisung von Finanzmitteln ist an anderer Stelle entschieden worden. Durch den Leiter der Musterfeuerwehr wird ein Verantwortlicher für die Planung eines Neu-/Umbaus einer Feuerwache bzw. eines Gerätehauses benannt, der bei der Musterfeuerwehr als Ansprechpartner fungiert und deren Interessen wahrt, weil davon auszugehen ist, dass die Architektenleistung und die Leistungen einer Bauleitung nicht von der Musterfeuerwehr erbracht werden. Unterstützt wird der Planungsverantwortliche durch den AMS-Beauftragten. Die Beantragung von erforderlichen Genehmigungen und die

Abwicklung der Bauausführung obliegen dem entsprechenden Fachamt der Musterstadt/Musterkommune. Es ist sinnvoll, wenn der Planungsverantwortliche über baufachliche Kenntnisse verfügt und erkennt, ob arbeitsschutzrelevante Bereiche berührt sind.

2. Der Planungsverantwortliche stellt den Informationsfluss innerhalb der beteiligten Sachgebiete/Fachbereiche der Musterfeuerwehr sicher. Auf diese Weise kann garantiert werden, dass die getroffenen Festle-

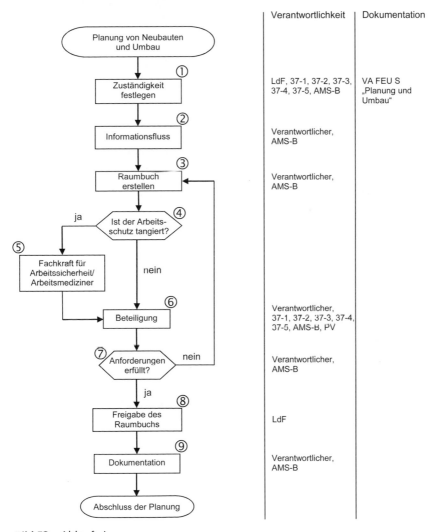

Bild 53: Ablaufschema

gungen die notwendige Beachtung finden und zur Umsetzung kommen. Die Mitarbeiter werden vom Planungsverantwortlichen über den geplanten Neu-/Umbau informiert.

3. Bei der Erstellung des so genannten Raumbuchs (= detaillierte Beschreibung wie jeder fertige Raum aussehen soll) vertritt der Planungsverantwortliche die Interessen der Musterfeuerwehr und koordiniert die Beschreibung der Ausstattungsnotwendigkeiten auf der Grundlage der Aussagen aus den einzelnen Sachgebieten/Fachbereichen der Musterfeuerwehr. Der Planungsverantwortliche fordert die relevanten Gefährdungsbeurteilungen an.

4. Durch den Planungsverantwortlichen ist zu entscheiden, ob arbeitsschutzrechtliche Anforderungen zu berücksichtigen und zu erfüllen sind.

5. Sind arbeitsschutzrelevante Anforderungen zu beachten, ist die Einbeziehung der Fachkraft für Arbeitssicherheit und des Arbeitsmediziners notwendig. Auf diese Weise kann davon ausgegangen werden, dass auf der Grundlage der Arbeitsstättenverordnung und der spezifischen Anforderungen der Musterfeuerwehr der Sicherheit und Gesundheit der Mitarbeiter der Musterfeuerwehr eine angemessene Beachtung zukommt. Die Arbeitsstättenverordnung gibt Schutzziele vor, nennt jedoch keine konkreten Maßnahmen. Im Zuge der praxisorientierten Formulierung von planerischen Alternativen berücksichtigen die Fachkraft für Arbeitssicherheit und der Arbeitsmediziner dabei die sicherheitstechnischen (u. a. Arbeitsstättenregeln) und ergonomischen Anforderungen.

6. Der Planungsverantwortliche hat im Rahmen der Mitbestimmung die für die Musterfeuerwehr zuständige Personalvertretung zu informieren und anzuhören, um den Vorgaben der Unterrichtungs- und Anhörungspflicht zu entsprechen. Durch die Personalvertretung haben alle Beschäftigten die Möglichkeit, Hinweise zu geben und Bedenken zu äußern.

7. Sind nicht alle Anforderungen auf der Grundlage des Arbeitsschutzes oder die Bedenken der Beschäftigten beachtet, ist es notwendig, die Formulierungen des Raumbuches entsprechend anzupassen.

8. Sind alle Anforderungen zum Arbeitsschutz erfüllt und die Bedenken der Mitarbeiter ausgeräumt, kann auf Hinweis des Planungsverantwortlichen die Freigabe des Raumbuchs durch den Leiter der Musterfeuerwehr erfolgen.

9. Die im Rahmen der Planung formulierten Festlegungen werden in schriftlicher Form dokumentiert. Die Planungsvorlagen bzw. Planungsunterlagen und das Raumbuch sind Bestandteil der Dokumentation. Mit der Dokumentation ist für den Planungsverantwortlichen der Musterfeuerwehr die Planung eines Neu-/Umbaus einer Feuerwache bzw. eines Gerätehauses abgeschlossen.

6.8.5 Schriftstücke/Dokumente

In der Tabelle 32 ist dargestellt, bei wem die Verfahrens- bzw. Durchführungsverantwortung für die Entscheidung der internen Verfahrensanweisungen liegt und wer daran mitwirkt.

Tabelle 32: Verfahrens- bzw. Durchführungsverantwortung für die Entscheidung der internen Verfahrensanweisungen

Bezeichnung	Titel	Leiter der Feuerwehr	Stabsstelle AMS-Beauftragter	Stabsstelle Ärztlicher Leiter Rettungsdienst	Personalvertretung	Verwaltung	Finanzcontrolling	Allg. Verwaltung	Rechnungen/Gebühren	Aus- und Fortbildung	Personalentwicklung	Feuerwehrschule	Rettungsassistentenschule	Freiwillige Feuerwehr	Einsatz/Einsatzvorbereitung	Öffentlichkeitsarbeit	Rettungsdienst	Personaleinsatz/Personalführung	Krisenmanagement/Bevölkerungsschutz	Feuerwachen/Rettungswachen	Vorbeugender Brand- und Gefahrenschutz	Genehmigungs-/Planungsverfahren	Brandschau	Sonderschutzpläne	Technik	Fahrzeug-/Gerätetechnik	Werkstätten/Lager/Geräteprüfung	Leitstelle/Kommunikationstechnik	Atemschutz/Pers. Schutzausrüstung
		LdF	AMS-B	ST-ÄLR	PV	37-1	37-11-C	37-11	37-12	37-2	37-21	37-22	37-23	37-24	37-3	37-31	37-32	37-33	37-34	37-35	37-4	37-41	37-42	37-43	37-5	37-51	37-52	37-53	37-54
VA FEU S 6.8.-01-1	Planung und Umbau	M	M	M		M				M					M	M					M	V	A		M	M	M		

V = Verfahrensverantwortung   **A** = Ausführung
M = Mitwirkung

FB = Formblatt

Teil III

Beispiele für Verfahrensanweisungen
und Formblätter »Arbeitsschutz«
bei der Musterfeuerwehr

Allgemeines

Die nachfolgend aufgeführten Verfahrensanweisungen und Formblätter sind ausschließlich als Muster bzw. Anregungen zu verstehen. Diese Muster bedürfen selbstverständlich der Anpassung an die Anforderungen der jeweiligen Feuerwehr. Sie dienen als Anregung zur Gestaltung und Formulierung der eigenen Verfahrensanweisungen oder Formblätter, um im Rahmen der Dokumentation den entsprechenden Vorschriften zu genügen und beim Aufbau eines Arbeitsschutzmanagementsystems zu unterstützen.

Hinweis:

Nicht hinterlegt sind in diesem Buch:
VA – FEU – S 1000 – 1 »Lenkung von Dokumenten«
VA – FEU – S 1001 – 1 »Investitions- und Beschaffungsplan«
VA – FEU – S 3.1. – 01 – 1 »Organigramm«
VA – FEU – S 3.2. – 02 – 1 »Kurzzeichenverzeichnis«
VA – FEU – S 5.1. – 01 – 1 »Produktanforderungen«
VA – FEU – S 5.1. – 02 – 1 »Öffentlichkeitsarbeit«
VA – FEU – S 5.1. – 03 – 1 »Alarm- und Ausrückeordnung«
VA – FEU – S 5.2. – 01 – 1 »Produkte«
VA – FEU – S 5.2. – 02 – 1 »Prävention«
FB 1001 – 1 »Leistungsverzeichnis«
FB 4.3. – 02 »Fragenkatalog zum Vorstellungsgespräch«
FB 6.5. – 01 »Ausbildungsplan«

VA – FEU – S 7000 – 1 »Dokumentation«

1. Ziel

Die Verfahrensanweisung »Dokumentation« regelt das Erstellen, das Überprüfen und die Freigabe sowie die Dokumentationslenkung, die Änderung, die Erstellung und die äußere Gestaltung der anweisenden und nachweisenden Dokumente der Musterfeuerwehr.

2. Geltungsbereich

Die Verfahrensanweisung ist auf alle anweisenden und nachweisenden Dokumente der Musterfeuerwehr anzuwenden.

3. Zuständigkeiten

Die Führungskräfte der Abteilungen bzw. der Sachgebiete/Fachbereiche der Musterfeuerwehr sind für die Erstellung, Aktualisierung und Änderung von internen Dokumenten zuständig und tragen die Verantwortung für die fachlichen Inhalte. Die Freigabe und Genehmigung der Dokumente ist grundsätzlich dem Leiter der Musterfeuerwehr vorbehalten. Alle für den Bereich Arbeitssicherheit und Gesundheitsschutz bei der Musterfeuerwehr vorhandenen Dokumente werden vom AMS-Beauftragten herausgegeben. Der AMS-Beauftragte trägt die Verantwortung für die Überwachung und Lenkung der Dokumente.

4. Ablauf

Um den Anforderungen an ein funktionierendes Arbeitsschutzmanagementsystem zu entsprechen, muss die Dokumentation bestimmten Vorgaben genügen.

4.1 Erstellen von Dokumenten

Dokumente, die sich auf den Arbeitsschutz beziehen, werden unter Mitwirkung des AMS-Beauftragten der Musterfeuerwehr erstellt. Handelt es sich um Dokumente, die einen ausschließlich feuerwehrtechnischen oder rettungsdienstlichen Bezug haben, so ist das jeweilige Sachgebiet bzw. der jeweilige Fachbereich zuständig.

270

Anweisende Dokumente sind gegliedert nach dem Ziel, dem Geltungsbereich, der Zuständigkeit, dem Ablauf und den mitgeltenden Schriftstü-
cken oder Dokumenten. Bei den anweisenden Dokumenten ist ein einheitliches Format einzuhalten. Als Vorgabe für die Kopfzeile sind das
Wappen der Musterfeuerwehr bzw. der Stadt bzw. der Kommune, der
Titel des Dokuments, die Nummerierung auf der Basis des Ordnungsschlüssels und der Revisions- bzw. Änderungsstand zu verwenden. In der
Fußzeile ist das Erstellungsdatum, das Überprüfungsdatum, das Freiga-
bedatum und die Seitenzahl zu vermerken.

Aus den nachweisenden Dokumenten müssen der Titel, das Erstellungsdatum, der Name des Erstellenden, das Genehmigungsdatum, der
Name des Genehmigenden und die Seitenzahl zu entnehmen sein.

4.2 Kennzeichnung

Die Kennzeichnung der Dokumente zum Arbeitsschutz erfolgt auf der
Basis des Ordnungsschlüssels durch die Vergabe einer Ordnungsnummer
durch den AMS-Beauftragten. Die Ordnungsnummern orientieren sich
dabei grundsätzlich an den Strukturen der Fachabteilungen der Musterfeuerwehr:

- ... - 1000 - ...   Verwaltung
- ... - 2000 - ...   Abteilung 2
- ... - 3000 - ...   Abteilung 3
- ... - 4000 - ...   Abteilung 4
- ... - 5000 - ...   Abteilung 5
- ... - 6000 - ...   Sonstige
- ... - 7000 - ...   Dokumentation

Beispiel:
VA FEU S 1000 – 1 (Verfahrensanweisung der Verwaltungsabteilung)

Beziehen sich die Dokumente auf den Arbeitsschutz, wird für die Vergabe
der Ordnungsnummern das AMS-Handbuch als Grundlage verwendet.

4.3 Registrierung

Die Dokumente des Arbeitsschutzes werden in einem Dokumentationsverzeichnis eingetragen, das vom AMS-Beauftragten geführt wird.

4.4 Verteilung

Die aktuellen und freigegebenen Dokumente sind durch die Ablage im
EDV-Ordner im Netzwerk der Musterfeuerwehr für alle Mitarbeiter einzusehen. Der AMS-Beauftragte informiert über neue Dokumente. Sofern
aktuelle und freigegebene Dokumente ausschließlich in Papierform vorliegen, hat der AMS-Beauftragte den Austausch der Dokumente z. B. im
AMS-Handbuch zu überwachen.

4.5 Aktualisierung

Die Aktualisierung oder Änderung von Dokumenten wird ausschließlich vom AMS-Beauftragten oder von dem Sachgebiet/Fachbereich vorgenommen, das für die Erstellung zuständig war. Hierbei sind alle Änderungen wie auch die Verbesserungen von ermittelten Fehlern zu berücksichtigen. Der Revisionsstand eines Dokuments gibt Auskunft über den Status von vorgenommenen Aktualisierungen oder Änderungen.

4.6 Archivierung

Alte und ungültig gewordene Dokumente werden in die Papierform überführt und gut sichtbar mit dem Hinweis »ungültig« versehen. Die Archivierung der so gekennzeichneten Dokumente obliegt dem AMS-Beauftragten. Auf diese Weise stehen auch alte und ungültige Dokumente für einen Archivierungszeitraum zur Darstellung der Historie zur Verfügung. Den Archivierungszeitraum legt der Leiter der Musterfeuerwehr mit den zur obersten Führungsebene zählenden Führungskräften sowie dem AMS-Beauftragten fest. Als Orientierung dienen die allgemein gültigen Archivierungsfristen.

4.7 Externe Dokumente

Die Verwaltung von Originaldokumenten für den Bereich des Arbeitsschutzes von externen Stellen wird in Papierform vom AMS-Beauftragten vorgenommen. Diese Dokumente erhalten einen Eingangsvermerk, der mindestens aus dem Eingangsdatum/Eingangsstempel und dem Namenskurzzeichen des AMS-Beauftragten besteht. Die externen Dokumente werden in eine elektronische Version überführt und im entsprechenden EDV-Ordner zur Einsicht abgelegt.

5. Vernichtung

Für die Vernichtung von ungültigen und einer Archivierung entzogenen Dokumentation ist der AMS-Beauftragte zuständig.

6. Schriftstücke/Dokumente

AZ FEU S 7000-1   Dokumentationsverzeichnis
AZ = Aufzeichnung

VA – FEU – S 3.2. – 03 – 1
»Übertragung von Pflichten«

1. Ziel
Ein funktionierender Arbeitsschutz bei der Musterfeuerwehr ist von einer Vielzahl an Faktoren abhängig. Hierzu sind die laufende Planung, die Durchführung, die Überwachung und die Verbesserung der Aufgaben im Arbeitsschutz sicherzustellen.

Mit der Verfahrensanweisung werden die Vorgaben für eine Delegation der Pflichten im Arbeitsschutz, die dem Leiter der Musterfeuerwehr übertragen sind, auf die nachfolgenden Führungskräfte festgelegt. Diese Übertragung stellt eine Maßnahme im Sinn des Arbeitsschutzgesetzes (ArbSchG) zur Organisation des Arbeits- und Gesundheitsschutzes bei der Musterfeuerwehr dar.

2. Geltungsbereich
Die Verfahrensanweisung hat im Rahmen der Pflichtenübertragung im Arbeitsschutz Gültigkeit für alle Führungspositionen in den Abteilungen und Sachgebieten/Fachbereichen der Musterfeuerwehr.

3. Zuständigkeiten
Alle Führungskräfte der oberen und obersten Führungsebene wie auch der Leiter der Musterfeuerwehr wenden diese Verfahrensanweisung an. Die Übertragung/Delegation von Aufgaben im Arbeitsschutz hat nicht die Freistellung von der Eigenverantwortung zur Konsequenz. Nur ein pflichtgemäßes Handeln leistet einer straf- oder zivilrechtlichen Haftung Vorschub.

4. Ablauf
Die Delegation von Pflichten, Aufgaben und Verantwortung auf die der Leitung der Musterfeuerwehr nachfolgenden Führungsebenen bedarf auf der Grundlage des ArbSchG (§ 13 Abs. 2) ausdrücklich der Schriftform. Auf diese Weise erfolgt eine eindeutige Definition und Nachvollziehbarkeit des Ausmaßes der übertragenen Aufgaben. Die Delegation von Verantwortung muss mit der Übertragung von Kompetenzen im Zuständigkeitsbereich übereinstimmen.

Die Forderung nach der Schriftform ist erfüllt, wenn sie im Rahmen der Darstellung in einem Geschäftsverteilungsplan oder Gliederungsplan, in einer Arbeitsplatz- oder Stellenbeschreibung oder in einem separaten Dokument erfolgt.

Die Übertragung der Pflichten, Aufgaben und Verantwortung im Arbeitsschutz bei der Musterfeuerwehr ist so präzise wie möglich festzulegen und u. a. mit der Befugnis über angemessene finanzielle Mittel verbunden. Mit der schriftlichen Übertragung hat sich die delegierende Führungskraft davon zu überzeugen, dass die delegierten Aufgaben umgesetzt und die Pflichten erfüllt werden. Bei der Delegation von Aufgaben im Arbeitsschutz ist darauf zu achten, dass die Aufgaben in einer zweckmäßigen Zuordnung erfolgen.

Soweit zu einer ordnungsgemäßen Umsetzung der Aufgaben eine entsprechende Fortbildung zur Erlangung oder Vertiefung der notwendigen Kenntnisse erforderlich ist, sind die dafür angemessenen Schritte zu veranlassen.

5. Schriftstücke/Dokumente
FB 3.2. – 01   Übertragung von Pflichten
FB = Formblatt

VA – FEU – S 3.2. – 04 – 1
»Bestellung beauftragter Personen«

1. Ziel
Mit dieser Verfahrensanweisung werden die Bestellung von Beauftragten bei der Musterfeuerwehr und die Übertragung von Aufgaben geregelt. Die Bestellung von Beauftragten und die Übertragung von Aufgaben stellen Maßnahmen im Sinn des Arbeitsschutzgesetzes (ArbSchG) zur Organisation des Arbeits- und Gesundheitsschutzes bei der Musterfeuerwehr dar.

2. Geltungsbereich
Die Verfahrensanweisung hat im Rahmen der Übertragung von Aufgaben im Arbeitsschutz Gültigkeit für die Bestellung von Beauftragten (Sachkundige) in den Abteilungen und Sachgebieten/Fachbereichen der Musterfeuerwehr.

3. Zuständigkeiten
Zuständig für die Bestellung beauftragter Personen (Sachkundiger) zur Wartung der entsprechenden wartungs- bzw. prüfpflichtigen Arbeitsmittel oder Aufgabenbereiche bei der Musterfeuerwehr ist der Leiter der Musterfeuerwehr.

Die Übertragung/Delegation von Aufgaben im Arbeitsschutz hat nicht die Freistellung von der Eigenverantwortung zur Konsequenz. Nur ein pflichtgemäßes Handeln leistet einer straf- oder zivilrechtlichen Haftung Vorschub.

Grundsätzlich unterstützt der Beauftragte den Leiter der Musterfeuerwehr im jeweiligen Aufgabenbereich bei der kontinuierlichen Verbesserung des Arbeitsschutzes.

4. Ablauf
Vor der Bestellung zum Beauftragten bei der Musterfeuerwehr ist zu prüfen, ob die Berechtigung zur Wartung und Instandsetzung der entsprechenden Arbeitsmittel oder die fachliche Qualifikation zur Übernahme der Aufgaben besteht. Hierzu ist ein entsprechender Qualifikationsnachweis vorzulegen.

Der Aufgabenumfang ist so detailliert wie nötig zu beschreiben und der Geschäftsverteilungsplan bzw. die Stellenbeschreibung zu ergänzen. Das gilt gleichermaßen für die zur Erfüllung der beschriebenen Aufgaben notwendigen materiellen Ressourcen.

Der Beauftragte für die Wartung und Instandsetzung von Arbeitsmitteln oder der Beauftragte für Aufgabenbereiche ist der jeweils zuständigen Führungskraft berichtspflichtig. Der Beauftragte für das Arbeitsschutzmanagementsystem berichtet dem Leiter der Musterfeuerwehr.

Die Nachweise über die durchgeführten Wartungen bzw. Instandsetzungen an Arbeitsmitteln werden von den jeweiligen Beauftragten dokumentiert. Der AMS-Beauftragte der Musterfeuerwehr erhält für das abgelaufene Kalenderjahr einen Bericht über die durchgeführten Wartungen bzw. Instandsetzungen.

Bei der Musterfeuerwehr sind u. a. für die folgenden Bereiche bzw. Arbeitsmittel sachkundige Mitarbeiter zu bestellen:

• Atemschutzgeräte/Tauchgeräte/Atemanschlüsse,
• Fahrzeuge der Musterfeuerwehr,
• hydraulische Arbeitsmittel,
• pneumatische Arbeitsmittel,
• Anschlagmittel,
• motorgetriebene Arbeitsmittel,
• elektrische Arbeitsmittel,
• tragbare Leitern,
• Strahlenschutz,
• Gefahrgut,
• Arbeitsschutzmanagementsystem,
• Sicherheitskoordinatoren.

Soweit zu einer ordnungsgemäßen Umsetzung der Aufgaben eine entsprechende Fortbildung zur Erlangung oder Vertiefung der notwendigen Kenntnisse erforderlich ist, sind die dafür angemessenen Schritte zu veranlassen.

5. Schriftstücke/Dokumente

FB 3.2. – 02   Bestellung zum AMS-Beauftragten
FB 3.2. – 03   Bestellung zum Sicherheitskoordinator
FB 3.2. – 04   Bestellung beauftragter Personen
FB = Formblatt

VA – FEU – S 4.1. – 01 – 1
»Ziele und Umsetzung«

1. Ziel

Der Leiter der Musterfeuerwehr formuliert gemeinsam mit den Führungskräften der obersten Führungsebene Einzel- oder Gesamtziele zur Verbesserung des Arbeitsschutzes und zur Einhaltung der Arbeitsschutzpolitik. Die formulierten Ziele müssen sich dadurch auszeichnen, dass sie genau definiert, tatsächlich zu erreichen und auf Erreichung hin zu überprüfen sind. Durch die Vereinbarung von Zielvorgaben sind die Führungskräfte verpflichtet, die festgelegten Ziele zu erreichen.

2. Geltungsbereich

Auf der Grundlage des Leitbildes und der Leitlinien der Musterfeuerwehr hat die Verfahrensanweisung Gültigkeit für alle im Rahmen der Arbeitsschutzpolitik formulierten Ziele sowie für alle Bestrebungen, die Arbeitsschutzpolitik umzusetzen.

3. Zuständigkeiten

Die Führungskräfte der obersten Führungsebene (Abteilungsleiter) entwickeln mit dem AMS-Beauftragten geeignete Ziele für den Arbeitsschutz. Die Führungskräfte sind für die Umsetzung der Maßnahmen zur Erreichung der Ziele im eigenen Zuständigkeitsbereich verantwortlich.

4. Ablauf

Die Führungskräfte der obersten Führungsebene (Abteilungsleiter) legen zum Ende des Jahres mit dem AMS-Beauftragten kooperativ Ziele oder Kennzahlen für das Folgejahr für den Bereich Arbeitssicherheit und Gesundheitsschutz fest. Als Grundlage für die Ziele oder Kennzahlen dienen neben den Auditberichten des AMS-Beauftragten der Musterfeuerwehr auch die Hinweise und Anregungen der Mitarbeiter im Rahmen des Vorschlags- und Meldewesens bzw. die der Personalvertretung der Musterfeuerwehr.

Grundsätzlich gilt es, nur solche Ziele oder Kennzahlen zu vereinbaren, die präzise und zweifelsfrei formuliert, bei objektiver Betrachtung auch erreicht und aus der Arbeitsschutzpolitik der Musterfeuerwehr abgeleitet werden können. Für das Erreichen der Ziele oder die Einhaltung von Kennzahlen sind konkrete Terminvorgaben zu formulieren, damit sie sich im Sinn von Zielvereinbarungen überprüfen lassen. Die formulierten Ziele oder Kennzahlen einschließlich der als geeignet erscheinenden Umsetzungs- oder Erreichungsmaßnahmen genehmigt der Leiter der Musterfeuerwehr.

Die festgelegten Ziele werden schriftlich fixiert. Mit Hilfe von Zielvereinbarungen werden im Ergebnis die Ziele und die dadurch zu erbringenden Leistungen beschrieben. Hierzu findet das Formblatt FB 4.1.-01 Anwendung.

Die zu erreichenden Ziele oder Kennzahlen kommuniziert der Abteilungsleiter im eigenen Zuständigkeitsbereich und sorgt für die Umsetzung. Durch Erstellen eines Zeit-/Umsetzungsplans können die Ziele bzw. Kennzahlen visualisiert und nach Erreichen als umgesetzt markiert werden.

Ergeben sich im Verlauf eines Jahres aufgrund von unterschiedlichen Einflüssen Hinweise auf eine Gefährdung der Zieleinhaltung, wird der AMS-Beauftragte zeitnah informiert, um eine Anpassung der grundsätzlichen Rahmenbedingungen oder eine Korrektur der Vorgaben herbeizuführen. Jede vereinbarte Korrektur bedarf der Dokumentation.

Die Überprüfung der Einhaltung der Zielvorgaben erfolgt im Rahmen der Bewertung des Arbeitsschutzmanagementsystems im Rahmen des internen Audits.

5. Schriftstücke/Dokumente
FB 4.1. – 01   Zielvereinbarungen
FB = Formblatt

VA – FEU – S 4.1. – 02 – 1 »Bewertung«

1. Ziel

Das Ziel der regelmäßigen Bewertung des Arbeitsschutzmanagementsystems (AMS) durch die oberste Führungsebene der Musterfeuerwehr ist, die dauerhafte Eignung und Wirksamkeit des AMS bei der Musterfeuerwehr sicherzustellen. Die Bewertung dient der periodischen Überwachung der Umsetzung des AMS sowie der Vorgabe von Zielen und dem Beschluss von Maßnahmen zur Optimierung des AMS.

2. Geltungsbereich

Diese Verfahrensanweisung besitzt Gültigkeit für den Bereich Arbeitssicherheit und Gesundheitsschutz bei der Musterfeuerwehr.

3. Zuständigkeiten

Die Bewertung des AMS wird vom Leiter sowie den Führungskräften der obersten Führungsebene der Musterfeuerwehr vorgenommen. Der AMS-Beauftragte stellt alle für eine Bewertung des AMS notwendigen Dokumente zur Verfügung und unterstützt bei der Bewertung.

4. Ablauf

Der Leiter der Musterfeuerwehr lädt unter Bekanntgabe einer aktuellen Tagesordnung zu einem Bewertungsgespräch ein. Bewertungsgespräche erfolgen regelmäßig, mindestens jedoch einmal pro Jahr. Teilnehmer dieser Bewertungsgespräche sind neben dem Leiter der Musterfeuerwehr und den Führungskräften der obersten Führungsebene sowie dem AMS-Beauftragten bei Bedarf die entsprechenden Mitarbeiter der Musterfeuerwehr.

Der Leiter der Musterfeuerwehr überträgt für jeden zu bewertenden Aspekt die Verantwortung zur Vorbereitung auf die jeweiligen Teilnehmer des Bewertungsgesprächs. Als Grundlage für die zu bewertenden Aspekte im Bereich Arbeitssicherheit und Gesundheitsschutz bei der Musterfeuerwehr dienen die vorhandenen Dokumente. Zu diesen Dokumenten zählen u. a.:

- Berichte des AMS-Beauftragten,
- Auditberichte,

- Dokumentationen über Korrektur- oder Verbesserungsmaßnahmen,
- Verbesserungsvorschläge,
- Auswertungen bzw. Analysen von Beinaheunfällen/Unfällen,
- Dokumentationen über betriebliche Störungen/Notfälle,
- Durchgeführte Erst- oder Wiederholungsunterweisungen,
- Erkenntnisse auf der Grundlage von technischen Entwicklungen.

Der AMS-Beauftragte stellt die notwendigen Dokumente für die jeweiligen Bewertungsgespräche zusammen. Die Teilnehmer des Bewertungsgesprächs vergleichen die bereitgestellten Dokumente mit den Leitlinien und Leitzielen der Musterfeuerwehr. Für die sich aus der Analyse und Beurteilung ergebenden Abweichungen werden angemessene Korrektur- oder Verbesserungsmaßnahmen festgelegt.

Die Ergebnisse der Bewertung des AMS müssen Entscheidungen und Maßnahmen zu mindestens den nachfolgenden Positionen enthalten:
- Verbesserung der Wirksamkeit des AMS,
- Feststellung des Bedarfs an Ressourcen,
- Anpassung der Arbeitsschutzpolitik (Leitlinien, Leitziele) bei der Musterfeuerwehr.

Der AMS-Beauftragte erstellt nach dem Bewertungsgespräch einen Bericht über die Ergebnisse der Bewertung, der vom Leiter der Musterfeuerwehr geprüft und unterschrieben wird. Die Überwachung der Umsetzung der beschlossenen Maßnahmen erfolgt ebenfalls durch den AMS-Beauftragten. Die Beurteilung, ob die Maßnahmen im Sinn des Arbeitsschutzes wirksam sind, ist Gegenstand eines internen Audits sowie eines folgenden Bewertungsgesprächs. Alle Dokumente, die im Rahmen der Bewertung des AMS Verwendung finden, und der Bewertungsbericht werden vom AMS-Beauftragten archiviert.

5. Schriftstücke/Dokumente
keine

VA – FEU – S 4.2. – 01 – 1
»Vorschlags- und Meldewesen«

1. Ziel
Ziel ist es, die Mitarbeiter der Musterfeuerwehr zu motivieren, ihre Fähigkeiten, die fachlichen Kenntnisse und ihre persönliche Erfahrung zum Nutzen der Arbeitssicherheit und des Gesundheitsschutzes bei der Musterfeuerwehr einzubringen. Auf der Grundlage von Verbesserungsvorschlägen, Meldungen über bedeutende Mängel oder über Beinaheunfälle bzw. Unfälle können der Arbeitsschutz und die allgemeinen Arbeitsbedingungen optimiert werden. Zudem trägt die Auseinandersetzung mit dem Thema »Verbesserungen im Arbeitsschutz« zur Stärkung des Sicherheitsbewusstseins und zur Verbesserung des Sicherheitsverhaltens der Mitarbeiter bei.

2. Geltungsbereich
Die Verfahrensanweisung hat Gültigkeit für alle Mitarbeiter der Musterfeuerwehr. Berechtigt für die Vorlage von Verbesserungsvorschlägen sind alle Beschäftigten bei der Musterfeuerwehr. Diese sind zur Meldung von erkannten und/oder bedeutenden Mängeln sowie von Beinaheunfällen/Unfällen verpflichtet.

3. Zuständigkeiten
Zuständig für die Bewertung von Verbesserungsvorschlägen, Meldungen bedeutender Mängel und Beinahunfällen bzw. Unfällen sowie die daraus abzuleitenden Konsequenzen ist der Arbeitsschutzausschuss der Musterfeuerwehr. Die organisatorische Vorbereitung der Bewertung von Vorschlägen, der Meldung von Mängeln oder Beinaheunfällen/Unfällen liegt in der Verantwortung des AMS-Beauftragten.

4. Ablauf
Verbesserungsvorschläge, bedeutende Mängel, Beinaheunfälle oder Unfälle sind dem AMS-Beauftragten der Musterfeuerwehr zu melden. Alle Vorschläge sowie alle Meldungen sind grundsätzlich in Schriftform unter Verwendung des entsprechenden Formblatts (FB 4.2-01 bzw. FB 4.2-02) einzureichen. Adressat für die Vorschläge und Meldungen

ist der Verantwortliche für den jeweiligen Bereich bei der Musterfeuerwehr.

4.1 Verbesserungsvorschläge

Unter Verbesserungsvorschlägen werden solche Vorschläge verstanden, die nicht im Bereich der übertragenen Aufgaben und der damit einhergehenden Verantwortung liegen, tatsächliche Verbesserungen zum Inhalt haben und mit einem vertretbaren finanziellen Aufwand umzusetzen sind. Unter Verbesserungsvorschläge fallen alle Vorschläge, die u. a.

- zu einer Verbesserung der Arbeitsbedingungen führen,
- die Arbeitssicherheit und den Gesundheitsschutz bei der Musterfeuerwehr verbessern,
- dazu dienen, mögliche Störfaktoren unter Berücksichtigung der Ergonomie am Arbeitsplatz zu minimieren,
- zu einer Vereinfachung von Arbeitsverfahren führen.

Verbesserungsvorschläge können auch von mehreren Mitarbeitern als Gruppe eingereicht werden.

Vorschläge, die bei objektiver Betrachtung nur auf erforderliche oder notwendige Reparaturen bzw. Schwierigkeiten hinweisen, gegen rechtliche Grundlagen verstoßen, keine Lösungsansätze enthalten oder sich auf bereits vorliegende Verbesserungsvorschläge beziehen, finden keine Berücksichtigung.

Sind die Verbesserungsvorschläge mit einem wirtschaftlichen Nutzen für die Musterfeuerwehr verbunden, werden sie zur Prämierung im Rahmen des Prämiensystems der Musterstadt/Musterkommune an das dafür zuständige Fachamt mit einem Votum der Musterfeuerwehr weitergeleitet.

4.2 Meldungen

Meldungen von bedeutenden Mängeln, Beinaheunfällen und Unfällen im Dienstbetrieb der Musterfeuerwehr sind, unabhängig von einer mündlichen Sofortmeldung, in Schriftform dem nächsten Vorgesetzten (Führungskraft der oberen bzw. obersten Führungsebene der Musterfeuerwehr) zu melden und an den AMS-Beauftragten weiterzuleiten. Der Vorgesetzte entscheidet gemeinsam mit dem AMS-Beauftragten über notwendige Sofortmaßnahmen. Der Leiter der Musterfeuerwehr wird in hinreichender Weise informiert.

Kann in der Folge einer Meldung eines bedeutenden Mangels ein wirtschaftlicher Schaden von der Musterfeuerwehr und damit von der Musterstadt bzw. der Musterkommune abgewendet werden, muss vom Vorgesetzten der meldenden Person geprüft werden, ob eine Prämierung im Rahmen des Prämiensystems möglich ist.

4.3 Bearbeitung

Der Eingang von Verbesserungsvorschlägen wird innerhalb von fünf Werktagen vom Adressaten bestätigt und nach Vermerk des Eingangs dem AMS-Beauftragten zur Dokumentation zugeleitet. Ist der Verbesserungsvorschlag nicht eindeutig, unvollständig oder nicht verständlich formuliert, wird er vom AMS-Beauftragten an den Vorschlagenden zurückgegeben. Spätestens nach vier Wochen erhält der Vorschlagende eine Mitteilung über die eingeleiteten Schritte und den aktuellen Stand.

Die Meldung eines bedeutenden Mangels wird analog zum Verbesserungsvorschlag behandelt. Sofern Sofortmaßnahmen notwendig sind, erhält der Meldende mit der Eingangsbestätigung hierüber eine Mitteilung.

Bei Beinaheunfällen oder Unfällen wird nach Bekanntwerden durch die zuständige Führungskraft dem AMS-Beauftragten ein Vermerk mit den bis dahin bekannten Informationen schriftlich zur Verfügung gestellt. Beinaheunfälle oder Unfälle können Sofortmaßnahmen zur Konsequenz haben. Die Untersuchung von Beinaheunfällen oder Unfällen wird unmittelbar nach Bekanntwerden von der zuständigen Führungskraft in Zusammenarbeit mit dem AMS-Beauftragten eingeleitet.

Im Rahmen der Bewertung von Verbesserungsvorschlägen oder von Meldungen bedeutender Mängel wird der Vorschlagende bzw. Meldende vom Arbeitsschutzausschuss gehört. Wird ein Verbesserungsvorschlag abgelehnt, formuliert der AMS-Beauftragte eine verständliche und nachvollziehbare Begründung, die dem Vorschlagenden zugestellt wird.

4.4 Umsetzung von Maßnahmen

Über die aus Vorschlagen oder Meldungen resultierenden und im Arbeitsschutzausschuss beschlossenen Maßnahmen zur Arbeitssicherheit und zum Gesundheitsschutz bei der Musterfeuerwehr werden die Mitarbeiter in geeigneter Form informiert.

Es besteht kein Anspruch der Mitarbeiter auf die Umsetzung von angenommenen Verbesserungsvorschlägen. Wird ein eingereichter Verbesserungsvorschlag angenommen, aber nicht oder erst verspätet umgesetzt, hat der Vorschlagende bis zu einem Zeitpunkt von zwei Jahren nach dem erstmaligen Einreichen des Verbesserungsvorschlags einen Anspruch auf Prüfung des Erhalts einer Prämie im Rahmen des Prämiensystems der Musterstadt/Musterkommune.

Die Umsetzung von Maßnahmen zur Beseitigung von Mängeln bzw. als Reaktion auf Beinaheunfälle/Unfälle erfolgt als Sofortmaßnahmen oder unmittelbar nach Bekanntwerden des Mangels. Der AMS-Beauftragte der Musterfeuerwehr erstellt für das jeweils zurückliegende Kalenderjahr einen Bericht über die Umsetzung von Maßnahmen bzw. Sofortmaßnahmen für den Arbeitsschutzausschuss der Musterfeuerwehr.

4.5 Rechte

Dem Vorschlagenden entstehen durch die Einreichung von Vorschlägen, Mängelmeldungen oder Meldungen von Beinaheunfällen/Unfällen keine Nachteile. Dies gilt insbesondere, wenn durch die Vorschläge oder Meldungen auf ein ursprünglich unwirtschaftliches Handeln oder auf Fehler bei der Musterfeuerwehr hingewiesen wird.

Die Anonymität des Vorschlagenden bzw. Meldenden ist sicherzustellen. Sofern die Anonymität des/der Vorschlagenden auch nach der Umsetzung der Maßnahmen im Rahmen eines Verbesserungsvorschlags gewahrt werden soll, ist das auf dem Verbesserungsvorschlag zu kennzeichnen.

5. Schriftstücke/Dokumente

FB 4.2. – 01   Verbesserungsvorschlag
FB 4.2. – 02   Meldung von Mängeln und Unfällen
FB = Formblatt

VA – FEU – S 4.2. – 02 – 1
»Kommunikation«

1. Ziel
Das Ziel dieser Verfahrensanweisung ist der effektive Informationsaustausch im Bereich der Arbeitssicherheit wie auch des Gesundheitsschutzes sowohl innerhalb der Musterfeuerwehr als auch mit externen Stellen (mittlere oder oberste Landesbehörden, Prüfstellen an Landesschulen der Feuerwehren, private Prüfstellen, Institute, Einrichtungen, Unfallversicherungsträger etc.).

Im Rahmen des internen Informationsaustauschs ist es das Ziel, dass die Beschäftigten in einem notwendigen Maß Kenntnis über die Belange des Arbeitsschutzes besitzen. Neben den gesetzlich vorgeschriebenen Informationen ist ein zweckmäßiger Informationsaustausch sicherzustellen.

2. Geltungsbereich
Die Verfahrensanweisung hat Gültigkeit für den Informationsaustausch zu Themen des Arbeitsschutzes sowohl im internen wie auch im externen Verhältnis.

3. Zuständigkeiten
Für einen funktionierenden Informationsaustausch innerhalb der Musterfeuerwehr sind unabhängig von den hierarchischen Ebenen alle Beschäftigten zuständig. Die Kommunikation und der Informationsaustausch mit externen Stellen erfolgt ausschließlich durch den Leiter der Musterfeuerwehr oder aufgrund von Weisung durch die Führungskräfte der obersten Führungsebene.

4. Ablauf
Die Kommunikation findet grundsätzlich auf einem internen oder einem externen Weg statt.

Intern:
Jeder Mitarbeiter der Musterfeuerwehr hat sich aktiv in die Informationsbeschaffung im Bereich des Arbeitsschutzes einzubringen und die ihm zugänglichen Informationen auf Relevanz für die Musterfeuerwehr

zu prüfen. Wird die Relevanz für die Musterfeuerwehr festgestellt und sind die Informationen noch nicht vorhanden, wird wie in Kapitel 4.2 des AMS-Handbuchs beschrieben verfahren und es erfolgt eine Weiterleitung an den AMS-Beauftragten. Für die Weiterleitung von Informationen ist grundsätzlich der Dienstweg bei der Musterfeuerwehr einzuhalten.

Die interne Kommunikation über Belange des Arbeitsschutzes erfolgt in den Arbeitsausschüssen für Sicherheitsentscheidungen, den Besprechungen, den Personalversammlungen, durch Information auf dem Dienstweg oder über das Intranet der Musterfeuerwehr.

Die Wachvorsteher/Wachabteilungsleiter der Feuerwachen und die Zugführer der Löschzüge der Freiwilligen (Muster-)Feuerwehr sind verpflichtet, in regelmäßigen Abständen die Abschnittsleiter (mehrere Feuerwachen und Löschzüge der Musterstadt/Musterkommune sind zu einem Abschnitt zusammengefasst) zu informieren. Umgekehrt haben die Abschnittsleiter relevante Informationen zum Arbeitsschutz über die Wachvorsteher/Wachabteilungsleiter und die Zugführer entsprechend weiterzugeben.

Die Beschäftigten haben über alle Informationen, die sie im Rahmen der internen Kommunikation erhalten, gegenüber Außenstehenden Stillschweigen zu bewahren. Alle Dokumente, die sich auf die Arbeitssicherheit und den Gesundheitsschutz beziehen, können von den Beschäftigten im entsprechenden EDV-Ordner eingesehen werden.

Extern:
Über jede externe Anfrage oder Aufforderung zur Berichterstattung an Landesbehörden, die nicht auf dem Dienstweg die Musterfeuerwehr erreichen, ist der zuständige Dezernent zu unterrichten. Durch ihn erfolgt der Hinweis auf die weitere Vorgehensweise.

Die Beantwortung von Anfragen bzw. die Kommunikation mit externen Stellen sowie die Meldung betriebsinterner Störungen oder Notfälle wird vom Leiter der Musterfeuerwehr oder seinem Stellvertreter ausschließlich auf dem Dienstweg vorgenommen. Hiervon sind Meldungen über einsatzbezogene Anlässe an mittlere oder oberste Landesbehörden/-einrichtungen auf der Grundlage von Erlassen unberührt.

Notwendige oder erforderliche Informationen nach außen werden erst nach der internen Abstimmung zwischen dem Leiter der Musterfeuerwehr und den Abteilungsleitern bzw. den Hinweisen von weiteren Führungskräften weitergegeben. Die Kommunikation mit Landesschulen der Feuerwehr, privaten Prüfstellen, Gutachtern, Firmen, Gästen der Musterfeuerwehr etc. fällt in Abhängigkeit der jeweiligen Kompetenzen in den Aufgabenbereich der Abteilungsleiter oder weiterer Führungskräfte der Musterfeuerwehr.

Die Information der Öffentlichkeit im Rahmen der Warnung der Bevölkerung bei entsprechenden Gefahrenlagen oder mit einem allgemeinen Bezug auf das Aufgabenfeld der Musterfeuerwehr erfolgt ausschließlich über das Presseamt der Musterstadt/Musterkommune. Hiervon unberührt sind auf Anfrage von Medienvertretern die Auskünfte an einer Einsatzstelle durch den zuständigen Einsatzleiter.

5. Schriftstücke/Dokumente
keine

VA – FEU – S 4.3. – 01 – 1
»Verfahrensanweisung zur Auswahl von Bewerbern«

1. Ziel

Ohne eine hinreichende Zahl an Beschäftigten bei der Musterfeuerwehr ist die Erfüllung der Aufgaben nicht möglich. Mit dieser Verfahrensanweisung wird das Ziel verfolgt, die Sicherstellung einer Auswahl an geeigneten und qualifizierten Bewerbern auf die bei der Musterfeuerwehr zu besetzenden Stellen zu gewährleisten.

2. Geltungsbereich

Die Festlegungen gelten für die Beschäftigten bei der Musterfeuerwehr, die sich im Rahmen der internen Ausschreibung auf andere und/oder höherwertige Stellen bewerben wie auch für externe Bewerbungen auf Stellenausschreibungen bei der Musterfeuerwehr. Sie gelten nicht für Laufbahnbewerber.

3. Zuständigkeiten

Der Leiter der Musterfeuerwehr beantragt beim Amt für Personalwirtschaft der Musterstadt die Genehmigung zur externen Einstellung. Bei Auswahlverfahren zur internen oder externen Stellenbesetzung obliegt dem Fachbereich »Personaleinsatz/Personalführung« der Abteilung »Einsatz/Einsatzvorbereitung« in Absprache mit dem Leiter der Musterfeuerwehr die Durchführungsverantwortung. In der Auswahlkommission wird der Leiter der Musterfeuerwehr grundsätzlich durch den Leiter der Abteilung »Einsatz/Einsatzvorbereitung« vertreten. Die Abteilungsleiter bzw. Fachbereichsleiter des Bereichs, in dem die jeweilige Stelle zu besetzen ist, spezifizieren die Anforderungen.

4. Ablauf

Grundsätzlich werden alle zu besetzenden Stellen bei der Musterfeuerwehr ausgeschrieben. Vor der Einleitung eines Auswahlverfahrens prüft der Leiter der Musterfeuerwehr mit den Führungskräften der obersten Führungsebene, ob die betreffende Stelle im Rahmen eines internen oder externen Auswahlverfahrens wieder besetzt werden muss oder ob eine

Nutzung der Stelle auf der Grundlage eines veränderten Geschäftsverteilungsplans in Frage kommt.

Nachdem die Prüfung zur notwendigen Wiederbesetzung im Rahmen eines internen Verfahrens abgeschlossen ist, erhält der Leiter der Abteilung »Einsatz/Einsatzvorbereitung« den Auftrag zur Durchführung eines Auswahlverfahrens. Bei externen Stellenbesetzungen beantragt der Leiter der Musterfeuerwehr die Wiederbesetzung beim Amt für Personalwirtschaft der Musterstadt. Der für die Musterfeuerwehr zuständige Personalrat wird über das anstehende Auswahlverfahren in Kenntnis gesetzt.

Die Einleitung von Auswahlverfahren bei der Musterfeuerwehr ist so früh anzustoßen, dass eine Beschäftigung des neuen Mitarbeiters mindestens unmittelbar nach dem Freiwerden der betreffenden Stelle erfolgen kann. Grundlage für ein zielgerichtetes Auswahlverfahren ist die Formulierung eines Anforderungsprofils, das auf dem Geschäftsverteilungsplan für die betreffende Stelle aufbaut. Das Anforderungsprofil umfasst die Beschreibung der jeweiligen Aufgaben, die erforderliche Mindestqualifikation und die Kompetenzen des Bewerbers. Es ist von dem für den Aufgabenbereich zuständigen Fachbereichsleiter in Abstimmung mit dem jeweiligen Abteilungsleiter zu erstellen.

Der Fachbereich »Personaleinsatz/Personalführung« wirbt bei internen Ausschreibungen unter Nutzung des bei der Musterfeuerwehr vorhandenen Intranets für die Besetzung der jeweiligen Stelle. Bei externen Ausschreibungen stellt der Fachbereich die erforderlichen Unterlagen dem Amt für Personalwirtschaft zur Verfügung und begleitet das Verfahren.

Grundsätzlich ist bei den Ausschreibungen darauf zu achten, dass keine diskriminierenden Merkmale verwendet werden und den Vorgaben des Gleichstellungsgesetzes Beachtung geschenkt wird. Neben dem Anforderungsprofil muss die Stellenausschreibung einen Hinweis auf die Bewerbungsfrist enthalten. Die Vorgaben zum »Corporate Identity« der Musterstadt müssen beachtet werden.

Die Auswahl der Bewerber trifft eine Auswahlkommission. Diese setzt sich aus den entsprechenden Führungskräften, dem Personalrat, der Schwerbehindertenvertretung und der Gleichstellungsbeauftragten der Musterfeuerwehr zusammen. Bei externen Einstellungen wird die Auswahlkommission durch einen Mitarbeiter des Amtes für Personalwirtschaft ergänzt.

Bei internen Stellenausschreibungen haben die Bewerber die Bewerbungsunterlagen dem Fachbereich »Personaleinsatz/Personalführung« zuzuleiten. Berücksichtigung finden nur solche Bewerbungen, die das Anforderungsprofil erfüllen. Externe Bewerbungen gehen beim Amt für Personalwirtschaft ein und werden nach Ablauf der Bewerbungsfrist der Musterfeuerwehr für eine Vorauswahl zur Verfügung gestellt.

Im Rahmen der Vorauswahl ist von den Mitarbeitern des Fachbereichs »Personaleinsatz/Personalführung« ein Bewerbungsraster (FB 4.3. – 01) zu erstellen, das als Grundlage für die weiteren Entscheidungen dient. Das Bewerbungsraster enthält neben Angaben zum Bewerber auch den Hinweis darauf, ob das Anforderungsprofil »erfüllt«, »eingeschränkt erfüllt« oder »nicht erfüllt« ist. Um eine angemessene Transparenz zu gewährleisten und Vorwürfen ob einer möglichen Diskriminierung vorzubeugen, sind die Wertungen bei der Vorauswahl kurz schriftlich zu begründen.

Nach fristgerechtem Eingang der Bewerbung erhalten die Bewerber eine Eingangsbestätigung. Nicht fristgerecht eingereichte Bewerbungen bleiben unberücksichtigt und werden dem Bewerber mit einem Hinweis auf die überschrittene Bewerbungsfrist zurückgeschickt. Bei internen Bewerbungen hat der nächste Vorgesetzte eine Beurteilung zu erstellen, sofern die Regelbeurteilung zeitlich zu lange zurückliegt. Der Personalrat, der Schwerbehindertenvertreter und die Gleichstellungsbeauftragte der Musterfeuerwehr werden in angemessener Form über die Bewerbungen in Kenntnis gesetzt.

Der Vorstellungstermin wird nach Abstimmung in der Auswahlkommission den Bewerbern schriftlich mitgeteilt. Zu einem Vorstellungsgespräch werden die internen Bewerber und bei einem Auswahlverfahren mit externen Bewerbern diejenigen Bewerber eingeladen, bei denen im Rahmen des Vorauswahlverfahrens das Anforderungsprofil als »erfüllt« gewertet wurde.

Der Fachbereich »Personaleinsatz/Personalführung« erstellt auf der Grundlage des Anforderungsprofils einen entsprechenden Fragenkatalog. Das Vorstellungsgespräch hat einem grundsätzlich einheitlichen und strukturierten Ablauf zu folgen:

- Begrüßung des Bewerbers,
- Vorstellung der Auswahlkommission und deren Funktion bei der Musterfeuerwehr,
- Vorstellung des Bewerbers,
- Fragen zum Lebenslauf des Bewerbers,
- Fragen zur Vorstellung des Bewerbers bezüglich der ausgeschriebenen Stelle,
- Fragen auf der Basis des Fragenkatalogs,
- Fragen des Bewerbers an die Auswahlkommission,
- Erläuterungen zum weiteren zeitlichen Verlauf des Auswahlverfahrens und Nennung des Entscheidungszeitpunkts,
- Verabschiedung des Bewerbers.

Im Vorstellungsgespräch ist dem Bewerber ein ausreichender Zeitrahmen zur Beantwortung der Fragen einzuräumen. Um eine objektive Beurteilung der Bewerber vornehmen zu können, ist den Mitgliedern der Auswahlkommission ein Bewertungsbogen für jeden Bewerber zur Verfügung zu stellen. Der Bewertungsbogen berücksichtigt den persönlichen Eindruck, den der Bewerber vermittelt, seine fachliche Kompetenz, die Persönlichkeitsmerkmale, die Eignung als Führungskraft, mögliche Abweichungen vom Anforderungsprofil, den Gesamteindruck des Bewerbers und die Entscheidung zur Eignung. Im Anschluss an die Vorstellungsgespräche legt die Auswahlkommission eine Reihenfolge der Bewerber fest.

Bei internen Ausschreibungen informiert der Fachbereich »Personaleinsatz/Personalführung« den ausgewählten Bewerber. Im Fall von externen Ausschreibungen obliegt dem Amt für Personalwirtschaft der Musterstadt die Information des ausgewählten Bewerbers. Die Bewerber, die keine Berücksichtigung gefunden haben, werden ebenfalls angemessen, möglichst allgemein gehalten über ihre nicht erfolgte Berücksichtigung informiert. Dem Personalrat der Musterfeuerwehr ist das Votum der Auswahlkommission zur Zustimmung vorzulegen.

5. Schriftstücke/Dokumente
FB 4.3. – 01   Bewerbungsraster
FB 4.3. – 02   Fragenkatalog zum Vorstellungsgespräch
FB 4.3. – 03   Bewertungsbogen

VA – FEU – S 4.4. – 01 – 1
»Gefährdungsbeurteilung«

1. Ziel
Neben der Ermittlung von Gefährdungen, dem Erkennen von Defiziten oder systematisch betriebenen Verbesserung des Arbeitsschutzes bei der Musterfeuerwehr gilt es die Bedingungen für Gefährdungsbeurteilungen zu konkretisieren.

2. Geltungsbereich
Die Verfahrensanweisung hat Gültigkeit für alle Bereiche der Musterfeuerwehr.

3. Zuständigkeiten
Zuständig für die Durchführung der jeweiligen Gefährdungsbeurteilung ist die für den Aufgabenbereich verantwortliche Führungskraft in Zusammenarbeit mit dem AMS-Beauftragten.

4. Ablauf
Die für den jeweiligen Aufgabenbereich zuständigen Führungskräfte haben bei folgenden Anlässen eine Gefährdungsbeurteilung durchzuführen:
- Einführung neuer Arbeitsverfahren bzw. neuer Arbeitsmittel,
- Änderungen von Allgemeinen Dienstanweisungen bzw. Verfahrensanweisungen (soweit eine Relevanz für den Aufgabenbereich besteht),
- Änderungen von rechtlichen Grundlagen oder Vorschriften,
- Erlangung von neuen Erkenntnissen auf der Grundlage des Standes der Technik,
- nach betrieblichen Störungen und/oder Notfällen,
- nach Unfällen bzw. Beinaheunfällen,
- nach Hinweis der Mitarbeiter auf mögliche Sicherheitsmängel.

Zur Beseitigung von Gefährdungen stellt die Abteilung »Verwaltung« auf Hinweis durch den Leiter der Musterfeuerwehr die erforderlichen finanziellen Mittel zur Verfügung. Wird eine Schwelle von 5 000 Euro überschritten, ist der für die Musterfeuerwehr zuständige Dezernent zu informieren und die außerplanmäßige Finanzierung zu beantragen. Mit der Beantragung der außerplanmäßigen Mittel ist eine genaue Darstellung der Gefährdungssituation einschließlich der Konsequenzen verbunden.

Die Führungskräfte und der AMS-Beauftragte haben im Bedarfsfall gemeinsam mit der Fachkraft für Arbeitssicherheit zu entscheiden, ob aufgrund der Gefährdung Sofortmaßnahmen erforderlich sind. Die Maßnahmen zur Beseitigung der Gefährdung folgen dem TOP-Prinzip.

Bei der Erarbeitung von Lösungen zur Beseitigung der Gefährdungen sind die Mitarbeiter zu beteiligen und nach Möglichkeit verschiedene Alternativen vorzulegen. Der wirtschaftlichsten Lösung ist der Vorzug zu geben. Für die Gefährdungsbeurteilung ist grundsätzlich das Formblatt FB 4.4. – 01 zu verwenden.

5. Schriftstücke/Dokumente
FB 4.4. – 01   Gefährdungsbeurteilung

VA – FEU – S 4.5. – 01 – 1
»Störungen und Notfälle«

1. Ziel
Die Mitarbeiter der Musterfeuerwehr sind durch angepasstes Handeln auf der Grundlage von Planungen und Übungen bei betrieblichen Störungen oder Notfällen entsprechend sensibilisiert.

2. Geltungsbereich
Die Verfahrensanweisung hat Gültigkeit für alle Bereiche der Musterfeuerwehr.

3. Zuständigkeiten
Der Leiter der Abteilung »Einsatz/Einsatzvorbereitung« ist grundsätzlich für die Planungen und Festlegungen zur Begegnung von betrieblichen Störungen und/oder Notfällen zuständig. Der Fachbereich »Feuerwehrschule« unterstützt die für den jeweiligen Fachbereich zuständigen Führungskräfte bei der Durchführung von Notfallübungen. Der AMS-Beauftragte hat eine beratende Funktion.

4. Ablauf
Die Abteilung »Einsatz/Einsatzvorbereitung« erarbeitet mit Unterstützung der übrigen Fachbereiche auf der Grundlage der Gliederung der Einsatzpläne der Musterfeuerwehr die entsprechenden Pläne zur Vorbereitung auf betriebliche Störungen/Notfälle und aktualisiert diese regelmäßig.

Auf der Grundlage der erarbeiteten und abgestimmten internen Planungen treffen die Führungskräfte der Abteilungen die entsprechenden Maßnahmen (u. a. Information der Mitarbeiter, Kennzeichnung von Fluchtwegen, Kennzeichnung von Sammelpunkten, Kennzeichnung von Standorten mobiler Löschgeräte oder AED etc.) in ihrem Zuständigkeitsbereich. Analog handeln die Wachvorsteher der Feuer- und Rettungswachen bzw. die Zugführer der Freiwilligen Feuerwehr der Musterfeuerwehr.

Ausgänge und als solche gekennzeichnete Notausgänge dürfen zu keinem Zeitpunkt blockiert werden. Als Sammelpunkte werden jeweils die

294

Aus- bzw. Zufahrten zu den Feuer- und Rettungswachen bzw. Geräte-häusern festgelegt.

Das Räumsignal für alle Einrichtungen der Musterfeuerwehr ist das dauerhafte Signal der Alarmierung des Löschzuges in Kombination mit der blinkenden gelben Signalleuchte. Das Ausschalten des Räumsignals darf nur vom diensthabenden obersten Einsatzleiter der Musterfeuerwehr veranlasst werden, wenn sichergestellt ist, dass die jeweilige Liegenschaft geräumt ist. Das Räumsignal wird nach telefonischer, ereignisbezogener Aufforderung über die Notfallnummer in der Leitstelle der Musterfeuerwehr ausgelöst.

Bei betrieblichen Störungen/Notfällen ist zeitnah die Leitstelle der Musterfeuerwehr zu alarmieren. Durch den Lagedienstleiter bzw. Wachabteilungsleiter der Leitstelle wird unmittelbar nach Bekanntwerden der betrieblichen Störung bzw. des Notfalls der diensthabende oberste Einsatzleiter der Musterfeuerwehr alarmiert. Durch ihn werden analog einem Einsatz der Musterfeuerwehr auf der Basis der Planungen bei betrieblichen Störungen/Notfällen die weiteren Schritte eingeleitet. Er informiert den zuständigen Dezernenten und ggf. den Oberbürgermeister sowie ggf. den AMS-Beauftragten der Musterfeuerwehr und die Fachkraft für Arbeitssicherheit.

Auf der Grundlage der entsprechenden Pläne zur Vorbereitung auf betriebliche Störungen/Notfälle erarbeitet der Fachbereich »Feuerwehrschule« mit den Führungskräften der jeweiligen Fachbereiche Notfallübungen. Diese müssen mindestens einmal pro Kalenderjahr für jeden Bereich bei der Musterfeuerwehr durchgeführt werden. Räumungsübungen finden zweimal pro Jahr, davon einmal unangekündigt, statt. Der AMS-Beauftragte dokumentiert den Zeitpunkt und das Ergebnis der Übung sowie die sich möglicherweise ergebenden Konsequenzen.

5. Schriftstücke/Dokumente
keine

VA – FEU – S 4.6. – 01 – 1
»Unterweisungen«

1. Ziel
Die Verfahrensanweisung legt die Mindestanforderungen/Grundlagen für die Unterweisung der Mitarbeiter der Musterfeuerwehr fest.

2. Geltungsbereich
Die Verfahrensanweisung hat Gültigkeit für alle Bereiche der Musterfeuerwehr.

3. Zuständigkeiten
Die oberste Führungsebene der Musterfeuerwehr ermittelt mit dem AMS-Beauftragten den Unterweisungsbedarf. Der Leiter der Musterfeuerwehr bestätigt den Unterweisungsplan und veranlasst dessen Veröffentlichung. Für die organisatorischen Voraussetzungen und die Durchführung der Unterweisungen sind die für den jeweiligen Fachbereich zuständigen Führungskräfte verantwortlich. Der AMS-Beauftragte hat mindestens einmal pro Jahr über die durchgeführten Unterweisungen und deren Wirksamkeit der obersten Führungsebene der Musterfeuerwehr zu berichten. Für die Einhaltung der Dokumentation der Unterweisungen ist der AMS-Beauftragte zuständig.

4. Ablauf
Unterweisungen sind Maßnahmen, die sich auf den jeweiligen Arbeitsplatz bzw. Arbeitsbereich beziehen. Die Fachbereichsleiter, die Wachvorsteher und die Zugführer der Freiwilligen Feuerwehr der Musterfeuerwehr ermitteln den auf der Grundlage von rechtlichen Vorgaben oder Gesetzen wie auch von Unfallverhütungsvorschriften bestehenden Bedarf an Unterweisungen im jeweiligen Zuständigkeitsbereich. Dieser Bedarf ist bis zum Monat November dem AMS-Beauftragten schriftlich mitzuteilen.

Der AMS-Beauftragte erarbeitet auf der Grundlage der Bedarfsanmeldung einen Unterweisungsplan unter Verwendung des Formblatts FB 4.6.-02, den er mit den Führungskräften der obersten Führungsebene und dem Leiter der Musterfeuerwehr inhaltlich abstimmt. Mit seiner Unterschrift bestätigt der Leiter der Musterfeuerwehr den Unterweisungsplan für das jeweilige Folgejahr. Der Unterweisungsplan wird durch den AMS-Beauftragten im Intranet der Musterfeuerwehr veröffentlicht.

Gemäß Unterweisungsplan stellen die Fachbereichsleiter, die Wachvorsteher bzw. die Zugführer der Freiwilligen Feuerwehr die Unterweisungen in ihrem Zuständigkeitsbereich sicher. Sie haben die Möglichkeit, für die Unterweisungen auf entsprechend autorisierte und fachlich besonders qualifizierte Beschäftigte der Musterfeuerwehr zurückzugreifen.

Die Dokumentation hat grundsätzlich unter Verwendung des Formblatts FB 4.6.-01 zu erfolgen. Die über eine Unterweisung vorgenommene Dokumentation wird dem AMS-Beauftragten übergeben und von diesem archiviert. Die Aufbewahrungsfrist beträgt fünf Jahre.

5. Schriftstücke/Dokumente
FB 4.6. – 01   Unterweisung (Dokumentation)
FB 4.6. – 02   Unterweisungsplan

VA – FEU – S 4.7. – 01 – 1
»Meldung von Dienst-/Arbeitsunfällen«

1. Ziel
Unfälle, die bei der Musterfeuerwehr passieren, werden dem Unfallversicherungsträger gemeldet. Um eine zeitnahe Abwicklung des Unfalls zu
erreichen, muss von den Mitarbeitern der Musterfeuerwehr ein bestimm-
ter Meldeweg eingehalten werden.

2. Geltungsbereich
Die Verfahrensanweisung hat Gültigkeit für alle Bereiche der Musterfeuerwehr.

3. Zuständigkeiten
Für die ordnungsgemäße und zeitnahe Erstellung der Unfallmeldung ist
bei Arbeits- und/oder Dienstunfällen der jeweilige Vorgesetzte des Ver-
unfallten verantwortlich. Bei Wegeunfällen von Mitarbeitern ist das Sachgebiet bzw. der Fachbereich »Personaleinsatz/Personalführung« zuständig.

4. Ablauf

Allgemein:
In Ergänzung zu den grundsätzlichen Bestimmungen der Allgemeinen
Dienstanweisung (ADA) der Musterstadt/Musterkommune ist das Nachfolgende zu beachten: Dienst- und Wegeunfälle von Beamten sind mit
dem Formblatt FB 4.7-01 zu melden. Eine Ausfertigung ist unverzüglich
auf dem Dienstweg dem Amt für Personalwirtschaft zuzuleiten. Je eine
weitere Ausfertigung ist für den Personalrat der Musterfeuerwehr, das
Sachgebiet bzw. den Fachbereich »Personalentwicklung« und für den
AMS-Beauftragten bestimmt.

Arbeits- und Wegeunfälle von Arbeitern und Angestellten sind bei Ar-
beitsunfähigkeit von mehr als drei Kalendertagen innerhalb von drei
Tagen nach dem Ereignis anzuzeigen. Die Unfallanzeigen sind in vier Ex-
emplaren anzufertigen und
• dem zuständigen Unfallversicherungsträger in einfacher Ausfertigung,

- dem Amt für Personalwirtschaft in einfacher Ausfertigung zu übersenden,
- je ein Exemplar ist für den Personalrat und für das Fachamt bestimmt.

Dienstunfallmeldungen und Anzeigen über Unfälle sind vollständig auszufüllen und vor der Vorlage beim Leiter der Musterfeuerwehr vom bestellten AMS-Beauftragten und von einem Vertreter des Personalrates mit Angabe des Datums abzuzeichnen. Für den Schriftverkehr, der sich zwischen dem Unfallversicherungsträger und der Verwaltung der Musterstadt/Musterkommune ergibt, ist das Amt für Personalwirtschaft zuständig. Anfragen des Versicherungsträgers sind deshalb stets an das Personalamt abzugeben.

Speziell:
Verhalten nach Dienstunfällen mit besonderer Infektionsgefahr
Durch Nadelstichverletzungen, Verletzungen mit Skalpellen oder Ähnlichem sowie durch Hautkontakt mit kontaminiertem Blut oder anderen Körperflüssigkeiten kann es trotz der gebotenen Vorsicht in seltenen Fällen zu einer HIV- bzw. Hepatitis-Infektion kommen. Werden Mitarbeiter durch Kanülen oder andere medizinische Geräte verletzt oder durch Blut oder andere Körperflüssigkeiten von Patienten kontaminiert, ist wie folgt zu verfahren:

a) Die patientenbezogenen Daten (Personalien des Infektionsträgers, Aufnahmeort, Zielklinik) sind vom betroffenen Mitarbeiter zu registrieren.

b) Unverzüglich, d. h. nach Übergabe des Patienten am Zielort, meldet sich der Mitarbeiter im Städtischen Klinikum der Musterstadt/Musterkommune, Abteilung für Innere Medizin, beim diensthabenden Internisten.

c) Mit dem diensthabenden internistischen Arzt wird das weitere Vorgehen abgestimmt. Die innere Abteilung ist für die Akutbehandlung von Mitarbeitern nach HIV- bzw. Hepatitis- Exposition speziell eingerichtet. Die Akutbehandlung beinhaltet:
   - eine körperliche Untersuchung und ggf. Wundversorgung,
   - die Erhebung weiterer patientenbezogener (infektionsträgerbezogener) Daten durch ein Arzt-Arzt-Gespräch mit der entsprechenden Zielklinik,
   - ein Gespräch mit dem Arzt mit der Frage, ob eine medikamentöse Behandlung im speziellen Fall sinnvoll ist und ggf. eine medikamentöse Behandlung.

Im Städtischen Klinikum der Musterstadt/Musterkommune wird auch eine erste HIV- bzw. Hepatitis-Antikörperbestimmung durchgeführt, um den Status am Tag der Infektion festzustellen. Die Behandlungskosten werden von der Musterfeuerwehr übernommen.

d) Im Anschluss an die Behandlung im Städtischen Klinikum ist auf der Feuer- und Rettungswache sofort eine Dienstunfallmeldung im Hinblick auf eine aktenkundige Erfassung des Unfalls zu schreiben. Ebenfalls am gleichen Tag, spätestens aber am nächsten Arbeitstag, ist Kontakt mit dem Arbeitsmediziner der Musterstadt/Musterkommune aufzunehmen. Mit ihm wird das weitere Vorgehen abgestimmt. Hier erfolgen ggf. auch Kontrolluntersuchungen auf HIV- bzw. Hepatitis-Antikörper.

5. Schriftstücke/Dokumente
FB 4.7. – 01   Unfallmeldung
FB = Formblatt

VA – FEU – S 4.8. – 01 – 1
»Neue Arbeitsverfahren/Arbeitsmittel«

1. Ziel
Sowohl bei der Einführung neuer Arbeitsverfahren im Dienstbetrieb der Musterfeuerwehr als auch bei der Einführung neuer feuerwehrtechnischer bzw. medizinischer Arbeitsmittel sind die Anforderungen des Arbeitsschutzes zu berücksichtigen.

2. Geltungsbereich
Die Verfahrensanweisung gilt für alle Bereiche der Musterfeuerwehr.

3. Zuständigkeiten
Die Führungskräfte der obersten bzw. oberen Führungsebene (Abteilungsleiter/Fachbereichsleiter) sind für die Einführung von neuen Arbeitsverfahren oder Arbeitsmitteln zuständig. Die sicherheitstechnischen Hinweise des AMS-Beauftragten oder der Fachkraft für Arbeitssicherheit müssen beachtet werden.

4. Ablauf
Aus dem Dienstbetrieb heraus ergibt sich aufgrund von Erkenntnissen die Notwendigkeit zur Einführung eines neuen Arbeitsverfahrens oder eines neuen Arbeitsmittels. Die Führungskraft der oberen bzw. obersten Führungsebene, in deren Zuständigkeitsbereich sich die Notwendigkeit zur Einführung neuer Arbeitsverfahren oder Arbeitsmittel ergibt, erstellt für den gewünschten Einsatzzweck eine Informationsmappe (Grobinformation).

Im Rahmen eines Informationsabgleichs entscheidet die oberste Führungsebene (Leiter der Musterfeuerwehr, Abteilungsleiter) auf der Grundlage der Informationsmappe über die Einführung des Arbeitsverfahrens/Arbeitsmittels bei der Musterfeuerwehr. Der Leiter der Musterfeuerwehr bestimmt als Verantwortlichen einen Mitarbeiter der oberen bzw. obersten Führungsebene für die Einführung des Arbeitsverfahrens/Arbeitsmittels und stellt die erforderlichen finanziellen Mittel zur Verfügung. Der Verantwortliche koordiniert alle notwendigen weiteren Schritte bis zur Einführung des Arbeitsverfahrens bzw. bis zur Ausschreibung des Arbeitsmittels.

Ist die Durchführung eines Probebetriebs vorgesehen oder notwendig, ist u. a. das Informationsblatt Nr. 16 des Fachausschusses Maschinenbau, Fertigungssysteme, Stahlbau der DGUV (Ausgabe 01/2011) zu berücksichtigen bzw. zu beachten. Der vom Leiter der Musterfeuerwehr bestimmte Verantwortliche ist für die entsprechende Dokumentation des Probebetriebs zuständig. Nach dem erfolgreichen Probelauf stellt der Verantwortliche die Durchführung der Unterweisungen der Beschäftigten der Musterfeuerwehr sicher.

Der Leiter der Musterfeuerwehr genehmigt die Einführung eines neuen Arbeitsverfahrens bzw. Arbeitsmittels auf der Grundlage der Ergebnisse des Probebetriebs, der vorliegenden Gefährdungsbeurteilung, der durchgeführten Unterweisung sowie weiterer, relevanten Informationen.

5. Schriftstücke/Dokumente
keine

VA – FEU – S 4.9. – 01 – 1 »Internes Audit«

1. Ziel
Die Verfahrensanweisung dient im Rahmen der regelmäßigen Überprüfung und Bewertung der Vorgaben im Arbeitsschutz der Musterfeuerwehr der Standardisierung der Planung und Durchführung des internen Audits.

2. Geltungsbereich
Die Verfahrensanweisung gilt für alle Bereiche der Musterfeuerwehr.

3. Zuständigkeiten
Für die Planung und Durchführung des internen Audits ist der AMS-Beauftragte der Musterfeuerwehr verantwortlich.

4. Ablauf
Grundsätzlich sind dem AMS-Beauftragten die Planung, die Vorbereitung und die Durchführung des internen Audits übertragen. Jeweils zu Jahresende erstellt der AMS-Beauftragte eine Grobterminierung für die internen Audits des Folgejahres. Es werden maximal zwei interne Audits pro Jahr durchgeführt.

Im Auditplan legt der AMS-Beauftragte die Auditkriterien, den Auditumfang, die zum Auditteam gehörenden Personen und die voraussichtlichen Audittermine fest. Die genaue Festlegung des jeweiligen Audittermins erfolgt in Absprache zwischen dem AMS-Beauftragten und dem Leiter der Musterfeuerwehr.

Der AMS-Beauftragte prüft im Zuge der Durchführung des internen Audits in einem ersten Schritt alle zur Verfügung gestellten, notwendigen Dokumente des zu überprüfenden Bereichs und nimmt eine Bewertung der Dokumente in Bezug auf Vollständigkeit, Verständlichkeit oder Widerspruchsfreiheit vor. Zu den Dokumenten gehören nicht nur die externen Dokumente, Wartungsberichte bzw. Aufzeichnungen, sondern auch Aufzeichnungen zu bereits durchgeführten Maßnahmen im Arbeitsschutz und Auditberichte der vorherigen Audits des zu prüfenden Bereichs.

Der AMS-Beauftragte stellt sich in Abhängigkeit vom Umfang des zu auditierenden Bereichs für das interne Audit ein Team von zusätzlich maximal vier Personen zusammen, die nicht dem zu überprüfenden Bereich angehören. Das Auditteam nimmt eine Überprüfung des jeweiligen Aufgabenbereichs (Sachgebiet/Fachbereich, Werkstatt, Feuerwache, Gerätehaus) bzw. des Arbeitsprozesses (z. B. Übungsbetrieb »Patientenorientierte Rettung«) vor. Dazu gehört auch die Prüfung aller Dokumente. Auf der Basis der Dokumente stellt das Auditteam eine Audit-Checkliste bzw. eine Liste von Fragen zusammen, die der für den jeweiligen Bereich verantwortlichen Führungskraft spätestens eine Arbeitswoche vor dem Auditermin übergeben wird, damit diese die jeweiligen Mitarbeiter informieren kann.

Das Vorort stattfindende Audit beginnt mit einem kurzen Einführungsgespräch, in dem das Auditteam kurz über den Zweck des anstehenden Audits informiert. Die daran anschließenden Auditinterviews dienen der Beantwortung der zur Verfügung gestellten Liste der Fragen. Hierzu gehört auch die Abfrage nach möglichen Verbesserungen. Im Anschluss an das interne Audit führt das Auditteam mit den verantwortlichen Führungskräften des überprüften Bereichs ein Abschlussgespräch durch. Festgestellte Abweichungen sind zu dokumentieren. Das interne Audit nimmt einen Zeitrahmen von nicht mehr als einem Arbeitstag in Anspruch.

Die Ergebnisse und die aus dem internen Audit sich möglicherweise ergebenden notwendigen Maßnahmen fasst der AMS-Beauftragte in einem Auditbericht zusammen. Dieser wird der für den überprüften Bereich zuständigen Führungskraft und dem Leiter der Musterfeuerwehr innerhalb von sieben Arbeitstagen nach Abschluss des Audits zur Verfügung gestellt.

Für die unmittelbare oder zeitnahe Umsetzung der notwendigen Maßnahmen sind die für den Aufgabenbereich bzw. die für die Formulierung der jeweiligen Arbeitsprozesse zuständigen Führungskräfte verantwortlich. Kann zwischen der jeweils verantwortlichen Führungskraft und dem AMS-Beauftragten die Umsetzung der Maßnahmen nicht einvernehmlich geklärt werden, entscheidet der Leiter der Musterfeuerwehr. Der AMS-Beauftragte nimmt die Dokumentation und die ggf. notwendigen Anpassungen im AMS-Handbuch vor.

Die Information der Mitarbeiter des überprüften Bereichs hinsichtlich der Ergebnisse des internen Audits erfolgt neben einem mündlichen Vortrag durch die jeweilige Führungskraft und den AMS-Beauftragten unter Wahrung der gebotenen Diskretion auch über das Intranet der Musterfeuerwehr. Alle Dokumente im Rahmen eines internen Audits werden vom AMS-Beauftragten archiviert.

5. Schriftstücke/Dokumente

FB 4.9. – 01   Auditplan
FB 4.9. – 02   Audit-Checkliste
FB = Formblatt

VA – FEU – S 6.1. – 01 – 1
»Vorgehensweise bei Beschaffungen«

1. Ziel
Das Ziel ist eine einheitliche Vorgehensweise bei der Beschaffung von Fahrzeugen, Arbeitsmitteln, Persönlicher Schutzausrüstung etc.

2. Geltungsbereich
Die Verfahrensanweisung gilt für alle Bereiche der Musterfeuerwehr.

3. Zuständigkeiten
Die Führungskräfte der obersten bzw. oberen Führungsebene (Abteilungs-/Fachbereichsleiter) sind für die Beschaffungen in ihrem Zuständigkeitsbereich verantwortlich.

4. Ablauf
Bei der Musterfeuerwehr legen die Führungskräfte der obersten Führungsebene (Leiter der Musterfeuerwehr, Abteilungsleiter) oberhalb eines Schwellenwerts von 5 000 Euro für das folgende Kalenderjahr einen Investitions- und Beschaffungsplan für den Einkauf von Fahrzeugen, feuerwehrtechnischen oder medizinischen Arbeitsmitteln, Persönlicher Schutzausrüstung etc. fest. Der Leiter der Musterfeuerwehr bestimmt für die einzelnen Investitionen bzw. Beschaffungen einen Verantwortlichen aus dem Kreis der Abteilungsleiter. Die für den Einkauf zur Verfügung stehenden bzw. benötigten Finanzmittel werden den jeweiligen Investitions- bzw. Beschaffungsmaßnahmen zugeordnet.

Der Leiter der Abteilung »Verwaltung« stellt die erforderlichen Freigabeanträge für die vorhandenen Finanzmittel, beantragt die erforderlichen Finanzmittel und trifft – falls erforderlich – weitere Abstimmungen mit der Kämmerei der Musterstadt. Unterhalb der Schwelle von 5 000 Euro führen die Abteilungsleiter im Rahmen der ihnen zur Verfügung stehenden Finanzmittel in eigener Verantwortung, unter Beachtung der Vergabeordnung VOL A, den Einkauf von Arbeits- oder Verbrauchsmitteln durch.

In den einzelnen Fachbereichen, die primär in den Einkauf eingebunden sind, haben die Fachbereichsleiter eine Bewertung der Lieferanten zu erstellen. Bei wiederholten Schwierigkeiten mit Lieferanten in Bezug auf die Zuverlässigkeit und die Qualität der gelieferten Waren/Produkte wie auch unter Berücksichtigung der Einhaltung von Lieferfristen sind entsprechende Anpassungen der Leistungsverzeichnisse vorzunehmen und die Möglichkeiten der VOL auszuschöpfen. Soweit möglich, ist auf den Abschluss von Rahmenverträgen hinzuwirken.

Das »Corporate Identity« der Musterfeuerwehr bei der Erstellung der Leistungsverzeichnisse, das 4-Augen-Prinzip und die Anti-Korruptionsrichtlinie der Musterstadt/Musterkommune sind zu beachten. Für die Entgegennahme von Warenlieferungen sind die Mitarbeiter des Zentrallagers zuständig. Die Vorgaben der VA – FEU – S 6.2. – 01 – 1 »Vorgehensweise bei Lieferungen« sind zu berücksichtigen.

5. Schriftstücke/Dokumente
VA – FEU – S – 1000 – 1   Lenkung von Dokumenten
VA – FEU – S – 1001 – 1   Investitions- und Beschaffungsplan
FB – 1001 – 1   Leistungsverzeichnis
VA – FEU – S 6.2. – 01 – 1   Vorgehensweise bei Lieferungen

VA – FEU – S 6.1. – 02 – 1
»Vorgehensweise bei Aussonderungen/ Entsorgungen«

1. Ziel
Mit dieser Verfahrensanweisung wird die Vorgehensweise bei der Aussonderung von Fahrzeugen und Arbeitsmitteln bzw. bei der Entsorgung konkretisiert.

2. Geltungsbereich
Die Verfahrensanweisung hat Gültigkeit für alle bei der Musterfeuerwehr vorgenommenen Aussonderungen bzw. Entsorgungen.

3. Zuständigkeiten
Die Zuständigkeit für die Aussonderung/Entsorgung liegt grundsätzlich bei der Abteilung »Technik«. Die Führungskräfte der Fachbereiche »Fahrzeug- und Gerätetechnik« und »Werkstätten/Lager/Geräteprüfung« sind für die Durchführung verantwortlich.

4. Ablauf
Für die Entsorgung von Wertstoffen (Verpackungsmaterial wie Kartonage, Papier, Holz, Schrottabfälle der Kfz-Werkstatt, Batterien von Fahrzeugen oder Arbeitsmitteln etc.) wie auch für den Restmüll stellen die Entsorgungsbetriebe der Musterstadt der Musterfeuerwehr entsprechend geeignete Behälter zur Verfügung. Diese werden in regelmäßigen zeitlichen Abständen im Tausch gegen Leerbehälter abgeholt oder geleert. Die für den jeweiligen Bereich zuständige Führungskraft hat dafür Sorge zu tragen, dass spätestens einen Tag vor der Abholung der Behälter diese gefüllt und zur Abholung/Leerung vorbereitet werden. Sollte entgegen der schriftlichen Vereinbarung mit den Entsorgungsbetrieben eine Abholung/Leerung nicht spätestens am Folgetag des vereinbarten Tages erfolgt sein, setzt sich der Leiter des Fachbereichs »Werkstätten/Lager/Geräteprüfung« über die Servicenummer für städtische Einrichtungen mit den Entsorgungsbetrieben in Verbindung.

Eine Aussonderung von Fahrzeugen oder Geräten darf erst dann vorgenommen werden, wenn ein entsprechender Ersatz in Dienst gestellt ist. Hiervon ist nur dann abzuweichen, wenn die Unwirtschaftlichkeit einer

Reparatur oder einer Instandsetzung feststeht. Im Vorfeld einer Aussonderung holt der Fachbereich »Fahrzeug- und Gerätetechnik« ein Wertgutachten ein. Für Fahrzeuge, die zur Aussonderung anstehen, muss, für Arbeitsmittel kann in Abhängigkeit von den Anschaffungskosten ein Wertgutachten erstellt werden. Die Grenze wird hier auf 5 000 Euro der Anschaffungskosten festgesetzt.

Bei der Aussonderung übergibt der Fachbereich »Fahrzeug- und Gerätetechnik« das Fahrzeug bzw. Arbeitsmittel mit allen relevanten Unterlagen formal an den Bereich »Werkstätten/Lager/Geräteprüfung«, der die Vollständigkeit der Unterlagen prüft. Der Fachbereich »Fahrzeug- und Gerätetechnik« stellt sicher, dass sich keine Beladungsbestandteile auf dem auszusondernden Fahrzeug befinden. Vom Leiter des Bereichs »Werkstätten/Lager/Geräteprüfung« wird entschieden, ob das Aussonderungsobjekt im Zentrallager aufgenommen wird oder ein dezentraler Lagerort besser geeignet erscheint.

Auf der Grundlage des Wertgutachtens entscheidet der Leiter des Fachbereichs »Werkstätten/Lager/Geräteprüfung« mit dem Leiter der Abteilung »Verwaltung« über die Art der Aussonderung.

5. Schriftstücke/Dokumente
keine

VA – FEU – S 6.2. – 01 – 1
»Vorgehensweise bei Lieferungen«

1. Ziel
Die Verfahrensanweisung »Lager« verfolgt das Ziel, die Vollständigkeit von Lieferungen oder mit der Bestellung nicht übereinstimmende Lieferungen frühzeitig zu erkennen und die Qualitätsanforderungen bei Inventuren sicherzustellen.

2. Geltungsbereich
Die Verfahrensanweisung gilt für den so genannten Artikeleingang ins bzw. die Artikelausgabe aus dem Zentrallager der Musterfeuerwehr.

3. Zuständigkeiten
Die Zuständigkeit für ein ordnungsgemäß funktionierendes Zentrallager liegt bei dem Leiter und den Mitarbeitern des Zentrallagers.

4. Ablauf
Der Artikeleingang im Zentrallager erfolgt grundsätzlich im Rahmen einer externen oder internen Anlieferung. Die Mitarbeiter des Zentrallagers haben sich bei der Lieferung durch Externe durch Sichtprüfung davon zu überzeugen, dass die angelieferten Artikel frei von sichtbaren Mängeln sind. Bei erkennbaren Mängeln oder Beschädigungen ist die Annahme zu verweigern. Die Übereinstimmung der angelieferten Artikel mit dem Leistungsverzeichnis dokumentiert der Mitarbeiter des Zentrallagers auf dem Lieferschein. Hierzu verwendet er den »Eingangsstempel« (Bild 54).

☐ Lieferung vollständig
☐ Lieferung unversehrt
Datum:
....
Unterschrift

Bild 54:
Beispiel für einen Eingangsstempel

Der Leiter des Zentrallagers leitet den Lieferschein mit der entsprechenden Rechnung nach dem Vermerk der sachlichen Richtigkeit auf dem Dienstweg an die Abteilung »Verwaltung« weiter. Sind die Kriterien »Mängelfreiheit« und »Vollständigkeit« erfüllt, werden die Artikel von den Mitarbeitern im Zentrallager aufgenommen und im Lagerwirtschaftssystem der Musterfeuerwehr als Zugang gebucht und gelagert.

Die Buchung im Lagerwirtschaftssystem hat die Erhöhung des Lagerbestandes zur Folge und ist mit der Kopie des Lieferscheins oder eines Lagereingangsscheins zu dokumentieren. Der Zugang der Artikel wird von dem Mitarbeiter gebucht, der die Lieferung angenommen hat. Korrekturen von möglichen Fehlbuchungen oder Umbuchungen werden im Rahmen des so genannten 4-Augen-Prinzips gemeinsam mit dem Leiter des Zentrallagers vorgenommen.

Die Einlagerung der gelieferten Artikel erfolgt in den entsprechenden Regalen. Aufgrund von Vorbestellungen kann eine Lagerung unnötig werden, wenn eine Zuordnung zu einem internen Bestellvorgang möglich ist. Dies wird durch die Software des Lagerwirtschaftssystems angezeigt. In diesem Fall bereitet der Mitarbeiter die Auslieferung an den Besteller vor.

Stellt sich eine Lieferung nach der Annahme als mangelbehaftet heraus, wird diese durch einen Mitarbeiter des Zentrallagers bis zur endgültigen Klärung des Vorgangs in einem entsprechend gekennzeichneten Lagerbereich gelagert. Der Mitarbeiter hat unmittelbar nach Feststellung des Mangels den Leiter des Zentrallagers zu informieren. Dieser initiiert die weiteren Schritte im Sinne einer Mängelbeseitigung bzw. Reklamation.

Bei der internen Anlieferung muss zwischen Artikeln unterschieden werden, die nach erfolgter Instandsetzung in den Lagerbestand aufzunehmen oder denen, die für eine Aussonderung vorzubereiten sind. Sofern Arbeitsmittel als Beladungs- oder Ausstattungsgegenstände bereits als Artikel erfasst sind, erfolgt eine Umbuchung. Im Zuge von internen Anlieferungen haben die Mitarbeiter des Zentrallagers sicherzustellen, dass nur gebrauchsfähige Artikel eingelagert werden. Dazu ist vom mit der Instandsetzung beauftragten Werkstattbereich dem jeweiligen Arbeitsmittel die Kopie des Prüfprotokolls beizulegen. Geprüfte und gebrauchsfertige Artikel (Arbeitsmittel) sind mit einer gültigen Prüfplakette gekennzeichnet. Von den Mitarbeitern des Zentrallagers wird den zur Aussonderung vorgesehenen Fahrzeugen, Arbeitsmitteln oder der Persönlichen Schutzausrüstung ein Lagerort für eine Zwischenlagerung zugewiesen.

Die Ausgabe von Artikeln aus dem Zentrallager erfolgt grundsätzlich während der vorgegebenen Öffnungszeiten und mit einer entsprechenden Buchung im Lagerwirtschaftssystem. Vor der Ausgabe des Artikels hat der Mitarbeiter des Zentrallagers eine Sichtprüfung vorzunehmen, um mögliche Beschädigungen von Artikeln aufgrund einer nicht sachgemäßen Lagerung zu erkennen oder um Überschreitungen von Lagerzeitbegrenzungen (z. B. bei Sofortverbrauchsmaterial für den Rettungsdienst) auszuschließen.

Auf der Grundlage einer Bestellung werden die Artikel durch die Mitarbeiter des Zentrallagers kommissioniert, ein Ausgabebeleg erzeugt und an der Ausgabestelle zur Abholung bereitgestellt. Handelt es sich nicht um Artikel, die eine persönliche Quittierung erforderlich machen, ist die kommissionierte Bestellung für den internen Materialtransport (»Postwagen«) vorzubereiten. Artikel, die eine persönliche Quittierung der Entgegennahme erforderlich machen, werden nur an der Ausgabestelle des Zentrallagers an den Empfänger ausgegeben.

Nach Aufforderung durch den Leiter der Abteilung »Verwaltung« hat der Leiter des Zentrallagers eine Inventur zu veranlassen. Im Rahmen der Inventur ist die Bestandsfortschreibung darzustellen. Eine Inventur ist aus besonderem Anlass oder in regelmäßigen Abständen, mindestens jedoch einmal pro Jahr, durchzuführen.

5. Schriftstücke/Dokumente

VA – FEU – S 6.2. – 02 – 1	Vorgehensweise zum internen Materialtransport
VA – FEU – S 6.1. – 01 – 1	Vorgehensweise bei Beschaffungen
VA – FEU – S 6.1. – 02 – 1	Vorgehensweise bei Aussonderungen/Entsorgungen
FB 6.2. – 01	Anforderungs-/Bestellbeleg
FB 6.2. – 02	Ausgabebeleg

VA – FEU – S 6.2. – 02 – 1
»Vorgehensweise zum internen Materialtransport«

1. Ziel
Die Verfahrensanweisung beschreibt und konkretisiert die Aufgaben im Zuge des internen Materialtransports mit dem so genannten »Postwagen« bei der Musterfeuerwehr.

2. Geltungsbereich
Die Verfahrensanweisung hat Gültigkeit für die mit dem Transport von Sofortverbrauchsmaterial, Arbeitsmitteln oder Schutzausrüstung beauftragten Mitarbeiter.

3. Zuständigkeiten
Die Zuständigkeit für das Packen, Verladen und Befestigen der Ladung im Postwagen liegt bei den Mitarbeitern des Zentrallagers und dem Fahrzeugführer. Der Leiter des Zentrallagers hat sich von der Einhaltung der Vorgaben zu überzeugen.

4. Ablauf
Grundsätzlich ist für den internen Materialtransport ausschließlich der dafür speziell hergerichtete so genannte Postwagen zu verwenden. Mit diesem Fahrzeug ist der sichere Transport von Materialien im Sinne der Vorschriften möglich. Der Fahrzeugführer hat neben den Vorgaben der StVO die geltenden Vorschriften zur Ladungssicherung einzuhalten.

Vom Transport mit dem Postwagen sind solche Artikel ausgenommen, die ein Gewicht von mehr als 75 kg besitzen und/oder mit einem Hubwagen nicht mehr sicher von einer Person bewegt werden können. In Abhängigkeit von den kommissionierten Artikeln sind für deren Transport die entsprechenden Transportbehälter/-boxen oder Rollcontainer zu verwenden.

Der Fahrzeugführer übernimmt von den Mitarbeitern des Zentrallagers mit den Transportbehältern/-boxen oder Rollcontainern die kommissionierten Artikel und überprüft die Übereinstimmung mit dem Bestellschein. Die Transportbehälter/-boxen hat der Fahrzeugführer im

Regalsystem des Postwagens zu verstauen und entsprechend zu sichern. Für die Rollcontainer ist das Sicherungssystem zu verwenden.

Der Postwagen fährt an jedem Wochentag zunächst die Feuerwachen der Berufsfeuerwehr der Musterfeuerwehr in der angegebenen Reihenfolge an. Die Anfahrt der Gerätehäuser der Freiwilligen Feuerwehr ist entsprechend zu berücksichtigen. Im Rahmen der Routenplanung ist der Fahrzeugführer mit der Abholung von bestellten Kfz-Ersatzteilen bei den Kfz-Zulieferern zu beauftragen, sofern die Ersatzteile ein Gewicht von 20 kg nicht überschreiten.

Der Fahrzeugführer lässt sich vom diensthabenden Wachabteilungsleiter der jeweiligen Feuer-/Rettungswache bzw. vom Gruppen-/Zugführer der Freiwilligen Feuerwehr den Erhalt der Lieferung bestätigen. Auf dem Weg von der Feuer-/Rettungswache bzw. den Gerätehäusern nimmt der Fahrzeugführer Bestellscheine mit und übergibt diese an den Leiter des Zentrallagers.

Der Fahrzeugführer muss Persönliche Schutzausrüstung gemäß den Vorgaben der Musterfeuerwehr für den Dienstbetrieb (Feuerwehr-Dienstkleidung, Sicherheitsschuhe etc.) tragen. Er wird bei Bedarf durch Mitarbeiter der jeweiligen Wachabteilung oder der Freiwilligen Feuerwehr bei der Entladung unterstützt. Der Fahrzeugführer ist während der Dienstzeit des Postwagens über Funk oder Diensthandy für die Leitstelle der Musterfeuerwehr erreichbar.

5. Schriftstücke/Dokumente
keine

VA – FEU – S 6.3. – 01 – 1
»Wartung und Instandsetzung«

1. Ziel
Das Ziel ist die Vermeidung des Ausfalls von Arbeitsmitteln bei der Musterfeuerwehr, um einen gefahrlosen Einsatz der Arbeitsmittel unter Gewährleistung der Sicherheit und Gesundheit durch die Mitarbeiter sicherzustellen.

2. Geltungsbereich
Die Verfahrensanweisung hat Gültigkeit für alle mit der Wartung und Instandsetzung von Arbeitsmitteln bei der Musterfeuerwehr beauftragten Mitarbeiter.

3. Zuständigkeiten
Verantwortlich ist der Leiter der Abteilung »Technik«. Für die Organisation und die Abläufe innerhalb der Werkstätten ist der jeweilige Leiter zuständig. Die Werkstattmitarbeiter tragen die Verantwortung für die von ihnen ausgeführten Arbeiten.

4. Ablauf
Für die Wartung und Instandhaltung von Arbeitsmitteln stehen bei der Musterfeuerwehr folgende Werkstätten zur Verfügung:
- Anschlagmittel, hydraulische/pneumatische Arbeitsmittel: Hydraulikwerkstatt,
- Atemschutzgeräte: Atemschutzwerkstatt,
- elektrische Arbeitsmittel: Elektrowerkstatt,
- motorgetriebene Aggregate: Kettensägen- und Lüfterwerkstatt,
- Schläuche/Feuerwehrschläuche: Schlauchwerkstatt,
- tragbare Leitern: Leiterwerkstatt,
- Tragen/Tragenuntergestelle: Tragenwerkstatt,
- tragbare Pumpen: Pumpenwerkstatt.

Für die Wartung und Instandsetzung von Arbeitsmitteln in den vorgenannten Werkstätten dürfen ausschließlich Mitarbeiter eingesetzt werden, die über eine entsprechende Sachkunde verfügen. Die betreffenden

Mitarbeiter haben durch Vorlage eines aussagefähigen Nachweises oder eines Zertifikats vom Hersteller die Berechtigung bzw. Befähigung zur Durchführung von Wartungs-/Instandsetzungsarbeiten an dem jeweiligen Arbeitsmittel zu belegen.

Alle Arbeitsmittel, die einer regelmäßigen Wartung und/oder Instandsetzung unterliegen, werden von den jeweiligen Werkstattmitarbeitern in einer EDV-unterstützten Kartei erfasst und mit einer dauerhaften, internen Gerätenummer versehen. Die interne Gerätenummer wird von den Werkstattmitarbeitern mittels Schlagzahlen auf eine Aluminiumscheibe übertragen (Bild 55). Diese Aluminiumscheibe ist gut sichtbar entweder direkt am Arbeitsmittel anzubringen oder mittels eines Rings (z. B. bei Anschlagmitteln) an diesem zu befestigen.

Bild 55:
Aluminiumscheibe mit Gerätenummer

Die Vergabe der Gerätenummern erfolgt fortlaufend und endet mit der Angabe des Beschaffungsjahrs (z. B. 25 – 2015). Die Mitarbeiter haben sicherzustellen, dass Gerätenummern nur einmalig vergeben werden. Über die Gerätenummer lässt sich der Lagerort (z. B. Geräteraum eines Löschfahrzeugs) eindeutig identifizieren.

Die Werkstattmitarbeiter legen für jedes Arbeitsmittel ein Datenblatt an. Das Datenblatt (FB 6.3. – 01) wird auf der Basis der Inventarisierung geführt und ist mit dem elektronischen Arbeitsmittelverzeichnis verknüpft. Eine entsprechende Struktur der Zugriffsrechte liegt vor. Das Datenblatt beinhaltet folgende Angaben:

- Art des Arbeitsmittels,
- Typenbezeichnung,
- Lieferant,
- Gerätenummer,
- Fabriknummer,
- Beschaffungskosten,
- Hersteller,
- Baujahr,
- Lagerort,
- Wartung (intern/extern),
- Herstellerwartung (ja/nein),
- Status,
- erster Wartungstermin.

Die sicherheitstechnische Überprüfung erfolgt im Rahmen der Wartung. Die Wartung hat entsprechend den Herstellerangaben oder auf der Grundlage von Unfallverhütungsvorschriften bzw. nach jeder Instandsetzung

315

zu erfolgen. Die entsprechenden Zeitintervalle für die Wartung sind einzuhalten. Existieren keine exakten Vorgaben zur Art, zum Umfang und/oder zum Zeitintervall der Wartung, formuliert der Leiter der Abteilung »Technik« eigenverantwortlich entsprechende Vorgaben. Die im Rahmen der Wartung/Instandsetzung durchgeführten Maßnahmen/Arbeiten müssen die Mitarbeiter in einem Wartungs- und Instandsetzungsprotokoll dokumentieren.

Arbeitsmittel, bei denen eine Instandsetzung aus wirtschaftlichen Gründen ausscheidet oder die aufgrund des vorliegenden Defekts nicht mehr instandgesetzt werden können, werden von den Werkstattmitarbeitern zur Aussonderung vorgeschlagen. Die Entscheidung über die Aussonderung trifft der Leiter der Abteilung »Technik«.

Arbeitsmittel, die zur Wartung vorgesehen sind, zieht der Leiter der jeweiligen Werkstatt mit schriftlicher Information des Wachvorstehers bzw. Zugführers termingerecht ein. Nach der Wartung erhält das Arbeitsmittel eine Kennzeichnung (selbstklebende Plakette), die auf die durchgeführte Wartung und den nächsten Wartungstermin hinweist. Die Plakette haben die Werkstattmitarbeiter gut sichtbar am Arbeitsmittel anzubringen. Werden durch die Werkstattmitarbeiter im Zuge der sicherheitstechnischen Wartung Mängel am Arbeitsmittel festgestellt, sind diese durch Instandsetzung zu beseitigen und das Arbeitsmittel ist danach wiederum einer sicherheitstechnischen Wartung zu unterziehen.

Werden an den Arbeitsmitteln sicherheitstechnische Mängel festgestellt, müssen die Arbeitsmittel bis zur Beseitigung der Mängel dem Gebrauch entzogen und entsprechend gekennzeichnet werden. Mängelbehaftete Anschlagmittel sind unmittelbar nach der Feststellung des Mangels auszusondern und eine Wiederverwendung ist sicher auszuschließen.

Um einen Überblick über die zu wartenden Arbeitsmittel zu behalten, erstellen die Leiter der Werkstätten am Ende eines Kalenderjahres Wartungspläne, die vom Leiter der Abteilung »Technik« genehmigt werden.

Die Mitarbeiter der Werkstätten sind dazu verpflichtet, die entsprechende Schutzkleidung während der Wartungs- und Instandsetzungsarbeiten zu tragen und die Betriebsanweisungen zu beachten.

5. Schriftstücke/Dokumente

FB 6.3. – 01   Datenblatt für Arbeitsmittel
FB 6.3. – 02   Mängelmeldungen
FB 6.3. – 03   Wartungs- und Instandsetzungsprotokoll für Arbeitsmittel
FB 6.3. – 04   Wartungsplan

VA – FEU – S 6.5. – 01 – 1
»Aus- und Fortbildung«

1. Ziel
Für die Leistungsfähigkeit der Musterfeuerwehr sind die Anzahl von ausgebildeten Mitarbeitern und die Qualität des Fachwissens entscheidend. Es gilt eine festgelegte Mindeststärke an ausgebildetem Personal nicht zu unterschreiten und eine angemessene Fortbildung sicherzustellen.

2. Geltungsbereich
Die Verfahrensanweisung hat Gültigkeit für die Abteilung »Aus- und Fortbildung« der Musterfeuerwehr.

3. Zuständigkeiten
Die Zuständigkeit für die Sicherstellung einer Mindestpersonalstärke qualifizierter Mitarbeiter und einer qualitativ hochwertigen Aus- und Fortbildung liegt bei der Abteilung »Aus- und Fortbildung«.

4. Ablauf
Zur Feststellung der Mindestpersonalstärke ermittelt der Fachbereich »Personalentwicklung« auf der Grundlage der im Brandschutz- und ggf. Rettungsdienstbedarfsplan der Musterfeuerwehr festgeschriebenen Zahl an Funktionsstellen mit Hilfe des gültigen Personalfaktors die benötigte Personalstärke. Unter Berücksichtigung der Personalfluktuation und des Zeitfaktors legt der Leiter des Fachbereichs »Personalentwicklung« belastbare Zahlen zur erforderlichen Personaleinstellung (Personalprognose) vor. Diese Zahlen werden von ihm auf dem Dienstweg dem Amt für Personalwirtschaft für die Bewirtschaftung der jährlichen Ausbildungskontingente der Musterstadt zur Verfügung gestellt.
Der Bereich »Personalentwicklung« erarbeitet auf der Basis der Personalprognose unter Beteiligung der Mitarbeiter der Musterfeuerwehr eine Vorschlagsliste zur Personalgewinnung wie auch zur Personalbindung. Die Führungskräfte der Abteilung »Aus- und Fortbildung« treffen neben der Öffentlichkeitsarbeit eine weitere Auswahl. Die im Rahmen der Öffentlichkeitsarbeit veranlassten Maßnahmen sind von den Führungskräften der Abteilung »Aus- und Fortbildung« auf ihre Wirksam-

keit hin zu bewerten. Weniger wirksame Maßnahmen sind zukünftig zu verwerfen.

Die Erstellung eines Personalentwicklungskonzepts durch den Fachbereich »Personalentwicklung« ist umzusetzen. Die Qualifikation der Mitarbeiter ist den zeitgemäßen Herausforderungen wie auch den äußeren Randbedingungen zur Vermittlung der notwendigen Kenntnisse und der erforderlichen Fähigkeiten anzupassen. Der Leiter des Fachbereichs »Personalentwicklung« berücksichtigt bei der Erstellung des Personalentwicklungskonzepts die grundsätzlichen Qualifikationsmaßnahmen für die einzelnen Mitarbeitergruppen bzw. die Funktionsstellen bei der Musterfeuerwehr.

Die Planung der Wissensvermittlung ist den Bereichen »Feuerwehrschule« und »Rettungsassistentenschule« übertragen. Sie greift die Inhalte und die Art der Wissensvermittlung im Rahmen der Fortbildung auf. Bei der Planung der Fortbildung ist den Anregungen der Mitarbeiter in angemessener Form Rechnung zu tragen. Als Fortbildung kommen neben den internen Veranstaltungen in der Feuerwehr- bzw. Rettungsassistentenschule der Musterfeuerwehr auch externe Angebote in Frage. Die Inhalte wie auch die Orte der Fortbildungen sowie der angesprochene Mitarbeiterkreis sind in einem Fortbildungsplan bekannt zu geben. Der jeweilige Fortbildungsplan wird vom Leiter der Feuerwehrschule bzw. der Rettungsassistentenschule zu Beginn eines Kalenderjahres, spätestens am 31. Januar des laufenden Jahres, im Intranet der Musterfeuerwehr veröffentlicht. Ab diesem Zeitpunkt können sich die Mitarbeiter auf elektronischem Weg verbindlich für die jeweilige Fortbildung anmelden.

5. Schriftstücke/Dokumente
AZ 2001-1   Personalentwicklungsplan
AZ 2002-1   Fortbildungsplan
AZ = Aufzeichnung

VA – FEU – S 6.6. – 01 – 1
»Arbeitssicherheit (Einbindung der Fachkraft für Arbeitssicherheit)«

1. Ziel

Die Verfahrensanweisung dient der Konkretisierung der Einbindung der Fachkraft für Arbeitssicherheit in die dienstlichen Abläufe bei der Musterfeuerwehr.

2. Geltungsbereich

Die Verfahrensanweisung hat Gültigkeit für alle Bereiche der Musterfeuerwehr, die mit der »Beschaffung« von Arbeitsmitteln oder Fahrzeugen befasst sind.

3. Zuständigkeiten

Die Zuständigkeit liegt bei den Führungskräften der oberen und obersten Führungsebene der Musterfeuerwehr.

4. Ablauf

Der für die Beschaffung jeweils zuständige Fachbereich bei der Musterfeuerwehr hat in der Vorbereitung einer Beschaffung bzw. Ausschreibung ein Leistungsverzeichnis zu erstellen, nachdem die geplante Beschaffung des Arbeitsmittels oder des Fahrzeugs freigegeben ist. Der Leiter des Fachbereichs stellt der Fachkraft für Arbeitssicherheit das betreffende Leistungsverzeichnis vor der Einleitung des Vergabeverfahrens zur Prüfung zur Verfügung. Die Fachkraft für Arbeitssicherheit prüft die Inhalte des Leitungsverzeichnisses und gibt sicherheitstechnisch relevante Hinweise. Diese Hinweise darf der Leiter des Fachbereichs nur nach Erörterung mit der Fachkraft für Arbeitssicherheit aus triftigem Grund und im Einvernehmen mit dem für den Fachbereich zuständigen Abteilungsleiter sowie nach Zustimmung durch den Leiter der Feuerwehr ignorieren. Eine Dokumentation der Entscheidung ist notwendig.

Der Auftragnehmer ist mit dem Leistungsverzeichnis darüber zu informieren, dass die Fachkraft für Arbeitssicherheit die Abnahme begleitet. Auch aus sicherheitstechnischen Gründen kann auf Hinweis durch die Fachkraft für Arbeitssicherheit die Abnahme der ausgeschriebenen

Leistung bzw. des Produkts durch den beauftragten Mitarbeiter der Musterfeuerwehr abgelehnt werden.

5. Schriftstücke/Dokumente
keine

VA – FEU – S 6.6. – 02 – 1 »Arbeitssicherheit (Sicherheitstechnische Begehungen)«

1. Ziel
Ziel der Verfahrensanweisung ist die Festlegung der Kriterien für die Durchführung von sicherheitstechnischen Begehungen in den Liegenschaften der Musterfeuerwehr unter Einbindung der Fachkraft für Arbeitssicherheit.

2. Geltungsbereich
Die Verfahrensanweisung hat Gültigkeit für alle Bereiche der Musterfeuerwehr.

3. Zuständigkeiten
Die Zuständigkeit für die Durchführung der sicherheitstechnischen Begehung ist beim AMS-Beauftragten angesiedelt. Die für die bauliche Unterhaltung bei der Musterfeuerwehr verantwortliche Führungskraft übernimmt unterstützende Aufgaben. Die Führungskräfte, in deren Zuständigkeitsbereich die sicherheitstechnische Begehung stattfindet, sind für die Beseitigung der festgestellten Mängel zuständig.

4. Ablauf
Der AMS-Beauftragte hat die Entscheidung zu treffen, ob es sich um
a) eine regelmäßige Begehung,
b) eine Begehung aus besonderem Anlass (nach festgestellten Mängeln bei vorangegangenen Begehungen, bauliche Änderungen, Unfälle bzw. Beinaheunfälle etc.) handelt.

Eine Kombination aus den beiden Arten von Begehungen ist auch möglich.

Der AMS-Beauftragte legt die Reihenfolge und den Zeitrahmen der Begehung fest. Sicherheitstechnische Begehungen der Liegenschaften der Musterfeuerwehr werden von einem Team durchgeführt. Zu diesem Team gehören mindestens die für die bauliche Unterhaltung zuständige Führungskraft, der AMS-Beauftragte, die für den zu begehenden Bereich zuständige Führungskraft (Fachbereichsleiter, Wachvorsteher oder Zugführer FF), ein Mitglied der Personalvertretung und die Fachkraft für Arbeitssicherheit. Die Mitglieder des Teams, das die Begehung durchführt, sind rechtzeitig einzuladen.

Der AMS-Beauftragte bereitet mit Unterstützung durch die für die bauliche Unterhaltung zuständige Führungskraft die Begehung inhaltlich vor, indem er wesentliche Informationen (Grundrisspläne, Informationen zur technischen Ausstattung, Erkenntnisse aus früheren Begehungen, Maßnahmen zur Beseitigung von Mängeln im Arbeitsschutz etc.) den Mitgliedern des Teams zur Verfügung stellt.

Die Begehungen finden innerhalb der regulären Dienstzeit statt und sind den für den jeweiligen Bereich zuständigen Abteilungsleitern bzw. Fachbereichsleitern mit Datum und erwarteter Zeitdauer anzukündigen. Der AMS-Beauftragte erläutert in einer Einführungsbesprechung den Zweck, den Anlass und den Umfang der Begehung. Grundsätzlich umfasst die Begehung jeweils einen kompletten Bereich (z. B. Wachgebäude, Verwaltungsgebäude, Rettungswache, Werkstatt, Gerätehaus der FF).

Die während der Begehung getätigten Beobachtungen bzw. festgestellten Mängel werden den Personen im Begehungsteam unmittelbar mitgeteilt, damit sich Probleme oder Mängel sofort erkennen und dokumentieren lassen. Im Rahmen einer Abschlussbesprechung fasst der AMS-Beauftragte die Ergebnisse der sicherheitstechnischen Begehung zusammen. Im Team wird eine Bewertung der Ergebnisse vorgenommen und eine Frist zur Behebung der erkannten Mängel festgelegt. Der von der Fachkraft für Arbeitssicherheit erstellte Abschlussbericht ist dem Leiter der Musterfeuerwehr zuzuleiten, die Vorgaben der Dokumentation sind einzuhalten.

5. Schriftstücke/Dokumente
keine

VA – FEU – S 6.7. – 01 – 1
»Arbeitsmedizinische Vorsorge-untersuchungen«

1. Ziel
Die Verfahrensanweisung verfolgt das Ziel, dass nur gesundheitlich geeignete Mitarbeiter der Musterfeuerwehr für die Aufgaben der Musterfeuerwehr eingesetzt werden.

2. Geltungsbereich
Die Verfahrensanweisung hat Gültigkeit für alle Mitarbeiter der Musterfeuerwehr.

3. Zuständigkeiten
Jeder Mitarbeiter der Musterfeuerwehr ist grundsätzlich eigenverantwortlich für die Einhaltung von Terminen zur arbeitsmedizinischen Vorsorgeuntersuchung zuständig. Der Leiter des Fachbereichs »Personaleinsatz/Personalführung« trägt die Verantwortung für die Terminkoordinierung von Vorsorgeuntersuchungen mit dem für die Musterfeuerwehr zuständigen Arbeitsmediziner und die Termininformation der Mitarbeiter. Die Durchführung der Vorsorgeuntersuchungen liegt in der Zuständigkeit des Arbeitsmediziners.

4. Ablauf
Der Leiter des Fachbereichs »Personaleinsatz/Personalführung« koordiniert die Erfassung aller in den so genannten Einsatzdienst und den Tagesdienst eingebundenen Mitarbeiter der Musterfeuerwehr sowie die Zuordnung von individuellen Vorsorgeuntersuchungen in einer Datenbank. In Absprache mit dem für die Musterfeuerwehr zuständigen Arbeitsmediziner erfolgt die Terminabsprache zur Vorsorgeuntersuchung. Die Terminabsprache und die Koordinierung des Vorsorgetermins muss so erfolgen, dass die arbeitsmedizinische Vorsorge im jeweiligen Fristenfenster stattfindet.

Auf der Grundlage der in der Datenbank hinterlegten Namen der Mitarbeiter werden für das jeweilige Kalenderjahr die Vorsorgeuntersuchungen der Mitarbeiter in einer Liste/Kartei (FB 6.7. – 01) erfasst und dem Leiter der Musterfeuerwehr wie auch dem Arbeitsmediziner vom

Leiter des Fachbereichs »Personaleinsatz/Personalführung« zur Genehmigung vorgelegt.

Basierend auf der Liste »Vorsorgeuntersuchungen« koordiniert der Leiter des Fachbereichs »Personaleinsatz/Personalführung« die Information der Mitarbeiter über den anstehenden Vorsorgetermin und spätestens vier Wochen vor dem Termin eine schriftliche Erinnerung. Die frühzeitigen terminlichen Bekanntgaben von Angebotsuntersuchungen mit Angabe von Ort und Uhrzeit sowie die Möglichkeit zu deren Anmeldung sind ebenfalls vom Leiter des Fachbereichs »Personaleinsatz/Personalführung« sicherzustellen.

5. Schriftstücke/Dokumente
FB 6.7. – 01   Vorsorgeuntersuchung

VA – FEU – S 6.8. – 01 – 1
»Planung und Umbau«

1. Ziel
Das Ziel dieser Verfahrensanweisung ist die Beschreibung der Zuständigkeiten bei der Planung von Neubauten von Feuer-/Rettungswachen bzw. Gerätehäusern der Freiwilligen Feuerwehr sowie des Umbaus von vorhandenen Liegenschaften.

2. Geltungsbereich
Die Verfahrensanweisung hat Gültigkeit für alle Mitarbeiter der Musterfeuerwehr, die in die Planung von Neu- oder Umbauten involviert sind.

3. Zuständigkeiten
Zuständig für die Koordinierung aller erforderlichen Schritte im Zusammenhang mit der Planung von Neu- oder Umbauten ist der Leiter des Fachbereichs »Genehmigungs-/Planungsverfahren« der Abteilung »Vorbeugender Brand- und Gefahrenschutz«.

4. Ablauf
Der Bedarf für den Neubau von Feuer-/Rettungswachen bzw. Gerätehäusern der Freiwilligen Feuerwehr sowie für den Umbau von vorhandenen Liegenschaften ergibt sich aus dem Brandschutzbedarfsplan der Musterfeuerwehr. Der Leiter der Musterfeuerwehr meldet den Bedarf eines Neubaus bzw. eines Umbaus bei der in der Musterstadt für bauliche Projekte der städtischen Einrichtungen zuständigen Gesellschaft für Baumanagement (GfB) an.

Der Leiter des Fachbereichs »Genehmigungs-/Planungsverfahren« hat dem Leiter der Musterfeuerwehr im Zuge eines Bauprojektes regelmäßig über den Fortgang des Neubaus von Feuer-/Rettungswachen bzw. Gerätehäusern der Freiwilligen Feuerwehr sowie des Umbaus von vorhandenen Liegenschaften zu berichten und die Planung zur Genehmigung vorzulegen.

Der Leiter des Fachbereichs »Genehmigungs-/Planungsverfahren« ist Ansprechpartner für die GfB in Fragen der Umsetzung des Projekts und hat Anregungen der Mitarbeiter in die Überlegungen zur Planung/Umsetzung des jeweiligen Projekts aufzunehmen. Alle Fachbereiche der Musterfeuerwehr unterstützen den Leiter des Fachbereichs »Genehmigungs-/ Planungsverfahren« in angemessener Form.

5. Schriftstücke/Dokumente
keine

FB 3.2. – 01 »Übertragung von Pflichten nach dem Arbeitsschutzgesetz«

Muster:

Übertragung von Pflichten nach dem Arbeitsschutzgesetz
(§§ 3 und 13 ArbSchG mit §§ 9 und 130 OWiG bzw. § 14 StGB sowie §§ 15 und 209 SGB VII in Verbindung mit §§ 2, 12 und 13 DGUV Vorschrift 1 »Grundsätze der Prävention«)

Frau/Herrn ....

werden für den Bereich ....

der Musterfeuerwehr der Musterstadt/Musterkommune

die dem Leiter der Musterfeuerwehr hinsichtlich des Arbeitsschutzes und der Unfallverhütung obliegenden Pflichten übertragen, in eigener Verantwortung im Rahmen der bestehenden Vorschriften

- die Gefährdungsbeurteilungen für den Zuständigkeitsbereich auf der Grundlage des Arbeitsschutzgesetzes unter Beteiligung der betreffenden Mitarbeiter durchzuführen und/oder fortzuschreiben,
- unverzüglich die Beseitigung der festgestellten sicherheitsrelevanten Mängel oder geeignete Maßnahmen zu deren Beseitigung einzuleiten,
- sich von der Wirksamkeit der im Sinn der Arbeitssicherheit und des Gesundheitsschutzes beschlossenen Maßnahmen zu überzeugen,
- dafür Sorge zu tragen, dass nur im Sinn des Arbeitsschutzes geprüfte Arbeitsmittel von den Mitarbeitern eingesetzt werden und die zur Verfügung gestellte Persönliche Schutzausrüstung getragen wird,
- bei Planungen, Beschaffungen und Instandsetzungen bzw. Wartungen den Arbeitsschutz zu berücksichtigen,
- für die Erstellung von Betriebsanweisungen im Zuständigkeitsbereich zu sorgen,
- die Unterweisung der Mitarbeiter im Zuständigkeitsbereich in regelmäßigen Abständen in Fragen des Arbeitsschutzes sicherzustellen,
- .... (ggf. weitere Aufgaben im Arbeitsschutz beschreiben).

Frau/Herr ....

hat zur Durchführung der vorstehenden Aufgaben die Befugnis,

- den zum Zuständigkeitsbereich gehörenden Mitarbeitern verbindliche Anweisungen zu erteilen und sonstige Maßnahmen zu treffen,
- vor dem Hintergrund des Arbeits- und Gesundheitsschutzes notwendige Anschaffungen zu initiieren und den Leiter der Musterfeuerwehr zu informieren, damit die Anschaffungen unmittelbar getätigt oder in den Haushaltsansatz des Folgejahres der Musterfeuerwehr aufgenommen werden.

Frau/Herr ....

hat sich über die für den Zuständigkeitsbereich relevanten und aktuellen Inhalte der Rechtsvorschriften im Arbeitsschutz, der Vorschriften und Regeln der Unfallversicherungsträger sowie der Technischen Regeln zu informieren.

Frau/Herr ....

erfährt in Fragen der Arbeitssicherheit und des Gesundheitsschutzes von der Fachkraft für Arbeitssicherheit, dem Arbeitsmediziner und/oder dem AMS-Beauftragten der Musterfeuerwehr die entsprechende Unterstützung.

Im Rahmen der Fortbildung stellt der Leiter der Musterfeuerwehr sicher, dass

Frau/Herr ....

an den notwendigen und erforderlichen Lehrgängen teilnehmen und Fachmessen zum Thema Arbeitsschutz besuchen kann.

....
Ort, Datum

....
Unterschrift des   Unterschrift der Führungskraft
Leiters der Musterfeuerwehr

§ 3 Grundpflichten des Arbeitgebers (ArbSchG)

(1) Der Arbeitgeber ist verpflichtet, die erforderlichen Maßnahmen des Arbeitsschutzes unter Berücksichtigung der Umstände zu treffen, die Sicherheit und Gesundheit der Beschäftigten bei der Arbeit beeinflussen.

Er hat die Maßnahmen auf ihre Wirksamkeit zu überprüfen und erforderlichenfalls sich ändernden Gegebenheiten anzupassen. Dabei hat er eine Verbesserung von Sicherheit und Gesundheitsschutz der Beschäftigten anzustreben.

(2) Zur Planung und Durchführung der Maßnahmen nach Absatz 1 hat der Arbeitgeber unter Berücksichtigung der Art der Tätigkeiten und der Zahl der Beschäftigten

1. für eine geeignete Organisation zu sorgen und die erforderlichen Mittel bereitzustellen sowie
2. Vorkehrungen zu treffen, dass die Maßnahmen erforderlichenfalls bei allen Tätigkeiten und eingebunden in die betrieblichen Führungsstrukturen beachtet werden und die Beschäftigten ihren Mitwirkungspflichten nachkommen können.

(3) Kosten für Maßnahmen nach diesem Gesetz darf der Arbeitgeber nicht den Beschäftigten auferlegen.

§ 13 Verantwortliche Personen (ArbSchG)

(1) Verantwortlich für die Erfüllung der sich aus diesem Abschnitt ergebenden Pflichten sind neben dem Arbeitgeber

1. sein gesetzlicher Vertreter,
2. das vertretungsberechtigte Organ einer juristischen Person,
3. der vertretungsberechtigte Gesellschafter einer Personenhandelsgesellschaft,
4. Personen, die mit der Leitung eines Unternehmens oder eines Betriebes beauftragt sind, im Rahmen der ihnen übertragenen Aufgaben und Befugnisse,
5. sonstige nach Absatz 2 oder nach einer auf Grund dieses Gesetzes erlassenen Rechtsverordnung oder nach einer Unfallverhütungsvorschrift verpflichtete Personen im Rahmen ihrer Aufgaben und Befugnisse.

(2) Der Arbeitgeber kann zuverlässige und fachkundige Personen schriftlich damit beauftragen, ihm obliegende Aufgaben nach diesem Gesetz in eigener Verantwortung wahrzunehmen.

§ 9 Handeln für einen anderen (OWiG)

(1) Handelt jemand

1. als vertretungsberechtigtes Organ einer juristischen Person oder als Mitglied eines solchen Organs,
2. als vertretungsberechtigter Gesellschafter einer rechtsfähigen Personengesellschaft oder
3. als gesetzlicher Vertreter eines anderen,

so ist ein Gesetz, nach dem besondere persönliche Eigenschaften, Verhältnisse oder Umstände (besondere persönliche Merkmale) die Möglichkeit der Ahndung begründen, auch auf den Vertreter anzuwenden, wenn diese Merkmale zwar nicht bei ihm, aber bei dem Vertretenen vorliegen.

(2) Ist jemand von dem Inhaber eines Betriebes oder einem sonst dazu Befugten

    1. beauftragt, den Betrieb ganz oder zum Teil zu leiten, oder

    2. ausdrücklich beauftragt, in eigener Verantwortung Aufgaben wahrzunehmen, die dem Inhaber des Betriebes obliegen,

und handelt er auf Grund dieses Auftrages, so ist ein Gesetz, nach dem besondere persönliche Merkmale die Möglichkeit der Ahndung begründen, auch auf den Beauftragten anzuwenden, wenn diese Merkmale zwar nicht bei ihm, aber bei dem Inhaber des Betriebes vorliegen. Dem Betrieb im Sinne des Satzes 1 steht das Unternehmen gleich. Handelt jemand auf Grund eines entsprechenden Auftrages für eine Stelle, die Aufgaben der öffentlichen Verwaltung wahrnimmt, so ist Satz 1 sinngemäß anzuwenden.

(3) Die Absätze 1 und 2 sind auch dann anzuwenden, wenn die Rechtshandlung, welche die Vertretungsbefugnis oder das Auftragsverhältnis begründen sollte, unwirksam ist.

§ 130 (OWiG)

(1) Wer als Inhaber eines Betriebes oder Unternehmens vorsätzlich oder fahrlässig die Aufsichtsmaßnahmen unterlässt, die erforderlich sind, um in dem Betrieb oder Unternehmen Zuwiderhandlungen gegen Pflichten zu verhindern, die den Inhaber treffen und deren Verletzung mit Strafe oder Geldbuße bedroht ist, handelt ordnungswidrig, wenn eine solche Zuwiderhandlung begangen wird, die durch gehörige Aufsicht verhindert oder wesentlich erschwert worden wäre. Zu den erforderlichen Aufsichtsmaßnahmen gehören auch die Bestellung, sorgfältige Auswahl und Überwachung von Aufsichtspersonen.

(2) Betrieb oder Unternehmen im Sinne des Absatzes 1 ist auch das öffentliche Unternehmen.

(3) Die Ordnungswidrigkeit kann, wenn die Pflichtverletzung mit Strafe bedroht ist, mit einer Geldbuße bis zu einer Million Euro geahndet werden. § 30 Absatz 2 Satz 3 ist anzuwenden. Ist die Pflichtverletzung mit Geldbuße bedroht, so bestimmt sich das Höchstmaß der Geldbuße wegen der Aufsichtspflichtverletzung nach dem für die Pflichtverletzung angedrohten Höchstmaß der Geldbuße. Satz 3 gilt auch im Falle einer Pflichtverletzung, die gleichzeitig mit Strafe und Geldbuße bedroht ist, wenn das für die Pflichtverletzung angedrohte Höchstmaß der Geldbuße das Höchstmaß nach Satz 1 übersteigt.

§ 14 Handeln für einen anderen (StGB)

(1) Handelt jemand

    1. als vertretungsberechtigtes Organ einer juristischen Person oder als Mitglied eines solchen Organs,

2. als vertretungsberechtigter Gesellschafter einer rechtsfähigen Personengesellschaft oder

3. als gesetzlicher Vertreter eines anderen,

so ist ein Gesetz, nach dem besondere persönliche Eigenschaften, Verhältnisse oder Umstände (besondere persönliche Merkmale) die Strafbarkeit begründen, auch auf den Vertreter anzuwenden, wenn diese Merkmale zwar nicht bei ihm, aber bei dem Vertretenen vorliegen.

(2) Ist jemand von dem Inhaber eines Betriebs oder einem sonst dazu Befugten

1. beauftragt, den Betrieb ganz oder zum Teil zu leiten, oder

2. ausdrücklich beauftragt, in eigener Verantwortung Aufgaben wahrzunehmen, die dem Inhaber des Betriebs obliegen,

und handelt er auf Grund dieses Auftrags, so ist ein Gesetz, nach dem besondere persönliche Merkmale die Strafbarkeit begründen, auch auf den Beauftragten anzuwenden, wenn diese Merkmale zwar nicht bei ihm, aber bei dem Inhaber des Betriebs vorliegen. Dem Betrieb im Sinne des Satzes 1 steht das Unternehmen gleich. Handelt jemand auf Grund eines entsprechenden Auftrags für eine Stelle, die Aufgaben der öffentlichen Verwaltung wahrnimmt, so ist Satz 1 sinngemäß anzuwenden.

(3) Die Absätze 1 und 2 sind auch dann anzuwenden, wenn die Rechtshandlung, welche die Vertretungsbefugnis oder das Auftragsverhältnis begründen sollte, unwirksam ist.

§ 15 Unfallverhütungsvorschriften (SGB VII)

(1) Die Unfallversicherungsträger können unter Mitwirkung der Deutschen Gesetzlichen Unfallversicherung e.V. als autonomes Recht Unfallverhütungsvorschriften über Maßnahmen zur Verhütung von Arbeitsunfällen, Berufskrankheiten und arbeitsbedingten Gesundheitsgefahren oder für eine wirksame Erste Hilfe erlassen, soweit dies zur Prävention geeignet und erforderlich ist und staatliche Arbeitsschutzvorschriften hierüber keine Regelung treffen; in diesem Rahmen können Unfallverhütungsvorschriften erlassen werden über

1. Einrichtungen, Anordnungen und Maßnahmen, welche die Unternehmer zur Verhütung von Arbeitsunfällen, Berufskrankheiten und arbeitsbedingten Gesundheitsgefahren zu treffen haben, sowie die Form der Übertragung dieser Aufgaben auf andere Personen,

2. ...

§ 209 Bußgeldvorschriften (SGB VII)

(1) Ordnungswidrig handelt, wer vorsätzlich oder fahrlässig

1. einer Unfallverhütungsvorschrift nach § 15 Abs. 1 oder 2 zuwiderhandelt, soweit sie für einen bestimmten Tatbestand auf diese Bußgeldvorschrift verweist,

2. ...

§ 2 Grundpflichten des Unternehmers (DGUV Vorschrift 1)

(1) Der Unternehmer hat die erforderlichen Maßnahmen zur Verhütung von Arbeitsunfällen, Berufskrankheiten und arbeitsbedingten Gesundheitsgefahren sowie für eine wirksame Erste Hilfe zu treffen. Die zu treffenden Maßnahmen sind insbesondere in staatlichen Arbeitsschutzvorschriften (Anlage 1), dieser Unfallverhütungsvorschrift und in weiteren Unfallverhütungsvorschriften näher bestimmt. Die in staatlichem Recht bestimmten Maßnahmen gelten auch zum Schutz von Versicherten, die keine Beschäftigten sind.

(2) Der Unternehmer hat bei den Maßnahmen nach Absatz 1 von den allgemeinen Grundsätzen nach § 4 Arbeitsschutzgesetz auszugehen und dabei vorrangig das staatliche Regelwerk sowie das Regelwerk der Unfallversicherungsträger heranzuziehen.

(3) Der Unternehmer hat die Maßnahmen nach Absatz 1 entsprechend den Bestimmungen des § 3 Absatz 1 Sätze 2 und 3 und Absatz 2 Arbeitsschutzgesetz zu planen, zu organisieren, durchzuführen und erforderlichenfalls an veränderte Gegebenheiten anzupassen.

(4) Der Unternehmer darf keine sicherheitswidrigen Weisungen erteilen.

(5) Kosten für Maßnahmen nach dieser Unfallverhütungsvorschrift und den für ihn sonst geltenden Unfallverhütungsvorschriften darf der Unternehmer nicht den Versicherten auferlegen.

§ 12 Zugang zu Vorschriften und Regeln (DGUV Vorschrift 1)

(1) Der Unternehmer hat den Versicherten die für sein Unternehmen geltenden Unfallverhütungsvorschriften und Regeln der Unfallversicherungsträger sowie die einschlägigen staatlichen Vorschriften und Regeln an geeigneter Stelle zugänglich zu machen.

(2) Der Unternehmer hat den mit der Durchführung und Unterstützung von Maßnahmen nach § 2 Absatz 1 betrauten Personen die nach dem Ergebnis der Gefährdungsbeurteilung (§ 3 Absatz 1 und 2) für ihren Zuständigkeitsbereich geltenden Vorschriften und Regeln zur Verfügung zu stellen.

§ 13 Pflichtenübertragung (DGUV Vorschrift 1)

Der Unternehmer kann zuverlässige und fachkundige Personen schriftlich damit beauftragen, ihm nach Unfallverhütungsvorschriften obliegende Aufgaben in eigener Verantwortung wahrzunehmen. Die Beauftragung muss den Verantwortungsbereich und Befugnisse festlegen und ist vom Beauftragten zu unterzeichnen. Eine Ausfertigung der Beauftragung ist ihm auszuhändigen.

FB 4.1. – 01 »Feststellung von Zielvereinbarungen«

Protokoll- und Dokumentationsbogen zur Feststellung von Zielvereinbarungen

Die Feststellung bezieht sich auf das Kalenderjahr ....

ZIELVEREINBARUNG

Die nachfolgenden Zielvereinbarungen werden kooperativ getroffen:

Ziel	Beschreibung der Ziele (unter Angabe von Messkriterien, ggf. Randbedingungen)
1	
	Das Ziel soll erreicht werden bis: .... (Datum)
2	
	Das Ziel soll erreicht werden bis: .... (Datum)
3	
	Das Ziel soll erreicht werden bis: .... (Datum)

Die Zielvereinbarung wurde abgeschlossen.

....

Ort, Datum   Leiter   Abteilungsleiter
der Musterfeuerwehr   der Musterfeuerwehr

Protokoll- und Dokumentationsbogen zur Feststellung von Zielvereinbarungen

ZWISCHENBILANZ

a.) Zielkorrekturen sind notwendig:　　　☐ ja

Ziel	Bemerkungen zu den Korrekturen der Zielvereinbarungen
1	
2	
3	

b.) Zielkorrekturen sind notwendig:　　　☐ nein

Ein Gespräch zur Korrektur der Zielvereinbarung im Rahmen einer Zwischenbilanz hat stattgefunden.

....　　..　　..
Ort, Datum　　　　　　　　　　　Leiter　　　　　　　　　　Abteilungsleiter
　　　　　　　　　　　　der Musterfeuerwehr　　　　der Musterfeuerwehr

Protokoll- und Dokumentationsbogen zur Feststellung von Zielvereinbarungen

FESTSTELLUNG

a.) Zielvereinbarung wurde eingehalten: ☐ ja

b.) Zielvereinbarung wurde eingehalten: ☐ nein

Die Zielvereinbarungen konnten trotz Zielkorrekturen nicht eingehalten werden.

Begründung:

Ein Gespräch zur Feststellung der Einhaltung der Zielvereinbarung hat stattgefunden.

....
Ort, Datum   Leiter   Abteilungsleiter
                                                  der Musterfeuerwehr   der Musterfeuerwehr

FB 4.2. – 01 »Vorschlag von Verbesserungen«

Verbesserungsvorschlag

Datum: ....

Name: .... ☐ Leiter
Sachgebiet/Fachbereich

Vorname: .... ☐ Abteilungsleiter

Sachgebiet/Fachgebiet Name: ....
Wache/Löschgruppe ....

....
Unterschrift Unterschrift

Der Verbesserungsvorschlag ist nach der Vorschlag einer Gruppe:
Umsetzung der Maßnahmen anonym zu ☐ ja ☐ nein
behandeln:

☐ ja ☐ nein Anzahl der Beteiligten ....

a.) Kurze Beschreibung des zu verbessernden Sachverhalts:

b.) Welche (mögliche) Ursache hat der zu verbessernde Sachverhalt?

c.) Beschreibung des Verbesserungsvorschlags

(Soweit erforderlich, ist die Beschreibung auf weiteren separaten Blättern zu ergänzen und diesem Formular anzuhängen.)

d.) Bewertung durch den Arbeitsschutzausschuss

- Vorschlag angenommen: ☐ ja ☐ nein

- Für das Prämiensystem
  vorgesehen: ☐ ja ☐ nein

- Umsetzung erfolgt am: ....

....
Unterschrift AMS-Beauftragter

337

FB 4.2. – 02 »Meldungen von bedeutenden Mängeln, Beinaheunfällen/Unfällen«

Muster

Meldung über

☐ bedeutender Mangel

☐ Wegeunfall

☐ Beinaheunfall ohne Personenschaden und ohne Sachschaden

☐ Unfall ohne Personenschaden aber mit Sachschaden

☐ Unfall mit Personenschaden

Der Unfall ist meldepflichtig   ☐ ja   ☐ nein

Datum: ....

Im Fall von Mängelmeldungen/Wegeunfällen/Beinaheunfällen/Unfällen mit Sachschaden

Name des Meldenden: ....

Vorname des Meldenden: ....

Sachgebiet/Fachgebiet
Wache/Löschgruppe   ....

Im Fall von Unfällen mit Personenschaden

Name des Geschädigten: ....

Vorname des Geschädigten: ....

Ort des Mangels/Beinaheunfalls/Unfalls   ....

Betreffende Abteilung: ....

Sachgebiet/Fachbereich   ....

Die Arbeit wurde eingestellt: ☐ ja   ☐ nein   Uhrzeit: ....

Zeuge(n):

Name des Zeugen: ....

Vorname des Zeugen: ....

Beschreibung des bedeutenden Mangels/Beinaheunfalls/Unfalls

(Soweit erforderlich, ist die Beschreibung auf weiteren separaten Blättern zu ergänzen und diesem Formular anzuhängen.)

Vorschlag zur Vermeidung des bedeutenden Mangels/Beinaheunfalls/Unfalls

FB 4.3. – 01 »Bewerbungsraster«

Bewerbungen auf die Stelle ....

Lfd. Nr.	Name	Vorname	Geb.-Datum	Berufsabschluss/ aktuelle Beschäftigung	Anforderungs- profil		
					erfüllt	eingeschränkt erfüllt	nicht erfüllt
1	Muster	Max		Installateur, Fa. Hurtig	X		
2	Munter	Martina		Intensivpflegerin Klinikum	X		

FB 4.3. – 03 »Bewertungsbogen«

Muster

Bewertungsbogen auf die Stelle ....

1. Persönlicher Eindruck des Bewerbers

Merkmal	Charakteristik				
	sehr stark	stark	schwach	sehr schwach	nicht erkennbar
	4	3	2	1	0
Körpersprache					
Verbaler Ausdruck					
Persönliches Auftreten					
Entschlossenheit					
....					

2. Fachliche Kompetenz

Merkmal	Charakteristik				
	sehr stark	stark	schwach	sehr schwach	nicht erkennbar
	4	3	2	1	0
Kenntnisse über die Musterfeuerwehr					
Erfahrung					
Besonderes Fachwissen					
Qualifikationen					
....					

3. Persönlichkeitsmerkmale

Merkmal	Charakteristik				
	sehr stark	stark	schwach	sehr schwach	nicht erkennbar
	4	3	2	1	0
Soziale Kompetenz					
Teamfähigkeit					
Entscheidungskraft					
Initiative					
Leistungsbereitschaft					
Durchsetzungskraft					
....					

4. Eignung als Führungskraft

Merkmal	Charakteristik				
	sehr stark	stark	schwach	sehr schwach	nicht erkennbar
	4	3	2	1	0
Motivationsfähigkeit					
Delegation von Aufgaben					
Fördern der unterstellten Mitarbeiter					
Urteilsgabe					
Umsetzungsfähigkeit					
Ergebnisorientierung					
....					

5. Abweichungen vom Anforderungsprofil

....

....

....

....

6. Gesamteindruck des Bewerbers

....

....

....

....

7. Entscheidung zur Eignung

   ☐   geeignet

   ☐   eingeschränkt geeignet

   ☐   nicht geeignet

FB 4.4. – 01 »Dokumentation der Gefährdungsbeurteilungen, Risikoanalyse, Schutzziele und Maßnahmen«

Muster

Dokumentation der Gefährdungsbeurteilungen, Risikoanalyse, Schutzziele und Maßnahmen

Feuerwehr	Bearbeiter:	Leiter der Feuerwehr	Zustimmung Sicherheitsfachkraft	Laufende Nummer
FRw/Rw/LG/LZ		Datum — Unterschrift	Datum — Unterschrift	

☐ Arbeitsablauf/Arbeitsplatz ☐ Einrichtung/Gerätehaus   **Bezeichnung**
☐ Arbeitsmittel ☐

Nr.	Gefährdungen	Risiko W	Risiko S	Risiko R	Schutzziel/-maßnahme	Eingeleitete Maßnahme(n)	Verantwortlicher	Termin	erledigt ja	erledigt nein
									☐	☐
									☐	☐
									☐	☐
									☐	☐
									☐	☐
									☐	☐

Kontrolle auf Wirksamkeit der Maßnahmen

☐ Datum: Wirksamkeit ist gegeben: ☐ ja   ☐ nein
☐ Datum: Wirksamkeit ist gegeben: ☐ ja   ☐ nein
☐ Datum: Wirksamkeit ist gegeben: ☐ ja   ☐ nein

FB 4.6. – 02 »Unterweisungsplan«

Muster

Ort der Unterweisung: ☐ Fachbereich ☐ Feuer-/Rettungswache ☐ Gerätehaus

Zeitraum: 01.01.XXXX bis 31.12.XXXX

Erstellt am: .... durch: ....

Genehmigt am: .... durch: ....

ALLGEMEIN

Situation/Thema	Grundlage	Zeitraum	Inhaltlicher Umfang	Teilnehmer
allgemeiner Arbeitsschutz	ArbSchG, DGUV-Vorschrift 1	1. Hj. 20xx	„Grundsätze der Prävention"	alle Beschäftigten

ARBEITSMITTEL

Situation/Thema	Grundlage	Zeitraum	Inhaltlicher Umfang	Teilnehmer

ARBEITSPLÄTZE

Situation/Thema	Grundlage	Zeitraum	Inhaltlicher Umfang	Teilnehmer
Bildschirmarbeitsplätze	BildscharbV, DGUV Information 250-007	2. Hj. 20xx	Gefahren und Vorsorge	Alle Beschäftigten mit vorwiegender Tätigkeit am Bildschirm

FB 4.7. – 01 »Unfallmeldung«

Muster

Unfallmeldung

Name, Vorname, ...
Dienststelle/Löschgruppe   ....

Amt für Personalwirtschaft

a. d. D.

Diese Ausfertigung ist bestimmt für:

    ☐   Musterfeuerwehr
    ☐   Amt für Personalwirtschaft
    ☐   Personalrat der Musterfeuerwehr
    ☐   Fachkraft für Arbeitssicherheit

Persönliche Angaben des Unfallverletzten:

1.1   Name, Vorname   ....

1.2   Geb.-Datum   ....

1.3   Anschrift   ....

                  ....

Angaben zum Unfall:

2.1   Zeitpunkt des Unfalls
          (Datum/Uhrzeit)   ....

2.2   Arbeitszeit des Verletzten
          am Unfalltag   Beginn: ....Uhr
                            Ende: ....Uhr

2.3   Unfallstelle
          a. (Ort, Straße, Betriebsteil)   ....

                  ....

          b. (bei Wegeunfällen Weg-
              beschreibung beifügen)   ....

                  ....

2.4   Ursache und Hergang des
        Unfalls

        ....

        ....

        ....

        ....

Angaben zu Verletzungen

3.1   Welcher Art ist die Verletzung ....

        ....

        Hinweis: Ärztliches Attest über die Art der Verletzung beifügen!

3.2   War der Körperteil bereits
        einmal verletzt?   ☐   ja   ☐   nein

3.2.1   Wenn ja, wurde deshalb schon
        einmal eine ärztl. Behandlung
        durchgeführt?   ☐   ja   ☐   nein

3.2.2   Bei welchem Arzt?   ....

        Name/Anschrift   ....

                                   ....

3.3   Hatte der Verletzte vor dem
        Unfall die volle Arbeitskraft?
        Wenn nein, weshalb nicht? ....

                                   ....

                                   ....

3.4   Sind bei dem Unfall Gegen-
        stände beschädigt oder
        zerstört worden?   ....

3.5   Hat der Verletzte die Arbeit
        sofort eingestellt?   ☐   ja   ☐   nein
                                   Datum: ....Tag
                                   Uhrzeit: ....Uhr

3.6   Hat der Verletzte die Arbeit
        bereits wieder aufgenommen,
        ggf. wann?   ....

3.7   In welchem Krankenhaus
ist der Verletzte aufge-
nommen worden?

         Oder befindet er sich zu
Hause?

Angaben zum Ersthelfer

4.1   Name

         Anschrift

         Tag/Uhrzeit der Hilfe-
leistung

         Art der Hilfeleistung

4.2   Hinzugezogener Arzt

         Name

         Anschrift

Zeugen

5.1   Angabe der Augenzeugen

         Name (1. Zeuge)

         Anschrift

         Name (2. Zeuge)

         Anschrift

Geltendmachung

6.1   Kann ein Dritter für den
Unfall haftbar gemacht
werden?   ☐   ja   ☐   nein

         Wenn ja, ggf. Personalien
angeben

Ermittlungen

7.1   Sind Maßnahmen eingeleitet
worden, um ähnliche Unfälle
zu vermeiden?   ☐   ja   ☐   nein

         Wenn ja, welche?

7.2   Wurden Sofortmaßnahmen
eingeleitet?   ☐   ja   ☐   nein

         Wenn ja, welche?

7.3   Sind polizeiliche Ermittlungen
        oder ein Strafverfahren einge-
        leitet worden   ☐   ja   ☐   nein

        Wenn ja, Angabe des Akten-
        zeichens   --

Sonstige Angaben

8.1   Wenn die Unfallmeldung
        verspätet abgegeben wird,
        geschieht das, weil   --

Datum, Unterschrift   Datum, Unterschrift
des Verletzten   des Leiters d. Musterfeuerwehr

--   --

Datum, Unterschrift   Datum, Unterschrift
des Personalrats   des AMS-Beauftragten

--   --

FB 4.9. – 01 »Auditplan«

Zeitraum: 01.01.XXXX bis 31.12.XXXX

Erstellt am: .... durch: ....

Genehmigt am: .... durch: ....

Auditziel	Auditumfang	Auditor/Auditteam	Auditteilnehmer	Datum	Uhrzeit	Auditunterlagen
Überprüfung des AMS	Kfz-Werkstatt	AMS-Beauftragter	Personalvertretung Werkstattpersonal Werkstattleiter	12.05.20xx	09.00 Uhr	Fragenkatalog Checkliste

FB 4.9. – 02 »Checkliste für das interne Audit«

Hinweis:
Die nachfolgende Checkliste für ein internes Audit dient als Beispiel zur Bewertung und Verbesserung des Arbeitsschutzmanagementsystems bei der Musterfeuerwehr.

* In der Spalte »Kriterien« sind Handlungshilfen für das interne Audit formuliert.
* In der Spalte »Umsetzung« werden die für die Musterfeuerwehr relevanten Bewertungen
    - 6 Punkte = »vollständig erfüllt«
    - 4 Punkte = »geringe Abweichungen«
    - 2 Punkte = »im Ansatz erfüllt«
    - 0 Punkte = »überhaupt nicht erfüllt«
  für die einzelnen Positionen vorgenommen.
* In der Spalte »Feststellungen« erfolgt die Dokumentation der über die »Bewertung« hinausgehenden Beobachtungen.
* Die Spalte »Korrektur-/Verbesserungsmaßnahmen« dient der schriftlichen Fixierung der vereinbarten Maßnahmen zur Korrektur bzw. zur Verbesserung des Arbeitsschutzes.
* In der Spalte »Verantwortliche Fuhrungskraft« wird festgelegt, wer für die Umsetzung der Korrektur- und Verbesserungsmaßnahmen, die durch die Führungskraft des überprüften Bereichs zu formulieren, dem Audit-Verantwortlichen vorzuschlagen und in Absprache mit der obersten Führungsebene der Musterfeuerwehr zu beschließen sind, verantwortlich ist. Die Verantwortlichkeit schließt auch die Überprüfung der Korrektur- und Verbesserungsmaßnahmen auf deren Wirksamkeit ein.
* Die Spalte »Datum« dient der Dokumentation bis zu welchem Zeitpunkt die Korrektur- und Verbesserungsmaßnahmen umgesetzt sein müssen.

Musterfeuerwehr

Anzahl der Mitarbeiter/-innen: ....

Feuerwache/Gerätehaus: ....

AMS-Beauftragter: ....

Datum des internen Audit: ....

Audit-Verantwortlicher: ....

1. Auditor: ....

2. Auditor: ....

3. Auditor: ....

Audit-Checkliste					
Audit-Kriterien	Umsetzung	Feststellungen	Korrektur-/ Verbesserungs- maßnahmen	Verantwort- liche Führungskraft	Datum
1. Führung und Organisation					
1.1 Leitlinien					
Die Sicherheit und die Gesundheit der Beschäftigten bei der Musterfeuerwehr ist als Leitlinie festgelegt.	☐ 6 ☐ 4 ☐ 2 ☐ 0				
Die Leitlinien sind bekannt.	☐ 6 ☐ 4 ☐ 2 ☐ 0				
Auf der Grundlage der Leitlinien werden jährlich messbare Unterziele definiert.	☐ 6 ☐ 4 ☐ 2 ☐ 0				
Die Erreichung der Ziele und die Einhaltung der Vorgaben werden überprüft.	☐ 6 ☐ 4 ☐ 2 ☐ 0				
Die erforderlichen Ressourcen für die Umsetzung der Aufgaben im Arbeitsschutz stehen bereit.	☐ 6 ☐ 4 ☐ 2 ☐ 0				
Die Mitarbeiter bemerken, dass die oberste Führungsebene Wert auf die Umsetzung der Leitlinien legt.	☐ 6 ☐ 4 ☐ 2 ☐ 0				

352

Audit-Kriterien	Umsetzung	Feststellungen	Korrektur-/ Verbesserungs- maßnahmen	Verantwort- liche Führungskraft	Datum

1. Führung und Organisation

1.2 Verpflichtungen/Vorgaben/Anweisungen

Audit-Kriterien	Umsetzung	Feststellungen	Korrektur-/ Verbesserungsmaßnahmen	Verantwortliche Führungskraft	Datum
Die Verpflichtungen und Vorgaben der Musterfeuerwehr im Arbeitsschutz sind erkannt.	☐ 6 ☐ 4 ☐ 2 ☐ 0				
Die für den Arbeitsschutz verantwortlichen Führungskräfte sind bekannt. Ein AMS-Beauftragter ist bestellt.	☐ 6 ☐ 4 ☐ 2 ☐ 0				
Eine Pflichtenübertragung ist in schriftlicher Form vorgenommen worden.	☐ 6 ☐ 4 ☐ 2 ☐ 0				
Die Beschäftigten der Musterfeuerwehr sind über die Übertragung der Verantwortung und die Aufgabenverteilung im Arbeitsschutz informiert.	☐ 6 ☐ 4 ☐ 2 ☐ 0				
Bestellungen aufgrund von speziellen Kenntnissen z. B. zur Prüfung von PSA, feuerwehrtechnischen Geräten sind vorgenommen.	☐ 6 ☐ 4 ☐ 2 ☐ 0				
Die Beschäftigten setzen die Vorgaben zum Arbeitsschutz bei der Musterfeuerwehr um.	☐ 6 ☐ 4 ☐ 2 ☐ 0				

Audit-Kriterien	Umsetzung	Feststellungen	Korrektur-/ Verbesserungs- maßnahmen	Verantwort- liche Führungskraft	Datum
1. Führung und Organisation					
1.3 Einsatz der Mitarbeiterinnen und Mitarbeiter					
Die Voraussetzungen und Eignungen sowie das Fachwissen zur Erledigung der Aufgaben im Arbeits- schutz sind vorhanden.	☐ 6 ☐ 4 ☐ 2 ☐ 0				
Die Beschäftigten der Musterfeuerwehr werden entsprechend ihrer Eignung eingesetzt.	☐ 6 ☐ 4 ☐ 2 ☐ 0				
Die notwendigen Eignungsnachweise liegen vor und sind geprüft.	☐ 6 ☐ 4 ☐ 2 ☐ 0				
Der Mutterschutz und der Jugendschutz finden Berücksichtigung.	☐ 6 ☐ 4 ☐ 2 ☐ 0				
Bei Neueinstellungen bzw. Personalversetzungen innerhalb der Aufgaben- bereiche der Musterfeuer- wehr erfolgen Einweis- ungen.	☐ 6 ☐ 4 ☐ 2 ☐ 0				
Die körperliche Eignung der Mitarbeiter wird im Rahmen von arbeitsmedi- zinischen Eignungsunter- suchungen und durch Nachweis der Atemschutz- tauglichkeit in zeitlich regelmäßigen Abständen geprüft und dokumentiert.	☐ 6 ☐ 4 ☐ 2 ☐ 0				

Audit-Kriterien	Umsetzung	Feststellungen	Korrektur-/ Verbesserungs- maßnahmen	Verantwort- liche Führungskraft	Datum

1. Führung und Organisation

1.4 Dokumentation

Audit-Kriterien	Umsetzung	Feststellungen	Korrektur-/ Verbesserungs- maßnahmen	Verantwort- liche Führungskraft	Datum
Es ist festgelegt, wer für die Dokumentation der rechtlich relevanten Unter- lagen und Vorgaben sowie für die der Unfallversicher- ungsträger bzw. der Her- steller bei der Musterfeuer- wehr verantwortlich ist.	☐ 6 ☐ 4 ☐ 2 ☐ 0				
Die entsprechend notwendigen Dokumente sind erstellt und stehen bereit.	☐ 6 ☐ 4 ☐ 2 ☐ 0				
Es ist festgelegt, welche Verfahrensanweisungen und Formulare zu beachten sind.	☐ 6 ☐ 4 ☐ 2 ☐ 0				
Die Nutzung alter Dokumente ist verhindert.	☐ 6 ☐ 4 ☐ 2 ☐ 0				
Es sind Festlegungen getroffen, wie die Aktualisierung der relevanten und notwendigen Dokumente zu erfolgen hat.	☐ 6 ☐ 4 ☐ 2 ☐ 0				

Audit-Kriterien	Umsetzung	Feststellungen	Korrektur-/ Verbesserungs- maßnahmen	Verantwort- liche Führungskraft	Datum
2. Beurteilung von Arbeitsbedingungen					
Für die Beurteilung von Arbeitsbedingungen in den Bereichen der Musterfeuer- wehr sind verantwortliche Führungskräfte benannt.	☐ 6 ☐ 4 ☐ 2 ☐ 0				
Die Arbeitsbedingungen werden regelmäßig überprüft und beurteilt, mögliche Korrekturmaß- nahmen formuliert und umgesetzt.	☐ 6 ☐ 4 ☐ 2 ☐ 0				
Es sind verantwortliche Führungskräfte für die Umsetzung der formulierten Korrektur- maßnahmen benannt.	☐ 6 ☐ 4 ☐ 2 ☐ 0				
Es erfolgt eine zeitliche Festsetzung bis zu welchem Zeitpunkt die Korrekturmaßnahmen umgesetzt werden müssen.	☐ 6 ☐ 4 ☐ 2 ☐ 0				
Die Korrekturmaßnahmen werden auf Wirksamkeit überprüft.	☐ 6 ☐ 4 ☐ 2 ☐ 0				
Über die Einschätzung und die Überprüfung der Arbeitsbedingungen erfolgt ein schriftlicher Nachweis.	☐ 6 ☐ 4 ☐ 2 ☐ 0				

Audit-Kriterien	Umsetzung	Feststellungen	Korrektur-/ Verbesserungs- maßnahmen	Verantwort- liche Führungskraft	Datum
3. Planung und Beschaffung					
3.1 Planen des Arbeitsumfelds					
Es besteht eine Planung für die Nutzung der Räume bei der Musterfeuerwehr und eine entsprechende Umsetzung in Bezug auf die Größe, die Nutzung, die Verkehrswege, die Beleuchtung, den Lärm etc.	☐ 6 ☐ 4 ☐ 2 ☐ 0				
Die jeweiligen Abläufe zur Durchführung der Aufgaben sind formuliert und die Verantwortlichen benannt.	☐ 6 ☐ 4 ☐ 2 ☐ 0				
Kann eine gegenseitige Gefährdung der Mitarbeiter nicht ausgeschlossen werden, erfolgt eine ent- sprechende Koordinierung.	☐ 6 ☐ 4 ☐ 2 ☐ 0				
3.2 Beschaffung					
Bei der Beschaffung wird auf einwandfreie Arbeits- mittel, Aggregate, Fahr- zeuge, PSA und Betriebs- einrichtungen im Sinn des Arbeitsschutzes geachtet.	☐ 6 ☐ 4 ☐ 2 ☐ 0				
Bei der Beschaffung von Arbeitsstoffen wird der Einsatz von möglichen Ersatzstoffen mit einer geringeren Gefährlichkeit grundsätzlich geprüft.	☐ 6 ☐ 4 ☐ 2 ☐ 0				

357

Audit-Kriterien	Umsetzung	Feststellungen	Korrektur-/ Verbesserungs- maßnahmen	Verantwort- liche Führungskraft	Datum

3.2 Beschaffung

Audit-Kriterien	Umsetzung	Feststellungen	Korrektur-/ Verbesserungs- maßnahmen	Verantwort- liche Führungskraft	Datum
Im Falle des Einsatzes von Gefahrstoffen bei der Musterfeuerwehr sind die jeweiligen Sicherheits- datenblätter vorhanden. Entsprechende Betriebs- anweisungen sind bekannt gemacht, Unterweisungen haben stattgefunden.	☐ 6 ☐ 4 ☐ 2 ☐ 0				
Die bei der Musterfeuer- wehr vorhandenen Arbeitsmittel sind mit einer internen Nummerierung zur dauerhaften Identifizierung gekennzeichnet und werden in einer ent- sprechenden Liste geführt.	☐ 6 ☐ 4 ☐ 2 ☐ 0				
Die bei der Musterfeuer- wehr vorhandenen und eingesetzten Gefahrstoffe werden in einer Liste mit den dazugehörenden Sicherheitsdatenblättern geführt.	☐ 6 ☐ 4 ☐ 2 ☐ 0				

4. Information, Kommunikation und Beteiligung der Mitarbeiterinnen und Mitarbeiter

4.1 Information

Audit-Kriterien	Umsetzung	Feststellungen	Korrektur-/ Verbesserungs- maßnahmen	Verantwort- liche Führungskraft	Datum
Die Mitarbeiter werden in regelmäßigen zeitlichen Abständen im Sinn des Arbeitsschutzes unter- wiesen.	☐ 6 ☐ 4 ☐ 2 ☐ 0				
Über die Unterweisung wird im Rahmen der Dokumentation jeweils ein schriftlicher Nachweis geführt.	☐ 6 ☐ 4 ☐ 2 ☐ 0				

358

Audit-Kriterien	Umsetzung	Feststellungen	Korrektur-/ Verbesserungs- maßnahmen	Verantwort- liche Führungskraft	Datum
4. Information, Kommunikation und Beteiligung der Mitarbeiterinnen und Mitarbeiter					
4.1 Information					
Die Mitarbeiter der Musterfeuerwehr haben Zugang zu allen für sie relevanten Informationen, die für die Ausführung der Arbeiten zwingend erforderlich sind.	☐ 6 ☐ 4 ☐ 2 ☐ 0				
Die Mitarbeiter haben Zugang zu den für die Musterfeuerwehr relevanten gesetzlichen Grundlagen im Arbeits- schutz sowie zu den jeweiligen Werken der Unfallversicherungsträger.	☐ 6 ☐ 4 ☐ 2 ☐ 0				
4.2 Kommunikation					
Die Kommunikationswege innerhalb der Musterfeuer- wehr sind beschrieben und bekannt gemacht.	☐ 6 ☐ 4 ☐ 2 ☐ 0				
Die Kommunikation bei betriebsinternen Störungen oder Notfällen ist definiert.	☐ 6 ☐ 4 ☐ 2 ☐ 0				
4.3 Beteiligung					
Es ist vorgegeben, in welcher Art und Weise die Mitarbeiter im Sinn des Arbeitsschutzes beteiligt werden.	☐ 6 ☐ 4 ☐ 2 ☐ 0				

359

Audit-Kriterien	Umsetzung	Feststellungen	Korrektur-/ Verbesserungs- maßnahmen	Verantwort- liche Führungskraft	Datum
4. Information, Kommunikation und Beteiligung der Mitarbeiterinnen und Mitarbeiter					
4.3 Beteiligung					
Es ist ein Vorschlags- und Meldekonzept erstellt und umgesetzt.	☐ 6 ☐ 4 ☐ 2 ☐ 0				
4.4 Qualifizierung und Aus-/Fortbildung					
Es ist recherchiert, ob für besondere Tätigkeiten spezielle Qualifizierungen erforderlich sind.	☐ 6 ☐ 4 ☐ 2 ☐ 0				
Sind spezielle Qualifizier- ungen notwendig, können die betreffenden Mit- arbeiter diese vorweisen.	☐ 6 ☐ 4 ☐ 2 ☐ 0				
Der notwendige und erforderliche Aus- und Fortbildungsbedarf ist ermittelt.	☐ 6 ☐ 4 ☐ 2 ☐ 0				
Die Aus- und Fortbildungs- maßnahmen werden an der Feuerwehr- bzw. Rettungsassistentenschule der Musterfeuerwehr oder an einer entsprechenden Einrichtung des Landes durchgeführt.	☐ 6 ☐ 4 ☐ 2 ☐ 0				

360

Audit-Kriterien	Umsetzung	Feststellungen	Korrektur-/ Verbesserungs- maßnahmen	Verantwort- liche Führungskraft	Datum

5. Betreuung/Beratung und Störungen/Notfälle

5.1 Betreuung/Beratung

Audit-Kriterien	Umsetzung	Feststellungen	Korrektur-/ Verbesserungs- maßnahmen	Verantwort- liche Führungskraft	Datum
Die arbeitsmedizinische und sicherheitstechnische Betreuung und Beratung der Musterfeuerwehr ist sichergestellt.	☐ 6 ☐ 4 ☐ 2 ☐ 0				
Im Fall einer externen Betreuung/Beratung ist die Fachkraft für Arbeitssicher- heit bzw. der Arbeitsmedi- ziner bestellt und die Grund- wie auch die spezifische Betreuung/ Beratung der Musterfeuer- wehr festgelegt.	☐ 6 ☐ 4 ☐ 2 ☐ 0				
Die möglichen bzw. zwingend erforderlichen Vorsorge- bzw. Eignungs- untersuchungen werden realisiert.	☐ 6 ☐ 4 ☐ 2 ☐ 0				
Es erfolgt eine Dokumen- tation der realisierten Vorsorge- und Eignungs- untersuchungen.	☐ 6 ☐ 4 ☐ 2 ☐ 0				
Für die jeweiligen Bereiche bei der Musterfeuerwehr sind Sicherheitskoordi- natoren eingesetzt und schriftlich ernannt.	☐ 6 ☐ 4 ☐ 2 ☐ 0				
Ein Arbeitsschutzaus- schuss (ASA) ist installiert.	☐ 6 ☐ 4 ☐ 2 ☐ 0				

Audit-Kriterien	Umsetzung	Feststellungen	Korrektur-/ Verbesserungs- maßnahmen	Verantwort- liche Führungskraft	Datum
5. Betreuung/Beratung und Störungen/Notfälle					
5.1 Betreuung/Beratung					
Sitzungen bzw. Besprech- ungen des ASA werden in zeitlich regelmäßigen Abständen einberufen.	☐ 6 ☐ 4 ☐ 2 ☐ 0				
Über die Ergebnisse der Sitzungen/Besprechungen wird im Rahmen der Dokumentation schriftlich Protokoll geführt.	☐ 6 ☐ 4 ☐ 2 ☐ 0				
5.2 Erstmaßnahmen bei Störungen/Notfällen					
Maßnahmen im Sinn der medizinischen Ersten-Hilfe durch die Ausbildung von Ersthelfern, die Kennzeich- nung von EH-Stationen und die Vorgaben zur Dokumentation, die Bekanntmachung bei den Beschäftigten sind getrof- fen und werden umgesetzt.	☐ 6 ☐ 4 ☐ 2 ☐ 0				
Brandschutzmaßnahmen durch die Installation von Feuerlöscheinrichtungen, durch die Kennzeichnung von Rettungswegen bzw. Notausgängen sind fest- gelegt.	☐ 6 ☐ 4 ☐ 2 ☐ 0				
Die Vorgehensweise bei Arbeits- und Dienstunfällen durch eine entsprechende Unfalluntersuchung, eine Dokumentation und eine Information der Arbeits- medizin/Arbeitssicherheit ist organisiert und wird realisiert.	☐ 6 ☐ 4 ☐ 2 ☐ 0				

362

Audit-Kriterien	Umsetzung	Feststellungen	Korrektur-/ Verbesserungs- maßnahmen	Verantwort- liche Führungskraft	Datum
Die Erstmaßnahmen bei betriebsinternen Störungen oder Notfällen sind den Mitarbeitern bekannt gemacht.	☐ 6 ☐ 4 ☐ 2 ☐ 0				

6. Prüfungen und Korrekturen

6.1 Prüfung von Arbeitsmitteln/PSA der Musterfeuerwehr

Audit-Kriterien	Umsetzung	Feststellungen	Korrektur-/ Verbesserungs- maßnahmen	Verantwort- liche Führungskraft	Datum
Es ist organisiert, welche Arbeitsmittel/PSA in zeitlich regelmäßigen Abständen zu prüfen sind.	☐ 6 ☐ 4 ☐ 2 ☐ 0				
Es gibt zweifelsfreie zeit- liche Vorgaben (Hersteller, Angaben der Unfallver- sicherungsträger, Leiter der Musterfeuerwehr) zur Prüfung.	☐ 6 ☐ 4 ☐ 2 ☐ 0				
Die für die Prüfung befähigten Mitarbeiter sind dafür qualifiziert, benannt und schriftlich bestellt.	☐ 6 ☐ 4 ☐ 2 ☐ 0				
Die Organisation der Prüfungen ist sicher- gestellt.	☐ 6 ☐ 4 ☐ 2 ☐ 0				
Die Ergebnisse der Prüfungen werden mit Hilfe der EDV dokumentiert.	☐ 6 ☐ 4 ☐ 2 ☐ 0				

Audit-Kriterien	Umsetzung	Feststellungen	Korrektur-/ Verbesserungs- maßnahmen	Verantwort- liche Führungskraft	Datum
6. Prüfungen und Korrekturen					
Geprüfte und sicherheits- technisch einwandfreie Arbeitsmittel sind durch eine Prüfplakette oder eine geeignete Schutzhülle mit Verschweißung sowie Hinweis auf den nächsten Prüftermin gekennzeichnet.	☐ 6 ☐ 4 ☐ 2 ☐ 0				
6.2 Korrekturen und Kontrolle					
Die Wirksamkeit der Maß- nahmen zur Verbesserung der Arbeitssicherheit und des Gesundheitsschutzes wird kontrolliert.	☐ 6 ☐ 4 ☐ 2 ☐ 0				
Es erfolgt eine Bewertung der Korrektur- und Ver- besserungsmaßnahmen und daraus resultierend eine möglicherweise vor- zunehmende Nach- besserung.	☐ 6 ☐ 4 ☐ 2 ☐ 0				
7. Optimierung des AMS					
7.1 Beurteilung des AMS					
Mindestens einmal pro Jahr wird ein Audit realisiert.	☐ 6 ☐ 4 ☐ 2 ☐ 0				
Es findet eine Beurteilung des AMS statt.	☐ 6 ☐ 4 ☐ 2 ☐ 0				

Audit-Kriterien	Umsetzung	Feststellungen	Korrektur-/ Verbesserungs-maßnahmen	Verantwort-liche Führungskraft	Datum
7. Optimierung des AMS					
7.1 Beurteilung des AMS					
Die Beurteilung des AMS ist durch die oberste Führungsebene der Musterfeuerwehr vor-genommen worden.	☐ 6 ☐ 4 ☐ 2 ☐ 0				
7.2 Verbesserungen					
Zur kontinuierlichen Verbesserung des AMS werden durch die oberste Führungsebene Verbesser-ungsmaßnahmen festge-legt.	☐ 6 ☐ 4 ☐ 2 ☐ 0				

Abschließende Bemerkungen:

Datum: ....

Unterschrift:

Audit-Verantwortlicher ....

1. Auditor ....

2. Auditor ....

3. Auditor ....

Teilnehmer:

1. ....

2. ....

3. ....

4. ....

FB 6.2. – 01 »Anforderungs- und Bestellbeleg« (für Anforderungen/ Bestellungen mittels Warenwirtschafts- system der Musterfeuerwehr)

Anforderungs- und Bestellbeleg von Material mittels Warenwirtschaftssystem:

Musterfeuerwehr

		Bezeichnung
Feuerwache	☐	
Löschgruppe	☐	112

Anforderung/Bestellung

Lieferangaben/-anschrift

Mustergerätehaus, LG 112

Datum:	
Belegnummer:	AB 37-140390
Kundennummer:	M0815
Beleg erstellt durch:	Max Muster
Beleg bearbeitet durch:	

Bitte bei allen Rückfragen angeben

Pos.	Artikel	Bezeichnung	Menge/Einheit	Einzelpreis	Gesamtpreis
1	A0040512	Handwaschpaste	1 / Fl.	8,00	8,00

Warenwert € 8,00

Ware kommissioniert:	Datum:	Name:	Unterschrift:

366

FB 6.2. – 02 »Ausgabebeleg« (Lieferschein für Anforderungen/Bestellungen mittels Warenwirtschaftssystem der Musterfeuerwehr)

Ausgabe- und Lieferbeleg von Material mittels Warenwirtschaftssystem:

Musterfeuerwehr

Feuerwache ☐
Löschgruppe ☐

Bezeichnung

Ausgabe/Lieferung

Lieferangaben/-anschrift

Mustergerätehaus, LG 112

Datum:
Belegnummer: LS 37-140390
Kundennummer: M0815
Beleg erstellt durch: Max Muster
Beleg bearbeitet durch: Martin Munter
Bitte bei allen Rückfragen angeben

Pos.	Artikel	Bezeichnung	Menge/Einheit	Einzelpreis	Gesamtpreis
1	A0040512	Handwaschpaste	1 / Fl.	8,00	8,00

Warenwert € 8,00

Ware erhalten: | Datum: | Name: Max Muster | Unterschrift:

FB 6.3. – 01 »Datenblatt für Arbeitsmittel«

Datenblatt für Arbeitsmittel

Gerätedaten:

Art des Arbeitsmittels ....
Gerätenummer ....
Hersteller ....
Typ ....
Fabrik-Nr. ....
Baujahr ....
Lieferant ....
Beschaffungskosten ....
Lagerort ....
- bei Fahrzeugen, Standort ....
- Organisation ....

Wartungsdaten:

1. Wartungstermin ....
Folgetermin ....
Wartung   intern ☐
          extern ☐
Herstellerwartung ☐ ja
                  ☐ nein
Wartungsgrundlage ☐ Herstellerangaben
                  ☐ Unfallverhütungsvorschrift

                  ....
                  ☐ eigene Vorgaben

Datenblatt erstellt von (Name, Vorname)   ....

Datum, Unterschrift   ....

368

FB 6.3. – 02 »Formblatt für Mängelmeldungen«

Mängelmeldung an Arbeitsmitteln

Arbeitsmittel:

    Gerätenummer   ....

    Lagerort   ....

    - bei Fahrzeugen, Standort   ....

    - Organisation   ....

1   Folgende Mängel wurden festgestellt (kurze Beschreibung):

....

....

....

....

....

....

....

2.1   Liegen erkennbare sicherheitstechnische Mängel vor?

    ☐ ja

    ☐ nein

2.2   Wenn ja, wurde das Arbeitsmittel dem weiteren Gebrauch entzogen?

    ☐ ja

    ☐ nein

2.3   Wo befindet sich das sichergestellte Arbeitsmittel (kurze Beschreibung)?

....

....

Mangel gemeldet von (Name, Vorname)   ....

Wachabteilung/Löschzug FF   ....

    Datum, Unterschrift   ....

FB 6.3. – 03 »Wartungs- und Instand- setzungsprotokoll für Arbeitsmittel«

Wartungs- und Instandsetzungsprotokoll für Arbeitsmittel

Gerätedaten:

Art des Arbeitsmittels ....
Gerätenummer ....
Hersteller ....
Typ ....
Fabrik-Nr. ....
Baujahr ....
Lagerort ....
- bei Fahrzeugen, Standort ....
- Organisation ....

Wartungsdaten:

Wartungstermin ....
Nächster Wartungstermin ....
Wartung intern ☐
        extern ☐
Herstellerwartung ☐ ja
        ☐ nein
Wartungsgrundlage ☐ Herstellerangaben
        ☐ Unfallverhütungsvorschrift
        ....
        ☐ eigene Vorgaben
Bemerkungen ....
        ....
        ....
Status „EINSATZBEREIT" ☐ ja
        ☐ nein
Wenn nein, Angabe der Gründe
        ....
        ....

Instandsetzungsdaten:

Instandsetzungsdatum ....

Instandsetzung „UNWIRTSCHAFTLICH"   ☐   ja
                                               ☐   nein

Instandsetzung   intern   ☐
                    extern   ☐

Instandsetzung beim Hersteller   ☐   ja
                                         ☐   nein

Bemerkungen ....
....
....

Status „EINSATZBEREIT"   ☐   ja
                                      ☐   nein

Arbeitsmittel aussondern   ☐   ja
                                      ☐   nein

Wartungsdaten:

Wartung nach erfolgter Instandsetzung
2. Wartungstermin ....

Wartung intern   ☐
              extern   ☐

Herstellerwartung   ☐   ja
                              ☐   nein

Wartungsgrundlage   ☐   Herstellerangaben
                              ☐   Unfallverhütungsvorschrift
                              ....
                              ☐   eigene Vorgaben

Status „EINSATZBEREIT"   ☐   ja
                              ☐   nein

Wartung/Instandsetzung durchgeführt von ....

Name, Vorname ....

Bezeichnung der Werkstatt ....

Datum, Unterschrift ....

FB 6.3. – 04 »Wartungsplan«

Zeitraum: 01.01.XXXX bis 31.12.XXXX

Erstellt am: .... durch: ....

Genehmigt am: .... durch: ....

Technische Anlage/ Technisches Gerät	Geräte-Nummer	Zyklus							Durchführung der Wartung	Bemerkungen
		täglich	wöchentlich	monatlich	¼-jährlich	halbjährlich	jährlich	anderer Zeitraum		
Luftkompressor (Atemschutz-werkstatt)	12						X		Hersteller (Fa. Muster)	
Kettensäge	157					X			Aggregate-werkstatt (Max Muster)	

FB 6.4. – 03 »Gefahrstofflagerliste«

Zeitraum: 01.01.XXXX   bis   31.12.XXXX

Erstellt am: .... durch: ....

Genehmigt am: .... durch: ....

Lfd. Nr.	Bezeichnung	Kennzeichnung, Einstufung (Symbol, R-/S-Sätze)	Menge	Lagerort	Sicherheitsdatenblatt	Besondere Hinweise

FB 6.5. – 02 »Prüfzeugnis über die Prüfung für die Laufbahn des mittleren feuerwehrtechnischen Dienstes«

Musterstadt

(Stadtwappen)

Musterfeuerwehr

Der Prüfungsausschuss
für die Laufbahn des
mittleren feuerwehrtechnischen Dienstes
im Land „Bundesland"

Frau/Herr

„Vorname" „Nachname"

geboren am „Geburtsdatum", in „Geburtsort"

hat
am „Prüfungsdatum"

die in der Verordnung über die Ausbildung und Prüfung für die Laufbahn des
mittleren feuerwehrtechnischen Dienstes im Land „Bundesland"
vorgeschriebene

L A U F B A H N P R Ü F U N G

mit der Note

„Note"

bestanden.

Musterstadt, den „Prüfungsdatum"   Der Vorsitzende
des Prüfungsausschusses

FB 6.5. – 03 »Fortbildungsplan«

Ort der Fortbildung: ☐ Feuerwehrschule ☐ Rettungsassistentenschule

Zeitraum: 01.01.XXXX bis 31.12.XXXX

Erstellt am: .... durch: ....

Genehmigt am: .... durch: ....

Name	Wachabteilung/Löschgruppe	Datum	Uhrzeit	Thema der Fortbildung	Fortbildung durch

FB 6.5. – 04 »Einladungsschreiben interne Fortbildung« (Informationsschreiben)

„Orga-Bezeichnung"
„Name"
Frau/Herr   *„Nebenanschluss"*
„Vorname, Name"

„Wachabteilung/Löschgruppe"

„Datum"

Sehr geehrte/-r Frau/Herr *„Name"*,

Sie haben sich für die nachfolgende Fortbildung verbindlich angemeldet

„Thema der Fortbildung"

„Interne Fortbildungsnummer"

Dozent: *„Name"*

Datum: *„Datum der Fortbildung"*
Uhrzeit: *„Fortbildungsbeginn"*

Die Fortbildung findet in den Räumlichkeiten der Feuerwehrschule/der Rettungsassistentenschule statt.

Zu der vorgenannten Fortbildung werden Sie herzlich eingeladen.

....

„Unterschrift Schulleiter/-in"

Hinweis:

Kurzfristige Absagen können das Stattfinden der Fortbildung gefährden. Von kurzfristigen Absagen ist Abstand zu nehmen. Sollten Sie aus zwingenden Gründen nicht teilnehmen können, wird um eine rechtzeitige Absage und um die Anmeldung zu einem Ersatztermin gebeten.

376

Teilnahmebescheinigung

Frau/Herr

„Vorname" „Nachname"

hat

am

„Fortbildungsdatum"

an der Fortbildungsveranstaltung der Musterfeuerwehr

„Thema der Fortbildung"

mit Erfolg teilgenommen.

Musterstadt, den „Datum"   „Anschrift der Fortbildungsstätte"

FB 6.7. – 01 »Jahresplanung von Vorsorgeuntersuchungen bei der Musterfeuerwehr«

Zeitraum: 01.01.XXXX bis 31.12.XXXX

Erstellt am: .... durch: ....

Genehmigt am: .... durch: .... (Leiter der Musterfeuerwehr)

durch: .... (Arbeitsmediziner)

Name	Tätigkeits-bereich	Feuerwache/Löschgruppe	Termin		Untersuchungen									Bemerkungen
			letzter	neuer	G 20	G 24	G 26	G 30	G 31	G 37	G 39	G 42	G 44	
Max Muster	Taucher/RettSan	FW 10	21.03.xx	25.03.yy					X			X		
Martin Munter	A-Trupp	LG 23	15.01.xx	15.01.zz		X								

378

Teil IV

Beispiele für Gefährdungsbeurteilungen bei der Musterfeuerwehr

Arbeitsgruben

Dokumentation der Gefährdungen, Risikoanalyse, Schutzziele und Maßnahmen

Feuerwehr Musterstadt	Bearbeiter:	Leiter der Feuerwehr	Laufende Nummer
FRw / Rw / LG / LZ			Zustimmung Sicherheitsfachkraft
		Datum / Unterschrift	Datum / Unterschrift

Tätigkeit [X]	Einrichtung/Gerätehaus [X]	Bezeichnung:
Arbeits- bzw. Rettungsmittel [X]	[ ]	Arbeitsgruben

Nr.	Gefährdung	Risiko W	Risiko S	Risiko R	Schutzziel	Maßnahme(n)	verantwortlich	Termin	erl
1	**Mechanische Gefährdung**								
	Verletzungen durch verstellte Fluchtwege	3	2	6	Verletzungen vermeiden	**Speziell:** mindestens 2 Treppen und rutschsichere Auflagen, kein gleichzeitiges Verstellen der Ausgänge durch Fahrzeuge	Leiter der Instandsetzung		
	Verletzungen durch Hineinstürzen					bei längeren Gruben Übergangsstege verwenden, Grubenränder durch gelb/schwarze Markierungen kennzeichnen, nicht benutzte Gruben abdecken und absperren, Verwendung von Absperrungen bei ungeschützten Teilen von Gruben (Ausgangsbereiche)	Werkstattleiter		
	Verletzungen durch Herunterfallen von Werkzeug vom Grubenrand					Werkzeuge oder Teile nie nahe an die Grubenkante legen, da sie in die Grube heruntergefallen und die Person verletzen könnten, die in ihr arbeitet			
						Allgemein: Treppen und Grubenboden sauber halten, es darf nur unterwiesenes Personal eingesetzt werden.			
2	**Brand- und Explosionsgefahren**								
	Gefahren durch brennbares oder explosionsfähiges Kraftstoffdampf-Luftgemisch	3	2	6	Verletzungen vermeiden	**Speziell:** ausreichende natürliche Lüftung sicherstellen (ab Grubentiefe >1,6 m und bei Verhältnis Länge/Tiefe vor kleiner 3/1; techn. Lüftung mit mind. 6-fachem Luftwechsel pro Std., Arbeiten am Kraftstoffsystem über Gruben vermeiden, Tanks durch Abpumpen entleeren, Entfernung von brennbaren Arbeits- und Betriebsstoffen aus der Arbeitsgrube	Leiter der Instandsetzung		
						Allgemein: Sicherheitshinweise beachten, es darf nur unterwiesenes Personal eingesetzt werden, evtl. Schutzausrüstung bereitstellen und anlegen	Werkstattleiter		

3	Gefährdung durch Umgebungs-bedingungen					
	Einschränkungen durch mangelhafte Lichtverhältnisse	2	1	2	ausreichende Beleuchtung sicherstellen	**Speziell:** Die Beleuchtung muss **einen Meter** über dem Grubenboden angebracht werden. Es müssen geschlossene Lampen sein, die mit gehärtetem Plastik (Polycarbonat, laminiertem oder gehärtetem Glas) und armiertem Kabel ausgestattet sind. Die Beleuchtung sollte in die Grubenwände eingelassen sein, um Beschädigungen durch herabfallende Gegenstände sowie Arbeitsbehinderungen oder Verletzungen von Mechanikern zu vermeiden
						Allgemein: Sicherheitshinweise beachten, es darf nur unterwiesenes Personal eingesetzt werden, evtl. Schutzausrüstung bereitstellen und anlegen
4	Sonstige Gefährdungen					
	Organisationsmängel	2	2	4	Einhalten von Prüfpflichten, Bereitstellen von angemessener Schutzausrüstung	**Speziell:** Einhaltung der Prüffristen, Beschaffung von geeigneter Schutzkleidung in ausreichender Menge, Sondermaßnahmen (Prüfplakette *Letzte Prüfung am ......*)	Leiter der Instandsetzung Werkstattleiter
						Allgemein: Sicherheitshinweise und UVV beachten, Herstellerangaben zum Betrieb beachten

Wiederholte Kontrolle der Maßnahmen

☐ Datum:	wirksam: ja ☐ nein ☐		☐ Datum:	wirksam: ja ☐ nein ☐
☐ Datum:	wirksam: ja ☐ nein ☐		☐ Datum:	wirksam: ja ☐ nein ☐
☐ Datum:	wirksam: ja ☐ nein ☐		☐ Datum:	wirksam: ja ☐ nein ☐
☐ Datum:	wirksam: ja ☐ nein ☐		☐ Datum:	wirksam: ja ☐ nein ☐

Asbest

Dokumentation der Gefährdungen, Risikoanalyse, Schutzziele und Maßnahmen

Laufende Nummer

Feuerwehr Musterstadt	Bearbeiter:	Leiter der Feuerwehr:		Zustimmung Sicherheitsfachkraft
FRw / Rw / LG / LZ		Datum	Unterschrift	Datum Unterschrift

☒ Tätigkeit ☐	Einrichtung/Gerätehaus	Bezeichnung:
☐ Arbeits- bzw. Rettungsmittel ☐		**Umgang mit Verunreinigungen durch Asbest (3.3)**

Nr.	Gefährdung	Risiko W	S	R	Schutzziel	Maßnahme(n)	verantwortlich	Termin	erl
1	**Chemische Gefährdung** a) Belastung der Atemwege sowie der Lunge durch Einatmen von Asbestfasern b) Kontamination von Flächen und Gegenständen im Fahrzeug c) Kontamination in den Räumen der Feuerwache d) Beaufschlagung der Waschmaschine e) Beaufschlagung der Fahrzeughalle sowie der Arbeitsmittel	1	4	4	Inhalation ausschließen	**Allgemein:** Tragen von Atemschutz im Einsatz; Hygiene im Fahrzeug und auf der Feuerwache nach dem Einsatz, Pflege und Reinigung der PSA **Speziell:** a) Tragen von Atemschutz während des Einsatzes. b) Grobes Reinigen der Kleidung vor Besteigen des Einsatzfahrzeugs. Fachgerechte Reinigung durch feuchtes Wischen aller Oberflächen im Inneren des Fahrzeugs. c) Textile Beläge/Oberflächen mit Industriesauger mit Asbestzertifikat mit entsprechendem Filter (Verwendungskategorie K1 in Kombination mit einem im Gerät vorgeschaltetem C-Filter oder der Staubklasse H) absaugen sowie anschließender Entsorgung der Staubfilter. Sonstige Oberflächen gründlich mit viel Wasser wischen. Asbesthaltiges Reinigungswasser ist wie normales Reinigungswasser zu entsorgen (TRGS 519). d) Mehrfaches Waschen der betroffenen Kleidung sowie anschließende Reinigung des Filters (Flusensieb) im Nasszustand. Asbesthaltiger Abfall (Filterrückstände) ist als Sonderabfall zu entsorgen. e) Die Arbeitsmittel sind gut und mehrfach mit viel Wasser und Reinigungsmittel zu säubern. Hierzu wird u. a. die Schlauchwäsche in FW XY benutzt. Waschhalle ebenfalls gründlich mit viel Wasser reinigen.	Wachabteilungsführer FM (SB)		

2	Sonstiges		
	Hinweis	Langfristige gesundheitliche Versorgung der betroffenen Mitarbeiter	a) Namentliche Erfassung aller Mitarbeiter in geeigneter Weise, entsprechende Dokumentation im Einsatzprotokoll bzw. Einsatztagebuch. b) Evtl. personenbezogene Unfallanzeige

Wiederholte Kontrolle der Maßnahmen

□ Datum:	wirksam: ja □ nein □	□ Datum:	wirksam: ja □ nein □
□ Datum:	wirksam: ja □ nein □	□ Datum:	wirksam: ja □ nein □
□ Datum:	wirksam: ja □ nein □	□ Datum:	wirksam: ja □ nein □
□ Datum:	wirksam: ja □ nein □	□ Datum:	wirksam: ja □ nein □

Bremsenprüfstand

Dokumentation der Gefährdungen, Risikoanalyse, Schutzziele und Maßnahmen

Feuerwehr Musterstadt FRw / Rw / LG / LZ	Bearbeiter:	Leiter der Feuerwehr	Laufende Nummer
Tätigkeit ☒	Einrichtung/Gerätehaus ☒ □	Zustimmung Sicherheitsfachkraft	
Arbeits- bzw. Rettungsmittel ☒	Bezeichnung: **Bremsenprüfstand**	Datum — Unterschrift	Datum — Unterschrift

Nr.	Gefährdung	Risiko W	Risiko S	Risiko R	Schutzziel	Maßnahme(n)	verantwortlich	Termin	erl
1	**Mechanische Gefährdung**								
	Verletzungen durch rotierende Antriebswellen	3	2	6	Verletzungen vermeiden	Speziell: Sicherung gegen unbeabsichtigtes Anlaufen mittels zweier Kontaktwalzen (Anlauf nur, wenn innerhalb ≤ 5 s beide Walzen gedrückt werden), zwangsläufige Umstellung von Einspur- auf Zweispurbetrieb, keine anderen Tests oder Einstellungen an einem Fahrzeug vornehmen, während sich der Rollenstand bewegt, sicherstellen, dass der Rollenstand mit dem Kontrollsystem „Toter Mann-Knopf" ausgerüstet ist und dass dieses richtig funktioniert, fest angebrachte, klapp- oder schwenkbare Abdeckungen, Sicherheitskennzeichnung der Einbauöffnung und an erhöhten Abdeckungen	Leiter der Instandsetzung Werkstattleiter		
	Stolper- und Sturzgefahren im Bereich der Bodenöffnungen					Allgemein: Jährliche sicherheitstechnische Überprüfung durch befähigtes Fachpersonal. Der Aufenthalt im Gefahrenbereich ist zu untersagen (Beschilderung) und als solcher zu kennzeichnen.			
2	**Chemische Gefährdung**								
	Abgasinhalation	2	1	2	Inhalieren von Abgasen ausschließen	Speziell: Installation und Anwendung einer leistungsstarken Absauganlage für Lkw- und Pkw-Abgase Allgemein: wiederkehrende Unterweisung und Fortbildung	Leiter der Instandsetzung Werkstattleiter		
3	**Physikalische Gefährdung**								
	Lärmschwerhörigkeit	4	2	8	Gehörschäden durch Lärm ausschließen	Speziell: Abstand einhalten, evtl. Gehörschutzstöpsel für Personen in der Nähe Allgemein: Sicherheitshinweise beachten, Herstellerangaben zum Betrieb beachten, wiederkehrende Unterweisung und Fortbildung	Leiter der Instandsetzung Werkstattleiter		

4	Sonstige Gefährdungen					
	Organisationsmängel	2	2	2	4	
	Einhalten von Prüfpflichten, Bereitstellen von angemessener Schutzausrüstung				**Speziell:** Einhaltung der Prüffristen, Beschaffung von geeigneter Schutzkleidung in ausreichender Menge, Sondermaßnahmen (Prüfplakette „Letzte Prüfung am ......")	Leiter der Instandsetzung Werkstattleiter
					Allgemein: Sicherheitshinweise und UVV beachten, Herstellerangaben zum Betrieb beachten	

Wiederholte Kontrolle der Maßnahmen

□ Datum:	wirksam: ja □ nein □	□ Datum:	wirksam: ja □ nein □
□ Datum:	wirksam: ja □ nein □	□ Datum:	wirksam: ja □ nein □
□ Datum:	wirksam: ja □ nein □	□ Datum:	wirksam: ja □ nein □
□ Datum:	wirksam: ja □ nein □	□ Datum:	wirksam: ja □ nein □

Gabelstapler

Dokumentation der Gefährdungen, Risikoanalyse, Schutzziele und Maßnahmen

Feuerwehr Musterstadt	Bearbeiter:	Leiter der Feuerwehr		Laufende Nummer
FRw / Rw / LG / LZ				Zustimmung Sicherheitsfachkraft
		Datum	Unterschrift	
				Datum — Unterschrift

	Tätigkeit	☒	Einrichtung/Gerät	Bezeichnung:
☒	Arbeits- bzw. Rettungsmittel	☐		**Gabelstapler**

Nr.	Gefährdung	Risiko W	Risiko S	Risiko R	Schutzziel	Maßnahme(n)	verantwortlich	Termin	erl
1	**Mechanische Gefährdung**								
	Verletzung durch angehobene Lasten Herabfallen schwerer Teile Überlastung des Gabelstaplers unsachgemäße Bedienung	3	2	6	Verletzungen vermeiden	_Speziell:_ Aufenthalt unter angehobenen Lasten verbieten, Einsatz einer Fahrerrückhalteeinrichtung. Tragfähigkeit des Staplers beachten, Lasten sicher Aufnehmen und Transportieren, vor dem Gebrauch eine Sichtprüfung vornehmen, nur zugelassene und geprüfte Anbauteile und Anschlagmittel verwenden, Schutzkleidung (Sicherheitsschuhe, Handschuhe, Helm) tragen	Leiter der Instandsetzung — Werkstattleiter		
						Allgemein: Bedienung nur durch ausgebildetes und schriftlich beauftragtes (Führerschein) Personal.			
2	**Chemische Gefährdung**								
	Gefährdung durch Einatmen von Abgasen	2	2	4	Erkrankungen durch Abgase vermeiden	_Speziell:_ Einsatz von Dieselstapler in geschlossenen Räumen nur mit Rußfilter oder Einsatz von autogasbetriebenen Staplern, durch wirksame Raumlüftung Grenzwerte für Stickoxide und Kohlenmonoxid einhalten			
						Allgemein: Bedienung nur durch ausgebildetes und schriftlich beauftragtes (Führerschein) Personal.			
3	**Sonstige Gefährdungen**								
	Organisationsmängel	2	2	4	Einhalten von Prüfpflichten, Bereitstellen von angemessener Schutzausrüstung	_Speziell:_ Einhaltung der Prüffristen, Beschaffung von geeigneter Schutzkleidung in ausreichender Menge, Sondermaßnahmen (Prüfplakette „Letzte Prüfung am ......")	Leiter der Instandsetzung — Werkstattleiter		
						Allgemein: Sicherheitshinweise und UVV beachten, Herstellerangaben zum Betrieb beachten			

Wiederholte Kontrolle der Maßnahmen

☐ Datum:	wirksam: ja ☐ nein ☐	☐ Datum:	wirksam: ja ☐ nein ☐
☐ Datum:	wirksam: ja ☐ nein ☐	☐ Datum:	wirksam: ja ☐ nein ☐
☐ Datum:	wirksam: ja ☐ nein ☐	☐ Datum:	wirksam: ja ☐ nein ☐
☐ Datum:	wirksam: ja ☐ nein ☐	☐ Datum:	wirksam: ja ☐ nein ☐

Kfz-Werkstatt, allgemein

Dokumentation der Gefährdungen, Risikoanalyse, Schutzziele und Maßnahmen

Feuerwehr Musterstadt	Bearbeiter:	Leiter der Feuerwehr	Zustimmung Sicherheitsfachkraft	Laufende Nummer
FRw / Rw / LG / LZ		Datum / Unterschrift	Datum / Unterschrift	

☒ Tätigkeit ☐
☒ Arbeits- bzw. Rettungsmittel ☐

Einrichtung/Gerätehaus	Bezeichnung:
	Kfz-Werkstatt

Nr.	Gefährdung	Risiko W	S	R	Schutzziel	Maßnahme(n)		verantwortlich	Termin	erl
	Tätigkeiten und Arbeitsabläufe									
1	**Mechanische Gefährdung**									
	Arbeiten unter angehobenen Fahrzeugteilen z. B.: - geöffnete Motorhauben - gekippte Fahrerhäuser - gekippte Ladeflächen - angehobene Laderschaufeln	3	2	6	Verletzungen durch unkontrolliert bewegte Fahrzeugteile vermeiden	Speziell:	angehobene Fahrzeugteile gegen unbeabsichtigtes und unkontrolliertes Bewegen sichern, auch kurzzeilige Arbeiten nicht unter ungesicherten Fahrzeugteilen durchführen, Anschlagen der angehobenen Fahrzeugteile an geeignete Hebezeuge	Leiter der Instandsetzung Werkstattleiter		
						Allgemein:	Sicherheitshinweise des Herstellers beachten, es darf nur unterwiesenes Personal eingesetzt werden.			
	Umgang mit Ölen, Bremsflüssigkeit, Frostschutzmittel	2	1	2	Verletzungen durch Ausrutschen vermeiden	Speziell:	Fußboden rutschhemmend gestalten, ausgelaufene Flüssigkeit sofort aufnehmen, getränktes Putzmaterial in nicht brennbaren, geschlossenen Behältern sammeln	Leiter der Instandsetzung Werkstattleiter		
	Pressluftanlage Verletzungen durch Pressluft	3	2	6	Verletzungen durch die Verwendung von Pressluft vermeiden	Speziell:	Das versehentliche Blasen von Pressluft oder Material durch die Haut oder in eine Körperöffnung kann Verletzungen verursachen oder auch tödlich sein, da die Pressluftausrüstung Material bei sehr hohem Druck injiziert, Verwendung von geeigneten Pressluftschläuchen, Schlagen der Pressluftschläuche nach einem Riss oder Zerplatzen, regelmäßige Wartung und Prüfung der Pressluftanlage veranlassen, Notschalter an geeigneter Stelle vorhalten	Leiter der Instandsetzung Werkstattleiter		
						Allgemein:	Sicherheitshinweise des Herstellers beachten, es darf nur unterwiesenes Personal eingesetzt werden.			

Tätigkeit					Gefährdung / Maßnahmen	Verantwortlich
Verwendung von Hochdruckreiniger	2	1		2	**Speziell:** Verletzungen u. a. auch durch Zurückspritzen (Pralleffekt) vermeiden — Alle Luft- und Hochdruckschläuche korrekt aufgerollt halten, wenn sie nicht verwendet werden. Die fachgerechte Reparatur von Verbindungen und Ventilen sicherstellen. Die Schlauchenden müssen ausreichend festgeklemmt sein, um nicht versehentlich abgezogen zu werden, wobei die Leitungen gefährlich herumpeitschen können. Nicht mit der Hochdruckreinigerlanze auf eine andere Person zielen. **Allgemein:** Sicherheitshinweise des Herstellers beachten, es darf nur unterwiesenes Personal eingesetzt werden. Schutzkleidung bereitstellen und verwenden	Leiter der Instandsetzung / Werkstattleiter
Umgang mit persönlich zugewiesenem Handwerkzeug	2	1		2	**Speziell:** Verletzungen durch Abrutschen und wegfliegende Teile vermeiden — Verwenden von Sicherheitsmessern. Einsatz von qualitativ hochwertigem Werkzeug, bei Bedarf Einsatz von herstellerspezifischem Spezialwerkzeug, bestimmungsgemäße Verwendung des Werkzeugs, verschlissenes und beschädigtes Werkzeug dem Gebrauch entziehen. Sichtprüfung vor Gebrauch des Werkzeuges, Benutzen geeigneter Schutzbrillen und Schutzhandschuhe **Allgemein:** wiederkehrende Unterweisung und Fortbildung	Leiter der Instandsetzung / Werkstattleiter / Werkstattmitarbeiter
Entsorgen von Betriebsmitteln und Hilfsstoffen	2	1		2	**Speziell:** Verletzungen durch Stolpern, Rutschen, Stürzen vermeiden — Abfalltrennung und Lagerung in geeigneten Lagern, Transportbehältern und festgelegten Bereichen, auf Ordnung und Sauberkeit am Arbeitsplatz achten, verschüttete Betriebsstoffe unverzüglich und sachgerecht aufnehmen sowie sachgerecht entsorgen **Allgemein:** wiederkehrende Unterweisung und Fortbildung	Leiter der Instandsetzung / Werkstattleiter
Probefahrt, Pannenhilfe, Außenmontage	3	2		6	**Speziell:** Verletzungen durch Unfälle im Straßenverkehr oder bei Pannenarbeiten vermeiden — Mitarbeiter unterweisen über verkehrsgerechtes Verhalten und umsichtiges Fahren, Alkoholverbot vor und während der Fahrt, Teilnahme am Verkehrssicherheits-/Fahrertraining, Unfall bzw. Pannenstelle absichern (Warndreieck und Warnleuchte), bei Bedarf die Unfall-/Pannenstelle durch Feuerwehrmitarbeiter absichern lassen **Allgemein:** Mitnahme und Verwendung von Warnwesten	Leiter der Instandsetzung / Werkstattleiter
Materialentnahme Metall-/Teilelager	2	1		2	**Speziell:** Schnitt- und Quetschverletzungen vermeiden — schnittsichere Handschuhe und Sicherheitsschuhwerk tragen, umsichtig arbeiten, große, schwere und sperrige Gegenstände mit zwei Personen tragen **Allgemein:** wiederkehrende Unterweisung und Fortbildung	Leiter der Instandsetzung / Werkstattleiter

389

#			Gefährdung / Schutzziel	Art	Maßnahmen	Verantwortlich
2			**Elektrische Gefährdung**			
	1	2	**Elektrisch angetriebenes Werkzeug** Kabelbruch		Vermeiden von Kabelbrüchen	
		2		Speziell:	regelmäßige Kontrolle der elektr. Einrichtungen, Prüfung durch einen Elektrofachkraft, schadhafte Geräte außer Betrieb nehmen, nur Geräte mit Prüfmarke nutzen	Leiter der Instandsetzung Werkstattleiter
				Allgemein:	wiederkehrende Unterweisung und Fortbildung	
3			**Chemische Gefährdung**			
	3	1	**Batterieservice**		Verätzungen durch Säuren vermeiden Auslaufen von Batteriesäure verhindern	
		3		Speziell:	Säureheber, Ballonkipper aus bruchfestem Material verwenden. Batteriesäure sicher lagern, größere Vorratsmengen zusätzlich in einer geeigneten Auffangwanne lagern, geeignete Schutzausrüstung (Gesichtsschutz, Schutzbrille, säurefeste Handschuhe, Spritzschutzschürze) verwenden, mindestens eine Augendusche an geeigneter Stelle vorhalten, Verwendung einer Schadstoffbox für Altbatterien	Leiter der Instandsetzung Werkstattleiter
				Allgemein:	wiederkehrende Unterweisung und Fortbildung	
	1	1	**Arbeiten am Kraftstoffsystem** Hautkontakt mit Treibstoffen		kein Hautkontakt mit Treibstoffen	
		1		Speziell:	geeignete Tanksysteme/Handschuhe verwenden, Hautschutz/Hautschutzplan beachten	Leiter der Instandsetzung Werkstattleiter
	1	1	**Umgang mit Ölen, Bremsflüssigkeit, Frostschutzmittel** Hautkontakt		kein Hautkontakt mit Ölen, Bremsflüssigkeit oder Frostschutzmittel	
		1		Speziell:	geeignete Füllsysteme/Handschuhe verwenden, Hautschutz/Hautschutzplan beachten	Leiter der Instandsetzung Werkstattleiter
	2	1	**Entsorgen von Betriebsmitteln und Hilfsstoffen**		Hauterkrankung durch Kontakt mit hautgefährdenden Flüssigkeiten vermeiden	
		2		Speziell:	geeignete Füllsysteme/Handschuhe verwenden, Hautschutz/Hautschutzplan beachten	
	2	1	**Fahrzeug- und Fahrzeugteilereinigung** Gefahren durch chemische Reinigungsmittel		Gesundheitsgefahren durch chemische Reinigungsmittel vermeiden	
		2		Speziell:	Chemikalieneinsatz minimieren, Teilereinigung nur so intensiv wie nötig durchführen, Verwendung von Teilereinigungsmaschinen (geschlossene Systeme). Bereitstellen und Verwenden von geeigneter Schutzausrüstung in Abhängigkeit vom Arbeitsvorgang	Leiter der Instandsetzung Werkstattleiter
				Allgemein:	wiederkehrende Unterweisung und Fortbildung, sicherheitstechnische Prüfung der eingesetzten Maschinen/Geräte durch befähigte Personen, Hautschutz/Hautschutzplan beachten	
	2	1	**Abgasuntersuchung**		Gesundheitsgefährdung durch Einatmen der Abgase der Verbrennungsmotoren vermeiden	
		2		Speziell:	Absaugeinrichtung benutzen, auf ausreichende Dimensionierung der Abgasabsaugung achten, regelmäßige Prüfung der Absauganlage durch eine Fachfirma	Leiter der Instandsetzung Werkstattleiter
				Allgemein:	wiederkehrende Unterweisung und Fortbildung	

390

Fahrzeug-Klimaanlagen Austritt von Kältemittel	2	1	2	Austritt von Kältemittel unter Druck und Freisetzen von FCKW-haltigem Kältemittel in die Atmosphäre vermeiden	<u>Speziell:</u> <u>Allgemein:</u>	Arbeiten nur von geschultem Personal mit Sachkundenachweis durchführen lassen, gesetzliche Vorschriften zum Umweltschutz beachten, sachgerechte Verwendung des Klimaanlagen-Servicegerätes Sicherheitshinweise des Herstellers beachten, es darf nur unterwiesenes Personal eingesetzt werden. Schutzkleidung bereitstellen und verwenden.	Leiter der Instandsetzung Werkstattleiter
Umgang mit Klebstoffen	2	1	2	Hautgefährdung durch Kontakt mit Klebstoffen vermeiden	<u>Speziell:</u> <u>Allgemein:</u>	-Hautkontakt vermeiden, Schutzhandschuhe tragen, Verwendung geeigneter Hautschutzmittel wiederkehrende Unterweisung und Fortbildung	Leiter der Instandsetzung Werkstattleiter
	2	2	4	Erkrankung durch Lösemitteldämpfe vermeiden	<u>Speziell:</u> <u>Allgemein:</u>	Einatmen von Lösemitteldämpfen vermeiden, für freie Lüftung sorgen, bei Bedarf besondere Filter-Halbmasken verwenden, bei großflächigem Auftragen von Klebstoffen mindestens eine mobile Arbeitsplatzabsaugung verwenden wiederkehrende Unterweisung und Fortbildung	Leiter der Instandsetzung Werkstattleiter
4 Brand- und Explosionsgefährdungen							
Arbeiten am Kraftstoffsystem	3	2	6	Brand- und Explosionsgefahren vermeiden	<u>Speziell:</u> <u>Allgemein:</u>	Arbeiten am Kraftstoffsystem über Arbeitsgruben ausschließen, Kraftstofftanks immer mit einer dafür geeigneten Pumpe entleeren, Ausbau von Kraftstofffiltern mit Spezialwerkzeug, um Festmengen sicher auffangen zu können, ausgelaufenen Kraftstoff sofort aufnehmen (Bindemittel, Putzmaterial) und in nicht brennbaren, geschlossenen Behältern sammeln, Zündquellen vermeiden wiederkehrende Unterweisung und Fortbildung	Leiter der Instandsetzung Werkstattleiter
Batterieservice	3	2	6	Entstehen von Knallgasgemischen oder Lichtbögen vermeiden	<u>Speziell:</u> <u>Allgemein:</u>	Laderäume mit ausreichender Be- und Entlüftung (Querlüftung), Begrenzung der Ladespannung nach Herstellerangaben, um Batterien nicht zu überladen, Batterien in einem dafür vorgesehenen Raum laden, Einsatz sicherer Ladegeräte mit Ein- und Ausschalten, Starthilfekabel in richtiger Reihenfolge an- und abklemmen, nur isoliertes Werkzeug benutzen wiederkehrende Unterweisung und Fortbildung	Leiter der Instandsetzung Werkstattleiter

Nr.	Tätigkeit/Gefährdung				Maßnahmen	Verantwortlich
	Fahrzeug- und Fahrzeugteile-reinigung	3	2	6	Brand- und Explosionsgefahren beim Einsatz von Lösemitteln als Reiniger vermeiden	
					Speziell: Einsatz von hochentzündlichen und leichtentzündlichen Flüssigkeiten (Flammpunkt < 21 °C) vermeiden kein Einsatz von Ottokraftstoff als Reinigungsmittel, bestimmungsgemäße Verwendung von Bremsenreinigern, Austausch brennbarer Flüssigkeiten als Reiniger durch Änderung des Reinigungsverfahrens, elektrostatische Aufladung vermeiden	Leiter der Instandsetzung, Werkstattleiter
					Allgemein: wiederkehrende Unterweisung und Fortbildung	
	Airbag/Gurtstraffer	3	2	6	Explosionsgefahr durch Zünden des Treibsatzes vermeiden	
					Speziell: Ein- und Ausbauhinweise des Herstellers beachten, geschulte Person (nach Sprengstoffgesetz) für die Durchführung der Arbeit beauftragen, Fangvorrichtung gegen unbeabsichtigtes Öffnen des Airbags einsetzen, Batterie abklemmen, Entladezeiten der Kondensatoren beachten, Airbag-Prüfung nur mit vom Hersteller zugelassenen Prüfmitteln	Leiter der Instandsetzung, Werkstattleiter
					Allgemein: Sicherheitshinweise beachten, Herstellerangaben zum Betrieb beachten, wiederkehrende Unterweisung und Fortbildung	
5	**Thermische Gefährdung**					
	Entsorgen von Betriebsmitteln und Hilfsstoffen	2	1	2	Brand- und Explosionsgefahren vermeiden	
					Speziell: brennbare Stoffe in geeigneten, geschlossenen, nicht brennbaren Behältern entsorgen	Leiter der Instandsetzung, Werkstattleiter
					Allgemein: wiederkehrende Unterweisung und Fortbildung	
	Arbeiten am Kühlwassersystem	2	1	2	Verbrühungen durch heißes Kühlwasser vermeiden	
					Speziell: bei Arbeiten am Kühlwassersystem die Vorgaben des Fahrzeugherstellers beachten, vor Aufnahme der Arbeiten Druck kontrolliert ablassen, ggf. Motor abkühlen lassen	Leiter der Instandsetzung, Werkstattleiter
					Allgemein: falls möglich, geeignete Schutzhandschuhe verwenden	
	Fahrzeug- und Fahrzeugteile-reinigung	2	1	2	Verletzungen durch heiße oder scharfkantige Fahrzeugteile vermeiden	
					Speziell: Benutzung von geeigneten Schutzhandschuhen, Teile abkühlen lassen	Leiter der Instandsetzung, Werkstattleiter
6	**Physikalische Gefährdung**					
	Lärmschwerhörigkeit durch eingesetzte Maschinen und Geräte	4	2	8	Gehörschäden durch Lärm ausschließen	
					Speziell: angemessenen Gehörschutz bereitstellen und anlegen lassen, Abstand einhalten, evtl. Gehörschutzstöpsel für Personen in der Nähe	Leiter der Instandsetzung, Werkstattleiter
					Allgemein: Sicherheitshinweise beachten, Herstellerangaben zum Betrieb beachten, wiederkehrende Unterweisung und Fortbildung	

Nr.	Gefährdung				Schutzziel	Maßnahmen	Verantwortlich
	Zwangshaltungen	2	2	4	Erkrankungen des Muskel- und Skelettsystems durch Arbeiten in Zwangshaltung vermeiden	Speziell: Einsatz von Hebehilfen bei der Montage von schweren Teilen (Krane, Getriebeheber), ergonomische Gestaltung der Arbeitsplätze, um Tätigkeiten in Zwangshaltung zu minimieren, wechselnde Tätigkeiten ausführen lassen	Leiter der Instandsetzung Werkstattleiter
7	**Sonstige Gefährdungen**						
	Organisationsmängel	2	2	4	Einhalten von Prüfpflichten, Bereitstellen von angemessener Schutzausrüstung	Speziell: grundsätzliches Rauchverbot in der Kfz-Werkstatt überwachen, Feuerlöscher und/oder Löschdecken bereitstellen, Einhaltung der Prüffristen, Beschaffung von geeigneter Schutzkleidung in ausreichender Menge, Sondermaßnahmen (Prüfplakette „Letzte Prüfung am ....."), regelmäßige Mitarbeiterunterweisungen durchführen Allgemein: Sicherheitshinweise und UVV beachten, Herstellerangaben zum Betrieb beachten, Betriebsanweisungen erstellen	Leiter der Instandsetzung Werkstattleiter

Wiederholte Kontrolle der Maßnahmen

	Datum:	wirksam: ja ☐ nein ☐		Datum:	wirksam: ja ☐ nein ☐
☐	Datum:	wirksam: ja ☐ nein ☐	☐	Datum:	wirksam: ja ☐ nein ☐
☐	Datum:	wirksam: ja ☐ nein ☐	☐	Datum:	wirksam: ja ☐ nein ☐
☐	Datum:	wirksam: ja ☐ nein ☐	☐	Datum:	wirksam: ja ☐ nein ☐

393

Kraftbetriebene Handwerkzeuge und Maschinen

Dokumentation der Gefährdungen, Risikoanalyse, Schutzziele und Maßnahmen

Feuerwehr Musterstadt — FRw / Rw / LG / LZ

Bearbeiter: ____

Leiter der Feuerwehr: ____ Datum ____ Unterschrift ____

Zustimmung Sicherheitsfachkraft: ____ Datum ____ Unterschrift ____

Laufende Nummer: ____

Tätigkeit ☒ — Einrichtung/Gerätehaus ☒ — Bezeichnung: ____

Arbeits- bzw. Rettungsmittel ☒ / ☐

Kraftbetriebene Handwerkzeuge und Maschinen

Nr.	Gefährdung	Risiko W	S	R	Schutzziel	Maßnahme(n)		verantwortlich	Termin	erl
1	**Mechanische Gefährdungen**									
	Verletzungen durch wegfliegende Teile, Späne oder Partikel	2	2	4	Verletzungen vermeiden	Speziell:	Werkstücke fest einspannen, bei Winkelschleifern Schutzhauben richtig einstellen, bestimmungsgemäße Verwendung der Schleifscheiben, ggf. bewegliche Trennwände aufstellen, Schutzbrille benutzen	Leiter der Instandsetzung		
						Allgemein:	es darf nur unterwiesenes Personal eingesetzt werden, Schutzkleidung/-ausrüstung tragen/verwenden	Werkstattleiter		
	Körperverletzung durch nachlaufende Maschinenteile	2	2	4	Verletzungen vermeiden	Speziell:	kraftbetriebene Handwerkzeuge sicher ablegen, Ordnung am Arbeitsplatz halten			
2	**Elektrische Gefährdung**									
	Elektrischer Schlag durch vagabundierende Ströme	3	2	6	Verletzungen vermeiden	Speziell:	nur regelmäßig geprüfte Betriebsmittel (Prüfplakette) einsetzen, Sichtkontrolle auf erkennbare Mängel vor der Benutzung, defekte Geräte der Benutzung entziehen	Leiter der Instandsetzung		
						Allgemein:	es darf nur unterwiesenes Personal eingesetzt werden	Werkstattleiter		
3	**Chemische Gefährdungen**									
	Gefährdung durch Einatmen von Schleifstäuben	3	2	6	Gesundheitsschädigungen verhindern	Speziell:	örtliche Absaugung z. B. durch mobile Absauggeräte, für Be-/Entlüftung sorgen, Handschleifmaschinen mit integrierter Absaugung einsetzen, ggf. geeigneten Atemschutz benutzen	Leiter der Instandsetzung		
						Allgemein:	es darf nur unterwiesenes Personal eingesetzt werden, Beschäftigungsbeschränkung beachten, ggf. Messungen veranlassen	Werkstattleiter		

4	**Brand- und Explosionsgefährdungen**						
	Brandgefährdung durch Feststoffe, Flüssigkeiten oder Gase	3	2	6	Brände/Explosionen verhindern	Speziell: kein Schleifen in brand- und explosionsgefährdeten Bereichen, brennbare Gegenstände entfernen oder abdecken	Leiter der Instandsetzung
						Allgemein: es darf nur unterwiesenes Personal eingesetzt werden, geeignete Schutzkleidung tragen, geeignete Feuerlöscheinrichtung vorhalten	Werkstattleiter
5	**Thermische Gefährdungen**						
	Kontakt mit heißen Werkstücken	3	2	6	Hautverbrennungen und Augenverletzungen verhindern	Speziell: sicheren Arbeitsplatz wählen, Aufstellen von Schutzschirmen, Schutzkleidung tragen, Kopf- und Augenschutz benutzen	Leiter der Instandsetzung
						Allgemein: es darf nur unterwiesenes Personal eingesetzt werden	Werkstattleiter
6	**Physikalische Gefährdung**						
	Lärmschwerhörigkeit durch eingesetzte Maschinen und Geräte	4	2	8	Gehörschaden durch Lärm ausschließen	Speziell: angemessenen Gehörschutz bereitstellen und anlegen lassen, Abstand einhalten, evtl. Gehörschutzstöpsel für Personen in der Nähe	Leiter der Instandsetzung
						Allgemein: Sicherheitshinweise beachten, Herstellerangaben zum Betrieb beachten, wiederkehrende Unterweisung und Fortbildung	Werkstattleiter
7	**Sonstige Gefährdungen**						
	Organisationsmängel	2	2	4	Einhalten von Prüfpflichten, Bereitstellen von angemessener Schutzausrüstung	Speziell: Einhaltung der Prüffristen, Sondermaßnahmen (Prüfplakette „Letzte Prüfung am: ......")	Leiter der Instandsetzung
						Allgemein: Sicherheitshinweise und UVV beachten, Herstellerangaben zum Betrieb beachten	Werkstattleiter

Wiederholte Kontrolle der Maßnahmen

☐ Datum:	wirksam: ja ☐ nein ☐	☐ Datum:	wirksam: ja ☐ nein ☐
☐ Datum:	wirksam: ja ☐ nein ☐	☐ Datum:	wirksam: ja ☐ nein ☐
☐ Datum:	wirksam: ja ☐ nein ☐	☐ Datum	wirksam: ja ☐ nein ☐
☐ Datum:	wirksam: ja ☐ nein ☐	☐ Datum	wirksam: ja ☐ nein ☐

Lagerbereiche

Dokumentation der Gefährdungen, Risikoanalyse, Schutzziele und Maßnahmen

Feuerwehr Musterstadt FRw / Rw / LG / LZ	Bearbeiter:	Leiter der Feuerwehr		Laufende Nummer
				Zustimmung Sicherheitsfachkraft
		Datum Unterschrift		Datum Unterschrift

☒ Tätigkeit ☒ Einrichtung/Gerätehaus   Bezeichnung:

☐ Arbeits- bzw. Rettungsmittel   **Lagerbereiche**

Nr.	Gefährdung	Risiko W	S	R	Schutzziel	Maßnahme(n)	verantwortlich	Termin	erl
1	**Mechanische Gefährdung**								
	Kleinteillager Verletzungen durch Umfallen des Regals	1	2	2	Verletzungen vermeiden	Speziell: Regale standsicher aufstellen und befestigen, Regalböden nicht überlasten, Angabe über maximale Tragfähigkeit (z. B. Fachlast) anbringen	Leiter der Instandsetzung Werkstattleiter		
						Allgemein: nur unterwiesenes Personal einsetzen			
	Verletzungen durch Herausfallen von Teilen	1	2	2	Verletzungen vermeiden	Speziell: Teile sicher lagern und stapeln	Leiter der Instandsetzung Werkstattleiter		
						Allgemein: nur unterwiesenes Personal einsetzen			
	Hochgelegene Lagerbereiche, Reifenlager Gefahr von Abstürzen	1	2	2	Verletzungen durch Abstürze vermeiden	Speziell: Ab > 1 m über Flur gelegenen Lagerbereichen Anbringen eines Geländers: Handlauf 1,00 m hoch Knieleiste 0,50 m hoch Fußleiste 0,05 m hoch			
						Allgemein: nur unterwiesenes Personal einsetzen			
	Umgang mit Leitern Gefahr von Abstürzen	1	2	2	Verletzungen durch Abstürze vermeiden	Speziell: nur unbeschädigte Leitern verwenden, defekte Leitern sofort der Benutzung entziehen, Leitern sicher einhängen, anlegen, aufstellen, nur Teile, die mit einer Hand leicht zu tragen sind, von Leitern aus entnehmen, Leitern regelmäßig prüfen			
						Allgemein: nur unterwiesenes Personal einsetzen			
	Treppen Gefahr des Stolperns, Rutschens und Stürzens	1	2	2	Stolper-, Rutsch- und Sturzunfälle vermeiden	Speziell: ausreichend große, ebene, rutschhemmende und tragfähige Stufen mit gleichmäßigen Abständen, Treppenstufen trittsicher begehbar gestalten, Stufenkanten deutlich erkennbar gestalten, Handlauf an Treppen mit mehr als vier Stufen anbringen, Handläufe auf beiden Seiten, wenn Stufenbreite mehr als 1,50 m beträgt, freie Seiten der Treppen mit Geländer versehen,			

2	Sonstige Gefährdungen						
	Organisationsmängel	1	1	1	Treppen ausreichend beleuchten, keine Gegenstände auf Treppen ablegen oder lagern, beim Transport von Lasten auf freie Sicht achten		
					Bereitstellen vor angemessener Schutzausrüstung	Speziell: Beschaffung von geeigneter Schutzkleidung in ausreichender Menge	Leiter der Instandsetzung
						Allgemein: Sicherheitshinweise und UVV beachten, Hersteller-angaben zum Betrieb beachten	Werkstattleiter

☐ Datum:	wirksam: ja ☐ nein ☐	☐ Datum:	wirksam: ja ☐ nein ☐
☐ Datum:	wirksam: ja ☐ nein ☐	☐ Datum:	wirksam: ja ☐ nein ☐
☐ Datum:	wirksam: ja ☐ nein ☐	☐ Datum:	wirksam: ja ☐ nein ☐
☐ Datum:	wirksam: ja ☐ nein ☐	☐ Datum:	wirksam: ja ☐ nein ☐

Wiederholte Kontrolle der Maßnahmen

Motorgetriebene Aggregate

Dokumentation der Gefährdungen, Risikoanalyse, Schutzziele und Maßnahmen

Feuerwehr Musterstadt	Bearbeiter:	Leiter der Feuerwehr		Laufende Nummer
FRw / Rw / LG / LZ				Zustimmung Sicherheitsfachkraft
		Datum	Unterschrift	
☒ Tätigkeit	Bezeichnung:			Datum Unterschrift
☐ Einrichtung/Gerätehaus				
☒ Arbeits- bzw. Rettungsmittel				

Gefährdung durch motorgetriebene Aggregate (Kettensäge/Elektro-Kettensäge)

Nr.	Gefährdung	Risiko W	S	R	Schutzziel	Maßnahme(n)	verantwortlich	Termin	erl
1	**Mechanische Gefährdung**								
						Allgemein: Sicherheitshinweise beachten, Herstellerangaben zum Betrieb beachten, wiederkehrende Unterweisung und Fortbildung			
	Sich schneiden ohne Schutz	3	4	12	Verletzungen vermeiden	Speziell: Vorsicht vor bewegten Maschinenteilen, nicht mit den Arbeiten beauftragte FM (SB) haben sich außerhalb des Gefahrenbereichs aufzuhalten	FM (SB) Einsatzleiter		
						Allgemein: spezielle Sicherheitshinweise beachten, es darf nur unterwiesenes Personal eingesetzt werden, Schutzausrüstung bereitstellen und anlegen			
	Baumfällung, herabfallende oder unter Spannung stehende Teile	2	8	16	Nicht von Gegenständen getroffen werden	Speziell: Arbeits-/Gefahrenbereich eindeutig kennzeichnen/ absperren, evtl. Sicherungspersonal abstellen, Arbeitsbereich in der Dämmerung ausreichend ausleuchten, Fallrichtung der Bäume (doppelte Ast- bzw. Baumlänge) beachten, Einsatz anderer Arbeitsmittel	FM (SB) Einsatzleiter		
						Allgemein: spezielle Sicherheitshinweise für Baumfällarbeiten beachten, es darf nur unterwiesenes Personal eingesetzt werden, Schutzausrüstung bereitstellen und anlegen			
	Transport	1	1	1	Verletzung der Hände vermeiden	Speziell: Säge nur mit Schwertschutz transportieren, im Fahrzeug sichern	FM (SB) Maschinist		
						Allgemein: Sicherheitshinweise zur Ladungssicherung beachten			
	Abstellen der Säge	1	1	1	Verletzung der Beine vermeiden	Speziell: Säge nicht unbeaufsichtigt lassen, vor dem Abstellen den Motor ausschalten, Kettenschutz aufstecken	FM (SB) Maschinist		

Gefährdung				Schutzziel		Maßnahmen	Verantwortlich
Kettenspannung	2	1	2	Abspringen der Kette vermeiden	Speziell:	die richtige Kettenspannung beachten und ggf. neu spannen, Kettenschmierung beachten, ggf. auffüllen	FM (SB) Maschinist
Instandsetzen der Kette	2	1	2	Vermeidung von Handverletzungen	Speziell:	beim Nachfeilen der Schneidzähne der Kette an der Maschine Handschuhe tragen, auf sicheren Stand achten, Klemmvorrichtung verwenden	FM (SB) Werkstattpersonal
Anlassen	1	1	1	Verhindern von Verletzungen der Arme, Hände oder benachbarter Personen	Speziell:	auf einen ausreichenden Abstand zu weiteren Personen achten, für sicheres Halten der Motorkettensäge auf dem Boden sorgen	FM (SB) Maschinist
2 Elektrische Gefährdung							
					Allgemein:	Sicherheitshinweise beachten, Herstellerangaben zum Betrieb beachten, wiederkehrende Unterweisung und Fortbildung	
Elektrischer Schlag	2	8	16	Stromschlag durch Kontakt mit spannungsführenden Teilen vermeiden	Speziell:	nur mit geprüftem und geeigneten Personenschutzschalter arbeiten, nur geeignete und geprüfte elektr. Verbindungs-/Verlängerungsmittel einsetzen (Kabel und Stecker), Kabelverlauf, Sicherungsperson abstellen	Einsatzleiter
Kabelbruch	1	2	2	Vermeiden von Kabelbrüchen	Speziell:	regelmäßige Kontrolle der elektr. Einrichtungen, Prüfung durch eine Elektrofachkraft, Benutzung von Personenschutzschaltern, schadhafte Geräte außer Betrieb nehmen, nur Geräte mit Prüfmarke nutzen	FM (SB) Maschinist
3 Chemische Gefährdung							
					Allgemein:	Sicherheitshinweise beachten, Herstellerangaben zum Betrieb beachten, wiederkehrende Unterweisung und Fortbildung	
Abgasinhalation	2	1	2	Inhalieren von Abgasen ausschließen	Speziell:	Waldarbeiterhelm verwenden, im Freien verwenden, Testläufe in der Werkstatt nach Reparatur unter einer Absaugglocke durchführen, Abstand einhalten, Expositionszeit, ggf. auf die Windrichtung achten	FM (SB) Maschinist
Hautkontakt mit Treibstoffen	1	1	1	Kein Hautkontakt mit Treibstoffen	Speziell:	geeignete Tanksysteme/Handschuhe verwenden, Hautschutz/Hautschutzplan beachten	FM (SB) Maschinist
4 Biologische Gefährdung							
					Allgemein:	wiederkehrende Unterweisung und Fortbildung, organisatorische Regelungen (Arzt)	
Zeckenbiss (FSME, Borreliose)	2	2	4	Infektion durch Zeckenbiss vermeiden	Speziell:	FSME-Impfung, Verwendung der Zeckenzange, Körpercheck nach dem Einsatz, der Zeckenbiss ist dem Betriebsarzt zu melden	FM (SB)

5 Brand- und Explosionsgefahren

				Schutzziel	Maßnahmen	Verantwortlich
Nachtanken	1	1		Verbrennung/Verpuffung durch Gasgemische ausschließen	**Allgemein:** Sicherheitshinweise beachten, Herstellerangaben zum Betrieb beachten, wiederkehrende Unterweisung und Fortbildung **Speziell:** Motor ausschalten und Aggregat abkühlen lassen, übergelaufene Treibstoffe abwischen, nicht rauchen, nur im Freien durchführen	FM (SB) Maschinist
Undichtigkeiten	1	1		Feuergefahr verhindern	**Speziell:** Dichtigkeitskontrolle durchführen	FM (SB) Maschinist
Lagerung	1	1		Feuer-/Brandgefahr verhindern	**Speziell:** vor der Lagerung Aggregat abkühlen lassen	FM (SB) Maschinist

6 Thermische Gefährdung

Hitzeabstrahlung	4	1	4	Verbrennungen vermeiden	**Speziell:** Schutzhandschuhe tragen, keine heißen Maschinenteile anfassen **Allgemein:** Sicherheitshinweise beachten, Herstellerangaben zum Betrieb beachten, wiederkehrende Unterweisung und Fortbildung	FM (SB) Maschinist

7 Physikalische Gefährdung

Lärmschwerhörigkeit	4	2	8	Gehörschäden durch Lärm ausschließen	**Speziell:** Waldarbeitshelm mit Kapselgehörschutz verwenden, Abstand einhalten, evtl. Gehörschutzstöpsel für Personen in der Nähe **Allgemein:** Sicherheitshinweise beachten, Herstellerangaben zum Betrieb beachten, wiederkehrende Unterweisung und Fortbildung	FM (SB) Einsatzleiter

8 Sonstige Gefährdungen

Organisationsmängel	2	2	4	Einhalten von Prüfpflichten, Bereitstellen von angemessener Schutzausrüstung	**Speziell:** Einhaltung der Prüffristen, Beschaffung von geeigneter Schutzkleidung in ausreichender Menge für den Ausbildungsbetrieb, Sondermaßnahmen (Prüfplakette „Letzte Prüfung am: ......") **Allgemein:** Sicherheitshinweise und UVV beachten, Herstellerangaben zum Betrieb beachten	Werkstattpersonal SGU/SG 52 (Zentrallager)

Wiederholte Kontrolle der Maßnahmen

☐ Datum:	wirksam: ja ☐ nein ☐
☐ Datum:	wirksam: ja ☐ nein ☐
☐ Datum:	wirksam: ja ☐ nein ☐
☐ Datum:	wirksam: ja ☐ nein ☐

Schweißgeräte

Dokumentation der Gefährdungen, Risikoanalyse, Schutzziele und Maßnahmen — Laufende Nummer

Feuerwehr Musterstadt FRw / Rw / LG / LZ	Bearbeiter:	Leiter der Feuerwehr	Zustimmung Sicherheitsfachkraft
⊠ Tätigkeit ⊠ Einrichtung/Gerätehaus	Eezeichnung:	Datum / Unterschrift	Datum / Unterschrift
□ Arbeits- bzw. Rettungsmittel	Schweißgeräte		

Nr.	Gefährdung	Risiko W	S	R	Schutzziel	Maßnahme(n)	verantwortlich	Termin	erl
Mechanische Gefährdungen									
1	Unkontrolliert bewegte Teile	2	2	4	Schutz gegen herabfallende, umfallende oder wegrollende Gegenstände	Speziell: Druckgasflaschen in die entsprechende Haltung stellen, Einhaltung der zulässigen Tragfähigkeit von Bauteilen, sichere Lage des Materials gewährleisten, Werkzeug sachgemäß ablegen	Leiter der Instandsetzung Werkstattleiter		
						Allgemein: es darf nur unterwiesenes Personal eingesetzt werden, Schutzkleidung/-ausrüstung tragen/verwenden			
Elektrische Gefährdung									
2	Elektrischer Schlag durch vagabundierende Ströme	3	2	6	Verletzungen vermeiden	Speziell: Betriebsmittel entsprechend dem Anwendungsbereich auswählen und einsetzen, Sichtkontrolle aller stromführenden Leitungen auf erkennbare Mängel vor der Benutzung, Isolierende Unterlage und Sicherheitsschuhe benutzen, Schweißrückstromleitung nur über das Werkstück vornehmen, evtl. Zusatzmaßnahmen für das Arbeiten unter erhöhter elektrischer Gefährdung ergreifen	Leiter der Instandsetzung Werkstattleiter		
						Allgemein: es darf nur unterwiesenes Personal eingesetzt werden			
Chemische Gefährdungen									
3	Gefährdung durch beim Schweißen entstehende Gase und Dämpfe	3	2	6	Gesundheitsschädigungen verhindern	Speziell: örtliche Absaugung der Gase und Dämpfe z. B. durch mobile Absauggeräte, für Be-/Entlüftung sorgen	Leiter der Instandsetzung Werkstattleiter		
						Allgemein: es darf nur unterwiesenes Personal eingesetzt werden, Beschäftigungsbeschränkung beachten, ggf. Messungen veranlassen			

4	Brand- und Explosionsgefährdungen					
	Brandgefährdung durch Feststoffe, Flüssigkeiten oder Gase	3	2	6	Brände/Explosionen verhindern	Speziell: Druckgasbehälter, Schweißgeräte und Schlauchleitungen vor Benutzung auf Eignung, Zustand, äußere Beschädigungen oder Einwirkungen (Wärme) überprüfen, nur geeignete Armaturen (Druckminderer) sowie Schlauchbruch-/Leckgassicherung verwenden, Wärmeübertragung sicher verhindern, Arbeitsplatz räumlich abtrennen	
						Allgemein: es darf nur unterwiesenes Personal eingesetzt werden, geeignete Schutzkleidung tragen, geeignete Feuerlöscheinrichtung vorhalten	
5	Thermische Gefährdungen					
	Kontakt mit heißen Werkstücken	3	2	6	Hautverbrennungen und Augenverletzungen verhindern	Speziell: sicheren Arbeitsplatz wählen, Aufstellen von Schutzschirmen, Schutzkleidung tragen, Kopf- und Augenschutz benutzen	
						Allgemein: es darf nur unterwiesenes Personal eingesetzt werden	
6	Sonstige Gefährdungen					
	Organisationsmängel	2	2	4	Einhalten von Prüfpflichten, Bereitstellen von angemessener Schutzausrüstung	Speziell: Einhaltung der Prüffristen, Sondermaßnahmen (Prüfplakette „Letzte Prüfung am: ......")	Leiter der Instandsetzung
						Allgemein: Sicherheitshinweise und UVV beachten, Herstellerangaben zum Betrieb beachten	Werkstattleiter

Wiederholte Kontrolle der Maßnahmen

☐ Datum:	wirksam: ja ☐ nein ☐	☐ Datum:	wirksam: ja ☐ nein ☐
☐ Datum:	wirksam: ja ☐ nein ☐	☐ Datum:	wirksam: ja ☐ nein ☐
☐ Datum:	wirksam: ja ☐ nein ☐	☐ Datum:	wirksam: ja ☐ nein ☐
☐ Datum:	wirksam: ja ☐ nein ☐	☐ Datum:	wirksam: ja ☐ nein ☐

Trennschleifer

Dokumentation der Gefährdungen, Risikoanalyse, Schutzziele und Maßnahmen

Feuerwehr Musterstadt	Bearbeiter:	Leiter der Feuerwehr		Laufende Nummer
FRw / Rw / LG / LZ				Zustimmung Sicherheitsfachkraft
		Datum	Unterschrift	
☒ Tätigkeit	Bezeichnung:			Datum Unterschrift
☐ Arbeits- bzw. Rettungsmittel	Einrichtung/Gerätehaus			

Gefährdung durch motorgetriebene Aggregate (Trennschleifer)

Nr.	Gefährdung	Risiko W	S	R	Schutzziel		Maßnahme(n)	verantwortlich	Termin	erl
1	**Mechanische Gefährdung**					Allgemein:	spezielle Sicherheitshinweise beachten, es darf nur unterwiesenes Personal eingesetzt werden, nur mit Schutzausrüstung arbeiten, Herstellerangaben zum Betrieb beachten, wiederkehrende Unterweisung und Fortbildung			
	Schnittverletzungen	4	4	16	Verletzungen vermeiden	Speziell:	Vorsicht vor bewegten Maschinenteilen, nicht mit den Arbeiten beauftragte FM (SB) haben sich außerhalb des Gefahrenbereichs aufzuhalten	FM (SB) Einsatzleiter		
	unter mechanischer Spannung stehende Teile	4	8	32	Nicht von Gegenständen getroffen werden	Speziell:	Arbeits-/Gefahrenbereich eindeutig kennzeichnen/ absperren, evtl. Sicherungspersonal abstellen, Arbeitsbereich in der Dämmerung ausreichend ausleuchten, keine unter Spannung stehenden Gegenstände durchtrennen, ggf. Einsatz anderer Arbeitsmittel	FM (SB) Einsatzleiter		
	sich verkantende Trennscheibe infolge unterschiedlicher Materialeigenschaften bzw. ungleichmäßiger Arbeitsweise	2	4	8	Verletzungen vermeiden	Speziell:	ausreichend großen Arbeitsbereich freihalten, rechtzeitiger Personalwechsel (Arbeitszeitbegrenzung), nur unterwiesenes Personal einsetzen, für freies Schnittbild sorgen, geeignete Trennscheibe(n) nutzen, bei nachlassender Schnittleistung Trennscheibe austauschen	FM (SB) Einsatzleiter		
	Splitter, Trennrückstände	4	4	16	verhindern von Augen- und Gesichtsverletzungen durch Trennarbeiten	Speziell:	Tragen der Persönlichen Schutzausrüstung, Halsbereich schützen (Kragen schließen, Nomexhaube), geeignete Abschirmmaßnahmen (Schutzscheiben), Arbeits-/Gefahrenbereich eindeutig kennzeichnen/ absperren	FM (SB) Einsatzleiter		

Gefährdung/Tätigkeit				Schutzziel		Maßnahmen	Verantwortlich
Staubbildung bei Trennarbeiten (mineralische Feinstäube)	4	4	16	Einatmen der Stäube verhindern	Speziell:	geeignete Trennmittel verwenden, evtl. Nassschnitt, geeignete Staubmasken benutzen, ausreichend großer Absperrbereich errichten, Arbeitszeit begrenzen	FM (SB) Einsatzleiter
Bersten des Trennmittels	1	4	4	verhindern des Berstens des Trennmittels	Speziell:	rechtzeitig Trennmittel wechseln, nur geprüfte Trennmittel verwenden, Trennscheibe nur bestimmungsgemäß einsetzen, aufziehen, befestigen und lagern, nicht als Schleifmittel einsetzen, nicht verkanten, Biegebeanspruchungen vermeiden, benutzte Trennmittel nach dem Einsatz entsorgen, Trennschleifer nur mit Trennscheiben-Vollschutz einsetzen	FM (SB) Einsatzleiter
Transport	1	1	1	Verletzung der Hände verhindern	Speziell:	im Fahrzeug sichern	FM (SB) Maschinist
Anlassen	1	1	1	verhindern von Verletzungen der Arme, Hände oder benachbarter Personen	Speziell:	Abstand zu anderen einhalten, für sicheres Halten des Aggregats (Motortrennschleifer) auf dem Boden sorgen	FM (SB) Maschinist
2 Chemische Gefährdung							
					Allgemein:	Sicherheitshinweise beachten, Herstellerangaben zum Betrieb beachten, wiederkehrende Unterweisung und Fortbildung	
Abgasinhalation	2	1	2	Inhalieren von Abgasen ausschließen	Speziell:	im Freien verwenden, Testläufe in der Werkstatt nach Reparatur unter einer Absaugglocke durchführen, Abstand einhalten, Expositionszeit, Sonderkraftstoffe einsetzen	FM (SB) Einsatzleiter
Hautkontakt mit Treibstoffen	1	1	1	Kein Hautkontakt mit Treibstoffen	Speziell:	geeignete Tanksysteme/Handschuhe verwenden, Hautschutz/Hautschutzplan beachten	FM (SB) Einsatzleiter
3 Brand- und Explosionsgefahren							
					Allgemein:	Sicherheitshinweise beachten, Herstellerangaben zum Betrieb beachten, wiederkehrende Unterweisung und Fortbildung	
Funkenflug	2	2	4	Funkenflug behindern	Speziell:	soweit möglich mechanische Trennmittel verwenden (hydraulische Schneidwerkzeuge), Nassschnitt, geeignete Sicherheitsvorkehrungen treffen (z. B. Schutzwände aufstellen, Löschgeräte bereitstellen, Umgebung auf mögliche brennbare/entzündliche Materialien prüfen	FM (SB) Einsatzleiter
Nachtanken	1	1	1	Verbrennung/Verpuffung durch Gasgemische ausschließen	Speziell:	Motor ausschalten und Aggregat abkühlen lassen, übergelaufene Treibstoffe abwischen, nicht rauchen, nur im Freien durchführen	FM (SB) Maschinist
Undichtigkeiten	1	1	1	Feuergefahr verhindern	Speziell:	Dichtigkeitskontrolle durchführen	FM (SB) Maschinist
Lagerung	1	1	1	Feuer-/Brandgefahr verhindern	Speziell:	vor der Lagerung Aggregat abkühlen lassen	FM (SB) Maschinist

4	Thermische Gefährdung						
	Hitzeabstrahlung	4	1	4	Verbrennungen vermeiden	Allgemein: Sicherheitshinweise beachten, Herstellerangaben zum Betrieb beachten, wiederkehrende Unterweisung und Fortbildung	FM (SB)
						Speziell: Schutzhandschuhe tragen, keine heißen Maschinenteile anfassen	
	Verbrennungen	4	1	4	Verhindern von Verbrennungen durch Kontakt mit den durchtrennten Bauteilen	Speziell: Trennstelle abkühlen bzw. abkühlen lassen, Schutzkleidung tragen, Transport von geschnittenen Teilen/ Baugruppen nur mit geeigneter Trageeinrichtung	FM (SB)
5	Physikalische Gefährdung						
	Lärmschwerhörigkeit	4	2	8	Gehörschäden durch Lärm ausschließen	Speziell: Waldarbeiterhelm mit Kapselgehörschutz verwenden, Abstand einhalten, Bügelgehörschutz oder Gehörschutzstöpsel	FM (SB) Einsatzleiter
						Allgemein: Sicherheitshinweise beachten, Herstellerangaben zum Betrieb beachten, wiederkehrende Unterweisung und Fortbildung	
6	Sonstige Gefährdungen						
	Organisationsmängel	2	1	2	Einhalten von Prüfpflichten, Bereitstellen von angemessener Schutzausrüstung	Speziell: Einhaltung der Prüffristen	Werkstattpersonal
						Allgemein: Sicherheitshinweise und UVV beachten, Herstellerangaben zum Betrieb beachten	

Wiederholte Kontrolle der Maßnahmen

Datum:	wirksam: ja ☐ nein ☐	☐	Datum:	wirksam: ja ☐ nein ☐
Datum:	wirksam: ja ☐ nein ☐	☐	Datum:	wirksam: ja ☐ nein ☐
Datum:	wirksam: ja ☐ nein ☐	☐	Datum:	wirksam: ja ☐ nein ☐
Datum:	wirksam: ja ☐ nein ☐	☐	Datum:	wirksam: ja ☐ nein ☐

Teil V

Beispiele für Betriebsanweisungen bei der Musterfeuerwehr

Acetylen

Nummer: Bearbeitungsstand:	**Betriebsanweisung** **gem. GefStoffV**	*Feuerwehr Musterstadt*

Arbeitsplatz/Tätigkeitsbereich:

1. GEFAHRSTOFFBEZEICHNUNG

Acetylen zum Schweißen in Druckgasflaschen

2. GEFAHREN FÜR MENSCH UND UMWELT

Gefahr

- Extrem entzündbares Gas.
- Mit und ohne Luft explosionsfähig.
- Acetylen kann zur Verdrängung des Luftsauerstoffs führen. Erstickungsgefahr!
- Einatmen kann zu Gesundheitsschäden führen.
- Acetylen neigt bei höheren Temperaturen zur Selbstzersetzung. Dies hat eine Temperaturerhöhung und eine erhebliche Drucksteigerung bis hin zur **Flaschenexplosion** zur Folge.
- Greift folgende Werkstoffe an: Kupfer (Legierungen mit mehr als 65 % Cu), Silber, acetonlöslicher Kautschuk und Kunststoffe.
- Reagiert mit starken Oxidationsmitteln unter heftiger Wärmeentwicklung.

3. SCHUTZMASSNAHMEN UND VERHALTENSREGELN

- Druckgasflaschen gegen Umfallen und Herabfallen sichern und vor mechanischer Beschädigung schützen.
- Arbeiten nur in gut durchlüfteten Räumen!
- **Von Zündquellen fernhalten!** Z. B. beim Schweißen, Rauchen und bei der Entstehung von Funken mindestens 1 m Abstand von der Acetylenflasche halten.
- Am Arbeitsplatz nicht essen, trinken, rauchen oder schnupfen.
- Die Gasflasche vor Sonneneinstrahlung und Erwärmung schützen.
- Nur einwandfreie Schlauchleitungen und Armaturen bestimmungsgemäß verwenden.
- **Augenschutz:** Schweißschutzbrille!
- **Atemschutz:** bei zu geringer Sauerstoffkonzentration oder unklaren Verhältnissen.
- **Körperschutz:** antistatische Schutzkleidung, z. B. aus Baumwolle.

4. VERHALTEN IM GEFAHRFALL

- Bei Gasaustritt wenn möglich Ventil schließen und Raum sofort verlassen.
- Zündquellen im Gefahrenbereich unbedingt vermeiden. Kein Funkgerät oder Handy benutzen.
- Geeignete Löschmittel verwenden: (hier vorhandenes Löschmittel angeben).
- Bei Brand in der Umgebung Behälter mit Sprühwasser kühlen!
- Alarm-, Flucht- und Rettungspläne beachten!

5. ERSTE HILFE

- **Bei jeder Erste-Hilfe-Maßnahme: Selbstschutz beachten und Rücksprache mit einem Arzt führen.**
- **Nach Einatmen:** Frischluft! Bei Bewusstlosigkeit Atemwege freihalten. Ggf. Schockbekämpfung und Herz-Lungen-Wiederbelebung.
- Ersthelfer heranziehen.
- **Notruf: 112**
- Durchgeführte Erste-Hilfe-Leistungen immer dokumentieren.

6. SACHGERECHTE ENTSORGUNG

- Leere und defekte Druckgasflaschen kennzeichnen.
- Druckgasflaschen mit Restdruck an den Lieferanten zurückgeben.

Datum: Nächster Überprüfungstermin:	Unterschrift: Leiter der Musterfeuerwehr

Arbeiten mit elektrischen Handwerkzeugen

Nummer: Bearbeitungsstand:	**Betriebsanweisung**	*Feuerwehr Musterstadt*

Arbeitsplatz/Tätigkeitsbereich:

1. ANWENDUNGSBEREICH
Arbeiten mit elektrischen Handwerkzeugen

2. GEFAHREN FÜR MENSCH UND UMWELT

- Durch elektrische Körperdurchströmungen insbesondere bei Beschädigungen; diese können zu Verbrennungen, Verkrampfungen, Herzkammerflimmern und zum Herzstillstand führen.
- Bei starkem Lärm (**ab 80 dB(A)**) besteht die Gefahr von Gehörschädigungen.
- Gefahren durch das Benutzen von elektrischen Handwerkzeugen ergeben sich durch wegfliegende Werkstücke, außer Kontrolle geratenes Werkzeug, schneiden, quetschen, herabfallende Werkstücke, Lärm und Staub.
- Es ist zu gewährleisten, dass nur geprüfte Werkzeuge und Geräte benutzt werden (festgelegte Prüffristen einhalten).

3. SCHUTZMASSNAHMEN UND VERHALTENSREGELN

- Die Betriebsanleitung des Herstellers ist zu beachten!
- Es dürfen keine schadhaften Maschinen verwendet werden.
- In elektrische Handmaschinen nur die dafür zugelassenen Werkzeuge einspannen (z. B. bei Schleif- und Trennscheiben).
- Elektrische Betriebsmittel nur bei sicherem Stand und noch zu bewältigendem Drehmoment mit beiden Händen führen.
- Schutzeinrichtungen nicht abmontieren oder blockieren.
- Geräte entsprechend der Umwelteinflüsse (z. B. tropf-, sprüh-, strahl-, staubgeschützt) einsetzen.
- In explosionsgefährdeten Bereichen dürfen nur Betriebsmittel mit der entsprechenden Schutzklasse nach ATEX (Altgeräteregelung beachten) eingesetzt werden.
- Je nach Arbeitsumgebung Persönliche Schutzausrüstung benutzen: Schutzhelm, Schutzschuhe, Gehörschutz, Schutzbrille, Handschuhe (nicht bei drehenden Werkzeugen) etc.

4. VERHALTEN BEI STÖRUNGEN

- Bei Störungen an Arbeitsmitteln Arbeiten einstellen und Vorgesetzten verständigen.
- Störungen nur im Stillstand beseitigen. Netzstecker ziehen.

5. ERSTE HILFE

- Ersthelfer heranziehen.
- **Notruf: 112**
- Unfall melden.
- Durchgeführte Erste-Hilfe-Leistungen immer dokumentieren.

6. INSTANDHALTUNG

- Instandhaltung (Wartung, Reparatur) nur von qualifizierten und beauftragten Personen durchführen lassen.
- Nach Instandhaltung sind die Schutzeinrichtungen zu überprüfen.
- Bei der Instandhaltung die Betriebsanleitung des Herstellers beachten.
- Regelmäßige Prüfungen (z. B. elektrisch, mechanisch) durch befähigte Personen.

Datum:

Nächster
Überprüfungstermin:

Unterschrift:
Leiter der Musterfeuerwehr

Batteriesäure

Nummer: Bearbeitungsstand:	**Betriebsanweisung gem. GefStoffV**	*Feuerwehr Musterstadt*

Arbeitsplatz/Tätigkeitsbereich:

1. GEFAHRSTOFFBEZEICHNUNG

Schwefelsäure für Batterien

2. GEFAHREN FÜR MENSCH UND UMWELT

Gefahr

- Verursacht schwere Verätzungen der Haut und schwere Augenverletzungen. Führt zu schlecht heilenden Wunden.
- Verschlucken kann zu Gesundheitsschäden führen.
- Einatmen der Dämpfe kann zu einem tödlichen Lungenödem führen.
- Säuredämpfe können Zahnerosion hervorrufen.
- Reagiert mit Laugen unter Wärmeentwicklung, Spritzgefahr!
- Reagiert mit Wasser unter Wärmeentwicklung, Spritzgefahr!
- Eindringen in Boden, Gewässer und Kanalisation vermeiden!

3. SCHUTZMASSNAHMEN UND VERHALTENSREGELN

- Beim Verdünnen dem Wasser zugeben, nie umgekehrt.
- Verspritzen vermeiden! Gefäße nicht offen stehen lassen! Verschmutzte Gegenstände und Fußboden sofort mit viel Wasser reinigen!
- Berührung mit Augen, Haut und Kleidung vermeiden!
- Am Arbeitsplatz nicht essen, trinken, rauchen oder schnupfen!
- Nach Arbeitsende und vor jeder Pause Hände gründlich reinigen! (lt. Hautschutzplan)
- Straßenkleidung getrennt von Arbeitskleidung aufbewahren!
- Benetzte/verunreinigte Kleidung sofort wechseln!
- **Augenschutz**: Korbbrille! Genaue Angabe
- **Handschutz**: **genaue Bezeichnung** (Auswahl z. B. mit Hilfe der Handschuhdatenbank)
- **Hautschutz**: **laut Hautschutzplan** (ggf. Rücksprache mit Betriebsarzt)
- **Körperschutz**: bei Spritzgefahr, z. B. Umfüllen: Spritzschutzschürze!
- **Atemschutz**: säurehaltige Gase nicht einatmen, Kombinationsfilter B-P2 (grau/weiß) verwenden.

4. VERHALTEN IM GEFAHRFALL

- Bei Auslaufen größerer Mengen den Arbeitsplatz verlassen! Mit säurebindendem Material (z. B. Kieselgur, Sand) aufnehmen und entsorgen. Reste mit Wasser wegspülen!
- Bei Brand entstehen gefährliche Dämpfe! Brandbekämpfung nur mit Persönlicher Schutzausrüstung! Berst- und Explosionsgefahr bei Erwärmung! Bei Brand in der Umgebung Behälter mit Sprühwasser kühlen.
- Alarm-, Flucht- und Rettungspläne beachten!

5. ERSTE HILFE

- **Bei jeder Erste-Hilfe-Maßnahme**: Selbstschutz beachten und Rücksprache mit einem Arzt führen.
- **Nach Augenkontakt**: Ausreichend unter fließendem Wasser bei gespreizten Lidern spülen oder Augenspüllösung verwenden. **Immer Augenarzt aufsuchen!**
- **Nach Hautkontakt**: Verunreinigte Kleidung sofort ausziehen. Die Haut mit viel Wasser und Seife reinigen.
- **Nach Einatmen**: Frischluft! Bei Bewusstlosigkeit Atemwege freihalten. Ggf. Schockbekämpfung und Herz-Lungen-Wiederbelebung.
- **Nach Verschlucken**: Kein Erbrechen herbeiführen. Keine Hausmittel. In kleinen Schlucken viel Wasser trinken lassen.
- Ersthelfer heranziehen.
- **Notruf: 112**
- Durchgeführte Erste-Hilfe-Leistungen immer im Verbandsbuch eintragen.

6. SACHGERECHTE ENTSORGUNG

- Nicht in Ausguß oder Mülltonne schütten! Zur Entsorgung sammeln in: *Angabe Behälter und Ort*

Datum: Nächster Überprüfungstermin:	Unterschrift: Leiter der Musterfeuerwehr

Batteriewechsel

Arbeitsplatz/Tätigkeitsbereich:

1. ANWENDUNGSBEREICH
Wechseln und Anschließen von Batterien

2. GEFAHREN FÜR MENSCH UND UMWELT

- Gefahren durch unsachgemäß angeschlagene Lasten.
- Handquetschungen beim Absetzen der Batterien auf die Ladeplattform oder beim Einsetzen in den Stapler.
- Beim Anschluss der Batterien und während des Ladevorgangs Explosionsgefahr durch Wasserstoffbildung (Knallgas) und Verätzungsgefahren durch austretende Batteriesäure.

3. SCHUTZMASSNAHMEN UND VERHALTENSREGELN

- Austausch von Batterien nur durch **unterwiesene Mitarbeiter.**
- Entnehmen und Einsetzen der Batterien aus dem Fahrzeug nur mit dafür vorgesehenen Lasttraversen und Lastaufnahmemitteln.
- Batterien entsprechend der Bedienungsanleitung an Ladegeräte anschließen.
- Wasseranschluss für selbstständiges Nachfüllsystem herstellen.
- Schutzbrille mit Seitenschutz, säurebeständige Schutzhandschuhe und Schutzschuhe tragen.
- Während der Arbeiten im Batterieladeraum und während des Ladevorgangs Raum gut belüften, Absauganlage einschalten.
- Innerhalb des Batterieladeraums keine offenen Flammen und nicht rauchen.

4. VERHALTEN BEI STÖRUNGEN

- Während des Betriebs oder während des Ladevorgangs auftretende Störungen an Batterien nur von Fachpersonal der Herstellerfirma beheben lassen.
- Falls Austritt von Batteriesäure nicht ausgeschlossen ist, Gesichtsschutzschild, säurebeständigen Schutzanzug und säurebeständige Schutzhandschuhe tragen.

5. ERSTE HILFE

- Ersthelfer heranziehen.
- **Notruf: 112**
- Unfall melden.
- Durchgeführte Erste-Hilfe-Leistungen immer dokumentieren.

6. INSTANDHALTUNG

- Instandhaltungsarbeiten nur von qualifizierten und beauftragten Personen durchführen lassen.

Datum:

Nächster
Überprüfungstermin:

Unterschrift:
Leiter der Musterfeuerwehr

Desinfektionsarbeiten

Nummer: Bearbeitungsstand:	**Betriebsanweisung gem. BiostoffV**	*Feuerwehr Musterstadt*

Arbeitsplatz/Tätigkeitsbereich: **Rettungsdienst/Krankentransport**

1. ANWENDUNGSBEREICH
Desinfektionsarbeiten

2. GEFAHREN FÜR MENSCH UND UMWELT

- Mögliche Entfettung und Schädigung der Haut.
- Allergische Reaktionen der Haut und der Atemwege.
- Verletzungen von Augen und Schleimhäuten durch Verspritzen.
- Brand- und Verpuffungsgefahr beim Anwenden von alkoholhaltigen Desinfektionsmitteln.
- Gefahr der Infektion und Verschleppung von Bakterien, Viren, Pilzen etc.

3. SCHUTZMASSNAHMEN UND VERHALTENSREGELN

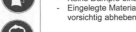

Organisatorische Schutzmaßnahmen:
- Für die tägliche bzw. wöchentliche sowie die bei Bedarf durchzuführende Desinfektion ist der Hygieneplan zu beachten!
- Desinfektionen auf der Grundlage des IfsG werden ausschließlich von den Desinfektoren innerhalb der Desinfektionshalle durchgeführt. Es gilt die entsprechende Verfahrens- und Betriebsanweisung.
- Für gute Beleuchtung sorgen!
- Keine Dämpfe einatmen.
- Eingelegte Materialien abdecken und nach der Desinfektionszeit Abdeckung vorsichtig abheben.

Persönliche Schutzmaßnahmen:
- Geeignete Schutzhandschuhe tragen.
- Bei Bedarf Mundschutz anlegen.
- Bereitgestellte Schutzkleidung anlegen.
- Durchnässte Kleidung ist sofort zu wechseln und zu waschen.

Hygienemaßnahmen/-plan:
- Hygieneplan beachten.
- Hautschutzplan beachten.

4. VERHALTEN IM GEFAHRFALL UND ERSTE HILFE

Bei Verschütten:
Betroffenen Bereich ausreichend belüften, Schutzhandschuhe tragen, mit feuchten Wischtüchern aufwischen und mit ausreichend Wasser nachreinigen. Wischtücher in Wasser ausspülen.

Löschmittel:
Im Brandfall verfügbaren Feuerlöscher oder Wasser verwenden.

Nach Kontakt:
Bei Augenkontakt oder Hautkontakt mit fließendem Wasser spülen bzw. abwaschen; Arzt hinzuziehen.

5. SACHGERECHTE ENTSORGUNG

Abfälle und Behälter sind in einer geeigneten Art und Weise zu entsorgen.

Datum: Nächster Überprüfungstermin:	Unterschrift: Leiter der Musterfeuerwehr

Dieselkraftstoff

Nummer: Bearbeitungsstand:	**Betriebsanweisung** **gem. GefStoffV**	*Feuerwehr Musterstadt*

Arbeitsplatz/Tätigkeitsbereich:

1. GEFAHRSTOFFBEZEICHNUNG

Dieselkraftstoff

2. GEFAHREN FÜR MENSCH UND UMWELT

Gefahr

- Einatmen oder Aufnahme durch die Haut kann zu Gesundheitsschäden führen. Kann die Atemwege, Augen reizen. Vorübergehende Beschwerden (Schwindel, Kopfschmerzen, Übelkeit, Konzentrationsstörungen) möglich.
- Beim Verschlucken kann Dieselkraftstoff in die Lunge gelangen und zu einer lebensbedrohlichen Lungenentzündung führen.
- Krebserzeugende Wirkung von Dieselkraftstoff wird vermutet!
- Flüssigkeit und Dampf sind entzündbar.
- Erhöhte Entzündungsgefahr bei durchtränktem Material (z. B. Kleidung, Putzlappen).
- Eindringen in Boden, Gewässer und Kanalisation vermeiden!

3. SCHUTZMASSNAHMEN UND VERHALTENSREGELN

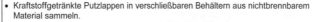

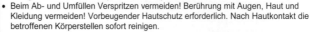

- Von Zündquellen fernhalten! Nicht rauchen! Keine offenen Flammen! Kriechende Dämpfe können in größerer Entfernung zur Entzündung führen!
- Kontakt mit erwärmten Oberflächen verhindern.
- Behälter, die Dieselkraftstoff enthalten, nicht erwärmen!
- Kraftstoffgetränkte Putzlappen in verschließbaren Behältern aus nichtbrennbarem Material sammeln.
- Geeigneten Feuerlöscher (Brandklasse B) bereithalten.
- Beim Ab- und Umfüllen Verspritzen vermeiden! Berührung mit Augen, Haut und Kleidung vermeiden! Vorbeugender Hautschutz erforderlich. Nach Hautkontakt die betroffenen Körperstellen sofort reinigen.
- Am Arbeitsplatz nicht essen, trinken, rauchen oder schnupfen.
- Nach Arbeitsende und vor jeder Pause Hände und Gesicht gründlich reinigen! Hautpflegemittel verwenden!
- Gefäße nicht offen stehen lassen! Verunreinigte Kleidung wechseln! Kraftstoffgetränkte Putzlappen nicht in den Hosentaschen mitführen! Beschäftigungsbeschränkungen beachten!
- **Augenschutz**: Bei Spritzgefahr: Gestellbrille!
- **Handschutz**: Genaue Bezeichnung (Auswahl z. B. mit Hilfe der Handschuhdatenbank)
- **Hautschutz**: Laut Hautschutzplan

4. VERHALTEN IM GEFAHRFALL

- Mit saugfähigem unbrennbaren Material (z. B. Bindemittel) aufnehmen und entsorgen! Vorsicht! Rutschgefahr durch ausgelaufenen Diesel!
- Produkt ist brennbar, geeignete Löschmittel: *hier vorhandenen Löscher angeben*. Nicht zu verwenden: Wasser im Vollstrahl! Berst- und Explosionsgefahr bei Erwärmung! Bei Brand in der Umgebung Behälter mit Sprühwasser kühlen!
- Alarm-, Flucht- und Rettungspläne beachten!

5. ERSTE HILFE

- **Bei jeder Erste-Hilfe-Maßnahme: Selbstschutz beachten und Rücksprache mit einem Arzt führen.**
- **Nach Augenkontakt:** 10 Minuten unter fließendem Wasser bei gespreizten Lidern spülen oder Augenspüllösung nehmen. Immer Augenarzt aufsuchen!
- **Nach Hautkontakt:** Verunreinigte Kleidung sofort ausziehen. Die Haut mit viel Wasser und Seife reinigen. Keine Verdünnungs-/Lösemittel verwenden!
- **Nach Einatmen:** Frischluft! Bei Bewusstlosigkeit Atemwege freihalten. Ggf. Schockbekämpfung und Herz-Lungen-Wiederbelebung.
- **Nach Verschlucken:** Kein Erbrechen auslösen, nichts zu trinken geben. Verschlucken kann zu Lungenschädigung führen. Krankenhaus!
- Ersthelfer heranziehen.
- **Notruf: 112**
- Durchgeführte Erste-Hilfe-Leistungen immer dokumentieren.

6. SACHGERECHTE ENTSORGUNG

- Nicht in Ausguss oder Mülltonne schütten! Zur Entsorgung sammeln in:
  Behälterangabe

Datum:
Nächster   Unterschrift:
Überprüfungstermin: Leiter der Musterfeuerwehr

415

Dieselmotor-Emissionen

Nummer: **Bearbeitungsstand:** **Arbeitsplatz/Tätigkeitsbereich:**	**Betriebsanweisung** **gem. GefStoffV**	*Feuerwehr Musterstadt*

1. GEFAHRSTOFFBEZEICHNUNG

Dieselmotor-Emissionen (DME)

Dieselmotor-Emissionen (DME) sind die Abgase von Dieselmotoren.

2. GEFAHREN FÜR MENSCH UND UMWELT

- **Dieselmotor-Emissionen können Krebs erzeugen!**
- Einatmen kann zu Gesundheitsschäden führen. Kann die Atemwege reizen.
- Vorübergehende Beschwerden (Schwindel, Kopfschmerzen, Übelkeit, Benommenheit) möglich. Bei höheren Konzentrationen Atem- und Herz-Kreislauf-Stillstand möglich.
- Kohlenmonoxid kann die Fortpflanzungsfähigkeit beeinträchtigen und das Kind im Mutterleib schädigen!

3. SCHUTZMASSNAHMEN UND VERHALTENSREGELN

- **Arbeiten nur bei Frischluftzufuhr** (Fenster und Türen öffnen)! Unnötiges Laufen-lassen der Motoren, starkes Beschleunigen und Anfahren unter Vollgas verboten!
- Wartezeiten mit laufendem Motor vermeiden, Motor erst unmittelbar vor dem Losfahren anlassen, beim Tanken Motor ausstellen! Verwendung aufsteckbarer mobiler Diesel-partikelfilter für Straßenfahrzeuge!

  IN GANZ ODER TEILWEISE GESCHLOSSENEN ARBEITSBEREICHEN:
- Zur Verminderung der DME: Auspuff an Abgasabsauganlage anschließen! Technische Lüftung vorsehen/einschalten! Nach Kontakt mit Dieselruß Hände und Gesicht gründ-lich reinigen!
- **Atemschutz:** Je nach Konzentration Partikelfiltermaske P2 oder P3 und entsprechen-den Maskentyp verwenden. *Genau bezeichnen! Achtung ggf. Messungen.*
- **Die Partikelfilter bieten keinen Schutz gegen Kohlenmonoxid!**
- Einatmen von Dieselmotor-Emissionen vermeiden!

4. VERHALTEN IM GEFAHRFALL

- Motor ausschalten, Personen aus dem Gefahrenbereich bringen und lüften.
- Alarm-, Flucht- und Rettungspläne beachten!

5. ERSTE HILFE

- **Bei jeder Erste-Hilfe-Maßnahme:** Selbstschutz beachten und Rücksprache mit einem Arzt führen.
- **Nach Einatmen:** Frischluft! Bei Bewusstlosigkeit Atemwege freihalten. Ggf. Schock-bekämpfung und Herz-Lungen-Wiederbelebung.
- Ruhe bewahren.
- Ersthelfer heranziehen.
- **Notruf: 112**
- Durchgeführte Erste-Hilfe-Leistungen <u>immer</u> dokumentieren.

6. SACHGERECHTE ENTSORGUNG

- Beim Entfernen von Rußablagerungen das Eindringen von rußhaltigen Stoffen in Boden, Gewässer und Kanalisation vermeiden. Sachgerecht entsorgen. *Hier Behälter angeben.*

Datum: **Nächster** **Überprüfungstermin:**	**Unterschrift:** Leiter der Musterfeuerwehr

Drehmaschine

Nummer: Bearbeitungsstand:	**Betriebsanweisung**	*Feuerwehr Musterstadt*

Arbeitsplatz/Tätigkeitsbereich:

1. ANWENDUNGSBEREICH
Arbeiten mit der Drehmaschine

2. GEFAHREN FÜR MENSCH UND UMWELT

- Augen- und Körperverletzungen durch abgetragene Materialien.
- Fußverletzungen durch herabfallende Werkstücke.
- Handverletzungen durch scharfkantige Oberflächen.
- Erfassen von Kleidung und Haaren durch offenen Antrieb, Frässpindel.
- Verletzungsgefahr durch scharfe, spitze Werkzeuge sowie durch entstehende Späne.
- Verletzungsgefahr durch Werkstücke, welche sich aus der Spannvorrichtung lösen.
- Beim Umgang mit Kühlschmierstoffen besteht die Gefahr von Hauterkrankungen.
- Verletzungsgefahr durch Werkstücke mit gefährlichen Oberflächen (scharfe Kanten).
- Bei der Bearbeitung können sich Werkstücke erhitzen – Gefahr von Brandverletzungen.
- Bei starkem Lärm (ab 80 dB(A)) besteht die Gefahr einer Gehörschädigung.

3. SCHUTZMASSNAHMEN UND VERHALTENSREGELN

- Die Betriebsanleitung des Herstellers ist zu beachten!
- In jedem Fall sind Schutzbrille und Schutzschuhe zu tragen.
- Je nach Materialien sind noch zusätzlich Staubmaske und Gehörschutz zu tragen.
- Nur eingewiesene Mitarbeiter dürfen die Drehmaschine benutzen.
- Schutzeinrichtungen dürfen während der Arbeit nicht entfernt werden.
- Werkstücke müssen immer fest und sicher eingespannt werden.
- Persönliche Schutzausrüstungen (inkl. Hautschutz) benutzen.
- Ordnung und Sauberkeit am Arbeitsplatz ist zu gewährleisten.
- Niemals mit beschädigten Maschinenteilen arbeiten.
- Lange Haare durch Haarnetz oder Mütze verdecken.
- Schutzbrille tragen.
- Splitter, Späne und Abfälle nicht mit der Hand entfernen! Maschine ausschalten und Spänehaken oder Handfeger benutzen.
- Eng anliegende Kleidung tragen.
- Das Tragen von Handschuhen und Schmuck ist verboten.

4. VERHALTEN BEI STÖRUNGEN

- Bei Störungen an Arbeitsmitteln Arbeiten einstellen und Vorgesetzten verständigen.
- Störungen nur im Stillstand beseitigen. Gegen Wiedereinschalten sichern.

5. ERSTE HILFE

- Ersthelfer heranziehen.
- **Notruf: 112**
- Unfall melden.
- Durchgeführte Erste-Hilfe-Leistungen immer dokumentieren.

6. INSTANDHALTUNG

- Instandhaltung (Wartung, Reparatur) nur von qualifizierten und beauftragten Personen durchführen lassen.
- Nach Instandhaltung sind die Schutzeinrichtungen zu überprüfen.
- Bei der Instandhaltung die Betriebsanleitung des Herstellers beachten.
- Regelmäßige Prüfungen (z. B. elektrisch, mechanisch) durch befähigte Personen.
- Kühlschmierstoffe regelmäßig nach Plan kontrollieren und gegebenenfalls auswechseln (siehe Betriebsanweisung nach BioStoffV für Kühlschmierstoffe).

Datum:

Nächster
Überprüfungstermin:

Unterschrift:
Leiter der Musterfeuerwehr

Elektro-Schweißgerät

Nummer: Bearbeitungsstand:	**Betriebsanweisung**	*Feuerwehr Musterstadt*
Arbeitsplatz/Tätigkeitsbereich:		

1. ANWENDUNGSBEREICH
Durchführung von Elektro-Schweißarbeiten

2. GEFAHREN FÜR MENSCH UND UMWELT

- Schweißrauche
- Gesundheitsgefahr bei Schweißarbeiten an hochlegierten Werkstücken, metallischen Überzügen oder Farbanstrichen, Kunststoffbeschichtungen, Verunreinigungen durch Öle, Fette oder Lösemittelreste etc.
- Infrarote oder ultraviolette Strahlung (Lichtbogen)
- Funkenflug, Brandgefahr
- Stromschlag
- Schweißen von Behältern: Gefahr durch Reste der Inhaltsstoffe!

3. SCHUTZMASSNAHMEN UND VERHALTENSREGELN

- Beim Betrieb die Betriebsanleitung des Herstellers beachten.
- Schweißrauchabsaugung verwenden, für ausreichende Belüftung sorgen.
- Bei Schweißarbeiten in Bereichen mit Brand- und Explosionsgefahr Schweißerlaubnis einholen.
- Brennbare Teile aus Umgebung entfernen oder abdecken.
- Während und nach Schweißarbeiten Brandwache stellen.
- Schweißdrahthalter und Schutzgasschweißbrenner nicht unter den Arm klemmen und nur auf isolierende Ablagen ablegen.
- Schutzgasflasche sicher aufstellen und gegen Umfallen sichern.
- Beim Schweißen unter erhöhter elektrischer Gefährdung (z. B. in engen Räumen, Silos, feuchten Arbeitsplätzen): nur besonders gekennzeichnete Schweißstromquellen benutzen (z. B. Trenntrafo, Schweißgleichrichter), isolierende Zwischenlagen verwenden, schwer entflammbare, trockene Kleidung und Schuhwerk tragen, Schweißstromquellen nicht in engen Räumen aufstellen.
- Bei Schweißarbeiten an Behältern mit brennbaren Flüssigkeiten Behälter vollständig entleeren und mit Wasser auffüllen.
- Schutzschirm oder Schutzschild mit Schweißerschutzfilter benutzen, Schweißschutzhandschuhe und -kleidung tragen, **auch für Schweißhelfer.**

4. VERHALTEN BEI STÖRUNGEN

- Für Brandschutz sorgen, Feuerlöscher (*hier welcher Löscher)* bereithalten.
- Regelmäßige Kontrolle der Elektrodenhalter und der elektrischen Leitungen.
- Schäden und Störungen dem Vorgesetzten mitteilen.

5. ERSTE HILFE

- Ersthelfer heranziehen.
- **Notruf: 112**
- Unfall melden.
- Durchgeführte Erste-Hilfe-Leistungen immer dokumentieren.

6. INSTANDHALTUNG

- Instandhaltung (Wartung, Reparatur) nur von qualifizierten und beauftragten Personen durchführen lassen.
- Nach Instandhaltung sind die Schutzeinrichtungen zu überprüfen.
- Bei der Instandhaltung die Betriebsanleitung des Herstellers beachten.
- Regelmäßige Prüfungen (z. B. elektrisch, mechanisch) durch befähigte Personen.

Datum: Nächster Überprüfungstermin:	Unterschrift: Leiter der Musterfeuerwehr

Gabelstapler

Nummer: Bearbeitungsstand:	**Betriebsanweisung**	*Feuerwehr Musterstadt*

Arbeitsplatz/Tätigkeitsbereich:

1. ANWENDUNGSBEREICH
Fahren mit dem Gabelstapler

2. GEFAHREN FÜR MENSCH UND UMWELT

- Benutzen des Staplers durch unbefugte Personen
- Unbeabsichtigte Inbetriebnahme des Staplers
- Um- und Abstürzen des Staplers
- Getroffen werden durch herabfallendes Transportgut
- Anfahren von Personen und baulichen Einrichtungen
- Gefährliche Abgasbestandteile bei Dieselstaplern

3. SCHUTZMASSNAHMEN UND VERHALTENSREGELN

- Stapler dürfen nur von ausgebildeten und schriftlich beauftragten Personen benutzt werden.
- Die Betriebsanleitung des Stapler-Herstellers ist zu beachten.
- Es dürfen nur Stapler mit gültigem Prüfnachweis (Plakette) verwendet werden.
- Vor dem Einsatz sind zu prüfen: Betriebs- und Feststellbremse, Gabel, Lenkung, Hydraulik, Beleuchtung, Warneinrichtung.
- Bei Lastaufnahme sind zu berücksichtigen: freie Sicht, Tragfähigkeit des Staplers, Ladungssicherung.
- Beim Transport ist zu beachten: Tragfähigkeit der Fahrbahn, Last in tiefster Stellung und bergseitig transportieren, mit angemessener Geschwindigkeit fahren.
- Mitnahme von Personen ist grundsätzlich verboten.
- Ausnahme: Auf besondere Anweisung auf einem Stapler mit Beifahrersitz.
- Beim Abstellen des Staplers gilt: Gabel absenken, Feststellbremse betätigen, Schlüssel abziehen, Verkehrswege freihalten.
- Innerbetriebliche Verkehrsregeln beachten.
- Vorhandene Rückhalteeinrichtung benutzen.
- Arbeitsbühne am Gabelträger befestigen, Personen nur auf-/ab bewegen und Fahrerplatz nicht verlassen.

4. VERHALTEN BEI STÖRUNGEN

- Bei sicherheitsrelevanten Störungen (z. B. an Bremse, Gabel, Hydraulik) Stapler abstellen und Vorgesetzten informieren.
- Mängel nur vom Fachmann beseitigen lassen.

5. ERSTE HILFE

- Ersthelfer heranziehen.
- **Notruf: 112**
- Unfall melden.
- Durchgeführte Erste-Hilfe-Leistungen immer dokumentieren.

6. INSTANDHALTUNG

- Instandhaltung (Wartung, Reparatur) nur von qualifizierten und beauftragten Personen durchführen lassen.
- Nach Instandhaltung sind die Schutzeinrichtungen zu überprüfen.
- Für die Entsorgung (z. B. Altöl) sind die entsprechenden Behälter zu verwenden.
- Bei der Instandhaltung die Betriebsanleitung des Herstellers beachten.
- Regelmäßige Prüfungen (elektrisch, mechanisch) durch befähigte Personen.

Datum:

Nächster
Überprüfungstermin:

Unterschrift:
Leiter der Musterfeuerwehr

Gasschweißgerät (autogen)

Nummer: Bearbeitungsstand:	**Betriebsanweisung**	*Feuerwehr Musterstadt*

Arbeitsplatz/Tätigkeitsbereich:

1. ANWENDUNGSBEREICH
Alle Gasschweiß-/Brennschneidearbeiten

2. GEFAHREN FÜR MENSCH UND UMWELT

- Brand- und Explosionsgefahr, Funkenflug
- Schweißrauche
- Gesundheitsgefahr bei Schweißarbeiten an hochlegierten Werkstücken, metallischen Überzügen oder Farbanstrichen, Kunststoffbeschichtungen, Verunreinigungen durch Öle, Fette oder Lösemittelreste etc.
- Infrarote oder ultraviolette Strahlung (Lichtbogen)
- Schweißen von Behältern: Gefahr durch Reste der Inhaltsstoffe!

3. SCHUTZMASSNAHMEN UND VERHALTENSREGELN

- Beim Betrieb die Betriebsanleitung des Herstellers beachten.
- Schweißrauchabsaugung verwenden, für ausreichende Belüftung sorgen.
- Für Brandschutz sorgen, Feuerlöscher *hier welcher Löscher* bereithalten.
- Bei Schweißarbeiten in Bereichen mit Brand- und Explosionsgefahr Schweißerlaubnis einholen.
- Brennbare Teile aus Umgebung entfernen oder abdecken.
- Während nach und Schweißarbeiten Brandwache stellen.
- Bei Schweißarbeiten an Behältern mit brennbaren Flüssigkeiten Behälter vollständig entleeren und mit Wasser auffüllen.
- Zünden: Sauerstoffventil öffnen, dann das Brenngasventil.
- Schließen: Brenngasventil schließen, danach das Sauerstoffventil.
- Bei Arbeitsunterbrechung Flaschenventile schließen!
- Gasschläuche sicher befestigen und gegen Beschädigung (z. B. Knicken) schützen.
- Gasflaschen vor Umfallen sichern, vor übermäßiger Wärmeeinwirkung, Schlagen, Stößen, Erschütterungen usw. schützen.
- Sauerstoffleitung und -armaturen sind fett- und ölfrei zu halten!
- Brenner nicht in geschlossenen Behältern ablegen.
- Ablage- und Aufhängevorrichtungen benutzen.
- Schweißen von Hohlkörpern → Entlastungsventil.
- **Schutzschirm** oder **Schutzschild** mit Schweißerschutzfilter benutzen, Schweißschutzhandschuhe und -kleidung tragen, auch **für Schweißhelfer.**

4. VERHALTEN BEI STÖRUNGEN

- Bei Beschädigung am Druckminderer, Manometern usw. nicht weiterarbeiten!
- Im Brandfall: Flaschenventil schließen! Löschen mit Pulverfeuerlöscher.
- Ausströmen von unverbranntem Gas → Ventile schließen, Raum lüften.

5. ERSTE HILFE

- Ersthelfer heranziehen.
- **Notruf: 112**
- Unfall melden.
- Durchgeführte Erste-Hilfe-Leistungen immer dokumentieren.

6. INSTANDHALTUNG

- Reinigung verschmutzter Armaturen mit Seifenwasser!
- Instandhaltung (Wartung, Reparatur) nur von qualifizierten und beauftragten Personen durchführen lassen.
- Nach Instandhaltung sind die Schutzeinrichtungen zu überprüfen.
- Bei der Instandhaltung die Betriebsanleitung des Herstellers beachten.
- Regelmäßige Prüfungen (z. B. elektrisch, mechanisch) durch befähigte Personen.

Datum: Nächster Überprüfungstermin:	Unterschrift: Leiter der Musterfeuerwehr

Handbohrmaschine

Nummer:
Bearbeitungsstand:

Betriebsanweisung   *Feuerwehr Musterstadt*

Arbeitsplatz/Tätigkeitsbereich:

1. ANWENDUNGSBEREICH
Arbeiten mit der Handbohrmaschine

2. GEFAHREN FÜR MENSCH UND UMWELT

- Verletzungsgefahr durch scharfes und spitzes Bohrwerkzeug sowie weggeschleuderte Späne und Splitter. Nachlauf beachten!
- Bei starkem Lärm (ab 80 dB(A)) besteht die Gefahr von Gehörschädigungen.
- Beim Benutzen von Handbohrmaschinen besteht Gefahr eines Stromschlags durch Anbohren strom- oder wasserführender Leitungen oder Beschädigung der Zuleitung.
- Bei Arbeiten in explosionsfähigen Dämpfen, Gasen und Stäuben und beim Anbohren von Gasleitungen besteht Explosionsgefahr.
- Unfallgefahr durch defekte Bohrmaschinen(-teile).
- Unfallgefahr durch wegfliegende Werkstücke.

3. SCHUTZMASSNAHMEN UND VERHALTENSREGELN

- Die Betriebsanleitung des Herstellers ist zu beachten!
- Es dürfen keine schadhaften Maschinen verwendet werden.
- Sicherstellen, dass keine Strom-, Gas- oder Wasserleitungen angebohrt werden können.
- Persönliche Schutzausrüstung (inkl. Hautschutz) benutzen.
- Lange Haare durch Haarnetz oder Mütze verdecken.
- Eng anliegende Kleidung tragen.
- Die vorhandenen Schutzeinrichtungen dürfen nicht umgangen werden.
- In explosionsgefährdeten Räumen dürfen nur **ex-geschützte** Maschinen verwendet werden.
- Werkstücke immer gut und sicher festspannen.
- Es darf nur maschinenspezifisches Zubehör verwendet werden.

4. VERHALTEN BEI STÖRUNGEN

- Bei Störungen an Arbeitsmitteln Arbeiten einstellen und Vorgesetzten verständigen.
- Störungen nur im Stillstand beseitigen. Netzstecker ziehen.

5. ERSTE HILFE

- Ersthelfer heranziehen.
- **Notruf: 112**
- Unfall melden.
- Durchgeführte Erste-Hilfe-Leistungen immer dokumentieren.

6. INSTANDHALTUNG

- Instandhaltung (Wartung, Reparatur) nur von qualifizierten und beauftragten Personen durchführen lassen.
- Nach Instandhaltung sind die Schutzeinrichtungen zu überprüfen.
- Bei der Instandhaltung die Betriebsanleitung des Herstellers beachten.
- Regelmäßige Prüfungen (z. B. elektrisch, mechanisch) durch befähigte Personen.

Datum:
Nächster
Überprüfungstermin:

Unterschrift:
Leiter der Musterfeuerwehr

Hebebühnen

Nummer: Bearbeitungsstand:	**Betriebsanweisung**	*Feuerwehr Musterstadt*

Arbeitsplatz/Tätigkeitsbereich:

1. ANWENDUNGSBEREICH
Arbeiten mit Hebebühnen

2. GEFAHREN FÜR MENSCH UND UMWELT

⚠️
- Gefahren durch Abstürzen, Herabfallen der Last oder von Teilen.
- Quetsch- und Scherstellen beim Bewegen der Hebebühne.

3. SCHUTZMASSNAHMEN UND VERHALTENSREGELN

- Beim Betrieb die Betriebsanleitung des Herstellers beachten.
- Selbstständige Bedienung nur, wenn die Person mindestens 18 Jahre alt ist, unterwiesen, ihre Befähigung nachgewiesen hat und vom Unternehmer beauftragt wurde.
- Bei Arbeiten mehrerer Personen ist ein Aufsichtsführender zu bestimmen.
- Die Hebebühne bestimmungsgemäß verwenden.
- Die Hebebühne standsicher aufstellen, keine Quetsch-/Scherstellen zur Umgebung.
- Sicherungen gegen Verkehrsgefahren treffen (z. B. Absperrungen, Sicherungsposten).
- Absicherungen treffen, damit weder Personen noch Lasten abstürzen oder herabfallen können oder Lasten nicht verrutschen können.
- Täglich vor jeder Inbetriebnahme Funktionsprobe durchführen.
- Hebebühne nicht über die zulässige Belastung belasten.
- Bei allen Bewegungen der Hebebühne keine anderen Personen gefährden. Sich nicht im Bewegungsbereich der Hebebühne aufhalten.
- Lastaufnahmemittel nicht betreten, nicht in Schwingung versetzen, nicht darauf mitfahren, nicht darunter aufhalten, keine Gegenstände davon abwerfen, keine Gegenstände hinaufwerfen.
- Verfahren von personenbesetztem Lastaufnahmemittel ist nur zulässig, wenn die Hebebühne vom Hersteller als Hubarbeitsbühne eingerichtet ist und die speziellen Sicherheitsanforderungen eingehalten werden.

4. VERHALTEN BEI STÖRUNGEN

- Festgestellte Mängel melden.
- Bei erkennbaren Gefährdungen den Betrieb sofort einstellen. Hebebühne gegen irrtümliches Benutzen sichern.

5. ERSTE HILFE

✚
- Ersthelfer heranziehen.
- **Notruf: 112**
- Unfall melden.
- Durchgeführte Erste-Hilfe-Leistungen immer dokumentieren.

6. INSTANDHALTUNG

- Instandhaltung (Wartung, Reparatur) nur von qualifizierten und beauftragten Personen durchführen lassen.
- Hebebühne bei Instandhaltungsarbeiten gegen unbeabsichtigtes Absinken sichern.
- Nach Instandhaltung sind die Schutzeinrichtungen zu überprüfen.
- Bei der Instandhaltung die Betriebsanleitung des Herstellers beachten.
- Bei Hydraulikbühnen die Füllstandsmengen regelmäßig kontrollieren.
- Regelmäßige Prüfungen (z. B. elektrisch, mechanisch) durch befähigte Personen.

Datum:

Nächster
Überprüfungstermin:

Unterschrift:
Leiter der Musterfeuerwehr

Hochdruckreiniger

Nummer: Bearbeitungsstand:	**Betriebsanweisung**	*Feuerwehr Musterstadt*

Arbeitsplatz/Tätigkeitsbereich:

1. ANWENDUNGSBEREICH
Umgang mit Hochdruckreinigern

2. GEFAHREN FÜR MENSCH UND UMWELT

- Schwere Verletzungen durch Schneidwirkung des Hochdruckstrahles.

3. SCHUTZMASSNAHMEN UND VERHALTENSREGELN

- Beim Betrieb die Betriebsanleitung des Herstellers beachten.
- Persönliche Schutzausrüstung benutzen, z. B. Stiefel, Hose, Handschuhe, Kopf- und Gesichtsschutz, Gehörschutz bei Bedarf!
- Elektrisch betriebene Hochdruckreinigungsgeräte nur über besonderen Speisepunkt anschließen (Fehlerstrom).
- Vor jeder Inbetriebnahme Spritzpistole, Schlauchleitungen und Sicherheitseinrichtungen (z. B. Druck- und Temperaturanzeige) auf augenscheinliche Mängel prüfen.
- Nur einwandfreie Schlauchleitungen und Spritzeinrichtungen verwenden.
- Kennzeichnung für zulässigen Betriebsüberdruck beachten.
- Schlauchleitungen nicht einklemmen, über scharfe Kanten führen, mit Fahrzeugen überfahren.
- Schlingenbildung, Zug- oder Biegebeanspruchung vermeiden.
- Geräte nicht mit der Schlauchleitung ziehen.
- Abzugshebel der Spritzeinrichtung während des Betriebs nicht festsetzen.
- Nicht von Anlegeleitern aus mit Hochdruck-Spritzeinrichtungen arbeiten, sondern z. B. von Gerüsten aus.
- Bei Arbeitsunterbrechungen Spritzeinrichtung gegen unbeabsichtigtes Einschalten sichern.
- Hochdruckstrahl nie auf Personen richten.
- Jugendliche über 16 Jahre dürfen nur unter Aufsicht mit Hochdruckreinigungsgeräten arbeiten.

4. VERHALTEN BEI STÖRUNGEN

- Bei Störungen Maschine außer Betrieb nehmen und Vorgesetzten informieren.

5. ERSTE HILFE

- Ersthelfer heranziehen.
- **Notruf: 112**
- Unfall melden.
- Durchgeführte Erste-Hilfe-Leistungen _immer_ dokumentieren.

6. INSTANDHALTUNG

- Instandhaltung nur von qualifizierten und beauftragten Personen durchführen lassen.
- Schlauchleitungen nur von Fachpersonal (z. B. Hersteller oder Lieferant) einbinden und prüfen lassen.
- Bei Düsenwechsel, vor Wartungs- und Instandhaltungsarbeiten sowie nach Beendigung der Arbeiten Gerät ausschalten, Wasserzufuhr absperren und System drucklos machen (z. B. Abzugshebel der Spritzpistole betätigen).
- Nach Instandhaltung sind die Schutzeinrichtungen zu überprüfen.
- Bei der Instandhaltung die Betriebsanleitung des Herstellers beachten.
- Regelmäßige Prüfungen (z. B. elektrisch, mechanisch) durch befähigte Personen.

Datum: Nächster Überprüfungstermin:	Unterschrift: Leiter der Musterfeuerwehr

Leitern und Tritte

Nummer: Bearbeitungsstand:	**Betriebsanweisung**	*Feuerwehr Musterstadt*

Arbeitsplatz/Tätigkeitsbereich:

1. ANWENDUNGSBEREICH
Leitern und Tritte

2. GEFAHREN FÜR MENSCH UND UMWELT

- Gefahren ergeben sich beim Benutzen von Leitern und Tritten durch die Möglichkeit des Herunterfallens, des Umkippens der Leiter, abrutschen der Leiter oder des Benutzers, herunterspringen und das Herabfallen von Gegenständen.

3. SCHUTZMASSNAHMEN UND VERHALTENSREGELN

- Leiter und Tritte vor Benutzung überprüfen.
- Bei der Arbeit nicht zu weit hinauslehnen, Schwerpunkt beachten.
- Auf- und Abstiegsflächen frei von Gegenständen halten.
- Spreizsicherung vor dem Besteigen spannen.
- Leitern nicht hinter geschlossenen Türen aufstellen.
- Stehleitern nicht als Anlegeleitern benutzen.
- An Treppen und anderen unebenen Standorten einen sicheren Höhenausgleich oder eine Spezialleiter verwenden.
- Den richtigen Anstellwinkel (65° bis 75°) einhalten. Unter Umständen zur Sicherung anbinden oder von einem zweiten Feuerwehrangehörigen festhalten lassen.
- Anlegeleitern mindestens einen Meter über die Austrittsstelle hinausragen lassen (ca. vier Sprossen).
- Schuhsohlen frei von Verunreinigungen und Öl halten (Abrutschgefahr).
- Mit dem Gesicht zur Leiter auf- und absteigen und sich mit mindestens einer Hand festhalten. Die obersten beiden Sprossen einer Stehleiter nicht besteigen.
- Leitern sind nur für Arbeiten von geringem Umfang einzusetzen.
- Standfläche maximal 7,0 m über Aufstellfläche.
- Gesamtgewicht von Werkzeug und Material nicht mehr als 10 kg.
- Arbeiten in mehr als 2,0 m Höhe nicht länger als insgesamt zwei Stunden pro Schicht.
- Im Freien keine Gegenstände mit mehr als 1,0 m² Windfläche mitnehmen.
- Keine Stoffe und Geräte benutzen, die eine zusätzliche Gefahr darstellen (z. B. Gefahrstoffe oder Schweißen).
- Leitern und Tritte so aufbewahren, dass sie gegen mechanische Beschädigungen, Austrocknen, Verschmutzen und Durchbiegen geschützt sind.
- Leitern nicht provisorisch reparieren und nicht behelfsmäßig verlängern.

4. VERHALTEN BEI STÖRUNGEN

- Schadhafte Leitern und Tritte sind der Benutzung zu entziehen.
- Leitern aus Holz dürfen keine deckenden Farbanstriche haben.
- Vorgesetzten und Leiterbeauftragten informieren.

5. ERSTE HILFE

- Ersthelfer heranziehen.
- **Notruf: 112**
- Unfall melden.
- Durchgeführte Erste-Hilfe-Leistungen immer dokumentieren.

6. INSTANDHALTUNG

- Instandhaltung (Wartung, Reparatur) nur von qualifizierten und beauftragten Personen durchführen lassen.

Datum:

Nächster
Überprüfungstermin:

Unterschrift:
Leiter der Musterfeuerwehr

Motorenöl

Nummer: Bearbeitungsstand:	**Betriebsanweisung gem. GefStoffV**	*Feuerwehr Musterstadt*

Arbeitsplatz/Tätigkeitsbereich:

1. GEFAHRSTOFFBEZEICHNUNG

Motorenöle auf Mineralölbasis

2. GEFAHREN FÜR MENSCH UND UMWELT

- Einatmen kann zu Gesundheitsschäden führen. Gesundheitsgefährdung durch gebrauchte Motorenöle: Hautkontakt kann zu Gesundheitsschäden führen. Kann die Haut reizen. Ständiger Hautkontakt vor allem mit gebrauchten Motorenölen kann zu Hautveränderungen führen, aus denen Hautkrebs entstehen kann.
- Motorenöle können die Haut entfetten und bei häufigem Hautkontakt zu Hautentzündungen führen. Reizungen und allergische Reaktionen sind möglich. Bei Einatmen von Sprühnebeln: Schwindel und Kopfschmerzen möglich.
- Bei Erwärmung über den Flammpunkt oder beim Versprühen ist die Bildung zündfähiger Gemische möglich. Erhöhte Entzündungsgefahr bei durchtränktem Material (z. B. Kleidung, Putzlappen). Bei Brand entstehen gefährliche Dämpfe: Kohlendioxid, Kohlenmonoxid, Ruß und Crackprodukte! Eindringen in Boden, Gewässer und Kanalisation vermeiden!

3. SCHUTZMASSNAHMEN UND VERHALTENSREGELN

- Berührung mit Haut, Augen und Kleidung vermeiden.
- Bildung von Öl-Dämpfen und -Nebeln vermeiden. Von Zündquellen fernhalten (z. B. Schweißen, Flexen)! Nicht rauchen! Keine offenen Flammen! Beim Ab- und Umfüllen Verspritzen vermeiden! Gefäße nicht offen stehen lassen!
- Produktreste von der Haut entfernen! Nach Arbeitsende und vor jeder Pause Hände gründlich reinigen!
- Ölgetränkte Putzlappen nicht in die Taschen der Arbeitskleidung stecken! Stark verunreinigte Kleidung wechseln! Nach Arbeitsende Kleidung wechseln! Straßenkleidung getrennt von Arbeitskleidung aufbewahren!
- Am Arbeitsplatz nicht essen, trinken, rauchen oder schnupfen.
- **Augenschutz:** *genaue Bezeichnung*
- **Handschutz:** bei längerem Hautkontakt: genaue Bezeichnung
- **Atemschutz:** bei Auftreten von Aerosolen/Ölnebeln: Kombinationsfilter A__P2 (braun-weiß) *genaue Bezeichnung*
- **Hautschutz:** laut Hautschutzplan (ggf. Rücksprache mit Betriebsarzt)

4. VERHALTEN IM GEFAHRFALL

- Mit saugfähigem unbrennbarem Material (z. B. Kieselgur, Sand) aufnehmen und entsorgen! Bei Auslaufen/Verschütten großer Mengen: Ölbindemittel, ggf. Ölsperren verwenden! Vorsicht! Rutschgefahr durch ausgelaufene Lösung!
- Produkt ist brennbar. Geeignete Löschmittel angeben.

5. ERSTE HILFE

- **Bei jeder Erste-Hilfe-Maßnahme:** Selbstschutz beachten und Rücksprache mit einem Arzt führen.
- **Nach Augenkontakt:** Ausreichend unter fließendem Wasser bei gespreizten Lidern spülen oder Augenspüllösung nehmen. **Immer Augenarzt aufsuchen!**
- **Nach Hautkontakt:** Verunreinigte Kleidung sofort ausziehen. Mit viel Wasser und Seife reinigen. Ausreichend mit Wasser spülen. Keine Verdünner!
- **Nach Verschlucken:** Kein Erbrechen herbeiführen. Keine Hausmittel. In kleinen Schlucken viel Wasser trinken lassen.
- Ersthelfer heranziehen.
- **Notruf: 112**
- Durchgeführte Erste-Hilfe-Leistungen immer dokumentieren.

6. SACHGERECHTE ENTSORGUNG

- Reste nicht in Ausguss/Mülltonne schütten und nicht mit anderen Stoffen vermischen.
- Ölgetränkte Putzlappen in verschließbaren Behältern aus nichtbrennbarem Material sammeln. *Genaue Bezeichnung*

Datum:	
Nächster Überprüfungstermin:	Unterschrift: Leiter der Musterfeuerwehr

Punktionen – Injektionen

Nummer: Bearbeitungsstand:	**Betriebsanweisung** **gem. BioStoffV**	*Feuerwehr Musterstadt*

Arbeitsplatz/Tätigkeitsbereich: **Rettungsdienst/Krankentransport**

1. ANWENDUNGSBEREICH

Punktionen, Injektionen, Legen von Gefäßzugängen

2. GEFAHREN FÜR MENSCH UND UMWELT

Hepatitis B-, C- und D-Viren sowie das Humane Immundefizienzvirus (HIV) können über Stich-und/oder Schnittverletzungen durch spitze oder scharfe, mit Blut und Körperflüssigkeiten kontaminierte Instrumente übertragen werden.
Besonders Stichverletzungen mit Hohlnadeln sind als problematisch anzusehen. Wesentlich seltener sind Infektionen durch Verspritzen von Blut, Sekreten und Exkreten auf Schleimhäute oder Hautwunden.

3. SCHUTZMASSNAHMEN UND VERHALTENSREGELN

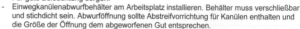

Organisatorische Schutzmaßnahmen:
- Hygieneplan beachten!
- Bei häufigem Kontakt mit bekannt positiven Patienten oder Risikopatienten (z. B. Drogensüchtige) sind Instrumente mit sicherem Nadelschutzmechanismus entsprechend TRBA 250 einzusetzen, um Verletzungen zu vermeiden.
- Für gute Beleuchtung sorgen!
- Einwegkanülenabwurfbehälter am Arbeitsplatz installieren. Behälter muss verschließbar und stichdicht sein. Abwurföffnung sollte Abstreifvorrichtung für Kanülen enthalten und die Größe der Öffnung dem abgeworfenen Gut entsprechen.
- Spitze und scharfe kontaminierte Werkzeuge direkt in Abwurfbehälter entsorgen!
- Falls die Spritze mit Kanüle abgelegt werden muss, sind einhändige Verfahren zum Ablegen vorzuziehen.

Persönliche Schutzmaßnahmen:
- Geeignete Schutzhandschuhe tragen.
- Bei Bedarf Mundschutz anlegen.
- Bereitgestellte Schutzkleidung anlegen.
- Getränkte Kleidung ist baldmöglichst zu wechseln und desinfizierend zu waschen. Sonst täglicher Wechsel der Schutzkleidung.
- Atemschutz bei bekannt aerogen infektiösen Patienten.

Hygienemaßnahmen/-plan:
- Hygieneplan beachten.
- Hygienische Händedesinfektion

4. VERHALTEN IM GEFAHRFALL UND ERSTE HILFE

Bei Verletzung oder Kontamination mit infektiösen Materialien oder Körperflüssigkeiten:
Unverzügliche Meldung z. B. beim Vorgesetzten und bei den in der Verfahrensanweisung (VA FEU S 4.7 – 01-1) genannten Stellen, Maßnahme dokumentieren und an vom Arbeitgeber benannte Stelle (z. B. betriebseigenes Erfassungssystem) melden.

5. SACHGERECHTE ENTSORGUNG

Kontaminierte Schutzkleidung ist entsprechend dem Hygieneplan zu desinfizieren und zu reinigen. Spitze und scharfe Gegenstände in stichdichte Behältnisse entsorgen.

Datum:

Nächster
Überprüfungstermin:

Unterschrift:
Leiter der Musterfeuerwehr

Sauerstoff

Nummer: Bearbeitungsstand:	**Betriebsanweisung** **gem. GefStoffV**	*Feuerwehr Musterstadt*

Arbeitsplatz/Tätigkeitsbereich:

1. GEFAHRSTOFFBEZEICHNUNG

Sauerstoff zum Schweißen in Druckgasflaschen

2. GEFAHREN FÜR MENSCH UND UMWELT

Gefahr

- Kann Brand verursachen oder verstärken.
- Kann bei Erwärmung und unkontrollierten Reaktionen explodieren.
- Einatmen von reinem Sauerstoff über einen längeren Zeitraum kann zu Gesundheitsschäden führen.
- Bei Kontakt mit brennbaren Stoffen wie z. B. Fetten und Ölen ist eine Selbstentzündung möglich. Erhöhte Gefährdung bei fett- und ölverschmutzter Kleidung! Sauerstoff wird von der Kleidung aufgenommen.
- Reagiert mit starken Reduktionsmitteln unter heftiger Wärmeentwicklung.

3. SCHUTZMASSNAHMEN UND VERHALTENSREGELN

- Druckgasflaschen müssen gegen Umfallen und Herabfallen gesichert werden und sind vor mechanischer Beschädigung zu schützen.
- Arbeiten nur in gut durchlüfteten Räumen!
- **Von Zündquellen fernhalten!** Zum Beispiel beim Schweißen, Rauchen und bei der Entstehung von Funken Abstand von der Sauerstoffflasche halten.
- Mit Öl oder Fett beschmutzte Kleidung sofort wechseln!
- Manometer, Ventile und andere mit dem Sauerstoff in Berührung kommende Werkzeuge fettfrei halten!
- Am Arbeitsplatz nicht essen, trinken, rauchen oder schnupfen.
- Die Gasflasche vor Sonneneinstrahlung und Erwärmung schützen.
- Nur einwandfreie Schlauchleitungen und Armaturen bestimmungsgemäß verwenden.
- **Augenschutz:** Schweißschutzbrille!
- **Atemschutz:** bei zu geringer Sauerstoffkonzentration oder unklaren Verhältnissen.

4. VERHALTEN IM GEFAHRFALL

- Sauerstoff ist brandfördernd.
- Bei Gasaustritt wenn möglich Ventil schließen und Raum sofort verlassen.
- Zündquellen im Gefahrenbereich unbedingt vermeiden. Kein Funkgerät oder Handy benutzen.
- Geeignete Löschmittel verwenden: (hier vorhandenes Löschmittel angeben).
- Bei Brand in der Umgebung Behälter mit Sprühwasser kühlen!
- Alarm-, Flucht- und Rettungspläne beachten!

5. ERSTE HILFE

- **Bei jeder Erste-Hilfe-Maßnahme: Selbstschutz beachten und Rücksprache mit einem Arzt führen.**
- Ersthelfer heranziehen.
- **Notruf: 112**
- Durchgeführte Erste-Hilfe-Leistungen immer dokumentieren.

6. SACHGERECHTE ENTSORGUNG

- Leere und defekte Druckgasflaschen kennzeichnen.
- Druckgasflaschen mit Restdruck an den Lieferanten zurückgeben.

Datum:

Nächster
Überprüfungstermin:

Unterschrift:
Leiter der Musterfeuerwehr

Schlagschere

Nummer: Bearbeitungsstand:	**Betriebsanweisung**	*Feuerwehr Musterstadt*

Arbeitsplatz/Tätigkeitsbereich:

1. ANWENDUNGSBEREICH
Arbeiten an der Schlagschere

2. GEFAHREN FÜR MENSCH UND UMWELT

- Schwere Schnitt- oder Stichverletzungen durch scharfkantige Bleche.
- Quetsch- und Abtrenngefahr der Gliedmaßen (Finger, Hand, Unterarm) im Scher-bereich.
- Verletzungsgefahr an Gliedmaßen (Hände, Arme, Beine) durch scharfkantige Werk-stücke.
- Stolpergefahr durch herumliegende Blechstücke.

3. SCHUTZMASSNAHMEN UND VERHALTENSREGELN

- Die Betriebsanleitung des Herstellers ist zu beachten!
- Sicherheitshinweise des Herstellers und andere Vorschriften beachten. Auf keinen Fall Sicherheitseinrichtungen außer Kraft setzen (z. B. um eingeklemmte Werkstücke zu befreien).
- Unbedingt die vorgeschriebene PSA gemäß Gefährdungsbeurteilung tragen (Leder- oder Metallgeflechtschutzhandschuhe, Sicherheitsschuhe ...).
- Vorgeschriebene Blechstärke von 3 mm nicht überschreiten.
- Schlagschere nur bestimmungsgemäß betreiben.
- Arbeitsplatz sauber und aufgeräumt halten. Zu bearbeitende Blechstücke nur in der unmittelbar benötigten Menge im Arbeitsbereich lagern. Abgescherte Blechreste sofort in dafür vorgesehenen Behältnissen entsorgen.
- Die Schlagschere darf nur mit den vorgeschriebenen Sicherheitseinrichtungen (Schutz-bleche, Abdeckungen, Not-Aus-Schalter ...) betrieben werden.
- Eng anliegende Kleidung tragen.
- Schals, Armbanduhren, Hand- und Armschmuck sind unzulässig.
- Handschuhe tragen (gegen Schnittverletzungen).
- Arbeiten mit zwei Personen nur nach Absprache mit dem Vorgesetzten.

4. VERHALTEN BEI STÖRUNGEN

- Bei Störungen an Arbeitsmitteln Arbeiten einstellen und Vorgesetzten verständigen.
- Störungen nur im Stillstand beseitigen. Gegen Wiedereinschalten sichern.

5. ERSTE HILFE

- Ersthelfer heranziehen.
- **Notruf: 112**
- Unfall melden.
- Durchgeführte Erste-Hilfe-Leistungen immer dokumentieren.

6. INSTANDHALTUNG

- Instandhaltung (Wartung, Reparatur) nur von qualifizierten und beauftragten Personen durchführen lassen.
- Nach Instandhaltung sind die Schutzeinrichtungen zu überprüfen.
- Bei der Instandhaltung die Betriebsanleitung des Herstellers beachten.
- Regelmäßige Prüfungen (z. B. elektrisch, mechanisch) durch befähigte Personen.
- Gerät regelmäßig reinigen, Blech- und Metallreste entfernen und sicher lagern.

Datum:

Nächster
Überprüfungstermin:

Unterschrift:
Leiter der Musterfeuerwehr

Schleif- und Trennmaschine

Nummer: Bearbeitungsstand:	**Betriebsanweisung**	*Feuerwehr Musterstadt*

Arbeitsplatz/Tätigkeitsbereich:

1. ANWENDUNGSBEREICH

Arbeiten mit handgeführten elektrischen Schleif- und Trennmaschinen
(Trennschleifer, Flex)

2. GEFAHREN FÜR MENSCH UND UMWELT

- Lärm- und Staubentwicklung
- Schnittverletzungen
- Rückschlag beim Verkanten bzw. Abrutschen
- Verkeilen der Scheiben, Bruch der Scheiben, nachlaufende Scheiben
- Einzug von Kleidung und/oder Haaren
- schlechte Sicherung des Werkstoffes
- elektrische Stromzuführung (Kabel)
- Funkenflug, Brandgefahr
- umherfliegende Teile

3. SCHUTZMASSNAHMEN UND VERHALTENSREGELN

- Beim Betrieb die Betriebsanleitung des Herstellers beachten.
- Vorhandene Staubabsaugung benutzen.
- Eng anliegende Kleidung tragen.
- Bei langen Haaren Haarnetz tragen.
- Umstehende Menschen auf Gefahr hinweisen.
- Maschine beidhändig führen, „vom Körper wegarbeiten".
- Trennscheiben nicht zum Seitenschleifen verwenden.
- Schutzhauben nicht entfernen.
- Für Brandschutz sorgen, Feuerlöscher bereithalten.
- Brennbare Teile aus Umgebung entfernen oder abdecken.
- Nur für das jeweilige Gerät zugelassene Scheiben verwenden.
- Werkstück gegen Verkeilen und Klemmen sichern.
- Nach Beenden der Arbeit Netzstecker ziehen.
- Gehörschutz, Schutzbrille, Staubschutzmaske und Schutzschuhe tragen.

4. VERHALTEN BEI STÖRUNGEN

- Gerät ausschalten, Netzstecker ziehen.
- Bei der Instandhaltung die Betriebsanleitung des Herstellers beachten.
- Vorgesetzten verständigen.

5. ERSTE HILFE

- Ersthelfer heranziehen
- **Notruf: 112**.
- Unfall melden.
- Durchgeführte Erste-Hilfe-Leistungen immer dokumentieren.

6. INSTANDHALTUNG

- Instandhaltung (Wartung, Reparatur) nur von qualifizierten und beauftragten Personen durchführen lassen.
- Nach Instandhaltung sind die Schutzeinrichtungen zu überprüfen.
- Regelmäßige Prüfungen (z. B. elektrisch, mechanisch) durch befähigte Personen.

Datum:
Nächster
Überprüfungstermin:

Unterschrift:
Leiter der Musterfeuerwehr

Schweißrauch

Nummer: Bearbeitungsstand: Arbeitsplatz/Tätigkeitsbereich:	**Betriebsanweisung** **gem. GefStoffV**	*Feuerwehr Musterstadt*

1. GEFAHRSTOFFBEZEICHNUNG

Schweißrauche (Schweißzusätze über 5 % Chrom oder Nickel)

2. GEFAHREN FÜR MENSCH UND UMWELT

- Chrom (VI)-Verbindungen (Chromate) und Nickel im Schweißrauch wirken sensibilisierend und können Allergien bewirken.
- Bestimmte Chrom- und Nickelverbindungen können in hoher Konzentration im Atemtrakt Krebs hervorrufen.
- Belastung des Atemtrakts durch höhere Schweißrauchkonzentrationen.
- Nickel ist wassergefährdend.

3. SCHUTZMASSNAHMEN UND VERHALTENSREGELN

- Absaugung vor zünden des Brenners einschalten.
- Schweißrauche im Entstehungsbereich absaugen.
- Auf Wirksamkeit der Absaugung achten.
- Schweißrauch im Atembereich: Atemschutzgerät verwenden.
- Schweißerschutzschirm mit Filter gegen die optische Strahlung.
- Schweißerschutzkleidung.
- Nicht rauchen, essen, trinken und schnupfen.
- Täglich Absaugeinrichtung, Schweißgerät und Kabel auf Schäden prüfen (Sicht- und Funktionsprüfung).

4. VERHALTEN IM GEFAHRFALL

- Bei Ausfall der Absaugeinrichtung sofort Vorgesetzten informieren.
- Beschädigte Absaugschläuche ausbessern lassen, beschädigte elektrische Einrichtungen durch Fachkraft reparieren lassen.

5. ERSTE HILFE

- **Bei jeder Erste-Hilfe-Maßnahme:** Selbstschutz beachten und Rücksprache mit einem Arzt führen.
- Beim Einatmen: An frische Luft bringen. Arzt hinzuziehen.
- Ruhe bewahren.
- Ersthelfer heranziehen.
- **Notruf: 112**
- Durchgeführte Erste-Hilfe-Leistungen immer dokumentieren.

6. SACHGERECHTE ENTSORGUNG

- Abfälle/Filterstäube in speziellen Behältern sammeln und entsorgen.

Datum:
Nächster
Überprüfungstermin:

Unterschrift:
Leiter der Musterfeuerwehr

430

Ständerbohrmaschine

Nummer: Bearbeitungsstand:	**Betriebsanweisung**	*Feuerwehr Musterstadt*

Arbeitsplatz/Tätigkeitsbereich:

1. ANWENDUNGSBEREICH
Ständerbohrmaschine

2. GEFAHREN FÜR MENSCH UND UMWELT

- Verletzungsgefahr bei unsachgemäßem Gebrauch (insbesondere f. Finger und Hände).
- Getroffen werden durch wegfliegende Späne, drehendes Werkzeug.
- Handverletzungen durch scharfkantige Oberflächen und den Materialabtrag.
- Gefährdung durch elektrischen Strom, insbesondere bei Beschädigung stromführender Leitungen.

3. SCHUTZMASSNAHMEN UND VERHALTENSREGELN

- Vor Arbeitsbeginn Maschine auf betriebssicheren Zustand überprüfen.
- Schraubstock gegebenenfalls auf Tisch festspannen.
- Werkstück im Maschinenschraubstock einspannen und Anschlag benutzen.
- Vor dem Einschalten der Maschine Schutzeinrichtungen schließen (z. B. Haube am Keilriemenantrieb).
- Zum Werkzeug- oder Werkstückwechsel, Messen, Reinigen etc. Maschine ausschalten.
- Eng anliegende Kleidung tragen. Schmuck (z. B. Ringe, Ketten, Armbänder und Uhren) ablegen. Längere Haare durch ein Haargummi und eine Kappe oder ein Kopftuch sichern.
- Schutzbrille tragen.
- Schutzhandschuhe sind verboten: Gefahr des Einzugs in die rotierenden Teile. Späne nur mit Pinsel, Besen oder Spänehaken entfernen.

4. VERHALTEN BEI STÖRUNGEN

- Bei Schäden an der Maschine: Ausschalten und Werkstattleitung informieren.
- Bei Schäden an der Schutzausrüstung oder anderen Störungen die Werkstattleitung informieren.
- Schäden nur von Fachpersonal beseitigen lassen.

5. ERSTE HILFE

- Ersthelfer heranziehen.
- **Notruf: 112**
- Unfall melden.
- Durchgeführte Erste-Hilfe-Leistungen immer dokumentieren.

6. INSTANDHALTUNG

- Mängel an der Maschine sind umgehend der Werkstattleitung zu melden.
- Instandsetzung nur durch beauftragte und unterwiesene Personen.

Datum:
Nächster
Überprüfungstermin:

Unterschrift:
Leiter der Musterfeuerwehr

Werkstattkran

Nummer: Bearbeitungsstand:	**Betriebsanweisung**	*Feuerwehr Musterstadt*

Arbeitsplatz/Tätigkeitsbereich:

1. ANWENDUNGSBEREICH
Werkstattkran

2. GEFAHREN FÜR MENSCH UND UMWELT

- Gefahren durch herabstürzende und pendelnde Lasten, ab- und umstürzende sowie herabfallende Gegenstände.
- Quetsch-, Scher- und Einzugsgefahr an Lastaufnahmemittel und Last.

3. SCHUTZMASSNAHMEN UND VERHALTENSREGELN

- Beim Betrieb die Betriebsanleitung des Herstellers beachten.
- Bedienung des Gerätes nur durch Personen, die hiermit beauftragt sind und die in die Funktion der Maschine sowie die betrieblichen Gegebenheiten eingewiesen worden sind.
- Mindestabstand zwischen äußeren Teilen des Krans von 0,5 m zu Teilen in der Umgebung (Lagergut etc.) beachten.
- Tragfähigkeit des Krans beachten.
- Lasten sachgerecht anschlagen.
- Persönliche Schutzausrüstung benutzen (Schutzschuhe, Schutzhelm).

4. VERHALTEN BEI STÖRUNGEN

- Festgestellte Mängel sofort dem Vorgesetzten melden.
- Bei Störungen Kran außer Betrieb nehmen.
- Reparaturen nur durch Fachpersonal.

5. ERSTE HILFE

- Kranbetrieb sofort einstellen.
- Ersthelfer heranziehen.
- **Notruf: 112**
- Unfall melden.
- Durchgeführte Erste-Hilfe-Leistungen immer dokumentieren.

6. INSTANDHALTUNG

- Instandhaltung (Wartung, Reparatur) nur von qualifizierten und beauftragten Personen durchführen lassen.
- Nach Instandhaltung sind die Schutzeinrichtungen zu überprüfen.
- Bei der Instandhaltung die Betriebsanleitung des Herstellers beachten.
- Regelmäßige Prüfungen (z. B. elektrisch, mechanisch) durch befähigte Personen.

Datum:
Nächster
Überprüfungstermin:

Unterschrift:
Leiter der Musterfeuerwehr